教育部高等职业教育示范专业规划教材
（电气工程及自动化类专业）

电气控制与 PLC 应用技术
（西门子 PLC）

（理实一体化项目教程）

主　编　周　忠　彭小平

副主编　凌双明　赵　勇

参　编　陈立奇　晏清莲

机械工业出版社

本书为理实一体化项目教程，体现了高职高专教育的特点，以职业能力培养为核心，注重实践能力的培养，全书由两部分、8个模块共24个适合实训和教学做一体化的典型工作项目组成，第一部分为电气控制，通过2个模块系统地阐述了常用低压电器的功能、结构及使用，电气原理图的绘制原则和识图方法，三相异步电机、典型机床的电气控制电路的设计、安装、接线、调试、维修和运行。第二部分是PLC应用，该部分以国内广泛使用的德国西门子S7-200系列PLC为对象，通过6个模块系统阐述了S7-200 PLC的结构组成、工作原理、内部元器件，同时还讲解了编程软件STEP7-Micro/WIN的使用、仿真软件的使用、顺序功能图、功能指令、模拟量PLC通信及PLC控制系统的设计安装与调试。

　　本书适合作为高职高专电气自动化、应用电子、机电一体化及相近专业的通用教材，也可供工程技术人员参考。

　　本书力求设计实例丰富，可读性、实用性强。为方便教学，本书备有免费的电子教学课件、习题参考答案及模拟试卷，凡选用本书作为授课教材的学校均可来电索取，咨询电话：010-88379375。

图书在版编目（CIP）数据

电气控制与PLC应用技术：（西门子PLC）（理实一体化项目教程）/周忠，彭小平主编.
—北京：机械工业出版社，2013.6
教育部高等职业教育示范专业规划教材
ISBN 978-7-111-42375-1

Ⅰ.①电…　Ⅱ.①周…②彭…　Ⅲ.①电气控制-高等学校-教材②PLC技术-高等学校-教材　Ⅳ.①TM571.2②TM571.6

中国版本图书馆CIP数据核字（2013）第092243号

机械工业出版社（北京市百万庄大街22号　邮政编码100037）
策划编辑：于　宁　责任编辑：于　宁　曹雪伟　版式设计：常天培
责任校对：刘怡丹　封面设计：鞠　杨　　　　责任印制：乔　宇
北京铭成印刷有限公司印刷
2013年7月第1版第1次印刷
184mm×260mm·22印张·546千字
0001—3000册
标准书号：ISBN 978-7-111-42375-1
定价：42.00元

凡购本书，如有缺页、倒页、脱页，由本社发行部调换

电话服务	网络服务
社服务中心：（010）88361066	教材网：http://www.cmpedu.com
销售一部：（010）68326294	机工官网：http://www.cmpbook.com
销售二部：（010）88379649	机工官博：http://weibo.com/cmp1952
读者购书热线：（010）88379203	**封面无防伪标均为盗版**

前　　言

本书根据高职高专教育发展的趋势，以职业能力培养为核心，融合生产实践中典型的工作任务，并充分考虑到电器、PLC 控制技术的实际应用和发展情况，突出能力的培养，力求使理论与工程实践相结合。教材涵括了电气控制及西门子 S7-200 系列 PLC 技术这两大技术，全书由 8 个模块共 24 个典型的工作项目组成。电气控制部分共 9 个典型项目，主要介绍：常用低压电器的功能、结构及使用，电气原理图的绘制原则和识读要点，三相异步电动机、典型机床的电气控制线路的设计、安装、接线、调试、运行和维修。PLC 部分共 15 个典型项目，主要介绍：基本指令、顺序功能图、功能指令、模拟量、PLC 通信及 PLC 控制系统的设计安装与调试。并且每个项目根据知识、技能的培养要求都设定了两三个工作任务，力求做到联系实际，突出应用，注重实例。在内容编排上循序渐进、由浅入深，在内容阐述上力求简明扼要、图文并茂、通俗易懂，便于教学和自学。

本书由湖南信息科学职业学院周忠教授、长沙航空职业技术学院彭小平主编。湖南信息科学职业学院凌双明、赵勇任副主编，陈立奇、晏清莲参编，本书模块 6 及附录由周忠编写，模块 1、模块 2 由彭小平编写，模块 3、模块 4 由凌双明编写，模块 5 由赵勇编写，模块 7 由陈立奇编写，模块 8 由晏清莲编写，全书由周忠、彭小平主持并统稿。本书由李红章副教授担任主审，并提出了宝贵的意见。本书既要考虑"教师好用"、"学生好学、易学"等教学特色，又要考虑对大学生素质和技能的培养和提高，所以难度较大。鉴于编者的水平和时间有限，书中难免有不足、疏漏之处，恳请广大师生和读者批评指正。

编　者

目　　录

前言

**模块 1　常用低压电器的认识、测试及
　　　　安装** ……………………………… 1

1.1　知识链接 ………………………………… 1

1.1.1　低压电器的分类与作用 ……… 1

1.1.2　接触器 ……………………… 5

1.1.3　继电器 ……………………… 9

1.1.4　刀开关与低压断路器 ……… 18

1.1.5　熔断器 ……………………… 22

1.1.6　主令电器 …………………… 24

1.2　实训项目　常用低压电器的
　　　认识、拆装及测试 ………………… 30

思考练习题 ……………………………… 33

**模块 2　常用电气控制系统的设计、
　　　　安装和调试** ………………… 35

2.1　知识链接 ………………………………… 35

2.1.1　电气控制系统图概述 ……… 35

2.1.2　电气控制系统图的绘制 …… 37

2.1.3　电气原理图的识读 ………… 40

2.1.4　几种典型的电气控制系统 … 41

2.1.5　电气控制系统的设计 ……… 54

2.2　实训项目 ……………………………… 64

2.2.1　项目 1　三相异步电动机
　　　　点动控制和自锁控制 ……… 64

2.2.2　项目 2　三相异步电动机的
　　　　正、反转控制 ……………… 66

2.2.3　项目 3　工作台自动往返
　　　　循环控制 …………………… 68

2.2.4　项目 4　三相异步电动机
　　　　Y-△减压起动控制 ………… 70

2.2.5　项目 5　CA6140 型普通车床电
　　　　气控制系统分析、调试与
　　　　维修 ……………………… 72

2.2.6　项目 6　Z3050 型摇臂钻床电气

控制系统分析、调试与
维修 ……………………………… 76

2.2.7　项目 7　X62W 型万能铣床电气
控制系统分析、调试与维修 … 81

2.2.8　项目 8　M7120 型平面磨床电气
控制系统分析、调试与维修 … 86

思考练习题 ……………………………… 93

模块 3　PLC 的认识和初步应用 …… 94

3.1　知识链接 ………………………………… 94

3.1.1　可编程序控制器的产生、发展
及定义 ………………………… 94

3.1.2　PLC 的特点与应用领域 …… 95

3.1.3　PLC 的分类 ………………… 97

3.1.4　可编程序控制器的构成及工作
原理 …………………………… 99

3.1.5　初识 S7-200 PLC …………… 102

3.1.6　CPU 模块的技术指标及接线 … 104

3.1.7　S7-200 扩展模块的技术指标及
接线 …………………………… 106

3.1.8　S7-200 供电和接线 ………… 112

3.1.9　可编程序控制器的软件 …… 113

3.1.10　可编程序控制器的工作方式 … 116

3.1.11　PLC 的性能指标 …………… 118

3.1.12　PLC 的发展趋势 …………… 119

3.1.13　S7-200 系列 PLC 数据存储区
及元件功能 ………………… 120

3.1.14　STEP7-Micro/WIN4.0 编程软
件的使用 …………………… 123

3.1.15　S7-200 仿真软件简介 …… 140

3.2　实训项目 ……………………………… 147

3.2.1　项目 1　电动机正反转的 PLC
控制 …………………………… 147

3.2.2　项目 2　工作台的自动往返 PLC
控制 …………………………… 151

3.2.3　项目 3　密码锁的 PLC 控制 … 154

思考练习题 ······················· 156

模块4　PLC 控制系统基本指令
　　　的编程和应用 ··········· 159

4.1　知识链接 ····················· 159

4.1.1　梯形图绘制规则 ········· 159

4.1.2　S7-200 PLC 的指令系统 ······ 161

4.1.3　典型基本梯形图的经验设计
　　　　方法 ················· 171

4.1.4　定时器的扩展应用 ······· 175

4.2　实训项目 ····················· 179

4.2.1　项目1　传送带顺序起停 PLC
　　　　控制系统的设计 ······· 179

4.2.2　项目2　液体混合装置的 PLC
　　　　控制系统的设计 ······· 183

4.2.3　项目3　十字路口交通灯的 PLC
　　　　控制系统的设计 ······· 185

思考练习题 ······················· 187

模块5　PLC 控制系统顺序控制设
　　　计法的编程和应用 ····· 190

5.1　知识链接 ····················· 190

5.1.1　顺序控制设计法概述 ····· 190

5.1.2　顺序控制设计法的设计步骤 ··· 191

5.1.3　顺序功能图的绘制 ······· 192

5.1.4　顺序控制设计法中梯形图的
　　　　编程方式 ············· 194

5.2　实训项目 ····················· 203

5.2.1　项目1　自动送料装车控制
　　　　系统的设计 ··········· 203

5.2.2　项目2　大小球分拣控制
　　　　系统的设计 ··········· 206

5.2.3　项目3　全自动洗衣机 PLC 控制
　　　　系统的设计 ··········· 208

5.2.4　项目4　机械手 PLC 控制系统
　　　　的设计 ··············· 212

思考练习题 ······················· 220

模块6　PLC 控制系统功能指令的
　　　编程和应用 ············· 222

6.1　知识链接 ····················· 222

6.1.1　数据传送指令 ··········· 222

6.1.2　字节交换、字节立即读写

指令 ······················· 224

6.1.3　移位指令及其应用举例 ··· 225

6.1.4　数据转换指令 ··········· 228

6.1.5　算术运算指令 ··········· 234

6.1.6　逻辑运算指令 ··········· 238

6.1.7　递增、递减指令 ········· 240

6.1.8　表功能指令 ············· 241

6.1.9　比较指令 ··············· 245

6.2　实训项目 ····················· 247

6.2.1　项目1　模拟喷泉的控制系统的
　　　　设计 ················· 247

6.2.2　项目2　智能停车场显示系统的
　　　　控制 ················· 250

思考练习题 ······················· 253

模块7　PLC 控制系统特殊功能指令的
　　　编程和应用 ············· 255

7.1　知识链接 ····················· 255

7.1.1　立即类指令 ············· 255

7.1.2　中断指令 ··············· 256

7.1.3　高速计数器与高速脉冲输出 ··· 261

7.1.4　高速计数器的工作模式 ··· 261

7.1.5　高速脉冲输出 ··········· 267

7.1.6　PID 控制 ··············· 277

7.1.7　PID 控制功能的应用 ····· 279

7.1.8　时钟指令 ··············· 280

7.2　实训项目　基于 PLC 和变频器的
　　　恒压供水系统的设计 ······· 283

思考练习题 ······················· 298

模块8　PLC 的通信及综合应用 ········ 299

8.1　知识链接 ····················· 299

8.1.1　S7-200 系列 PLC 的自由端口
　　　　通信 ················· 299

8.1.2　S7-200 系列 PLC 的网络通信 ····· 305

8.1.3　PLC 与变频器之间的通信 ··· 310

8.2　实训项目 ····················· 317

8.2.1　项目1　两台 PLC 的主从通信
　　　　系统的设计 ··········· 317

8.2.2　项目2　基于 USS 协议的 PLC 与
　　　　变频器的通信 ········· 325

思考练习题 …………………………… 328

附录 ………………………………… 329

　　附录 A　S7-200 系列 PLC 相关

参数 …………………………………… 329

附录 B　S7-200 特殊内存(SM)位 …… 334

参考文献 …………………………………… 346

模块 1　常用低压电器的认识、测试及安装

【知识目标】

1. 了解常用低压电器的分类、型号意义及技术参数。
2. 熟悉常用低压电器的功能、结构及工作原理。
3. 熟记常用低压电器的文字符号和图形符号。

【能力目标】

1. 能正确拆装和检测常用低压电器。
2. 能够根据设备要求选择低压电器的类型和规格参数。

1.1　知识链接

1.1.1　低压电器的分类与作用

凡是对电能的生产、输送、分配和使用起控制、调节、检测、转换及保护作用的电工器械均可称为电器。用于交流 1200V 以下、直流 1500V 以下电路，起通断、控制、保护与调节等作用的电器称为低压电器。低压电器作为一种基本器件，广泛应用于输配电系统和电力拖动系统中，在实际生产中起着非常重要的作用。

1. 低压电器的分类

（1）按操作方式分

1）手动电器：人操作发出动作指令的电器，例如刀开关、按钮等。

2）自动电器：不需人工直接操作，按照电的或非电的信号自动完成接通、分断电路任务的电器，如接触器、继电器及电磁阀等。

（2）按用途分

1）控制电器：用于各种控制电路和控制系统的电器，要求寿命长，体积小，重量轻且动作迅速、准确、可靠。常用的控制电器有接触器、继电器、起动器、主令电器及电磁铁等。

2）配电电器：用于电能的输送和分配的电器，主要用于低压配电系统中。要求在系统发生故障时能准确动作、可靠工作，在规定条件下具有相应的动稳定性与热稳定性，使电器不会损坏。常用的配电电器有刀开关、转换开关、熔断器及断路器等。

（3）按工作原理分

1）电磁式电器：依据电磁感应原理来工作的电器，如交直流接触器及各种电磁式继电器等。

2）非电量控制电器：靠外力或某种非电物理量的变化而动作的电器，如刀开关、速度继电器、压力继电器及温度继电器等。

2. 低压电器的作用

低压电器能够依据操作信号或外界现场信号,自动或手动地改变电路的状态、参数,实现对电路或被控对象的控制、保护、测量、调节、指示及转换等。低压电器的作用有:

1)控制作用:如电梯的上下移动、快慢速自动切换与自动停层等。

2)保护作用:根据设备的特点,对设备、环境以及人身实行自动保护,如电动机的过热保护、电网的短路保护及漏电保护等。

3)测量作用:利用仪表及与之相适应的电器,对设备、电网的相关参数或其他非电参数进行测量,如测量电流、电压、功率、转速、温度及湿度等。

4)调节作用:低压电器可对一些电量和非电量进行调整,以满足用户的要求,如柴油机节气门的调整、房间温湿度的调节及照度的自动调节等。

5)指示作用:利用低压电器的控制、保护等功能,检测出设备运行状况与电路工作情况,如绝缘监测及保护吊牌指示等。

6)转换作用:在用电设备之间转换或对低压电器、控制电路分时投入运行,以实现功能切换作用,如励磁装置手动与自动的转换,供电系统中的市电与自备电的切换等。

当然,低压电器的作用远不止这些,随着科学技术的发展,具有新功能的新的电器会不断出现。常用低压电器的主要种类和用途见表1-1。

表1-1 常用低压电器的主要种类及用途

序号	类　别	主要品种	用　途
1	断路器	塑料外壳式断路器	主要用于电路的过载保护、短路保护、欠电压保护、漏电压保护,也可用于不频繁接通和断开的电路
		框架式断路器	
		限流式断路器	
		漏电保护式断路器	
		直流快速断路器	
2	刀开关	开关板用刀开关	主要用于电路的电气隔离,有时也能分断负载
		负荷开关	
		熔断器式刀开关	
3	转换开关	组合开关	主要用于电源切换,也可用于负载通断或电路的切换
		换向开关	
4	主令电器	按钮	主要用于发布控制指令
		限位开关	
		微动开关	
		接近开关	
		万能转换开关	
5	接触器	交流接触器	主要用于远距离频繁控制负载,切断带负载电路
		直流接触器	
6	起动器	磁力起动器	主要用于电动机的起动
		Y-△起动器	
		自耦变压器减压起动器	
7	控制器	凸轮控制器	主要用于控制电路的切换
		平面控制器	

（续）

序号	类别	主要品种	用途
8	继电器	电流继电器	主要用于控制电路中，将被监控量转换成控制电路所需电量或开关信号
		电压继电器	
		时间继电器	
		中间继电器	
		温度继电器	
		热继电器	
9	熔断器	有填料熔断器	主要用于电路短路保护，也用于电路的过载保护
		无填料熔断器	
		半封闭插入式熔断器	
		快速熔断器	
		自复熔断器	
10	电磁铁	制动电磁铁	主要用于起重、牵引、制动等
		起重电磁铁	
		牵引电磁铁	

3. 低压电器的基本结构

下面以电磁式低压电器为例介绍低压电器的基本结构。

电磁式低压电器大都有两个主要组成部分，即电磁机构（感测部分）和触头系统（执行部分），有些低压电器还有灭弧装置。

（1）电磁机构　电磁机构的主要作用是将电磁能转换成机械能，带动触头动作，从而完成接通或分断电路的功能。

常用的电磁机构如图 1-1 所示，由衔铁、铁心和吸引线圈三个基本部分组成。

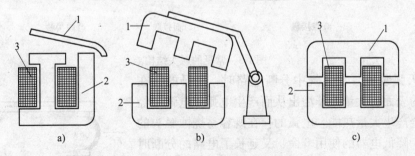

图 1-1　常用的电磁机构
1—衔铁　2—铁心　3—吸引线圈

按吸引线圈所通电流性质的不同，电磁式低压电器可分为直流与交流两大类，它们都是利用电磁铁的原理制成的。

直流电磁铁由于通入的是直流电，其铁心不发热，只有线圈发热，因此线圈与铁心接触以利散热，线圈做成无骨架、高而薄的瘦高形，以改善线圈自身散热能力。铁心和衔铁由软钢和工程纯铁制成。

交流电磁铁由于通入的是交流电,铁心中存在磁滞损耗和涡流损耗,线圈和铁心都发热,所以交流电磁铁的吸引线圈有骨架,使铁心与线圈隔离并将线圈制成短而厚的矮胖形,以利于铁心和线圈的散热。铁心用硅钢片叠压而成,以减小涡流损耗。

当线圈中通以直流电时,气隙磁感应强度不变,直流电磁铁的电磁吸力为恒值。当线圈中通以交流电时,磁感应强度为交变量,交流电磁铁的电磁吸力 F 在 0(最小值)~ F_m(最大值)之间变化,在一个周期内,当电磁吸力的瞬时值大于反作用力时,衔铁吸合;当电磁吸力的瞬时值小于反作用力时,衔铁释放。所以电源电压每变化一个周期,电磁铁吸合两次、释放两次,使电磁机构产生剧烈的振动和噪声,因而不能正常工作。为了消除交流电磁铁产生的振动和噪声,在铁心的端面开一小槽,在槽内嵌入铜制短路环,如图 1-2 所示。短路环是利用磁通分相的作用,使合成后的吸力在任何时刻都大于反作用力,从而消除振动和噪声。

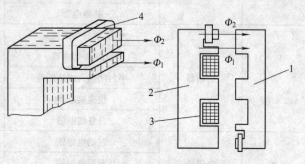

图 1-2 交流电磁铁的短路环
1—衔铁 2—铁心 3—线圈 4—短路环

(2)触头系统 触头是电器的执行部分,起接通和分断电路的作用。触头按其接触形式分为点接触、线接触和面接触 3 种,如图 1-3 所示。点接触型允许通过的电流较小,常用于继电器电路或辅助触头。线接触型和面接触型允许通过的电流较大,常用于大电流的场合,如刀开关、接触器的主触头等。

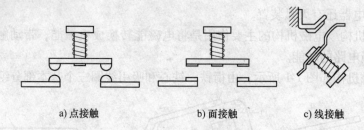

a) 点接触　　　　　　b) 面接触　　　　　c) 线接触

图 1-3 常见的触头结构

(3)灭弧装置 在大气中分断电路时,电场的存在会使触头的表面有大量电子溢出从而产生电弧。电弧一经产生,就会产生大量热能。电弧的存在既容易烧蚀触头的金属表面,降低电器的使用寿命,又延长了电路的分断时间,所以必须迅速使电弧熄灭。

常用的灭弧方法如下:

1)机械灭弧:通过机械将电弧迅速拉长,多用于开关电路,如图 1-4 所示。

2)磁吹灭弧:在一个与触头串联的磁吹线圈产生的磁力作用下,电弧被拉长且被吹入由固体介质构成的灭弧罩内,电弧被冷却熄灭,如图 1-5所示。

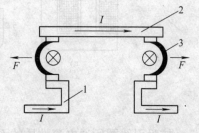

图 1-4 机械灭弧
1—静触头 2—动触头 3—电弧

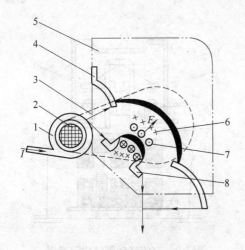

图 1-5　磁吹灭弧原理

1—磁吹线圈　2—铁心　3—引弧角

4—导磁夹板　5—灭弧罩　6—磁吹线圈磁场

7—电弧电流磁场　8—动触头

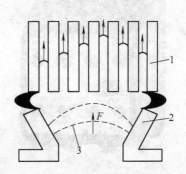

图 1-6　金属栅片灭弧

1—灭弧栅片　2—触头　3—电弧

3）金属栅片灭弧：当触头分开时，产生的电弧在电场力的作用下被推入一组金属栅片而被分成数段，彼此绝缘的金属片相当于电极，因而将总电弧压降分成几段，各栅片间的电压低于燃弧电压，对交流电弧来说，在电弧过零时使电弧无法维持而熄灭，如图 1-6 所示，交流电器常用金属栅片灭弧。

4）窄缝灭弧：由耐弧陶土、石棉等材料制成的灭弧罩内每相有一个或多个纵缝，缝的上部较窄以便压缩电弧，当触头断开时，电弧被外磁场或电动力吹入缝内，热量传送给罩壁迅速冷却而熄灭电弧。如图 1-7 所示，该方式主要用于交流接触器中。

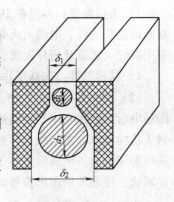

图 1-7　窄缝灭弧

1.1.2　接触器

接触器是一种用来自动接通或断开大电流电路的电器，它可以频繁地接通或分断交直流电路，并可实现远距离控制。其主要控制对象是电动机，也可用于控制电热设备、电焊机、电容器组等其他负载。它还具有低电压释放保护功能（欠电压保护）。接触器具有控制容量大、过载能力强、寿命长、设备简单经济等特点，是电力拖动自动控制电路中使用最广泛的电器元件之一。

按照所控制电路的电流种类不同，接触器可分为交流接触器和直流接触器两大类。

1. 交流接触器

（1）交流接触器的结构　图 1-8 所示为 CJX1 型交流接触器的实物，图 1-9 所示为交流接触器结构示意图。交流接触器由以下四部分组成：

1）电磁机构：电磁机构由吸引线圈、动铁心（衔铁）和静铁心组成，其作用是将电磁能转换成机械能，产生电磁吸力带动触头动作。

2）触头系统：包括主触头和辅助触头，主触头用于通断主电路，通常有三对常开触头；辅助触头用于控制电路，起电气联锁作用，故又称联锁触头，一般有常开、常闭触头各两对。

图 1-8 CJX1 型交流接触器

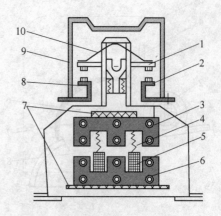

图 1-9 交流接触器结构示意图

1—动触头 2—静触头 3—衔铁 4—弹簧
5—线圈 6—铁心 7—垫毡 8—触头弹簧
9—灭弧罩 10—触头压力弹簧

3) 灭弧装置：容量在 10A 以上的接触器都有灭弧装置，对于小容量的接触器，常采用双断口触头灭弧、电动力灭弧、相间弧板隔弧及陶土灭弧罩灭弧。对于大容量的接触器，常采用纵缝灭弧罩及栅片灭弧。

4) 其他部件：包括反作用弹簧、缓冲弹簧、触头压力弹簧、传动机构及外壳等。

(2) 交流接触器的工作原理和符号　如图 1-10 所示，交流接触器的工作原理如下：线圈通电后，在铁心中产生磁通及电磁吸力。此电磁吸力克服弹簧反作用力使衔铁吸合，带动触头机构动作，常闭触头打开，常开触头闭合，联锁或接通线路。当线圈失电或线圈两端电压显著降低时，电磁吸力小于弹簧反作用力，使得衔铁释放，触头机构复位，断开线路或解除联锁。接触器的图形符号如图 1-11 所示，文字符号为 KM。

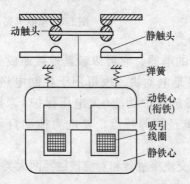

图 1-10 交流接触器工作原理图

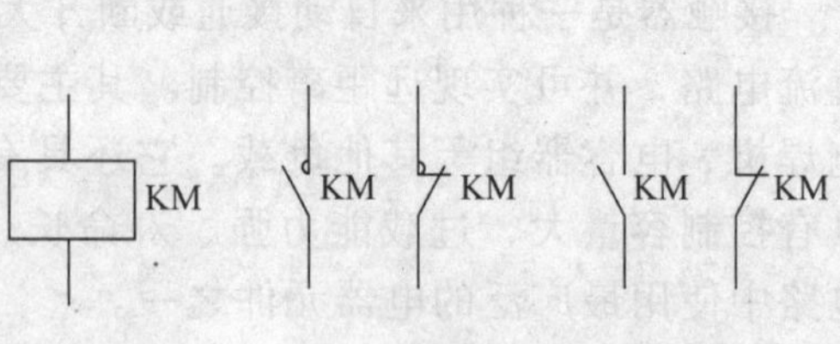

a) 线圈　　b) 主触头　　c) 辅助触头

图 1-11 接触器的图形符号

(3) 交流接触器的分类及选用　交流接触器的种类很多，其分类方法也不尽相同，大致有以下几种分类方法。

1) 按主触头极数分：可分为单极、双极、三极、四极和五极接触器。单极接触器主要用于单相负载，如照明负载、焊机等，在电动机能耗制动中也可采用；双极接触器用在绕线转子异步电动机的转子回路中，起动时用于短接起动绕组；三极接触器用于三相负载，如在电动机的控制及其他场合，使用最为广泛；四极接触器主要用于三相四线制的照明线路，也可用来控制双回路电动机负载；五极交流接触器用来组成自耦补偿起动器或控制双笼型电动机，以变换绕组接法。

2）按灭弧介质分：可分为空气式接触器、真空式接触器等。依靠空气绝缘的接触器用于一般负载，而采用真空绝缘的接触器常用在煤矿、石油、化工企业及电压为 660V 和1140V 等一些特殊的场合。

3）按有无触头分：可分为有触头接触器和无触头接触器。常见的接触器多为有触头接触器，而无触头接触器属于电子技术应用的产物，一般采用晶闸管作为回路的通断器件。由于晶闸管导通时所需的触发电压很小，而且回路通断时无火花产生，因而可用于高操作频率的设备和易燃、易爆、无噪声的场合。

（4）交流接触器的基本参数

1）额定电压：指主触头额定工作电压，应等于负载的额定电压。一只接触器常规定几个额定电压，同时列出相应的额定电流或控制功率，通常，最大工作电压即为额定电压。常用的额定电压值有 220V、380V 及 660V 等。

2）额定电流：接触器触头在额定工作条件下的电流值。380V 三相电动机控制电路中，当电流单位为 A、功率单位为 kW 时，额定工作电流的数值可近似等于控制功率的数值的两倍。常用额定电流的等级有 5A、10A、20A、40A、60A、100A、150A、250A、400A及 600A。

3）通断能力：可分为最大接通电流和最大分断电流。最大接通电流是指触头闭合时不会造成触头熔焊时的最大电流值；最大分断电流是指触头断开时能可靠灭弧的最大电流。接触器的通断能力一般是其额定电流的 5 ~ 10 倍。当然，这一数值与通断电路的电压等级有关，电压越高，通断能力越小。

4）动作值：可分为吸合电压和释放电压。吸合电压是指接触器吸合前，缓慢增加吸合线圈两端的电压，接触器可以吸合时的最小电压。释放电压是指接触器吸合后，缓慢降低吸合线圈的电压，接触器释放时的最大电压。一般规定，吸合电压不低于线圈额定电压的85%，释放电压不高于线圈额定电压的 70%。

5）吸引线圈额定电压：接触器正常工作时，吸引线圈上所加的电压值。一般该电压数值以及线圈的匝数、线径等数据均标于线包上，而不是标于接触器外壳铭牌上，使用时应加以注意。

6）操作频率：接触器在吸合瞬间，吸引线圈需消耗比额定电流大 5 ~ 7 倍的电流，如果操作频率过高，则会使线圈严重发热，直接影响接触器的正常使用。为此，规定了接触器的允许操作频率，一般为每小时允许操作次数的最大值。

7）寿命：包括电气寿命和机械寿命。目前接触器的机械寿命已达一千万次以上，电气寿命是机械寿命的 5% ~ 20%。

2. 直流接触器

直流接触器的结构和工作原理基本上与交流接触器相同。在结构上也是由电磁机构、触头系统和灭弧装置等部分组成。由于直流电弧比交流电弧难以熄灭，直流接触器常采用磁吹式灭弧装置灭弧。直流接触器结构上有立体布置和平面布置两种结构，电磁系统多采用绕棱角转动的拍合式结构，主触头采用双断点桥式结构或单断点转动式结构。常用的直流接触器的型号有 CZ18、CZ21、CZ22、CZ0 等系列，CZ0 型实物图如图 1-12 所示。

3. 型号说明

图 1-13 和图 1-14 分别为交流接触器和直流接触器的型号说明。

如：CJ10Z-40/3 为交流接触器，设计序号为 10，重任务型，额定电流为 40A，主触头为 3 极。CJ12T-250/3 为改型后的交流接触器，设计序号为 12，额定电流为 250A，有 3 个主触头。

我国生产的交流接触器常用的有 CJ12、CJX1、CJ20 等系列

图 1-12　CZ0 型直流接触器

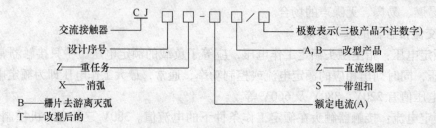

图 1-13　交流接触器的型号说明

及其派生系列产品。上述系列产品一般具有三对常开主触头，常开、常闭辅助触头各两对。直流接触器常用的有 CZ0 系列，分单极和双极两大类，常开、常闭辅助触头各不超过两对。

除以上常用系列外，我国近年来还引进了一些生产线，生产了一些满足 IEC 标准的交流接触器，下面作简单介绍。

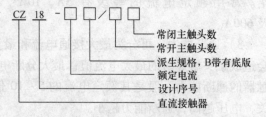

图 1-14　直流接触器的型号说明

CJ12B-S 系列锁扣接触器用于交流 50Hz、电压 380V 及以下、电流 600A 及以下的配电电路中，供远距离接通和分断电路用，并适用于不频繁地起动和停止交流电动机，具有正常工作时吸引线圈不通电、无噪声等特点。其锁扣机构位于电磁系统的下方，锁扣机构靠吸引线圈通电产生的电磁力实现吸合，由于锁扣机构具有"锁扣"功能，即使吸引线圈断电锁扣机构也可保持在锁住位置。由于线圈不通电，不仅无电力损耗，而且消除了噪声。

从德国引进的西门子公司的 3TB 系列、BBC 公司的 B 系列交流接触器等，主要用于远距离接通和分断电路，并适用于频繁地起动场合及控制交流电动机。3TB 系列产品具有结构紧凑、机械寿命和电气寿命长、安装方便、可靠性高等特点。其额定电压范围为 220 ~ 660V，额定电流范围为 9 ~ 630A。

4. 接触器的选用

接触器的选用，应根据负载的类型和工作参数来合理选用。具体分为以下步骤：

(1) 选择接触器的类型　交流接触器按负载种类一般分为一类、二类、三类和四类，分别记为 AC1、AC2、AC3 和 AC4。一类交流接触器对应的控制对象是无感或微感负载，如白炽灯、电阻炉等；二类交流接触器用于绕线转子异步电动机的起动和停止；三类交流接触器的典型用途是控制笼型异步电动机的运转和运行中分断；四类交流接触器用于笼型异步电动机的起动、反接制动、反转和点动。

（2）选择接触器的额定参数 根据被控对象和工作参数，如电压、电流、功率、频率及工作制等，确定接触器的额定参数。

1）接触器的线圈电压，一般应选低一些，这样对接触器的绝缘要求可以降低，使用时也较安全。但为了方便和减少设备，常按实际电网电压选取。

2）所用电动机的操作频率不高的电器，如压缩机、水泵、风机、空调、冲床等，接触器额定电流大于负载额定电流即可。接触器类型可选用 CJ20 系列等。

3）对于重任务型电动机，如机床主电动机、升降设备、绞盘及破碎机等，其平均操作频率超过 100 次/min，经常运行于起动、点动、正反向制动、反接制动等状态，可选用 CJ12 系列的接触器。为了保证电气寿命，可使接触器降容使用。选用时，接触器额定电流应大于电动机额定电流。

4）对于特重任务型电动机，如印刷机及镗床等，其操作频率很高，可达 10 ~ 200 次/min，经常运行于起动、反接制动、反向转动等状态，接触器大致可按电气寿命及起动电流选用，接触器选 CJ12 系列等。

5）交流电路中的电容器投入电网或从电网中切除时，所使用接触器的选择应考虑电容器的合闸冲击电流。一般地，接触器的额定电流可按电容器的额定电流的 1.5 倍选取，型号选 CJ20 系列等。

6）用接触器对变压器进行控制时，应考虑浪涌电流的大小。如交流电弧焊机、电阻焊机等，一般可按变压器额定电流的 2 倍选取接触器，型号选 CJ20 系列等。

7）对于电热设备，如电阻炉、电热器等，负载的冷态电阻较小，因此起动电流相应要大一些。选用接触器时可不用考虑起动电流，直接按负载额定电流选取，可选用 CJ20 系列等。

8）由于气体放电灯起动电流大、起动时间长，对于照明设备的控制，可按额定电流 1.1 ~ 1.4 倍选取接触器，可选 CJ20 系列等。

9）接触器额定电流是指接触器在长期工作下的最大允许电流，持续时间小于等于 8h，接触器安装于敞开的控制板上，如果冷却条件较差，选用接触器时，接触器的额定电流按负载额定电流的 110% ~ 120% 选取。对于长时间工作的电动机，由于其氧化膜没有机会得到清除，使接触器电阻增大，导致触头发热超过允许温升。实际选用时，可将接触器的额定电流减小 30% 使用。

1.1.3 继电器

继电器是根据某种输入信号的变化，接通或分断控制电路，实现自动控制和保护电力装置的自动电器。

继电器的种类很多，按输入信号的性质不同，可分为电压继电器、电流继电器、时间继电器、温度继电器、速度继电器及压力继电器等；按工作原理不同，可分为电磁式继电器、感应式继电器、电动式继电器、热继电器和电子式继电器等；按输出形式不同，可分为有触头式和无触头式两类；按用途不同，可分为控制用继电器与保护用继电器等。

1. 电磁式继电器

（1）电磁式继电器的结构与工作原理 电磁式继电器是应用得最早、最多的一种继电器，其结构及工作原理与接触器大体相同。由电磁系统、触头系统和释放弹簧等组成，电磁式继电器原理如图 1-15 所示。由于继电器用于控制电路，流过触头的电流比较小(一般 5A 以下)，故不需要灭弧装置。常用的电磁式继电器有电压继电器、中间继电器和电流继电器等。其中，中间继电器的实物与电路符号如图 1-16所示。

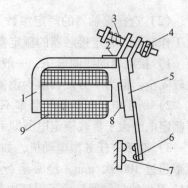

图 1-15　电磁式继电器原理图
1—铁心　2—旋转棱角　3—释放弹簧
4—调节螺母　5—衔铁　6—动触头
7—静触头　8—非磁性垫片　9—线圈

(2) 电磁式继电器的特性　继电器的主要特性是输入-输出特性，又称继电特性，继电特性曲线如图 1-17 所示。当继电器输入量 X 由 0 增至 X_2 以前，继电器输出量 Y 为零；当输入量 X 增加到 X_2 时，继电器吸合，输出量为 Y_1；若 X 继续增大，Y 保持不变；当 X 减小到 X_1 时，继电器释放，输出量由 Y_1 变为零，若 X 继续减小，Y 值均为零。

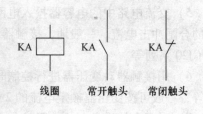

a) DZ—30B系列直流中间继电器　　b) JZC4系列交流中间继电器　　　c) 电路符号

线圈　　　常开触头　　常闭触头

图 1-16　中间继电器实物与电路符号

图 1-17 中，X_2 称为继电器吸合值，欲使继电器吸合，输入量必须等于或大于 X_2；X_1 称为继电器释放值，欲使继电器释放，输入量必须等于或小于 X_1。

$K_f = X_1/X_2$ 称为继电器的返回系数，它是继电器重要参数之一。K_f 值是可以调节的。如一般继电器要求低的返回系数，K_f 值应在 0.1 ~ 0.4 之间，这样当继电器吸合后，输入量波动较大时不致引起误动作；欠电压继电器则要求高的返回系数，K_f 值在 0.6 以上，设某继电器 $K_f = 0.66$，吸合电压为额定电压的 90%，则电压低于额定电压的 50% 时，继电器释放，起到欠电压保护作用。

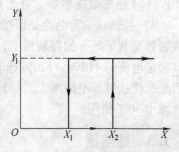

图 1-17　继电特性曲线

另一个重要参数是吸合时间和释放时间。吸合时间是指从线圈接受电信号到衔铁完全吸合所需的时间；释放时间是指从线圈失电到衔铁完全释放所需的时间。一般继电器的吸合时间与释放时间为 0.05 ~ 0.15s，快速继电器为 0.005 ~ 0.05s，它的大小影响继电器的操作频率。

(3) 电压继电器　电压继电器用于电力拖动系统的电压保护和控制，其线圈并联接入主电路，感测主电路的线路电压；触头接于控制电路，为执行元件。图 1-18 为电压继电器实物图，图 1-19 为其图形符号和文字符号。

图 1-18 电压继电器实物图

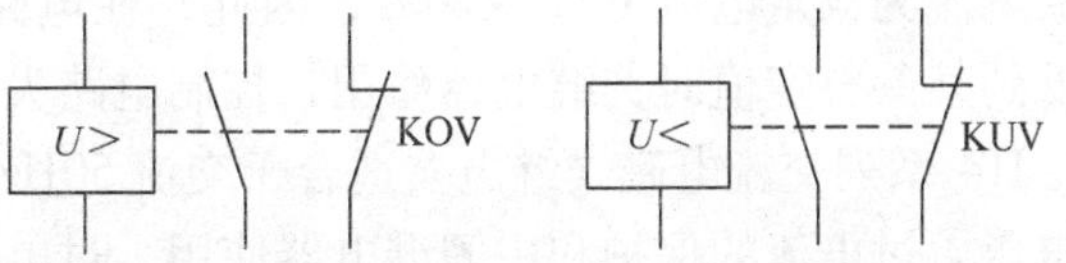

图 1-19 电压继电器的图形符号和文字符号

a) 过电压继电器   b) 欠电压继电器

按吸合电压相对其额定电压的大小，电压继电器可分为过电压继电器和欠电压继电器。

过电压继电器（KOV）用于电路的过电压保护，其吸合整定值为被保护电路额定电压的 1.05～1.2 倍。当被保护的电路电压正常时，衔铁不动作；当被保护电路的电压高于额定值，达到过电压继电器的整定值时，衔铁吸合，触头机构动作，控制电路失电，控制接触器及时分断被保护电路。

欠电压继电器（KUV）用于电路的欠电压保护，其释放整定值为电路额定电压的 0.1～0.6 倍。当被保护电路电压正常时，衔铁可靠吸合；当被保护电路电压降至欠电压继电器的释放整定值时，衔铁释放，触头机构复位，控制接触器及时分断被保护电路。

零电压继电器是当电路电压降低到额定电压的 5%～25% 时作用，对电路实现零电压保护。零电压继电器用于电路的失电压保护。

中间继电器实质上是一种电压继电器。它的特点是触头数目较多，电流容量可增大，起到中间放大（触头数目和电流容量）的作用。

（4）电流继电器 电流继电器用于电力拖动系统的电流保护和控制，其线圈串联接入主电路，用来感测主电路的电流；触头接于控制电路，为执行元件。电流继电器反映的是电流信号，常用的电流继电器有欠电流继电器和过电流继电器两种。图 1-20 为电流继电器的实物图，图 1-21 为其图形符号和文字符号。

图 1-20 电流继电器的实物图

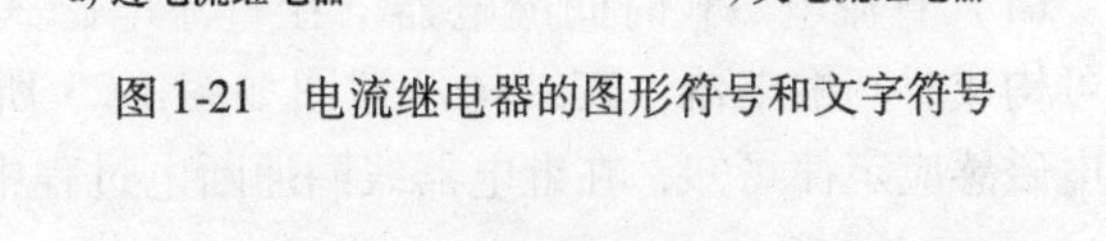

图 1-21 电流继电器的图形符号和文字符号

a) 过电流继电器   b) 欠电流继电器

过电流继电器(KOC)在电路正常工作时不动作,整定范围通常为额定电流的 1.1～4 倍,当被保护电路的电流高于额定值,达到过电流继电器的整定值时,衔铁吸合,触头机构动作,控制电路失电,从而控制接触器及时分断电路,对电路起过电流保护作用。

欠电流继电器(KUC)用于电路的欠电流保护,吸合电流为线圈额定电流的 30%～65%,释放电流为额定电流 10%～20%,因此,在电路正常工作时,衔铁是吸合的,只有当电流降低到某一整定值时,继电器作用,控制电路失电,从而控制接触器及时分断电路。

JT4 系列交流电磁式继电器适合于交流 50Hz、380V 及以下的自动控制电路中作零电压、过电压、过电流的保护和中间继电器使用,过电流继电器也适用于 60Hz 交流电路。

通用电磁式继电器有 JT9、JT10、JL12、JL14、JZ7 等系列,其中 JL14 系列为交直流电流继电器,JZ7 系列为交流中间继电器。

(5) 中间继电器

1) 功能:中间继电器是用来增加控制电路中的信号数量或将信号放大的继电器,将一个输入信号变成一个或多个输出信号。输入信号为线圈是否通电,输出信号是触头的动作,将信号同时传给 N 个控制元件或电路。

2) 结构、符号。

中间继电器的结构与接触器基本相同,由线圈、静铁心、动铁心、触头系统(触头较多,没有主、辅触头之分,且通过的电流大小相同,多数为 5A)、反作用力弹簧等组成,如图 1-22 所示。

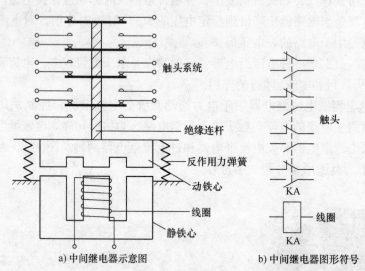

a) 中间继电器示意图　　　　b) 中间继电器图形符号

图 1-22　中间继电器的结构及符号

2. 时间继电器

时间继电器是电路中控制动作时间的继电器,它是一种利用电磁原理或机械动作原理实现触头延时接通或断开的自动控制电器,其种类很多,常用的有电磁式、空气阻尼式及电子式等。

(1) 直流电磁式时间继电器　在直流电磁式电压继电器的铁心上增加一个阻尼铜套,即可构成时间继电器,其结构示意图如图 1-23 所示。它是利用电磁阻尼原理产生延时的,由电磁感应定律可知,在继电器线圈通断电过程中铜套内将产生感应电动势,并流过感应电流，此电流产生的磁通总是与原磁通变化相反。

当继电器通电时，由于衔铁处于释放位置，气隙大、磁阻大、磁通小，阻尼铜套作用相对也小，因此衔铁吸合时延时不显著（一般忽略不计）。

当继电器断电时，磁通变化量大，阻尼铜套作用也大，使衔铁延时释放而起到延时作用。因此，这种继电器仅用于断电延时。

这种时间继电器延时较短，JT3 系列最长不超过 5s，而且准确度较低，一般只适用于要求不高的场合。

（2）空气阻尼式时间继电器　空气阻尼式时间继电器是利用空气阻尼原理获得延时的。它由电磁系统、延时机构和触头三部分组成。电磁机构为直动式双 E 形结构；触头系统是借用 LX5 型微动开关；延时机构采用气囊式阻尼器。

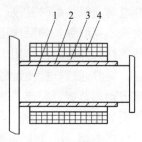

图 1-23　直流电磁式时间
继电器示意图
1—铁心　2—阻尼铜套
3—绝缘层　4—线圈

空气阻尼式时间继电器既具有由空气室中的气动机构带动的延时触头，也具有由电磁机构直接带动的瞬动触头，可以做成通电延时型，也可做成断电延时型。电磁机构可以是直流的，也可以是交流的。此继电器结构简单、价格低廉，但是准确度低、延时误差大（±20%），因此在要求延时精度高的场合不宜采用。

时间继电器有通电延时和断电延时两种类型，空气阻尼式时间继电器示意图及图形符号如图 1-24 所示。通电延时型时间继电器的动作原理是：线圈通电时使触头延时动作，线圈

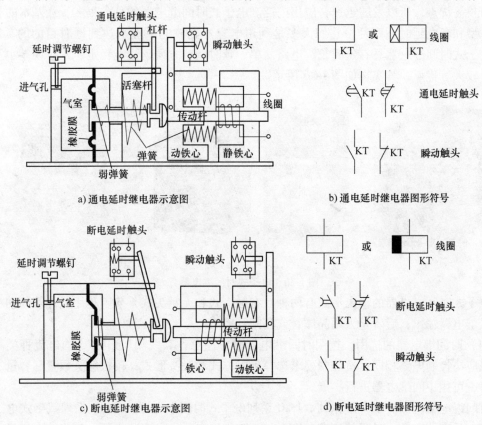

a) 通电延时继电器示意图

b) 通电延时继电器图形符号

c) 断电延时继电器示意图

d) 断电延时继电器图形符号

图 1-24　空气阻尼式时间继电器示意图及图形符号

断电时使触头瞬时复位。具体过程如下：当电路通电后，电磁线圈的静铁心产生磁场力，使动铁心克服弹簧的反作用弹力而吸合，与动铁心相连的传动杆向右运动，吸合活塞杆，克服活塞杆的弹簧的反作用力，使气室内橡胶膜和活塞缓慢向右运动，通过弹簧使瞬动触头动作，同时通过杠杆使延时触头延时动作，延时时间由气室进气口的节流程度决定，其节流程度可用调节螺钉完成，断电时弱弹簧使橡胶膜复位。断电延时型时间继电器的动作原理是：线圈通电时使触头瞬时动作，线圈断电时使触头延时复位。时间继电器的文字符号用 KT 表示。图 1-25 为时间继电器的型号说明。

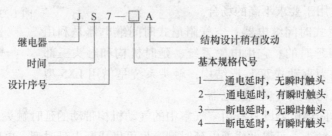

图 1-25   时间继电器的型号说明

（3）电子式时间继电器   电子式时间继电器在时间继电器中已成为主流产品，电子式时间继电器是采用晶体管或集成电路和电子元器件等构成，目前已有采用单片机控制的时间继电器。电子式时间继电器具有延时范围广、精度高、体积小、耐冲击、耐振动、调节方便及寿命长等优点，所以发展迅速，应用广泛。电子式时间继电器的种类很多，最基本的有通电延时型和断电延时型两种，它们大多是利用电容器充放电原理来达到延时目的的。JS14系列电子式时间继电器具有延时长、电路简单、延时调节方便、性能稳定、延时误差小及触头容量较大等优点，其实物如图 1-26 所示。

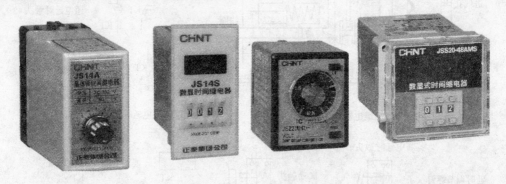

图 1-26   电子式时间继电器

电子式时间继电器的输出形式有两种：有触头式和无触头式，前者是用晶体管驱动小型电磁式继电器输出，后者是采用晶体管或晶闸管输出。

（4）时间继电器的选用   选用时间继电器时应注意：其线圈（或电源）的电流种类和电压等级应与控制电路相同；按控制要求选择延时方式和触头形式；校核触头数量和容量，若不够时，可用中间继电器进行扩展。

时间继电器产品有 JS14A 系列、JS20 系列电子式时间继电器、JS14P 系列数字式电子继电器等，具有体积小、延时精度高、寿命长、工作稳定可靠、安装方便、触头输出容量大和产品规格齐全等优点，广泛用于电力拖动、顺序控制及各种生产过程的自动控制中。

3. 其他非电磁类继电器

非电磁类继电器的感测元件接受非电量信号，如温度、转速、位移及机械力等。常用的非电磁类继电器有热继电器、速度继电器、干簧继电器及固态继电器等。

（1）热继电器　热继电器（FR）主要用于电力拖动系统中电动机负载的过载保护。

电动机在实际运行中，常会遇到过载情况，但只要过载不严重、时间短，绕组不超过允许的温升，这种过载是允许的。但如果过载情况严重、时间长，则会加速电动机绝缘的老化，缩短电动机的使用寿命，甚至烧毁电动机，因此必须对电动机进行过载保护。

1）热继电器结构与工作原理：热继电器主要由热元件、双金属片和触头组成，如图1-27所示，热元件由发热电阻丝构成；双金属片由两种热膨胀系数不同的金属辗压而成，当双金属片受热时，会出现弯曲变形。使用时，把热元件串接于电动机的主电路中，而常闭触头串接于电动机的控制电路中。热继电器的图形及文字符号如图1-28所示。其外形、结构如图1-29所示。

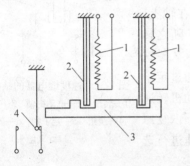

图 1-27　热继电器原理示意图
1—热元件　2—双金属片
3—导板　4—动触头

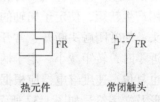

图 1-28　热继电器的图形及文字符号

当电动机正常运行时，热元件产生的热量虽能使双金属片弯曲，但还不足以使热继电器的触头动作。当电动机过载时，双金属片弯曲位移增大，推动导板使常闭触头断开，从而切断电动机控制电路以起保护作用。热继电器动作后一般不能自动复位，要等双金属片冷却后按下复位按钮才能复位。热继电器动作电流的调节可以借助于旋转凸轮于不同位置来实现。

2）热继电器的型号及选用。热继电器的选择应根据电动机的工作环境、起动情况及负载性质等因素来考虑：一方面，

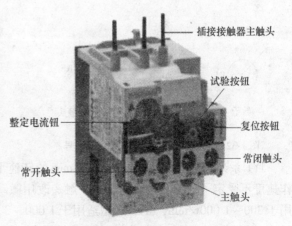

图 1-29　JR 系列热继电器的外形、结构

要充分发挥电动机的过载能力；另一方面，对电动机在短时过载与起动瞬间不产生影响。

热继电器结构形式的选择。星形联结的电动机可以选择两相或三相结构的热继电器；三角形联结的电动机应当选择带断相保护装置的三相结构热继电器。这是选择热继电器的主要

依据。

热继电器的动作电流整定值一般为电动机额定电流的 1.05 ~ 1.1 倍。

热继电器选好后，还需根据电动机的额定电流来调整它的整定值。

热继电器的型号说明如图 1-30 所示。

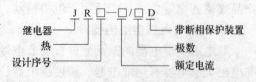

图 1-30　热继电器的型号说明

（2）速度继电器　速度继电器又称为反接制动继电器，它主要用于笼型异步电动机的反接制动控制。感应式速度继电器的结构如图 1-31 所示，它是靠电磁感应原理实现触头动作的。

从结构上看，与交流电动机类似，速度继电器主要由定子、转子和触头三部分组成。定子的结构与笼型异步电动机定子相似，是一个笼型空心圆环，由硅钢片冲压而成，并装有笼型绕组；转子是一个圆柱形永久磁铁。

速度继电器的轴与电动机的轴相连接，转子固定在轴上，定子与轴同心。当电动机转动时，速度继电器的转子随之转动，绕组切割磁场产生感应电动势和电流，此电流和永久磁铁的磁场作用产生转矩，使定子向轴的转动方向偏摆，通过定子柄拨动触头，使常闭触头断开、常开触头闭合。当电动机转速下降到接近零时，转矩减小，定子柄在弹簧力的作用下恢复原位，触头也复位。速度继电器应根据电动机的额定转速进行选择。其图形及文字符号如图 1-32 所示。

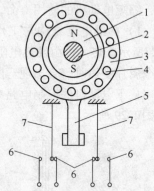

图 1-31　速度继电器的结构图
1—转子　2—电动机轴　3—定子
4—绕组　5—定子柄　6—静触头
7—簧片（动触头）

常用的速度继电器有 JY1 和 JFZ0 系列，图 1-33 为 JY-1 型速度继电器。

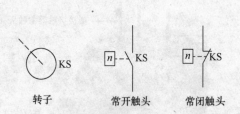

图 1-32　速度继电器的图形、文字符号

转子　　常开触头　　常闭触头

图 1-33　JY-1 型速度继电器

JY1 系列速度继电器能在 3 000r/min 的转速下可靠工作。JFZ0 系列速度继电器触头动作速度不受定子柄偏转快慢的影响，触头改用微动开关。JFZ0 系列 JFZ0-1 型速度继电器适用于 300 ~ 1 000r/min，JFZ0-2 型适用于 1 000 ~ 3 000r/min。速度继电器有两对常开、常闭触头，分别对应于被控电动机的正反转运行。一般情况下，速度继电器的触头在转速达 120r/min 时能动作，转速为 100r/min 左右时能恢复正常位置。

（3）干簧继电器　干簧继电器是一种具有密封触头的电磁式继电器。干簧继电器可以反映电压、电流、功率以及电流极性等信号，在检测、自动控制、计算机控制技术等领域中应用广泛。干簧继电器主要由干式舌簧片与励磁线圈组成。干式舌簧片（触头）是密封的，由铁-镍合金做成，干式舌簧片的接触部分通常镀有贵重金属(如金、铑、钯等)，接触性良好，具有良好的导电性能。触头密封在充有氮气等惰性气体的玻璃管中，因而有效地防止了尘埃的污染，减少了对触头的腐蚀，提高了工作可靠性。干簧继电器的结构如图1-34所示。

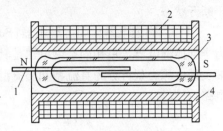

图 1-34　干簧继电器的结构图
1—干式舌簧片　2—线圈　3—玻璃管　4—骨架

当线圈通电后，玻璃管中两干式舌簧片的自由端分别被磁化成 N 极和 S 极，并相互吸引，因而接通被控电路。线圈断电后，干式舌簧片在本身的弹力作用下分开，将电路切断。图1-35为由线圈控制的干簧继电器的工作原理图。

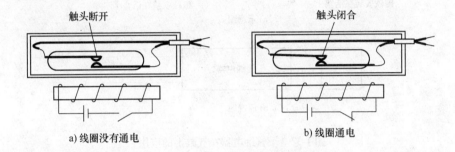

a) 线圈没有通电　　　　　　b) 线圈通电

图 1-35　干簧继电器工作原理图(一)

干簧继电器结构简单、体积小、吸合功率小、灵敏度高，一般吸合与释放时间均在 0.5～2ms 以内；触头密封，不受尘埃、潮气及有害气体污染，动片质量小、动程小，触头电气寿命长，一般可达 10^7 次左右。

干簧继电器还可以用永磁体来驱动，反映非电信号，用于限位、行程控制及非电量检测等。主要部件为干簧继电器的干簧水位信号器，适用于工业与民用建筑中的水箱、水塔及水池等开口容器的水位控制和水位报警。图1-36为永久磁铁控制的干簧继电器的工作原理图，图1-37为干簧继电器在气缸上的应用，在气缸的活塞上有环形磁铁，当活塞在左位时，活塞上的磁铁使气缸左边的干簧继电器的触头吸合，同时左边的干簧继电器上的指示灯亮，表明左边的干簧继电器的触头处于闭合状态，右边的干簧继电器的触头处于断开状态。同理，当活塞在右边时，活塞上的磁铁使气缸右边的干簧继电器的触头吸合，同时右边的干簧继电器上的指示灯亮，表明右边的干簧继电器的触头处于闭合状态，左边的干簧继电器的触头处

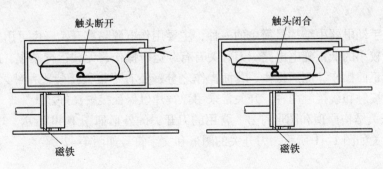

触头断开　　　　　　　　触头闭合

磁铁　　　　　　　　　　磁铁

图 1-36　干簧继电器工作原理图(二)

于断开状态。

（4）固态继电器 固态继电器(Solid State Relay,SSR)是用半导体材料制成的，故又称为半导体继电器。单相固态继电器是具有两个输入端和两个输出端的一种四端器件，按输出端负载电源类型可分为直流型和交流型两类。图 1-38 和图 1-39 分别为固态继电器的实物和电路符号。

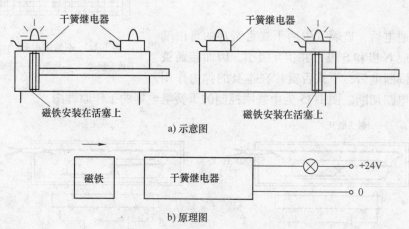

a) 示意图

b) 原理图

图 1-37 干簧继电器在气缸上的应用

图 1-38 固态继电器实物

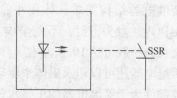

图 1-39 固态继电器的电路符号

1.1.4 刀开关与低压断路器

开关是最普通、使用最早的电器，其作用是分合电路、通断电流，常用的有刀开关、隔离开关、负荷开关、转换开关(组合开关)、低压断路器等。下面重点介绍刀开关和低压断路器。

1. 刀开关

刀开关是手动电器中结构最简单的一种，主要用作电源隔离开关，也可用来非频繁地接通和分断容量较小的低压配电电路。刀开关有有载运行操作、无载运行操作、选择性运行操作之分；又有正面操作、侧面操作、背面操作之分；还有不带灭弧装置和带灭弧装置之分。刀口接触有面接触和线接触两种。开关常采用弹簧片以保证接触良好。

（1）刀开关结构原理和图形符号 常用的刀开关的外形如图 1-40 所示，HK2 系列瓷底开启式负荷开关如图 1-41 所示，刀开关的图形和文字符号如图 1-42 所示。

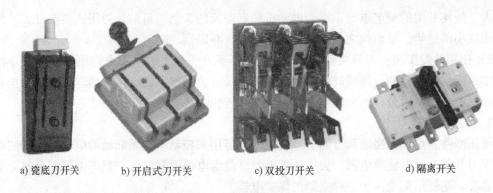

a) 瓷底刀开关　　　b) 开启式刀开关　　　c) 双投刀开关　　　　　　d) 隔离开关

图 1-40　常用刀开关的外形

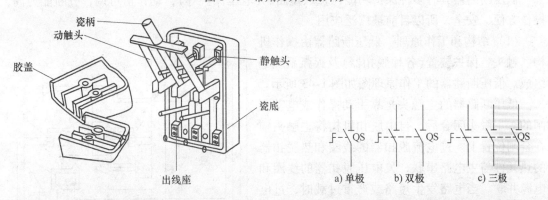

图 1-41　HK2 系列瓷底开启式负荷开关　　　　图 1-42　刀开关的图形和文字符号

（2）刀开关的接法和主要类型　接线时应将电源线接在刀开关的上端，负载接在下端，这样拉闸后刀片与电源隔离，可防止意外事故发生。刀开关的主要类型有：大电流刀开关、负荷开关、熔断器式刀开关。常用的产品有：HD11～HD14 和 HS11～HS13 系列刀开关。

（3）刀开关的选用和注意事项

1）刀开关选择时应考虑以下两个方面：

① 刀开关结构形式的选择。应根据刀开关的作用来选择，如是否带灭弧装置，若用于分断负载电流，则应选择带灭弧装置的刀开关；根据装置的安装形式来选择，如是正面、背面或侧面操作形式，是直接操作还是杠杆传动，是板前接线还是板后接线的结构形式等。

② 刀开关的额定电流的选择，一般应等于或大于所分断电路中各个负载额定电流的总和。对于电动机负载，应考虑其起动电流，所以应选用额定电流大一级的刀开关。若再考虑电路出现的短路电流，则还应选用额定电流更大一级的刀开关。

QA 系列、QF 系列、QSA（HH15）系列隔离开关用于低压配电系统中，HY122 系列是带有明显断口的数模化隔离开关，广泛用于楼层配电、计量箱及终端组电器中。

HR3 熔断器式刀开关具有刀开关和熔断器的双重功能，采用这种组合开关电器可以简化配电装置结构，经济实用，越来越广泛地用在低压配电屏上。

HK1、HK2 系列开启式负荷开关用作电源开关和小容量电动机非频繁起动的操动开关。HH3、HH4 系列封闭式负荷开关的操动机构具有速断弹簧与机械联锁，用于非频繁起动、28kW 以下的三相异步电动机。封闭式负荷开关的额定电压应不小于工作电路的额定电压；额定电流应等于或稍大于电路的工作电流。用于控制电动机工作时，考虑到电动机的起动电流较大,应使开关的额定电流不小于电动机额定电流的 3 倍。目前,封闭式负荷开关的使用有逐步减小的趋势,取而代之的是大量使用的低压断路器。

2)使用注意事项:刀开关垂直安装在控制屏或开关板上时决不允许倒装,以防手柄因自身重力而引起误合闸,接线时应将电源线接上端、负载接下端,内装熔丝作短路保护和严重过载保护,操作时分合闸动作应迅速,使电弧较快熄灭。

2. 低压断路器

低压断路器可用来接通和分断负载电路,也可用来控制不频繁起动的电动机。它的功能相当于刀开关、过电流继电器、失电压继电器、热继电器及漏电保护器等电器部分或全部的功能总和,是低压配电网中一种重要的保护电器。

低压断路器具有多种保护功能(过载、短路、欠电压保护等),动作值可调,分断能力高,操作方便、安全,所以目前被广泛应用。

(1)结构和工作原理 低压断路器由操作机构、触头、保护装置(各种脱扣器)及灭弧系统等组成。低压断路器的工作原理图如图 1-43 所示。

低压断路器的主触头是靠手动操作或电动合闸的。主触头闭合后,自由脱扣机构将主触头锁在合闸位置上。过电流脱扣器的线圈和热脱扣器的热元件与主电路串联,欠电压脱扣器的线圈和电源并联。当电路发生短路或严重过载时,过电流脱扣器的衔铁吸合,使自由脱扣机构动作,主触头断开主电路。当电路过载时,热脱扣器的热元件发热使双金属片向上弯曲,推动自由脱扣机构动作。当电路欠电压时,欠电压脱扣器的衔铁释放,也使自由脱扣机构动作。分励脱扣器可作为远距离控制用,在正常工作时,其线圈是断电

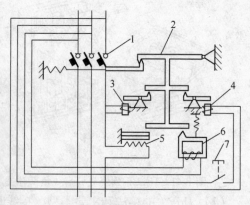

图 1-43 低压断路器的工作原理图
1—主触头 2—自由脱扣机构 3—过电流脱扣器
4—分励脱扣器 5—热脱扣器
6—欠电压脱扣器 7—停止按钮

的,在需要远距离控制时,按下起动按钮,使线圈通电,衔铁带动自由脱扣机构动作,使主触头断开。图 1-44 为断路器的图形和文字符号。

(2)低压断路器的分类 低压断路器主要分类方法是以结构形式分类,即装置式和开启式两种。装置式又称为塑料外壳式,开启式又称为框架式或万能式。此外,还有智能化低压断路器。

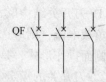

图 1-44 断路器的
图形和文字符号

1)装置式低压断路器:装置式低压断路器外有绝缘塑料外壳,内装触头系统、灭弧室及脱扣器等,可手动或电动(对大容量断路器而言)合闸,有较高的分断能力和动稳定性,有较完善的选择性保护功能,广泛用于配电电路中。塑料外壳式断路器是低压配电电路中及电动机控制和保护电路中的一种常用的开关电器,其型号有 DZ47 系列。图 1-45 所示的 DZ47-60 表示额定电流为 60 A 的 DZ47 系列塑料外壳式低压断路器。图 1-46 所示为断路器的型号说明。

图 1-45 DZ47-60 型低压断路器的实物图

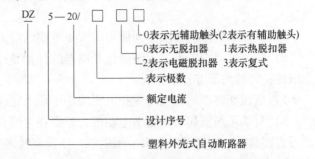

图 1-46 断路器的型号说明

2）开启式低压断路器：开启式低压断路器一般容量较大，具有较高的短路分断能力和较高的动稳定性，适用于交流频率 50Hz、额定电压 380V 的配电电路中作配电干线的主保护。图 1-47 所示为 DW 型开启式低压断路器的实物图。

开启式低压断路器主要由触头系统、操作机构、过电流脱扣器、分励脱扣器及欠电压脱扣器、附件及框架等组成，全部组件进行绝缘后装于框架结构底座中。

图 1-47 DW 型开启式低压断路器的实物图

目前我国常用的有 DW15、ME、AE、AH 等系列的开启式低压断路器。DW15 系列低压断路器有 1 000A、1 500A、2 500A 和 4 000A 等几个型号；操作方式有直接手柄式杠杆操作、电磁铁操作和电动机操作等，其中 2 500A 和 4 000A 需要的操作力较大，所以只能用电动机来代替人工操作。

ME、AE、AH 等系列低压断路器的规格型号较为齐全，额定分断能力较 DW15 系列更强，常用于低压配电干线的主保护电路中。

3）智能化低压断路器：目前国内生产的智能化低压断路器有开启式和装置式两种。开启式智能化低压断路器主要用于智能化自动配电系统中的主断路器。装置式智能化低压断路器主要用于配电电路中分配电能和作为电路及电源设备的控制与保护，亦可用于三相笼型异步电动机的控制。智能化低压断路器的特征是采用以微处理器或单片机为核心的智能控制器（智能脱扣器），它不仅具备普通低压断路器的各种保护功能，同时还具备实时显示电路中的各种电气参数（电流、电压、功率及功率因数等）的功能，可对电路进行在线监视、调节、测量、试验、自诊断及通信等，能够显示、设定和修改各种保护功能的动作参数，可将保护电路动作时的故障参数存储在非易失存储器中，以便查询。

（3）低压断路器的选用原则

1）根据电路对保护的要求确定低压断路器的类型和保护形式——确定选用开启式或装置式，是否具有限流功能等。

2）低压断路器的额定电压应等于或大于被保护电路的额定电压。

3）低压断路器的欠电压脱扣器的额定电压应等于被保护电路的额定电压。

4）低压断路器的额定电流及过电流脱扣器的额定电流应大于或等于被保护电路的计算电流。

5）低压断路器的极限分断能力应大于电路的最大短路电流的有效值。

6）配电电路中的上、下级低压断路器的保护特性应协调配合，下级的保护特性应位于上级保护特性的下方且不相交。

7）低压断路器的长延时脱扣电流应小于导线允许的持续电流。

8）对于不频繁起动的笼型电动机，只要在电网允许范围内，都可首先考虑采用低压断路器直接起动，这样可以大大节约电能，还没有噪声。

1.1.5 熔断器

熔断器是一种简单而有效的保护电器，它在电路中主要起短路保护作用。

熔断器主要由熔体和安装熔体的绝缘管(绝缘座)组成。使用时，熔体串接于被保护的电路中，当电路发生短路故障时，熔体会瞬时熔断而分断电路，起到保护作用。图 1-48 所示为熔断器的图形和文字符号。

1. 常用的熔断器

常用的熔断器有插入式熔断器、螺旋式熔断器、封闭式熔断器、快速熔断器及自复熔断器等，熔断器的型号说明如图 1-49 所示。

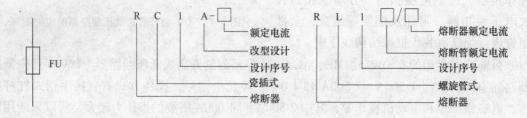

图 1-48 熔断器的 图 1-49 熔断器的型号说明
图形和文字符号

（1）插入式熔断器 图 1-50 所示为插入式熔断器，它常用于 380V 及以下电压等级的电路末端，用于配电支路或电气设备的短路保护。

（2）螺旋式熔断器 图 1-51 所示为螺旋式熔断器，其熔体上的上端盖有一熔断指示器，一旦熔体熔断，指示器马上弹出，可透过瓷帽上的玻璃孔观察到，它常用于机床电气控制设备中。螺旋式熔断器的特点是分断电流较大，可用于电压等级 500V 及其以下、电流等级 200A 以下的电路中，作短路保护用，图 1-52 所示为 RL 螺旋式熔断器实物图。

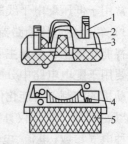

图 1-50 插入式熔断器
1—动触头 2—熔体
3—瓷插件 4—静触头 5—瓷座

（3）封闭式熔断器 封闭式熔断器可分为有填料熔断器和无填料熔断器两种，如图 1-53 和图 1-54 所示。有填料封闭式熔断器一般用方形瓷管，内装石英砂及熔体，分断能力强，用于电压等级 500V 以下、电流等级 1kA 以下的电路中。无填料封闭式熔断器将熔体装入密闭式圆筒中，分断能力稍小，用于电压等级 500V 以下、电流等级 600A 以下电力电网或配电设备中。

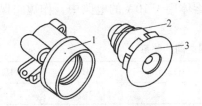

图 1-51　螺旋式熔断器

1—底座　2—熔体　3—瓷帽

图 1-52　RL 螺旋式熔断器实物图

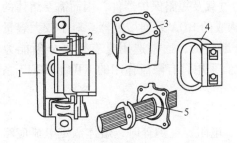

图 1-53　有填料封闭式熔断器

1—瓷底座　2—弹簧片　3—管体

4—绝缘手柄　5—熔体

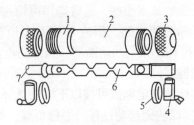

图 1-54　无填料封闭式熔断器

1—铜圈　2—熔断管　3—管帽　4—插座

5—特殊垫圈　6—熔体　7—熔片

（4）快速熔断器　它主要用于半导体整流器件或整流装置的短路保护。由于半导体器件的过载能力很低，只能在极短时间内承受较大的过载电流，因此要求作短路保护的电器具有快速熔断的能力。快速熔断器的结构和有填料封闭式熔断器的结构基本相同，但熔体的材料和形状不同，它是以银片冲制的有 V 形深槽的变截面熔体。

（5）自复熔断器　采用金属钠作熔体，在常温下具有高电导率。当电路发生短路故障时，短路电流产生的高温使金属钠迅速气化，气态钠呈现高阻态，从而限制了短路电流通过。当短路电流消失后，电路温度下降，金属钠恢复为原来的高电导率状态，从而使电流通过。自复熔断器只能限制短路电流，不能真正分断电路，其优点是不必更换熔体，能重复使用。

2. 熔断器的特性与选用

（1）熔断器的安秒特性　熔断器的动作是靠熔体的熔断来实现的，当电流较大时，熔体熔断所需的时间就较短；而电流较小时，熔体熔断所需用的时间就较长，甚至不会熔断。因此对熔体来说，其动作电流和动作时间的关系，即熔断器的安秒特性，为反时限特性，如图 1-55 所示。

每个熔体都有一最小熔断电流。对应于不同的温度，同一熔体的最小熔断电流也不同。虽然该电流受外界环境因素的影响，但在实际应用中可以不加考虑。一般定义熔体的最小熔断电流与

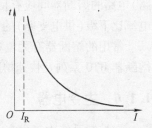

图 1-55　熔断器的安秒特性

熔体的额定电流之比为最小熔断系数，常用熔体的最小熔断系数大于 1.25，也就是说额定电流为 10A 的熔体在电流为 12.5A 以下时不会熔断。熔断电流与熔断时间之间的关系

见表 1-2。

从这里可以看出,熔断器只能起到短路保护作用,不能起过载保护作用。如确需在过载保护中使用,必须降低其使用的额定电流,如 8A 的熔体用于 10A 的电路中,作短路保护兼过载保护用,但此时的过载保护特性并不理想。

表 1-2　熔断电流与熔断时间之间的关系

熔断电流	$(1.25 \sim 1.3)I_N$	$1.6I_N$	$2I_N$	$2.5I_N$	$3I_N$	$4I_N$
熔断时间	∞	1h	40s	8s	4.5s	2.5s

(2)熔断器的选择　主要依据负载的特性和短路电流的大小来选择熔断器的类型。对于容量小的电动机和照明支路,常采用熔断器作为过载及短路保护器件,因而需要熔体的最小熔断系数适当小些,通常选用由铅-锡合金熔体构成的 RQA 系列熔断器。对于较大容量的电动机和照明电路,则应着重考虑短路保护和分断能力,通常选用具有较高分断能力的 RM10 和 RL1 系列的熔断器;当短路电流很大时,宜采用具有限流作用的 RT0 和 RT12 系列的熔断器。

熔体的额定电流可按以下方法选择:

1)保护无起动过程的平稳负载,如照明电路、电阻、电炉等时,熔体额定电流应略大于或等于负载电路中的额定电流。

2)保护单台长期工作的电动机时,熔体额定电流可按电动机最大起动电流选取,也可按下式选取:

$$I_{RN} \geq (1.5 \sim 2.5)I_N \tag{1-1}$$

式中,I_{RN} 为熔体额定电流(A);I_N 为电动机额定电流(A)。如果电动机频繁起动,式中系数可适当加大至 3 ~ 3.5,具体应根据实际情况而定。

3)保护多台长期工作的电动机(供电干路)。多台电动机共用一个熔断器保护时:

$$I_{RN} \geq (1.5 \sim 2.5)I_{Nmax} + \sum I_N \tag{1-2}$$

式中,I_{RN} 为熔体额定电流(A);I_{Nmax} 为容量最大的电动机的额定电流(A);$\sum I_N$ 为其他电动机额定电流之和。

轻载起动或起动时间较短时,式中系数取 1.5;重载起动或起动时间较长时,式中系数取 2.5。熔断器的额定电流应大于或等于熔体额定电流。

4)熔断器的级间配合。为防止发生越级熔断、扩大事故范围,上、下级(即供电干、支路)电路的熔断器间应有良好的级间配合。选用时,应使上级(供电干路)熔断器的熔体额定电流比下级(供电支路)的大 1 ~ 2 个级差。

常用的熔断器有无填料封闭式熔断器 R1 系列、螺旋式熔断器 RL1 系列、有填料封闭式熔断器 RT0 系列及快速熔断器 RS0、RS3 系列等。

1.1.6　主令电器

在控制系统中,主令电器是一种专门发布命令、直接或通过电磁式继电器间接作用于控制电路的电器,常用来控制电力拖动系统中电动机的起动、停车、调速及制动等。

常用的主令电器有:控制按钮、行程开关、接近开关、红外线光电开关、万能转换开关及主令控制器等。下面将详细介绍。

1. 控制按钮

控制按钮是一种结构简单、使用广泛的手动主令电器，它可以与接触器或继电器配合，对电动机实现远距离的自动控制，还可用于实现控制电路的电气联锁。

如图 1-56 所示，控制按钮由按钮帽、复位弹簧、触头和外壳等组成，通常做成复合式，即具有常闭触头和常开触头。复合按钮是将常开与常闭按钮组合为一体的按钮。未按下时，常闭触头是闭合的，常开触头是断开的。按下按钮时，先断开常闭触头，后接通常开触头；按钮释放后，在复位弹簧的作用下，按钮触头自动复位，触头动作与按下按钮时的先后顺序相反。通常，在无特殊说明的情况下，有触头电器的触头动作顺序均为"先断后合"。

按钮的图形及文字符号如图 1-57 所示。

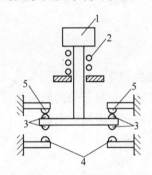

图 1-56 按钮结构示意图
1—按钮帽 2—复位弹簧 3—动触头
4、5—静触头

常开触头 常闭触头 复合触头

图 1-57 按钮的图形和文字符号

在电气控制电路中，常开按钮常用来起动电动机，也称起动按钮，常闭按钮常用于控制电动机停车，也称停车按钮，复合按钮常用于联锁控制电路中。控制铵钮的种类很多，在结构上有紧急式、钥匙式、旋钮式及带灯式等。图 1-58 所示为按钮的型号说明，图 1-59 所示为常用按钮实物。图 1-58 中结

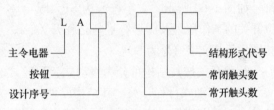

主令电器
按钮
设计序号
结构形式代号
常闭触头数
常开触头数

图 1-58 按钮的型号说明

构形式代号的含义为：K——开启式，S——防水式，J——紧急式，X——旋钮式，H——保护式，F——防腐式，Y——钥匙式，D——带灯按钮。

控制按钮有 LA2、LA18、LA19、LA20、LAY1 和 SFAN-1 等系列，其中 SFAN-1 型为消防打碎玻璃按钮，LA2 系列为老产品，新产品有 LA18、LA19、LA20 等系列。LA18 系列采用积木式结构，触头数目可按需要拼装至六常开六常闭结构，一般装成二常开二常闭结构。LA19、LA20 系列有带指示灯和不带指示灯两种，前者按钮帽用透明塑料制成，兼作指示灯罩用。

按钮选择的主要依据是使用场所，确定所需要的触头数量、种类及颜色。按钮使用时应注意触头间的清洁，防止油污、杂质进入而造成短路或接触不良等事故的发生，在高温下使用的按钮应加紧固垫圈或在接线柱螺钉处加绝缘套管。带指示灯的按钮不宜长时间通电，应设法降低指示灯电压以延长其使用寿命；应根据工作状态指示需要和工作情况要求来选择按钮或指示灯的颜色。如，起动按钮可选用白、灰或黑色，优先选用白色，也可选用绿色；急停按钮应选用红色；停止按钮可选用黑、灰或白色，优先用黑色，也可选用红色。根据控制

电路的需要选择按钮的数量, 如单联钮、双联钮和三联钮。

图 1-59　常用按钮实物

2. 行程开关

行程开关用于控制机械设备的行程及限位保护。在实际生产中, 将行程开关安装在预先安排的位置, 当装于生产机械运动部件上的撞块撞击行程开关时, 行程开关的触头动作, 实现电路的切换。因此, 行程开关是一种根据运动部件的行程位置而切换电路的电器, 它的作用原理与按钮类似。行程开关广泛用于各类机床和起重机械中, 用以控制其行程、进行终端的限位保护。在电梯的控制电路中, 还利用行程开关来控制开关轿门的速度、自动开关门的限位, 轿厢的上、下限位保护等。行程开关一般有旋转式、按钮式等数种。其图形符号如图 1-60 所示, 文字符号为 ST。限位开关的工作原理及图形符号与行程开关相同, 但其文字符号为 SQ。

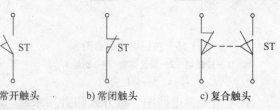

a) 常开触头　　　　b) 常闭触头　　　　c) 复合触头

图 1-60　行程开关图形符号

行程开关按其结构可分为直动式、滚轮式、微动式和组合式。

(1) 直动式行程开关　其结构原理如图 1-61 所示, 其动作原理与按钮相同, 但其触头的分合速度取决于生产机械的运行速度, 因此不宜用于速度低于 0.4m/min 的场所。其实物如图 1-62 所示。

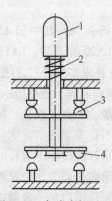

图 1-61　直动式行程开关　　　　　　图 1-62　直动式行程开关实物

1—推杆　2—弹簧　3—动触头　4—静触头

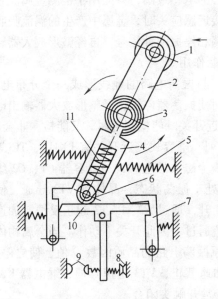

图 1-63　滚轮式行程开关　　　　　　图 1-64　滚轮式行程开关实物

1—滚轮　2—上转臂　3、5、11—弹簧

4—套架　6—滑轮　7—压板

8、9—触头　10—横板

（2）滚轮式行程开关　其结构原理如图 1-63 所示，当被控机械上的撞块撞击带有滚轮的上转臂时，上转臂转向左边，滑轮转向右边，横板右边被压下，触头迅速动作。当运动机械返回时，在弹簧的作用下，各部分动作部件复位。

滚轮式行程开关又分为单滚轮自动复位式和双滚轮（羊角式）非自动复位式，双滚轮行程开关具有两个稳态位置，有"记忆"作用，在某些情况下可以简化电路。滚轮式行程开关实物如图 1-64 所示。

（3）微动式行程开关　其结构原理如图 1-65 所示。常用的有 LXW-11 系列产品。

行程开关可按下列要求选用：

1）根据应用场合及控制对象选择种类。

2）根据安装环境选择防护形式。

3）根据控制电路的额定电压和额定电流选择系列。

4）根据机械位置开关的传力与位移关系选择合适的操作形式。

使用行程开关时安装位置要准确牢固，若在运动部件上安装，接线应有套管保护，使用时应定期检查，防止接触不良或接线松脱造成误动作。

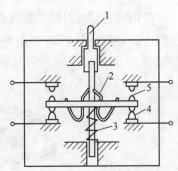

图 1-65　微动式行程开关

1—推杆　2—弹簧　3—压缩弹簧

4—静触头　5—动触头

3. 接近开关

接近式位置开关是一种非接触式的位置开关，简称接近开关，它由感应头、高频振荡器、放大器和外壳组成。当运动部件与接近开关的感应头接近时，就使其输出一个电信号。

接近开关分为电感式和电容式两种。

电感式接近开关的感应头是一个具有铁氧体磁心的电感线圈，只能用于检测金属。它的振荡器在感应头表面产生一个交变磁场，当有金属接近感应头时，金属中产生的涡流吸收了振荡器的能量，使振荡减弱以至停振，因而产生振荡和停振两种信号，再经整形放大器转换成二进制的开关信号，从而起到"开"、"关"的控制作用。

电容式接近开关的感应头是一个圆形平板电极，与振荡电路的地线形成一个分布电容。当有导体或其他介质接近感应头时，其电容量增大而使振荡器停振，经整形放大器输出电信号，从而起到"开"、"关"的控制作用。电容式接近开关既能检测金属，又能检测非金属。

常用的电感式接近开关有 LXJ0、LJ1、LJ2 等系列，电容式接近开关有 LXJ15、TC 等系列。图 1-66 所示为 LXJ0 型接近开关原理图，图中 L 为磁头的电感，与电容器 $C1$、$C2$ 组成了电容三点式振荡电路。正常情况下，晶体管 VT1 处于振荡状态，晶体管 VT2 导通，使集电极电位降低，VT3 基极电流减小，其集电极电位上升，通过 $R2$ 对 VT2 起正反馈，加速了 VT2 的导通和 VT3 的截止，继电器 KA 的线圈无电流通过，因此开关不动作。当金属物体接近线圈时，则在金属体内产生涡流，此涡流将减小原振荡电路的品质因数 Q 值，使之停振。此时 VT2 的基极无交流信号，VT2 在 $R2$ 的作用下加速截止，VT3 迅速导通，继电器 KA 线圈有电流通过，继电器 KA 动作。其常闭触头断开，常开触头闭合。

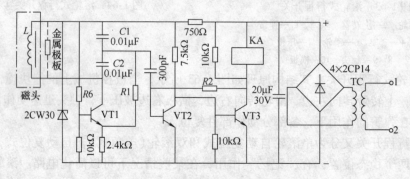

图 1-66　LXJ0 型接近开关原理图

使用接近开关时应注意选配合适的有触头继电器作为输出电器，同时应注意温度对其定位精度的影响。图 1-67 所示为接近开关实物。

图 1-67　接近开关实物

4. 红外线光电开关

红外线光电开关有反射式和对射式两种。反射式光电开关是利用物体对光电开关发射出的红外线反射回去，由光电开关接收，从而判断是否有物体存在，如有物体存在，光电开关接收到红外线，其触头动作，反之其触头复位。对射式光电开关是由分离的发射器和接收器组成，当无遮挡物时，接收器接收到发射器发出的红外线，其触头动作；当有物体挡住时，接收器便接收不到红外线，其触头复位。

光电开关的用途已远远超出一般行程控制和限位保护，可用于高速计数、测速、液面控制、检测物体的存在及检测零件尺寸等许多场合。

5. 万能转换开关

万能转换开关是一种多档式、控制多电路的主令电器。万能转换开关主要用于各种控制电路的转换，电压表、电流表的换相测量控制，配电装置电路的转换和遥控等。万能转换开关还可以用于直接控制小容量电动机的起动、调速和换向等。图 1-68 所示为万能转换开关单层的结构示意图。

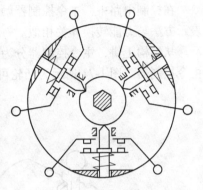

图 1-68　万能转换开关单层的结构示意图

万能转换开关的常用产品有 LW5 和 LW6 系列，LW5 系列可控制 5.5kW 及以下的小容量电动机；LW6 系列只能控制 2.2kW 及以下的小容量电动机。万能转换开关用于可逆运行控制时，只有在电动机停车后才允许反向起动。LW5 系列万能转换开关按手柄的操作方式可分为自复式和自定位式两种。所谓自复式是指用手拨动手柄于某一档位时，手松开后，手柄自动返回原位；自定位式则是指手柄被置于某档位时，不会自动返回原位而停在该档位。

万能转换开关的手柄操作位置是以角度表示的。不同型号的万能转换开关的手柄有不同的触头，其图形符号如图 1-69a 所示。由于其触头的分合状态与操作手柄的位置有关，所以，在电路图中除画出触头图形符号外，还应画出操作手柄与触头分合状态的关系(图 1-69b)。图中当万能转换开关打向左 45°时，触头 1-2、3-4、5-6 闭合，触头 7-8 断开；打向 0°时，只有触头 5-6 闭合，右 45°时，触头 7-8 闭合，其余断开。图 1-70 所示为万能转换开关的实物。

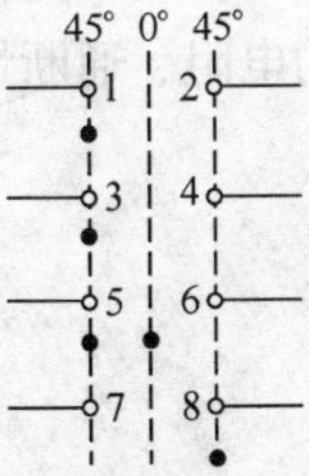

LW5—15D0403/2			
触头编号	45°	0°	45°
1-2	×		
3-4	×		
5-6	×	×	
7-8			×

a) 图形符号　　　b) 触头闭合表

图 1-69　万能转换开关的图形符号及触头闭合表

图 1-70　万能转换开关的实物

6. 主令控制器

主令控制器是一种可对电路进行频繁接通和分断的电器。通过对它的操作，可以对控制电路发布命令，与其他电路联锁或切换。主令控制器常配合磁力起动器对绕线转子异步电动机的起动、制动、调速及换向实行远距离控制，广泛用于各类起重机械的拖动控制系统中。

　　主令控制器一般由外壳、触头、凸轮、转轴等组成，与万能转换开关相比，它的触头容量大，操纵档位也较多。主令控制器是由一块可转动的凸轮带动触头动作的。

　　常用的主令控制器有 LK5 和 LK6 系列，其中 LK5 系列有直接手动操作、带减速器的机械操作与电动机驱动等三种形式。LK6 系列是由同步电动机和齿轮减速器组成定时元件，由此元件按规定的时间顺序，周期性地分合电路。

　　在控制电路中，主令控制器触头的图形符号及操作手柄在不同位置时的触头分合状态的表示方法与万能转换开关相似。

　　从结构上讲，主令控制器分为两类：一类是凸轮可调式主令控制器，一类是凸轮固定式主令控制器。图 1-71 所示为凸轮可调式主令控制器。

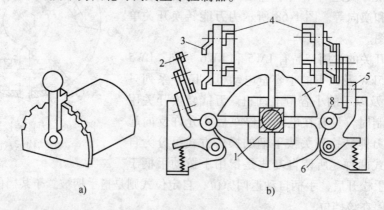

图 1-71　凸轮可调式主令控制器

1—凸轮块　2—动触头　3—静触头　4—接线端子　5—支杆　6—转动轴　7—凸轮块　8—小轮

其他主令电器还有如脚踏开关、倒顺开关、紧急开关、钮子开关等，本文不再一一叙述。

1.2　实训项目　常用低压电器的认识、拆装及测试

1. 项目任务

　　能够识别常用低压电器，并了解其功能、结构及工作原理，理解参数含义；拆装常见低压电器，仔细观察其结构和动作过程，写出各主要零部件的名称；测量触头的电阻、通断情况并进行故障判断，掌握其故障处理办法。

2. 项目技能点和知识点

（1）技能点

1）能够正确识别常用低压电器。

2）能够拆卸和装配常用低压电器。

3）能够对常见简单低压电器故障进行检测和维修。

4）能够使用电工工具和电工仪表。

5）能根据单台三相异步电动机的技术参数合理选择低压电器的规格型号。

6）能对常用低压电器进行正确的安装、接线。

（2）知识点

1）了解刀开关、转换开关、按钮、断路器、继电器等低压电器的一般结构。

2）了解常用低压电器的分类、型号意义及技术参数。

3）熟悉常用低压电器的功能、结构及工作原理。

4）掌握常用低压电器的选用、拆装和维修方法。

3. 项目设备

项目设备见表1-3。

表1-3 项目设备表

名 称	型号或规格	数量	名 称	型号或规格	数量
单向调压器	1kVA	1台	一般电工工具	螺钉旋具、测电笔、万用表、剥线钳等	1套
刀开关	HK1-30/3	1只			
熔断器	RC1A-15	1只	低压断路器	DZ15	1只
按钮		2只	三相异步电动机	Y-100L2-4	1只
导线	2.5mm²	若干	交流接触器	CJ20-20	2只

4. 项目实施

1）拆装一个开启式负荷开关，记录安装使用注意事项，在表1-4中记录其常见故障及处理办法，记录主要零件的名称、作用。

表1-4 开启式负荷开关的拆装、识别和故障处理

型 号	参 数 含 义	主要零部件	
		名称	作用
安装使用注意事项	常见故障分析及处理		

2）拆卸和组装一只按钮，记录安装使用注意事项，在表1-5中记录其常见故障及处理办法，记录主要零件的名称、作用。

表1-5 按钮的拆装、识别及故障处理

型 号	参 数 含 义	主要零部件	
		名称	作用
安装使用注意事项	常见故障分析及处理		

3) 拆卸和组装一只熔断器，记录安装使用注意事项，在表 1-6 中记录其常见故障及处理办法，记录主要零件的名称、作用。

表 1-6 熔断器的拆装、识别和故障处理

型　号	参数含义	主要零部件	
		名称	作用
安装使用注意事项	常见故障分析及处理		

4) 拆卸和组装一只断路器，记录安装使用注意事项，在表 1-7 中记录其常见故障及处理办法，记录主要零件的名称、作用。

表 1-7 断路器的拆装、识别和故障处理

型　号	参数含义	主要零部件	
		名称	作用
安装使用注意事项	常见故障分析及处理		

5) 拆装交流接触器，记录安装使用注意事项，在表 1-8 中分析记录其常见故障及处理办法，记录主要零件的名称、作用。

表 1-8 交流接触器的拆装、识别和故障处理

型　号	参数含义	主要零部件	
		名称	作用
安装使用注意事项	常见故障分析及处理		

① 拆卸：拆下灭弧罩；拆下底盖螺钉；打开底盖，取出铁心，注意衬垫纸片不要丢失；取出缓冲弹簧和电磁线圈；取出反作用弹簧。拆卸完毕将零部件放好，不要丢失。

② 观察：仔细观察交流接触器结构，零部件是否完好无损；观察铁心上的短路环位置及大小；记录交流接触器有关数据。

③ 组装：安装反作用弹簧；安装电磁线圈和缓冲弹簧；安装铁心；最后安装底盖，拧紧螺钉。安装时，不要碰损零部件。

④ 更换辅助触头：松开压紧螺钉，拆除静触头；再用镊子夹住动触头向外拆，即可拆除动触头；将触头插在应安装的位置，拧紧螺钉就可以更换静触头；用镊子或尖嘴钳夹住动触头插入动触头的位置，更换动触头。

⑤ 更换主触头：交流接触器主触头一般是桥式结构。将主触头的动、静触头一一拆除，依次更换。应注意组装时，零件必须到位，无卡阻现象。

6）对交流接触器的吸合及释放电压进行测试，步骤如下。

复杂的电气控制电路大多数都是由许多低压电器组成的。在设计和安装控制电路时，必须熟悉低压电器的外形结构及型号意义，并掌握简单的检查与测试方法。交流接触器的吸合及释放电压的测试电路如图 1-72 所示。

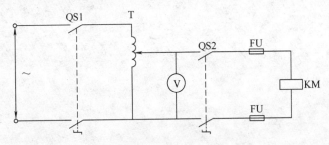

图 1-72 交流接触器的吸合及释放电压的测试电路

① 按照图 1-72 接线。

② 闭合刀开关 QS1，调节调压器为 380V；闭合 QS2，交流接触器线圈通电。

③ 转动调压器手柄，使电压均匀下降，同时注意接触器的变化，并在表 1-9 中记录数据。

表 1-9 交流接触器的拆装识别和测量 （单位:V）

电源电压	开始出现噪声电压	接触器释放电压	释放电压/额定电压	最低吸合电压	吸合电压/电源电压

④ 对交流接触器的最低吸合电压进行测试。从释放电压开始，每次将电压上调 10V，然后闭合刀开关，观察接触器是否闭合。如此重复，直到交流接触器能可靠地闭合工作为止，记录数据填入表 1-9 中。

⑤ 注意事项：接线要求牢固、整齐、清楚、安全可靠。操作时要心细、谨慎，不允许用手触及电气元器件的导电部分以免造成意外损伤。

思考练习题

1. 组合开关能否用来分断故障电流？
2. 断路器有哪些保护功能？分别由哪些部件完成？
3. 什么是熔体的额定电流？它与熔断器的额定电流是否相同？

4. 熔断器为什么一般不能用作过载保护?

5. 刀开关的熔丝为何不能装在电源侧? 安装刀开关时应注意什么?

6. 在电动机电路中, 主电路中装有熔断器, 为什么还要加装热继电器? 它们各起何作用, 能否互相代替? 而在电热及照明电路中, 为什么只装熔断器而不装热继电器?

7. 熔断器主要由哪几部分组成? 各部分的作用是什么?

8. 如何正确选用按钮?

9. 交流接触器主要由哪几部分组成?

10. 中间继电器与交流接触器有什么区别? 什么情况下可用中间继电器代替交流接触器使用?

11. 热继电器能否用作短路保护? 为什么?

12. 某机床主轴电动机的型号为 Y132S-4, 额定功率为 5.5kW, 额定电压为 380V, 额定电流为 11.6A, 定子绕组采用 △ 联结, 起动电流为额定电流的 6.5 倍。若用组合开关作电源开关, 用按钮、接触器控制电动机的运行, 并需要有短路、过载保护。试选择所用的组合开关、按钮、接触器、熔断器及热继电器的型号和规格。

模块 2 常用电气控制系统的设计、安装和调试

【知识目标】

1. 掌握绘制电气控制线路图的基本规则和识读要点。
2. 掌握常用电气控制系统典型控制环节的基本控制原理。
3. 掌握常用低压电器的安装和使用方法以及电路接线工艺要求。
4. 掌握常用电气控制系统的设计方法。

【能力目标】

1. 能通过阅读电气原理图分析各种典型控制环节的工作原理。
2. 能够根据设备要求选择低压电器的类型和规格参数。
3. 能够进行电气控制线路的设计、安装、接线、调试、维修和维护。

2.1 知识链接

2.1.1 电气控制系统图概述

电气控制系统是由许多电气元器件按一定要求连接而成的。为了表达电气控制系统的结构组成、原理等设计意图，同时也为了便于系统的安装、调试、使用和维修，将电气控制系统中的各电气元器件的连接用一定的图形表达出来，在图样上用规定的图形符号表示各电气元器件，并用文字符号说明各电气元器件，这样的图样称为电气控制系统图。

电气控制系统图也称电气图。画电气图时必须根据国家标准，采用统一的文字符号、图形符号及画法，以便于设计人员的绘图与现场技术人员、维修人员的识读。在电气图中，代表各种电气元器件的图形符号和文字符号应按照我国已颁布实施的有关国家标准绘制。电气控制系统图中的符号有图形符号、文字符号及电路标号等。电气元器件的图形符号、文字符号必须采用最新国家标准，即 GB/T 4728.1～5—2005、GB/T 4728.6～13—2008《电气图用图形符号》系列标准、GB/T 6988.1—2008《电气技术用文件的编制 第 1 部分:规则》，GB/T 6988.5—2006《电气技术用文件的编制 第 5 部分:索引》，GB/T 21654—2008《顺序功能表图用 GRAFCET 规范语言》，以及 GB/T 4026—2010《人机界面标志标识的基本和安全规则 设备端子和半导体终端的标识》。

1. 图形符号

图形符号是用来表示一个设备或概念的图形、标记或字符，通常用于图样或其他文件中。图形符号由符号要素、一般符号和限定符号等组成。

（1）符号要素 它是一种具有确定意义的简单图形，必须同其他图形结合才构成一个设备或概念的完整符号。如接触器常开主触头的符号就是由接触器触头功能符号和常开触头

符号组合而成；如三相绕线转子异步电动机是由定子、转子及各自的引线等几个符号要素构成的。这些符号要求有确切的含义，但一般不能单独使用，其布置也不一定与符号所表示的设备的实际结构相一致。

（2）一般符号　用以表示一类产品和此类产品特征的一种简单的符号。它们是各类元器件的基本符号，如一般电阻器、电容器的符号等。

（3）限定符号　它是一种加在其他符号上提供附加信息的符号。限定符号一般不能单独使用，但它可使图形符号具有多样性。如在电阻器一般符号的基础上分别加上不同的限定符号，则可得到可变电阻器、压敏电阻器及热敏电阻器等。

运用图形符号绘制电气图时应注意：

① 符号尺寸大小、线条粗细依国家标准可放大与缩小，但在同一张图样中，同一符号的尺寸应保持一致，各符号之间及符号本身比例应保持不变。

② 标准中示出的符号方位，在不改变符号含义的前提下，可根据图面布置的需要旋转，或成镜像位置，但是文字和指示方向不得倒置。

③ 大多数符号都可以附加上补充说明标记。

④ 对标准中没有规定的符号，可选取 GB/T 4728 系列标准中给定的符号要素、一般符号和限定符号，按其中规定的原则进行组合。

2. 文字符号

文字符号用于电气技术领域中技术文件的编制，也可以标注在电气设备、装置和元器件上或近旁，以表示电气设备、装置和元器件的名称、功能、状态和特性。

文字符号分为基本文字符号和辅助文字符号。

（1）基本文字符号　基本文字符号有单字母符号与多字母符号两种。单字母符号按拉丁字母顺序将各种电气设备、装置和元器件划分为 23 大类，每一类用一个专用单字母符号表示，如"C"表示电容器类，"R"表示电阻器类等。

多字母符号由一个表示种类的单字母符号与另一个或几个字母组成，且以单字母符号在前，其他字母在后的次序排列，如"F"表示保护器件类，则"FU"表示熔断器，"FR"表示热继电器；如"M"代表电动机类，则"MD"代表直流电动机。

（2）辅助文字符号　辅助文字符号用来表示电气设备、装置和元器件以及电路的功能、状态和特征。如"L"表示限制，"M"表示中间线，"RD"表示红色等；辅助文字符号也可以放在表示种类的单字母符号之后组成双字母符号，如"YB"表示电磁制动器，"SP"表示压力传感器等；辅助字母还可以单独使用，如"ON"表示接通，"PE"表示保护接地，"N"表示中性线等。

3. 接线端子标记

1）三相交流电路引入线采用 L1、L2、L3、N、PE 标记，直流系统的电源正、负接线分别用 L + 、L - 标记。

2）分级三相交流电源主电路采用三相文字代号 U、V、W 的前面加上阿拉伯数字 1、2、3 等来标记，如 1U、1V、1W、2U、2V、2W 等。

3）各电动机分支电路的各节点标记采用三相文字代号后面加数字来表示，数字中的个位数表示电动机代号，十位数字表示该支路各节点的代号，从上到下按数值大小顺序标记。如 U11 表示 M1 电动机的第一相的第一个节点代号，U21 表示 M1 电动机的第一相的第二个节点代号，以此类推。

4）三相电动机定子绕组首端分别用 U1、V1、W1 标记，绕组尾端分别用 U2、V2、W2 标记，电动机绕组中间抽头分别用 U3、V3、W3 标记。

5）控制电路采用阿拉伯数字编号。标注方法按"等电位"原则进行，在垂直绘制的电路中，标号顺序一般按自上而下、从左至右的规律编号。凡是被线圈、触头等元件所间隔的接线端点，都应标以不同的线号。

2.1.2　电气控制系统图的绘制

常用的电气控制系统图包括：电气原理图、电气元件布置图、电气安装接线图。各种图样的尺寸一般选用 A0（841mm × 1 189mm）、A1（594mm × 841mm）、A2（420mm × 594mm）、A3（297mm × 420mm）、A4（210mm × 297mm）。当图纸较长时，通常选用 A3 × 3（420mm × 891mm）、A3 × 4（420mm × 1 189mm）、A4 × 3（297mm × 630mm）、A4 × 4（297mm × 841mm）的幅面。

1. 电气原理图

用图形符号、文字符号、项目代号等表示电路中各个电气元器件之间的关系和工作原理的图称为电气原理图。它应根据简单、清晰的原则，采用电气元器件展开的形式来绘制，而不按电气元器件的实际位置绘制，也不反映电气元器件的大小。电气原理图用来表示电路中各电气元器件的导电部件的连接关系和工作原理。电气原理图结构简单、层次分明，适用于研究和分析电路的工作原理，指导控制系统或设备的安装、调试与维修，同时也是编制电气安装接线图的依据。因此电气原理图在设计部门和生产现场得到广泛应用。

在图 2-1 所示的三相异步电动机正反转控制电气原理图中，根据工作原理把主电路和控制电路清楚地分开绘制，虽然同一电器的各部件（如接触器的线圈和触头）是分开绘制在图中不同的地方，但它们的动作是相互关联的，为了说明它们在电气上的联系，也为了便于识读，同一电器的各个部件均用相同的文字符号来标注。如接触器 KM1 的触头和线圈，都用 KM1 来标注；接触器 KM2 的触头和线圈，都用 KM2 来标注。

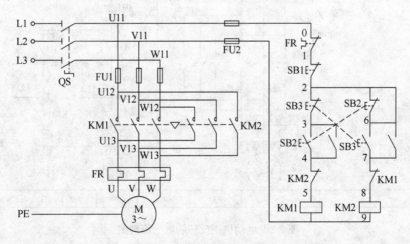

图 2-1　三相异步电动机正反转控制电气原理图

（1）电气原理图的绘制原则

1）电气原理图中的电气元器件按未通电和未受外力作用时的状态绘制。在不同的工作阶段,各个电器的动作不同,触头时闭时开,而在电气原理图中只能表示出一种情况,因此,规定所有电器的触头均表示在原始情况下的位置,即在没有通电或没有发生机械动作时的位置。对接触器来说,是线圈未通电,触头未动作时的位置;对按钮来说,是手指未按下按钮时触头的位置;对热继电器来说,是未发生过载动作时的位置等。

2）触头的绘制位置。使触头动作的外力方向必须满足:当图形垂直放置时为从左到右,即垂线左侧的触头为常开触头,垂线右侧的触头为常闭触头;当图形水平放置时为从下到上,即水平线下方的触头为常开触头,水平线上方的触头为常闭触头。

3）主电路、控制电路和辅助电路应分开绘制。主电路是设备的驱动电路,是从电源到电动机等设备的大电流通过的路径;控制电路是由接触器和继电器线圈、各种电器的触头组成的逻辑电路,用于实现所要求的控制功能;辅助电路包括信号、照明及保护电路等。

4）动力电路的电源电路绘成水平线,受电的动力装置(电动机)及其保护电器支路应垂直于电源电路。

5）主电路用垂直线绘制在图的左侧,控制电路用垂直线绘制在图的右侧,主电路中的耗能元件画在电路的最下端。

6）图中自左而右或自上而下表示操作顺序,并尽可能减少线条和避免线条交叉。

7）图中有直接电联系的交叉导线的连接点(即导线交叉处)要用黑圆点表示。无直接电联系的交叉导线,交叉处不能画黑圆点。

8）在原理图的上方将图分成若干图区,并标明该区电路的用途与作用,在继电器、接触器线圈下方列有触头表,以说明线圈和触头的从属关系。

图 2-2 就是根据上述原则绘制出的电动机正反转的电气原理图。

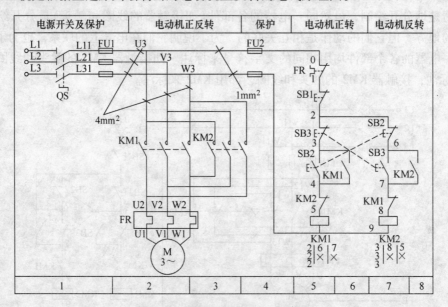

图 2-2　电动机正反转的电气原理图

（2）电气原理图图面区域的划分　图面分区时,竖边从上到下用英文字母,横边从左到右用阿拉伯数字分别编号,在简单的电气原理图中,竖边的编号可以省略。分区代号用该区域的字母和数字的组合表示。图面下方的图区横向编号是为了便于检索电气电路,方便阅读分析而设置的。图区上方对应文字(有时对应文字也可排列在电气原理图的底部)表明了该区元器件或电路的功能，以便于理解全电路的工作原理。

(3) 电气原理图符号位置的索引　在较复杂的电气原理图中，对继电器、接触器线圈的文字符号下方要标注其触头位置的索引，而在其触头的文字符号下方要标注其线圈位置的索引。符号位置的索引用图号、页次和图区号的组合来表示，索引代号的组成如图 2-3 所示。

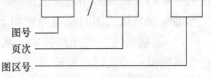

图 2-3　索引代号的组成

当与某一元器件相关的各符号元素出现在不同图号的图样上，而每个图号仅有一页图样时，索引代号可以省去页次；当与某一元器件相关的各符号元素出现在同一图号的图样上，而该图号有几张图样时，索引代号可省去图号；依次类推，当与某一元器件相关的各符号元素出现在只有一张图样的不同图区时，索引代号只用图区号表示。

在电气原理图中，接触器和继电器的线圈与触头的从属关系应当用附图表示，如图 2-4 所示。在原理图中相应线圈的下方，给出触头的图形符号，并在其下面注明相应触头的索引代号，未使用的触头用"×"表明，有时也可采用省去触头图形符号的表示法。

图 2-4　接触器触头图形符号的索引表示法

在接触器 KM 触头的位置索引中，左栏为主触头所在的图区号(有三个主触头在图区 2)，中栏为辅助常开触头所在的图区号(一个触头在图区 6,另一个没有使用)，右栏为辅助常闭触头所在的图区号(两个触头都没有使用)。

2. 电气元器件布置图

电气元器件布置图主要是表明电气设备上所有电器的实际位置，为电气设备的安装及维修提供必要的资料。电气元器件布置图可根据电气设备的复杂程度集中绘制或分别绘制。图中不需标注尺寸，但是各电器代号应与有关图样和电器清单上所有的元器件代号相同，在图中往往留有 10% 以上的备用面积及导线管(槽)的位置，以供改进设计时用。

电气元器件布置图的绘制原则

1) 绘制电气元器件布置图时，机床的轮廓线用细实线或点画线表示，电气元器件均用粗实线绘制出简单的外形轮廓。

2) 绘制电气元器件布置图时，电动机要和被拖动的机械装置画在一起，限位开关应画在获取信息的地方，操作手柄应画在便于操作的地方。

3) 绘制电气元器件布置图时，各电气元器件之间，上、下、左、右应保持一定的间距，并且应考虑器件的发热和散热等因素，应便于布线、接线和检修。

图 2-5 所示为电动机正反转的元器件布置图，图中 QS 为刀开关、FU 为熔断器、KM 为接触器、FR 为热继电器。

3. 电气安装接线图

电气安装接线图主要用于电气设备的安装配线、电路检查、电路故障维修等工作中。在图中要表示出各电气设备、电气元器件之间的实际接线情况，并标注出外部接线所需的数据。在电气安装接线图中各电气元器件的文字符号、连接顺序及电路号码编制都必须与电气原理图一致。

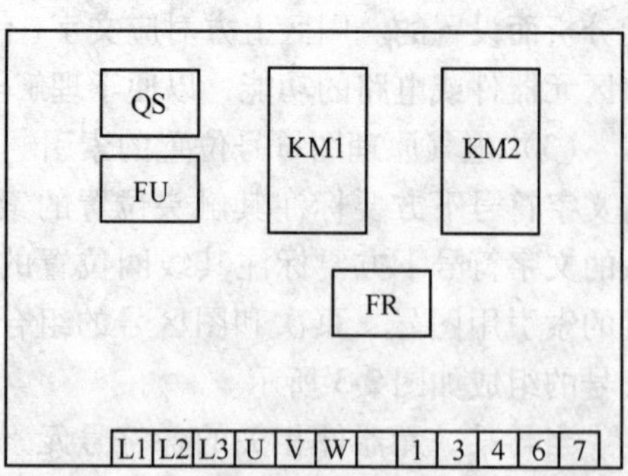

电气安装接线图的绘制原则如下：

1）绘制电气安装接线图时，各元器件均按其在安装底板中的实际位置绘出。元器件所占图面积按实际尺寸以统一比例绘制。

2）绘制电气安装接线图时，一个元器件的所有部件绘在一起，并用点画线框起来，有时将多个元器件用点画线框起来，表示它们是安装在同一安装底板上的。

图 2-5　电动机正反转的元器件布置图

3）绘制电气安装接线图时，安装底板内外的电气元器件之间的连线通过接线端子板进行连接，安装底板上有几条接至外电路的引线，端子板上就应绘出几个接点。

4）绘制电气安装接线图时，走向相同的相邻导线可以绘成一股线。

图 2-6 就是根据上述原则绘制出的电动机正反转电气安装接线图。

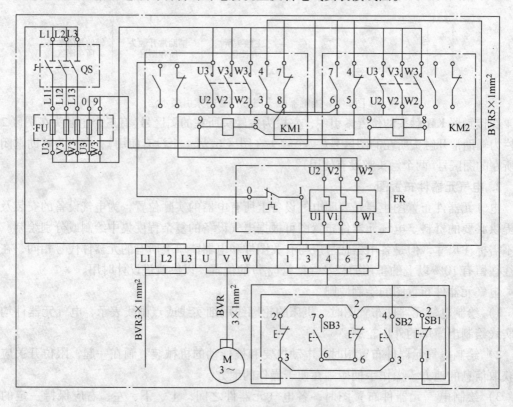

图 2-6　电动机正反转电气安装接线图

2.1.3　电气原理图的识读

电气原理图是表示电气控制电路工作原理的图形。熟练识读电气原理图，是掌握电气设备是否正常工作以及迅速处理电气故障的必不可少的环节。

生产机械的实际电路往往比较复杂，有些还和机械、液压(气压)等动作相配合来实施控制。因此在识读电气原理图之前，首先要了解生产工艺过程对电气控制的基本要求，如需要了解控制对象的电动机数量，各台电动机是否有起动、反转、调速、制动等控制要求，需要哪些联锁保护，各台电动机的起动、停止顺序的要求等，并且要注意机、电、液(气)的联合控制。

在阅读电气原理图时，大致可以归纳为以下几点：

1) 必须熟悉图中各元器件符号及其作用。

2) 阅读主电路。应该了解主电路有哪些用电设备(如电动机、电炉等)，以及这些设备的用途和工作特点，并根据工艺过程，了解各用电设备之间的相互联系，采用的保护方式等。在完全了解主电路的这些工作特点后，就可以去阅读控制电路了。

3) 阅读控制电路。控制电路主要用来控制主电路工作。在阅读控制电路时，一般先根据主电路接触器主触头的文字符号，到控制电路中去找与之相应的吸引线圈，进一步弄清楚电动机的控制方式。这样可将整个电气原理图划分为若干部分，每一部分控制一台电动机。另外控制电路一般是依照生产工艺要求，按动作的先后顺序，自上而下、从左到右并联排列，因此读图时也应当自上而下、从左到右，一个环节、一个环节地进行分析。

4) 对于机、电、液(气)配合得比较紧密的生产机械，必须进一步了解有关机械传动和液压传动的情况，有时还要借助于工作循环图和动作顺序表，配合电器动作来分析电路中的各种联锁关系，从而掌握其全部控制过程。

5) 阅读照明、信号指示、监测及保护等各辅助电路环节，对于其中比较复杂的控制电路，可按照先简后繁，先易后难的原则，逐步解决。无论多么复杂的控制电路，都是由许多简单的基本环节所组成的。阅读时可将他们分解开来，先逐个分析各个基本环节，再综合起来全面加以解决。

概括地说，电气原理图识读的方法可以归纳为：从机到电、先主后控、化整为零、连成系统。

2.1.4 几种典型的电气控制系统

本节主要介绍几种典型的电气控制电路。

1. 点动控制

如图 2-7 所示，主电路由刀开关 QS、熔断器 FU1、交流接触器 KM 的主触头和笼型异步电动机 M 组成，控制电路由熔断器 FU2、起动按钮 SB 和交流接触器线圈 KM 组成。

1) 电路的工作原理。

该电路的工作过程如下：合上刀开关 QS。

起动：按下按钮 SB→KM 线圈得电→KM 主触头闭合→电动机 M 通电转动。

停止：松开按钮 SB→KM 线圈失电→KM 主触头分断→电动机 M 断电停转。

按下按钮，电动机转动，松开按钮，电动

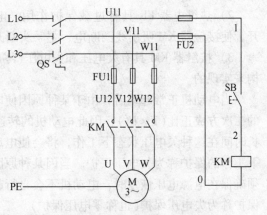

图 2-7 点动控制电路

机停转,这种控制就叫点动控制,它能实现电动机短时转动,常用于机床的对刀调整和电动葫芦控制等。

2)保护环节:图中熔断器 FU1、FU2 分别串联在主电路和控制电路中,起短路保护作用;刀开关 QS 起隔离电源的作用,当更换熔断器、检修电动机和控制电路时,用它断开电源,确保操作安全。

2. 连续运行控制

在实际生产中往往要求电动机实现长时间连续转动,这种电气控制就叫连续运行控制。显然采用点动控制电路是实现不了连续运行的,为使电动机起动后能连续运行,必须采用自锁环节。如图 2-8 所示,主电路由刀开关 QS、熔断器 FU1、接触器 KM 的主触头、热继电器 FR 的发热元件和电动机 M 组成,控制电路由熔断器 FU2、热继电器 FR 的常闭触头、停止按钮 SB2、起动按钮 SB1、接触器 KM 的辅助常开触头和线圈组成。

(1)电路的工作原理

1)起动:合上刀开关 QS→按下起动按钮 SB1→接触器 KM 线圈通电→KM 主触头闭合和辅助常开触头闭合→电动机 M 接通电源运转;松开 SB1,利用接通的 KM 辅助常开触头自锁、电动机 M 连续运转。

2)停机:按下停止按钮 SB2→KM 线圈断电→KM 主触头和辅助常开触头断开→电动机 M 断电停转。

在连续运行控制中,当起动按钮 SB1 松开后,接触器 KM 的线圈通过其辅助常开触头的闭合仍继续保持通电,从而保证

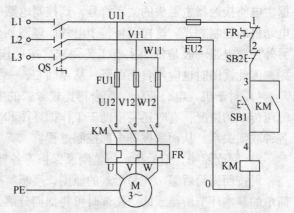

图 2-8 连续运行控制电路

电动机的连续运行。这种依靠接触器自身辅助常开触头的闭合而使线圈保持通电的控制方式,称自锁或自保。起到自锁作用的辅助常开触头称为自锁触头。

(2)保护环节

1)熔断器 FU1、FU2 分别串联在主电路和控制电路中,起短路保护作用,但是不起过载保护作用。

2)热继电器 FR 具有过载保护作用。电动机长时间过载时,FR 动作,其常闭触头断开,使接触器 KM 吸引线圈断电,主触头断开,切断电动机的电源,实现了过载保护。

3)接触器 KM 具有欠电压和失电压(零电压)保护功能,此功能是依靠接触器的电磁机构来实现的。

当电动机正常起动后,由于某种原因使电源电压过分降低,而电动机的电磁转矩与电压的二次方成正比($T \propto U^2$),因此电动机的转速大幅度下降,绕组电流大大增加。如果电动机长时间在这种欠电压状态下工作,将会使电动机受到严重损坏,为防止电动机在欠电压状态下工作的保护称为欠电压保护。当因某种原因电源电压突然消失而使电动机停转,那么,必须确保在电源电压恢复时,电动机不会自行起动,否则可能造成人身事故或设备事故,这种保护称为失电压保护(也称零电压保护)。

在本电路中,当电动机运行时,若电源电压降至额定电压的 85% 以下或失电压时,接

触器吸引线圈产生的磁通大为减小，电磁吸力不够，接触器所有常开触头均断开，自锁作用也解除，电动机脱离电源而停转，接触器实现欠电压保护功能。当电源电压恢复正常时，接触器的吸引线圈不能自动通电，因而电动机不会自行起动，从而避免各种意外事故发生，接触器实现了失电压(零电压)保护功能。

由此可见，带有自锁功能的控制电路都应具有欠电压和失电压(零电压)保护功能。图2-9 所示为连续运行控制电路接线图。

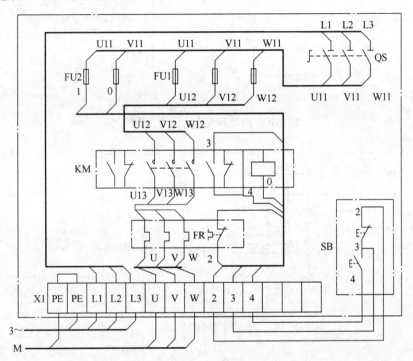

图 2-9　连续运行控制电路接线图

3. 点动和连续运行结合的控制

在生产实践中，机床调整完毕后，需要进行连续切削加工，则要求电动机既能实现点动又能实现连续运行控制。控制电路如图 2-10 所示。

图 2-10 所示的电路采用复合按钮 SB3 实现控制。点动控制时，按动复合按钮 SB3，断开自锁回路→KM 线圈通电→电动机 M 点动；连续运行控制时，按动起动按钮 SB1→KM 线圈通电，自锁触头起作用→电动机 M 连续运行。

注意：此电路在点动控制时，若接触器 KM 的释放时间大于复合按钮的复位时间，则点动结束；SB3 松开时，若 SB3 常闭触头已闭合但接触器 KM 的自锁触头尚未打开，会使自锁电路继续通电，则电路不能实现正常的点动控制。

4. 多台电动机先后顺序工作的控制

在生产实践中，有时要求一个拖动系统中多台电动机实现先后顺序工作。如机床中要求润滑电动机起动后，主轴电动机才能起动。图 2-11 所示为两台电动机顺序起动控制电路。

在图 2-11 中，接触器 KM1 控制电动机 M1 的起动、停止，接触器 KM2 控制电动机 M2 的起动、停止。现要求电动机 M1 起动后，电动机 M2 才能起动。

工作过程如下：合上刀开关 QS→按下起动按钮 SB11→接触器 KM1 通电→电动机 M1 起

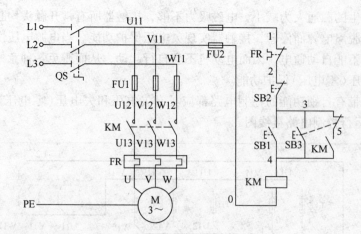

图 2-10　点动和连续运行结合的控制

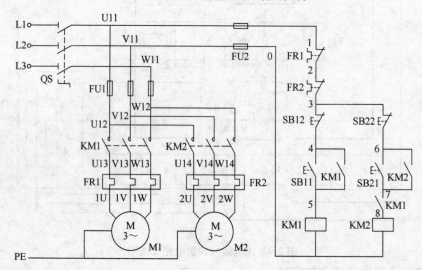

图 2-11　两台电动机顺序起动控制电路

动→KM1 辅助常开触头闭合→按下起动按钮 SB21→接触器 KM2 通电→电动机 M2 起动。

5. 电动机正反转控制

在实际应用中,往往要求生产机械改变运动方向,如工作台前进、后退,电梯的上升、下降等,这就要求电动机能实现正、反转。对于三相异步电动机来说,可通过两个接触器来改变电动机定子绕组的电源相序来实现。电动机正反转控制电路如图 2-12 所示,接触器 KM1 为正向接触器,控制电动机 M 正转;接触器 KM2 为反向接触器,控制电动机 M 反转。

将任何一个接触器的辅助常闭触头串入另一个接触器线圈电路中,则其中任何一个接触器先通电后,会切断另一个接触器的控制电路,即使按下相反方向的起动按钮,另一个接触器也无法通电,这种利用两个接触器的辅助常闭触头互相控制的方式,称为接触器联锁。起联锁作用的常闭触头称为联锁触头。

接触器联锁的正反转控制电路的工作过程如下:

正转控制:合上刀开关 QS→按下正向起动按钮 SB2→正向接触器 KM1 通电→KM1 主触头和自锁触头闭合→电动机 M 正转。

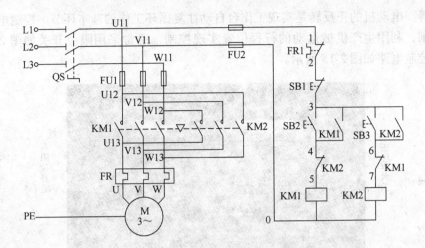

图 2-12　接触器联锁的正反转控制电路

反转控制：合上刀开关 QS→按下反向起动按钮 SB3→反向接触器 KM2 通电→KM2 主触头和自锁触头闭合→电动机 M 反转。

停机：按停止按钮 SB1→KM1（或 KM2）断电→M 停转。

该电路只能实现"正→停→反"或者"反 →停→正"控制，即必须按下停止按钮后，再反向或正向起动。这对需要频繁改变电动机运转方向的设备来说，是很不方便的。

如图 2-13 所示，控制电路中起动按钮改用复合按钮，将正转起动按钮 SB2 的常闭触头串接在反转控制电路中，将反转起动按钮 SB3 的常闭触头串接在正转控制电路中，这样便可以保证正、反转两条控制电路不会同时被接通。若要电动机由正转变为反转，不需要再按下停止按钮，可直接按下反转起动按钮 SB3，反之亦然。

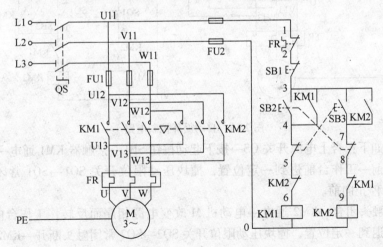

图 2-13　双重联锁的正反转控制电路

这种电路操作方便，安全可靠，且换向迅速，因此在小容量的电动机正反转控制中应用广泛。但是对于大容量的电动机，由于转动惯量大，马上换向容易引起机械故障，所以还是采用接触器联锁控制电路，先停机再换向，确保电动机工作更加可靠和安全。

6. 工作台自动往复循环控制

在机床电气设备中，有些是通过工作台自动往复循环工作的，如龙门刨床的工作台前进、后退等。电动机的正反转是实现工作台自动往复循环工作的基本环节。控制电路按照行程控制原则,利用生产机械运动的行程位置实现控制,通常采用限位开关如图 2-14 所示,自动循环控制电路如图 2-15 所示。

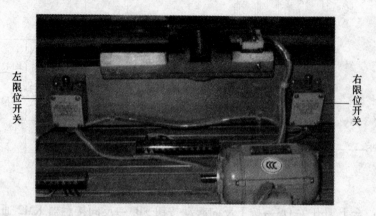

图 2-14　设备运动工作台的左、右限位开关

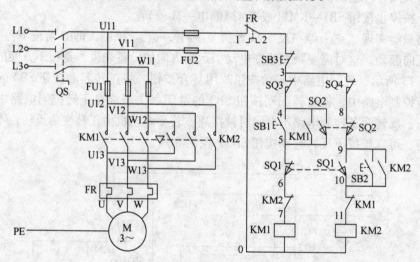

图 2-15　自动循环控制电路

工作过程如下:合上电源开关 QS→按下起动按钮 SB1→接触器 KM1 通电→电动机 M 正转,工作台向前→工作台前进到一定位置,撞块压动限位开关 SQ1→SQ1 常闭触头断开→KM1 断电→M 停止向前。

SQ1 常开触头闭合→KM2 通电→电动机 M 改变电源相序而反转,工作台向后,SQ1 复位→工作台后退到一定位置,撞块压动限位开关 SQ2→SQ2 常闭触头断开→KM2 断电→M 停止后退。

SQ2 常开触头闭合→KM1 通电→电动机 M 又正转,工作台又前进,如此往复循环工作,直至按下停止按钮 SB3→KM1(或 KM2)断电→电动机停止转动。

另外,SQ3、SQ4 分别为反、正向终端保护限位开关,防止限位开关 SQ1、SQ2 失灵时造成工作台从机床上冲出的事故。

从以上控制过程可以看出,工作台每经过一次自动往复循环,电动机都要进行两次反接制动过程,会出现较大的反接制动电流和机械冲击力,因此这种电路只适用于循环周期较长而电动机转轴具有足够刚性的拖动系统中。另外,在选择接触器容量时,要比一般情况下大些。

7. 笼型异步电动机的减压起动

前文介绍的几种电路均是采用直接起动方式。笼型异步电动机采用直接起动时,控制电路简单,但是起动电流一般可达额定电流的 4 ~ 7 倍,过大的起动电流会降低电动机寿命,使变压器二次电压大幅度下降,从而减小电动机本身的起动转矩,甚至使电动机无法起动,过大的电流还会引起电源电压波动,影响同一供电网络中其他设备的正常工作。判断一台电动机能否直接起动的一般规定是:电动机容量在 10kW 以下者,可直接起动;10kW 以上的异步电动机是否允许直接起动,要根据电动机容量和电源变压器容量的经验公式来估计,可根据起动次数、电动机容量、供电变压器容量和机械设备是否允许来分析,也可由下面的经验公式(2-1)来确定。

$$\frac{I_{\mathrm{st}}}{I_{\mathrm{N}}} \leqslant \frac{3}{4} + \frac{S}{4P_{\mathrm{N}}} \tag{2-1}$$

式中,I_{st} 为电动机起动电流(A);I_{N} 为电动机额定电流(A);S 为电源容量(kVA);P_{N} 为电动机额定功率(kW)。

当电动机容量在 10kW 以上,或不满足公式(2-1)时,应采用减压起动。有时为了减小和限制起动时对机械设备的冲击,即使允许采用直接起动的电动机,也采用减压起动。减压起动方法的实质就是在电源电压不变的情况下,起动时降低加在定子绕组上的电压,以减小起动电流,待电动机起动后,再将电压恢复到额定值,使电动机在额定电压下运行。

常用的三相笼型异步电动机减压起动方式有以下四种:定子串电阻(或电抗器)减压起动、Y-△减压起动、自耦变压器减压起动及延边三角形减压起动。

(1) 定子串电阻减压起动自动控制电路 图 2-16 所示是定子串电阻减压起动控制电路。电动机起动时在三相定子绕组中串接电阻,使定子绕组上电压降低,起动结束后再将电阻短接,使电动机在额定电压下运行。图中 KM1 为接通电源接触器,KM2 为短接电阻接触器,KT 为起动时间继电器,R 为减压起动电阻。

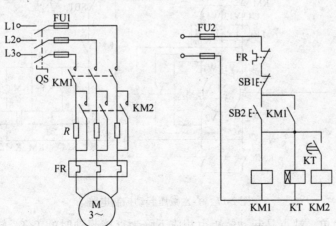

图 2-16 定子串电阻减压起动控制电路

电路工作原理如下：合上电源开关 QS，按下起动按钮 SB2，接触器 KM1 通电并自锁，同时时间继电器 KT 通电，电动机定子串入电阻 R 进行减压起动。经一段时间延时后，时间继电器 KT 的延时闭合常开触头闭合，接触器 KM2 通电，三对主触头将主电路中的起动电阻 R 短接，电动机进入全电压运行。KT 的延时长短根据电动机起动过程时间长短来调整。

本电路正常工作时，KM1、KM2、KT 均工作，不但消耗了电能，而且增加了出现故障的几率。若发生时间继电器 KT 延时闭合常开触头不动作的故障，将使电动机长期在欠电压下运行，致使电动机无法正常工作，甚至烧毁电动机。若在电路中作适当修改，可使电动机起动后，只有 KM2 工作，KM1、KT 均断电，则可以达到减少电路损耗的目的。

(2) Y-△减压起动控制电路　对于定子绕组额定运行时联结为三角形的笼型异步电动机，起动时将电动机定子绕组联结成星形，加在电动机每相绕组上的电压为额定电压的 $1/\sqrt{3}$，起动电流为直接起动时电流的 $1/3$，起动转矩为直接起动时的 $1/3$；当起动完毕，电动机转速达到稳定转速时，再将定子绕组接为△，使电动机进入全电压运行，从而减小了起动电流。

Y-△减压起动控制电路如图 2-17 所示。

电路工作原理如下：合上刀开关 QS→按下起动按钮 SB1，接触器 KMY 通电→KMY 主触头闭合，KMY 辅助触头闭合→接触器 KM 通电→KM 主触头闭合，同时 KM 辅助触头闭合实现自锁，定子绕组联结成星形，M 减压起动；时间继电器 KT 通电延时 t→KT 延时断开常闭辅助触头断开，KMY 断电、KMY 常闭触头闭合→KM△ 主触头闭合，同时 KMY 常开触头断开→KT 断电，接触器 KMY 断电，KMY 主触头断开，定子绕组联结成三角形→M 加以额定电压正常运行。

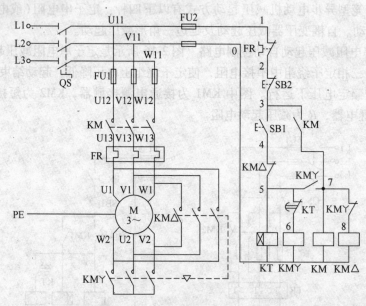

图 2-17　Y-△减压起动控制电路

该电路结构简单，缺点是起动转矩也相应下降为直接起动时的 $1/3$，转矩特性差。因而本电路适用于电网 220/380V、额定电压 380/660V、星形-三角形联结的电动机轻载起动的场合。

（3）自耦变压器减压起动控制电路　自耦变压器减压起动电路中，电动机起动电流的限制是靠自耦变压器的减压作用来实现的。一般自耦变压器备有多档电压抽头，可根据电动机的负载情况，选择不同的起动电压。自耦变压器只在起动过程中短时工作，起动完毕后应从电路中切除。减压起动用的自耦变压器又称为起动补偿器。

自耦变压器的一次和二次电压、电流的关系是

$$\frac{U_1}{U_2} = \frac{I_2}{I_1} = k \qquad (2\text{-}2)$$

式中，k 为自耦变压器的变比。

当电动机经自耦变压器减压起动时，加在绕组上的相电压为 $\frac{1}{k}U_1$，此时电动机定子绕组内的起动电流为直接起动时的 $1/k$，即

$$I_{st2} = \frac{1}{k}I_{st} \qquad (2\text{-}3)$$

式中，I_{st2} 为电动机在 U_2 作用下的减压起动电流，即自耦变压器的二次电流；I_{st} 为电动机直接起动电流。

又因为电动机接在自耦变压器二次侧，而变压器一次侧接电网电源，因此电动机从电网吸取的电流为

$$I_{st1} = \frac{I_{st2}}{k} = \frac{1}{k^2}I_{st} \qquad (2\text{-}4)$$

式中，I_{st1} 为电动机减压起动时，电网上流过的起动电流，即自耦变压器一次电流。

由此可知，利用自耦变压器起动和直接起动相比，电网所供给的起动电流减小到 $1/k^2$。

由于起动转矩正比于电压的二次方，减压起动时定子每相绕组上的电压降低到直接起动时的 $1/k$，所以，起动转矩也将降低到直接起动时的 $1/k^2$。自耦变压器二次侧有电源电压的 65%、73%、85%、100% 等抽头，因此能获得 42.3%、53.3%、72.3% 及 100% 直接起动时的转矩，显然比 Y-△ 减压起动时的 33% 的起动转矩要大的多，所以自耦变压器虽然价格较贵，但仍是三相笼型异步电动机所采用的减压起动方式之一。常用的自耦变压器减压起动控制电路有以下几种：

1）两个接触器控制的自耦变压器减压起动控制电路。图 2-18 所示为两个接触器控制的自耦变压器减压起动控制电路。图中，KM1 为减压接触器、KM2 为运行接触器、KA 为中间继电器、KT 为通电延时时间继电器、T 为自耦变压器。

电路的工作原理如下：

起动时，合上电源开关 QS，按下起动按钮 SB2，接触器 KM1 线圈和时间继电器 KT 线圈同时通电，KM1 自锁触头闭合，KM1 主触头闭合，将自耦变压器 T 接入电动机的定子绕组；KM1 联锁触头断开，切断 KM2 线圈电路，使自耦变压器作 Y 联结，电动机由自耦变压器的二次侧供电实现减压起动。经过一段时间的延时后，通电延时时间继电器 KT 的延时闭合常开触头闭合，使中间继电器 KA 的线圈通电并自锁，KA 的常闭触头断开，使 KM1 线圈失电，主触头断开，切除自耦变压器；KM1 辅助常闭触头复位，使接触器 KM2 的线圈通电，KM2 的主触头闭合，电动机在全电压下正常运行。

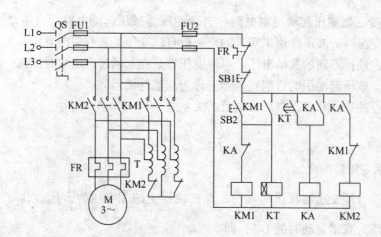

图 2-18　两个接触器控制的自耦变压器减压起动控制电路

该电路在电动机起动过程中会出现二次涌流冲击,因此仅适用于不频繁起动,电动机容量在 30kW 以下的设备中。

2)三个接触器控制的自耦变压器减压起动控制电路。图 2-19 所示为三个接触器控制能实现自动与手动控制的自耦变压器减压起动控制电路。图中,选择开关有手动和自动两个位置。KM1、KM2 为减压接触器,KM3 为运行接触器、KA 为中间继电器、KT 为通电延时时间继电器、T 为自耦变压器。

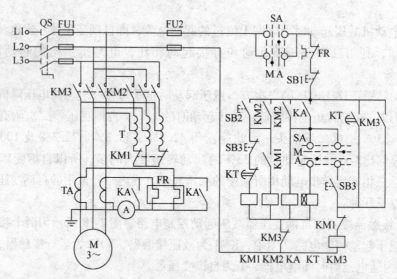

图 2-19　三个接触器控制的自耦变压器减压起动控制电路

电路的工作原理如下:

① 自动控制:将选择开关 SA 置于自动控制位置 A 上,按下起动按钮 SB2,接触器 KM1 线圈通电,KM1 主触头闭合,将自耦变压器作丫联结;KM1 辅助常闭触头断开,切断 KM3 线圈电路,实现联锁;KM1 辅助常开触头闭合,使接触器 KM2 线圈通电,KM2 辅助常开触头闭合,使 KM1、KM2 线圈持续通电;KM2 主触头闭合,将三相电源接入自耦变压器的一次侧,电动机定子绕组经由自耦变压器的二次侧实现减压起动。

起动过程中，KM2 辅助常开触头闭合，使中间继电器 KA 和时间继电器 KT 的线圈通电，KA 常开触头闭合，KA 和 KT 的线圈持续通电；KA 在主电路中的常开触头闭合，将电动机定子绕组的电流互感器二次侧中热继电器 FR 的热元件短接。

经过一段时间的延时后，时间继电器 KT 的常闭触头断开，使接触器 KM1 线圈断电，KM1 常闭触头复位，为 KM3 线圈通电做准备；KM1 常开触头复位，使 KM2 线圈断电，由此，电动机定子绕组断开了自耦变压器。时间继电器 KT 延时闭合常开触头闭合使 KM3 线圈通电并自锁，KM3 主触头闭合，电动机在全电压下运行。此时 KM3 的常闭触头断开，中间继电器 KA 和时间继电器 KT 的线圈也相继断电，减压起动过程结束。

② 手动控制：将选择开关 SA 置于手动控制位置 M 上，当按下起动按钮 SB2 时，电动机减压起动的工作情况与自动控制时的工作过程相同，只是在转入全电压运行时，尚需再按下 SB3，使接触器 KM1 线圈断电，KM3 线圈通电并自锁，实现全电压下正常运行。

③ 电路的联锁环节：电动机起动完毕进入正常运行时，KM3 的常闭触头断开，使 KM1、KM2、KA、KT 电路被切断，确保自耦变压器只在起动时被短时接入，而正常运行时被切除。

起动时，中间继电器 KA 的触头将热继电器 FR 的热元件短接，只有在电动机进入全电压运行时，KA 线圈断电，触头断开，才将热继电器 FR 的热元件接入定子电路，以实现长期过载保护。

在操作起动按钮 SB2 时，要求按下的时间稍长些，待接触器 KM2 线圈通电并自锁后才可松开，否则自耦变压器无法接入，不能实现减压起动。

自耦变压器减压起动常用于电动机容量较大的场合，因无大容量的热继电器，故采用电流互感器后使用小容量的热继电器来实现过载保护。

自耦变压器减压起动方法具有适用范围广、起动转矩大及可调整等优点，是一种实用的三相笼型异步电动机的减压起动方法。但是，自耦变压器价格较贵，而且这种起动方法不允许频繁操作。

8. 绕线转子异步电动机起动控制

在大、中容量电动机的重载起动时，增大起动转矩和限制起动电流两者之间的矛盾十分突出。三相绕线转子异步电动机的突出优点是可以在转子绕组中串接外加电阻或频敏变阻器进行起动，由此达到减小起动电流，提高转子电路的功率因数和增加起动转矩的目的。一般在要求起动转矩较高的场合，绕线转子异步电动机的应用非常广泛，如桥式起重机的吊钩电动机、卷扬机等。转子绕组串接电阻起动，只要电阻值大小选择合适，减小的转子电流中有功分量增大，转子功率因数可以提高，电动机的起动转矩也增大，从而具有良好的起动特性。绕线转子异步电动机转子串接对称电阻后，在电动机起动过程中，串接的起动电阻级数越多，电动机起动时的转矩波动就越小，起动越平稳。起动电阻被逐段切除，电动机转速不断升高，最后进入正常运行状态。这种控制电路既可按时间原则组成控制电路，也可按电流原则组成控制电路。

（1）电流控制原则　图 2-20 所示为电流继电器控制绕线转子异步电动机转子串电阻三级起动控制电路。图中，KM4 为电源接触器，KM1、KM2、KM3 为短接转子电阻接触器，R_1、R_2、R_3 为转子外接电阻，KA 为中间继电器，KUC1、KUC2、KUC3 为欠电流继电器。在起动瞬间，转子转速为零，转子电流最大，三个电流继电器同时全部吸合，随着转子转速的逐渐提高,转子电流逐渐减小,KUC1、KUC2、KUC3 依次动作,完成逐段切除起动电阻的工作。

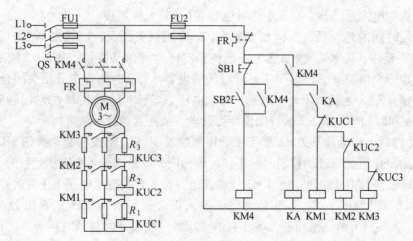

图 2-20　电流继电器控制绕线转子异步电动机转子串电阻三级起动控制电路

电路工作原理如下:

合上电源开关 QS,按下起动按钮 SB2,接触器 KM4 线圈通电并自锁,KM4 主触头闭合,将三相电源接入电动机定子绕组,转子串入 R_1、R_2、R_3 全部电阻起动;同时 KM4 辅助常开触头闭合,使中间继电器 KA 线圈通电,KA 常开触头全部闭合,为接触器 KM1、KM2、KM3 线圈的通电作准备。由于刚起动时电动机转速很小,转子绕组电流很大,三个电流继电器 KUC1、KUC2、KUC3 吸合电流值一样,故同时吸合,常闭触头同时断开,使 KM1、KM2、KM3 线圈均处于断电状态,保证所有转子电阻都串入转子电路,达到限制起动电流和提高起动转矩的目的。

在起动过程中,随着电动机转速的升高,起动电流逐渐减小,而三个欠电流继电器的释放电流不同,KUC1 释放电流值最大,KUC2 次之,KUC3 最小,所以,当起动电流减小到 KUC1 释放电流值时,KUC1 首先释放,其常闭触头复位闭合,使接触器 KM1 线圈通电,KM1 的主触头闭合,短接一段电阻 R_1;由于电阻被短接,转子电流增加,起动转矩增大,致使转速又加快上升,这又使得转子电流下降,当降低到 KUC2 的释放电流时,KUC2 接着释放,其常闭触头复位闭合,使接触器 KM2 线圈通电,KM2 主触头闭合,短接第二段转子电阻 R_2;随着电动机的转速不断增加,转子电流进一步减小,直至 KUC3 释放,接触器 KM3 线圈通电,KM3 主触头闭合,短接第三段转子电阻 R_3;至此,转子电阻全部被短接,电动机起动过程结束。

为保证电动机转子串入全部电阻起动,控制电路中设置了中间继电器 KA。如果没有 KA,KM4 线圈通电后,当起动电流由零上升在尚未到达电流继电器的吸合值时,KUC1、KUC2、KUC3 未吸合,其常闭触头仍然闭合,将使 KM1、KM2、KM3 线圈同时通电,转子电阻将被全部短接,电动机直接起动。而设置了中间继电器 KA 后,KM4 线圈通电,其常开触头闭合,使 KA 线圈通电,再使 KA 常开触头闭合,在这之前起动电流已到达电流继电器的吸合值并已动作,其常闭触头已将 KM1、KM2、KM3 线圈回路断开,确保转子电路电阻串入,避免了电动机的直接起动。

（2）时间控制原则　图 2-21 为按时间原则控制的转子串电阻起动控制电路。图中，KM 为电源接触器，接触器 KM1～KM3 用来短接转子电阻，时间继电器 KT1～KT3 控制起动过程。

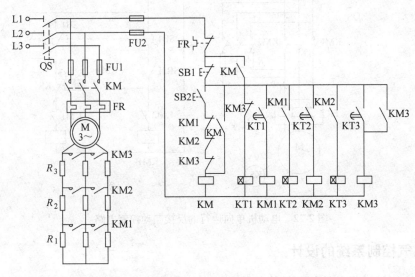

图 2-21　按时间原则控制的转子串电阻起动控制电路

图中，按下起动按钮 SB2，接触器 KM 线圈得电并自锁，主触头闭合，电动机转子串全电阻起动，与此同时，时间继电器 KT1 线圈得电，经一段时间延时以后，时间继电器 KT1 的延时闭合常开触头闭合，接触器 KM1 线圈得电，其主触头闭合，切除转子电阻 R_1，同时其辅助常开触头闭合，时间继电器 KT2 线圈得电。这样，通过时间继电器线圈依次通电，接触器 KM1～KM3 线圈依次得电，主触头依次闭合，转子电阻将被逐级短接，直到转子电阻全部被切除，电动机起动完毕，进入全电压运行状态。此时 KM3 的常闭触头断开，KT1 线圈失电，其延时闭合常开触头马上断开，KM1 线圈失电，此后，KT2、KM2、KT3 依次失电。

在 KM 线圈支路中串联 KM1、KM2、KM3 的常闭触头，主要是为了保证电动机在起动瞬间串接所有电阻。

9. 三相异步电动机的反接制动

三相异步电动机反接制动是利用改变电动机电源相序，使定子绕组产生的旋转磁场与转子旋转方向相反，因而产生制动力矩的一种制动方法。**应注意的是，**当电动机转速接近零时，必须立即断开电源，否则电动机会反向转动。

由于反接制动电流较大，制动时需在定子回路中串入电阻以限制制动电流。反接制动电阻的接法有两种：对称电阻接法和不对称电阻接法。

三相异步电动机单向运行的反接制动控制电路如图 2-22 所示。控制电路按速度原则实现控制，通常采用速度继电器，速度继电器与电动机同轴相连，在 120～3 000r/min 范围内速度继电器触头动作，当转速低于 100r/min 时，其触头复位。

工作过程如下：合上刀开关 QS→按下起动按钮 SB2→接触器 KM1 通电→电动机 M 起动运行→速度继电器 KS 常开触头闭合，为制动作准备；制动时按下停止按钮 SB1→KM1 断电→KM2 通电（KS 常开触头尚未打开）→KM2 主触头闭合，定子绕组串入限流电阻 R 进行反接制动→ $n \approx 0$ 时，KS 常开触头断开→KM2 断电，电动机制动结束。

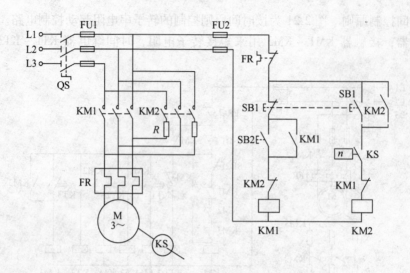

图 2-22　电动机单向运行的反接制动控制电路

2.1.5　电气控制系统的设计

在生产中，机械设备的使用效能与其电气自动化的程度有着密切的关系，尤其是机电一体化已成为现代机械工业发展的总趋势，所以要做好机电工作，就应当掌握生产设备控制电路的设计。通过前面的学习，在已经初步掌握了低压电器、控制电路的基本环节以及一些典型生产机械控制电路的基础上，下面介绍相关的电气控制系统的设计方法和所使用低压电器的选择方法。

1. 电气控制系统设计的基本原则和内容

设计工作的首要问题是树立正确的设计思想，树立工程实践的观点，使设计出的产品经济实用、先进可靠、操作方便等。任何一台机械设备的结构形式和使用效能与其电气自动化程度都有着十分密切的关系，因此电气控制系统设计必须与设备的机械设计相对应，这就要求设计人员必须对机械设备的机械结构、加工工艺有一定的了解，这样才能设计出符合要求的电气控制设备。

（1）电气控制系统设计的基本内容　机械设备的控制系统绝大多数属于电力拖动控制系统，因此生产机械电气控制系统设计的基本内容有以下几个方面：

1）确定电力拖动方案；

2）设计生产机械电力拖动自动控制电路；

3）选择拖动电动机及电气元器件，制定电气元器件明细表；

4）进行生产机械电力装备施工设计；

5）编写生产机械电气控制系统的电气说明书与设计文件。

（2）电力拖动方案确定的原则　对各类生产机械电气控制系统的设计，首要的是选择和确定合适的拖动方案。主要根据设备的工艺要求及结构来确定电动机的数量，然后根据各生产机械的调速要求来确定调速方案，同时，应当考虑使电动机的调速特性与负载特性相适应，从而使电动机得到充分合理的应用。

1）无电气调速要求的生产机械。在不需要电气调速和起动不频繁的场合，应首先考虑采用笼型异步电动机；在负载静转矩很大的拖动装置中，可考虑采用绕线转子异步电动机；对于负载很平稳、容量大、且起停次数很少时，则采用同步电动机更为合理，不仅可以充分发挥同步电动机效率高、功率因数高的优点，还可以调节励磁使它工作在过励情况下，提高电网的功率因数。

2）要求电气调速的生产机械。应根据生产机械的调速要求（如调速范围、调速平滑性、机械特性硬度、转速调节级数及工作可靠性等）来选择拖动方案，在满足技术指标的前提下，进行经济比较，最后确定最佳拖动方案。

调速范围（最高转速和最小转速之比）$D = 2 \sim 3$，转速调节极数 $\leqslant 2 \sim 4$，一般采用改变磁极对数的双速或多速笼型异步电动机拖动。

调速范围 $D < 3$，且不要求平滑调速时，采用绕线转子异步电动机拖动，但只适用于短时负载和重复短时负载的场合。

调速范围 $D = 3 \sim 10$，且要求平滑调速时，在容量不大的情况下，可采用带滑差离合器的异步电动机拖动系统。若需长期运转在低速时，也可考虑采用晶闸管直流拖动系统。

调速范围 $D = 10 \sim 100$ 时，可采用直流拖动系统或交流调速系统。

三相异步电动机的调速，以前主要依靠改变定子绕组的极数和改变转子电路的电阻来实现。目前，变频调速和串级调速已得到广泛的应用。

3）电动机调速性质的确定。电动机的调速性应与生产机械的负载性质相适应。对于双速笼型异步电动机，当定子绕组由△联结改为 YY 联结时，转速由低速转为高速，功率却变化不大，适用于恒功率传动；当定子绕组由 Y 联结改为 YY 联结时，电动机输出转矩不变，适用于恒转矩传动。对于他励直流电动机，改变电枢电压调速为恒转矩输出；而改变励磁调速为恒功率输出。

若采用不对应调速，即恒转矩负载采用恒功率调速或恒功率负载采用恒转矩调速，都将使电动机额定功率增大 D 倍（D 为调速范围），且部分转矩未能得到充分利用。所以电动机调速性质是指电动机在整个调速范围内转矩、功率与转速的关系。究竟是允许恒功率输出还是恒转矩输出，在选择调速方法时，应尽可能使调速性质与负载性质相同。

（3）控制方案的确定原则　机械设备的电气控制方法很多，有继电器-接触器的有触头控制、有无触头逻辑控制，有可编程序控制器控制及计算机控制等。总之，合理地确定控制方案，是实现简便、可靠、经济、适用的电力拖动控制系统的重要前提。

控制方案的确定，应遵循以下原则：

1）控制方式与拖动方案需要相适应。控制方式并非越先进越好，而应该以经济实用为标准。如控制逻辑简单、加工程序基本固定的生产机械设备，采用继电器-接触器的控制方式比较合理；对于经常改变加工程序或控制逻辑复杂的生产机械设备，则采用可编程序控制器较为合理。

2）控制方式与通用化程度相适应。通用化程度是指生产机械加工不同对象的能力，它与自动化是两个概念。对于某些加工一种或几种零件的专用机床，它的通用化程度很低，但它可以有较高的自动化程度，这种机床宜采用固定的控制电路；对于单件、小批量且可以加工形状复杂零件的通用机床，则采用数字程序控制，或采用可编程序控制器控制，因为它们可以根据不同的加工对象而设定不同的加工程序，因而有较高的通用化程度。

3）控制方式应最大限度满足工艺要求。根据加工对象工艺要求，控制电路应具有自动循环、半自动循环、手动调整、紧急快退、保护性联锁、信号指示和故障诊断等功能,以最大程度满足工艺要求。

4)控制电路的电源应当可靠。简单的控制电路可直接用电网电源,元器件较多、电路较复杂的控制电路,可将电网电压隔离降压,以降低故障率。对于自动化程度较高的生产设备可采用直流电源,这有助于节省安装空间,便于同无触头元件连接,元件动作平稳,操作维修也比较安全。

影响方案确定的因素很多,最后选定方案的技术水平和经济水平,还取决于设计人员的设计经验等。

2. 电气控制系统的设计理念

生产机械的电气控制系统是生产机械的重要组成部分,它对生产机械能否正确可靠地工作起着决定性的作用。因此,设计前,应对生产机械的工作性能、基本结构、运行情况及加工工艺过程有充分了解,特别要明确生产工艺对电气控制提出的要求,在此基础上,再来考虑控制方案,如控制方式、起动、反向、制动及调速控制等,设置必要的保护与联锁,以保证满足生产机械的各项工作要求。

在进行具体电路设计时,首先应设计主电路,然后设计控制电路,最后是信号电路及照明电路等。初步设计完成后,应当仔细检查,看是否符合设计要求,并尽可能使之完善和简化,最后选择所用电器的型号与规格。

3. 电气控制系统的设计要求

不同用途的控制电路,其控制要求也有所不同,一般应满足以下要求:

1)应能满足生产机械的工艺要求,能按照工艺顺序准确而可靠地工作。

2)电路结构力求简单,尽量选用常用的且经过实际考验过的电路。

3)操作、调整和检修方便。

4)具有各种必要的保护装置和联锁环节,确保在误操作时也不会发生重大事故。

5)工作稳定,安全可靠,符合使用环境条件。

4. 控制电路的设计方法

控制电路的设计方法有两种:一种是经验设计法,另一种是逻辑设计法。

经验设计法是根据生产工艺的要求,按照电动机的控制方法,采用典型环节电路直接进行设计,先设计出各个独立的控制电路,然后根据设备的工艺要求决定各部分电路的联锁或联系。这种方法比较简单,但是对于比较复杂的电路,设计人员必须具有丰富的工作经验,需绘制大量的电路图,并经多次修改后才能得到符合要求的控制电路。

逻辑设计法,采用逻辑代数进行设计,按此方法设计的电路结构合理,可节省所用元器件的数量。

5. 设计控制电路时应注意的问题

设计具体电路时,为了使电路设计得简单且准确可靠,应注意以下几个问题。

(1)尽量减少连接导线 设计控制电路时,应考虑各元器件的实际位置,尽可能减少配线时的连接导线,图 2-23a 所示电路是不合理的。因为按钮一般是安装在操作台上的,而接触器是安装在电气柜内的,这样接线就需要由电气柜内二次引出连接线到操作台上,所以一般都将起动按钮与停止按钮直接连接,这样就可以减少一次引出线,图 2-23b 所示电路为合理的连接。

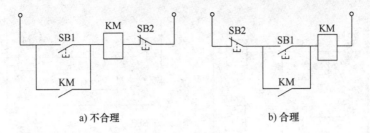

a) 不合理   b) 合理

图 2-23　电器连接图

（2）正确连接电器的线圈　电压线圈通常不能串联使用，图 2-24a 所示电路为不正确的连接，由于它们的阻抗不尽相同，会造成两个线圈上的电压分配不等，即使是两个同型号线圈，外加电压是它们的额定电压之和，也不允许这样连接。因为电器动作总有先后，当有一个接触器先动作时，其线圈阻抗增大，该线圈上的电压降增大，会使另一个接触器不能吸

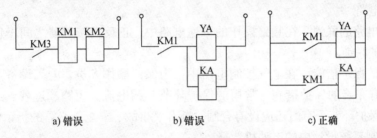

a) 错误   b) 错误   c) 正确

图 2-24　电磁线圈连接图

合，严重时将使线圈烧毁。

电感量相差悬殊的两个电器线圈，不要并联连接。图 2-24b 中直流电磁铁 YA 与继电器 KA 并联，在接通电源时可正常工作，但在断开电源时，由于电磁铁线圈的电感比继电器线圈的电感大得多，所以断电时，继电器很快释放，但电磁铁线圈产生的自感电动势可能使继电器又吸合一段时间，从而造成继电器的误动作。解决的方法是可以各用一个接触器的触头来控制，如图 2-24c 所示。

（3）控制电路中应避免出现寄生电路

寄生电路是电路动作过程中意外接通的电路，如图 2-25 中的 HL 和热保护的正反向电路。正常工作时，能完成正反向起动、停止和信号指示。当热继电器 FR 动作时，电路就出现了寄生电路，如图中虚线所示，使正向接触器 KM1 不能有效释放，起不了保护作用；反转时亦然。

（4）尽可能减少电器数量、采用标准件和相同型号的电器　尽量减少不必要的触头以简化电路，提高电路的可靠性，如

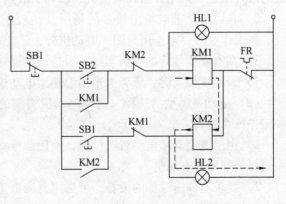

图 2-25　寄生电路

将图 2-26a 所示电路改成图 2-26b 所示的电路后，可减少一个触头。

当控制电路的支路数较多，而触头数目不够时，可采用中间继电器增加控制支路的数量。

（5）多个电器的依次动作问题　在电路中应尽量避免许多电器依次动作才能接通另一

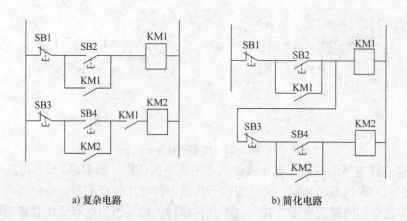

a) 复杂电路　　　　　　　　　　b) 简化电路

图 2-26　电路简化

个电器的控制电路。

（6）可逆电路的联锁　在频繁操作的可逆电路中，正反向接触器之间不仅要有电气联锁而且要有机械联锁。

（7）完善的保护措施　在电气控制电路中，为保证操作人员、电气设备及生产机械的安全，一定要有完善的保护措施。常用的保护环节有漏电流、短路、过载、过电流、过电压、失电压等保护环节，有时还应设有合闸、断开、事故、安全等必需的指示信号。

6. 电气控制系统设计中的电动机选择

电动机是生产机械电力拖动系统的拖动设备，选择电动机的原则是：经济、合理、安全。选择电动机的指标是结构形式、类型、转速、额定电压和功率。能否正确的选择电动机，对设备的性能影响很大。

（1）电动机结构的选择　电动机具有不同的结构形式，如防护式、封闭式及防爆式等，具体要根据电动机的工作条件来选择。

1）现代设备如机床，多选用防护式电动机；而在某些场合，在操作者和设备安全有保证的条件下也可采用开启式电动机，以利于散热和提高效率。

2）在污染严重或粉尘较多的场所及比较潮湿或冷却液流散的场所应选用封闭式电动机。露天作业时，除选用封闭式电动机外，还应加防护措施。

3）在有爆炸危险的厂房车间，应选择防爆式电动机。

4）若温度较高时，应考虑选用湿热型电动机。

（2）电动机类型的选择　选择电动机类型的依据是在安全、经济的条件下，要适应设备工作特性的要求。

1）由于笼型异步电动机造价低，使用、维修方便，所以对速度无特殊要求的设备应优先选择笼型异步电动机。

2）要求有调速性能的设备，可选用直流电动机，当然也可以采用有交流调速装置的交流电动机，但要考虑其经济性。

3）对要求速度变化级数较少的场合，可选用多速异步电动机。

4）对要求调速范围较宽的设备，除考虑直流拖动外，还应考虑是否需要机械变速和电气调速结合使用。

（3）电动机转速的选择　对于额定功率相同的电动机，额定转速愈高，电动机体积、重量和成本就愈小。因此，在条件允许的情况下，应尽可能选用高速电动机，但要根据设备对转速的要求，综合考虑电动机转速和机械传动两方面的多种因素来确定电动机额定转速，一般要考虑以下几个方面：

1）低速运转的设备，宜选用一适当的转速作为参考转速，以该转速选择电动机并与减速机构联合传动。

2）对中高速运转的设备，可选用适当速度的电动机直接拖动。

3）对要求调速的设备，应注意电动机转速与设备要求的最高转速相适应，使得调速范围留有余地。

4）对经常起动、制动及反转的设备，如冶金及起重设备，其电动机的转速不宜选得过高，电动机的转动惯量应越小越好。

（4）电动机额定电压的选择 交流电动机的额定电压应与供电电网电压一致。中小型异步电动机额定电压为 220/380V（△/Y联结）及 380/600V（△/Y联结）两种，后者可用Y-△起动；当电动机功率较大时，可选用相应电压（如 3 000V、6 000V、10 000V）的高压电动机。

直流电动机的额定电压也要与电源电压相一致。当直流电动机单独由直流发电机供电时，额定电压常为 220V 及 110V；大功率直流电动机可提高到 600～800V，甚至为 1 000V。

（5）电动机功率的选择 选择电动机功率的依据是负载功率。功率选得过大，设备投资大，将造成浪费，同时，由于电动机欠载运行，使其效率和功率因数（对于交流电动机）降低，运行费用也会提高；相反，功率选的过低，电动机过载运行，使其寿命降低。

调查统计类比法是在不断总结经验的基础上，选择电动机容量的一种实用的方法。公式如下：

1）普通车床主拖动电动机的功率为

$$P = 36.5D^{1.54} \tag{2-5}$$

式中，P 为主拖动电动机功率（kW）；D 为工件最大直径（m）。

2）立式车床主拖动电动机的功率为

$$P = 20D^{0.88} \tag{2-6}$$

式中，P 为主拖动电动机功率（kW）；D 为工件最大直径（m）。

3）摇臂钻床主拖动电动机的功率为

$$P = 0.064\ 6D^{1.19} \tag{2-7}$$

式中，P 为主拖动电动机功率（kW）；D 为最大钻孔直径（mm）。

4）卧式镗床主拖动电动机功率为

$$P = 0.04D^{1.7} \tag{2-8}$$

式中，P 为主拖动电动机功率（kW）；D 为镗杆直径（mm）。

主拖动和进给拖动用一台电动机的场合，按主拖动电动机的功率计算。对于采用单独的进给拖动电动机，由于其不仅拖动进给运动外，还拖动工作台的快速移动，应按快速移动所需的功率来选择。快速移动所需的功率，一般按经验公式来选择，可查阅有关资料。

7. 电气控制系统设计中的电气元器件选择

在设备电气控制系统中，为了满足生产工艺及电力拖动的需要，电动机要频繁地起动、制动、改变运动方向及调节转速等；当电路发生过载、短路、欠电压或失电压等情况时，控制电路的保护环节还应当自动切断电路，保护电路和设备。所有这些要求都需要借助于电气元器件来完成。

由于各类电气元器件在设备的电气控制系统中所处的位置和所起的作用不同,因此选用的方法也不尽相同。生产机械常用低压电器的选择,主要依据是电器产品目录上的各项指标和数据。正确合理地选择低压电器是电气系统安全运行、可靠工作的保证。

(1) 接触器的选用 选择接触器主要依据以下数据:电源种类(直流或交流),主触头额定电流,辅助触头的种类、数量和额定电流,电磁线圈的电源种类、频率和额定电压,额定操作频率等。机床中用的最多的是交流接触器,交流接触器的选择主要考虑主触头的额定电流、额定电压及线圈电压等。

1) 主触头的额定电流 I_N 可根据下面经验公式进行选择:

$$I_N \geqslant \frac{10P_N}{KU_N} \tag{2-9}$$

式中,I_N 为接触器主触头的额定电流(A);K 为比例系数,一般取 1 ~ 1.4;P_N 为被控电动机的额定功率(kW);U_N 为被控电动机的额定线电压(V)。

2) 交流接触器主触头的额定电压一般按高于电路额定电压来确定。

3) 根据控制电路的电压决定接触器的线圈电压。为保证安全,接触器吸引线圈一般选择较低的电压,但如果在控制电路比较简单的情况下,为了省去变压器,可选用 380V 电压。值得注意的是,接触器产品系列是按使用类别设计的,所以要根据接触器负担的工作任务来选用相应的产品系列。

4) 接触器辅助触头的数量、种类应满足电路的需要。

(2) 继电器的选择

1) 一般继电器的选择。一般继电器是指具有相同电磁系统的继电器,又称电磁式继电器。选用时,除满足继电器线圈电压或线圈电流的要求外,还应按照控制需要分别选用过电流继电器、欠电流继电器、过电压继电器、欠电压继电器及中间继电器等。另外电压、电流继电器还有交流、直流之分,选择时也应当注意。

2) 时间继电器的选择。时间继电器形式多样,各具特点,选择时应从以下几方面考虑:

① 根据控制电路的要求来选择延时方式,即通电延时型或断电延时型;

② 根据延时准确度要求和延时时间的长短来选择;

③ 根据使用场合和工作环境选择合适的时间继电器。

3) 热继电器的选择。热继电器的选择应按电动机的工作环境、起动情况及负载性质等因素来考虑。一方面要充分发挥电动机的过载能力,另一方面要确保电动机在短时过载与起动瞬间时不受影响。

① 热继电器结构形式的选择。Y联结的电动机可以选择两相或三相结构的热继电器,△联结的电动机应当选择带断相保护装置的三相结构热继电器。

② 热元件额定电流的选择。一般可按式(2-10)选取:

$$I_R = (0.95 \sim 1.05)I_N \tag{2-10}$$

式中,I_R 为热元件的额定电流(A);I_N 为电动机的额定电流。

对于工作环境恶劣、起动频繁的电动机,则按式(2-11)选取:

$$I_R = (1.15 \sim 1.5)I_N \tag{2-11}$$

热元件选好后,还需根据电动机的额定电流来调整它的整定值。

（3）熔断器的选择 熔断器选择的内容主要是熔断器的类型、额定电压、额定电流等级和熔体的额定电流。

1）熔断器类型与额定电压的选择。根据负载的保护特性、短路电流的大小及各类熔断器的适用范围来选用熔断器的类型。根据被保护电路的电压来决定熔断器的额定电压。

2）熔体与熔断器额定电流的选择。熔断器熔体的额定电流大小与负载大小、负载性质有关。对于负载平稳、无冲击电流的电路，如一般照明电路、电热电路，可按照负载电流大小来确定熔体的额定电流。对于有冲击电流的电路，如带电动机负载的电路，为达到短路保护目的，又要保证电动机正常起动，其熔断器熔体的额定电流按以下方式确定。

① 单台电动机：

$$I_{NF} = (1.5 \sim 2.5)I_N \tag{2-12}$$

式中，I_{NF} 为熔体额定电流（A）；I_N 为电动机额定电流（A）。

② 多台电动机共用一个熔断器保护：

$$I_{NF} \geq (1.5 \sim 2.5)I_{NMAX} + \sum I_N \tag{2-13}$$

式中，I_{NF} 为熔体额定电流（A）；I_{NMAX} 为容量最大的电动机的额定电流（A）；$\sum I_N$ 为其他电动机额定电流之和（A）。轻载起动或起动时间较短时，式中系数取 1.5；重载起动或起动时间较长时，式中系数取 2.5。

熔断器的额定电流应大于或等于熔体额定电流。

3）熔断器上下级的配合。为满足选择性保护的要求，应注意熔断器上下级之间的配合，一般要求上一级熔断器的熔断时间至少是下一级的 3 倍，不然将会发生越级动作，扩大停电范围。为此，当上下级采用同一种型号的熔断器时，其电流等级以相差两级为宜；若上下级所采用的熔断器型号不同时，则应根据保护特性上给出的熔断时间选取。

（4）控制变压器的选择 控制变压器一般用于降低控制电路或辅助电路的电压，以保证控制电路或辅助电路安全可靠。选择控制变压器的原则为：

1）控制变压器一、二次电压应与交流电源电压、控制电路电压及辅助电路电压要求相符。

2）应保证接于变压器二次侧的交流电磁器件在通电时能可靠地吸合。

3）电路正常运行时，变压器温升不应超过允许温升。

4）控制变压器可按长期运行的温升来考虑，这时变压器的容量应大于或等于最大工作负载的功率，即

$$S \geq K_L \sum S_i \tag{2-14}$$

式中，$\sum S_i$ 为电磁器件吸合总功率（V·A）；K_L 为变压器容量的储备系数，一般取 1.1 ~ 1.25。

（5）其他控制电器的选择

1）断路器的选择。断路器可按下列条件选用：

① 根据电路的计算电流和工作电压，确定断路器的额定电流和额定电压。显然，断路器的额定电流应不小于电路的计算电流。

② 确定热脱扣器的整定电流。其数值应与被控制的电动机的额定电流或负载的额定电流一致。

③ 确定过电流脱扣器瞬时动作的整定电流：

$$I_Z \geq KI_{pk} \tag{2-15}$$

式中，I_z 为瞬时动作的整定电流；I_{pk} 为电路中的尖峰电流；K 为考虑整定误差和起动电流允许变化的安全系数。对于动作时间在 0.02s 以上的断路器，取 $K = 1.35$；对于动作时间在 0.02s 以下的断路器，取 $K = 1.7$。

2）控制按钮的选择。控制按钮可按下列要求进行选用：

① 根据使用场合，选择控制按钮的种类，如开启式、保护式、防水式及防腐式等。

② 根据用途，选用合适的形式，如手把旋转式、钥匙式、紧急式及带灯式等。

③ 按控制电路的需要，确定不同的按钮数，如单钮、双钮、三钮及多钮等。

④ 按工作状态指示和工作情况的要求，选择按钮及指示灯的颜色。

3）限位开关的选用。限位开关可按下列要求进行选择：

① 根据应用场合及控制对象来选择，如一般用途的限位开关和起重设备用限位开关。

② 根据安装环境选择防护形式，如开启式或保护式。

③ 根据控制电路的电压和电流选择开关系列。

④ 根据机械与限位开关的传力与位移关系选择合适的头部形式。

4）万能转换开关的选择。万能转换开关可按下列要求进行选择：

① 按额定电压和工作电流选用合适的万能转换开关系列。

② 按操作需要选定手柄形式和定位特征。

③ 按控制要求参照转换开关样本确定触头数量和接线图编号。

④ 选择面板形式及标志。

5）接近开关的选择。接近开关可按下列要求选择：

① 接近开关的价格高于限位开关的价格，因此仅用于工作频率高、可靠性及精度要求均较高的场合。

② 按应答距离要求来选择型号和规格。

③ 按输出要求是有触头还是无触头以及触头数量，选择合适的输出形式。

8. 生产机械电气设备的施工设计

电气控制系统在完成控制电路设计、电气元器件选择后，就应该进行电气设备的施工设计。电气设备施工设计的依据是电气控制电路图和所选定的电气元器件明细表。电气设备施工设计的内容与步骤如下：

1）电气设计总体方案的拟定。

2）电气控制装置的结构设计。

3）绘制电气控制装置的电器布置图。

4）绘制电气控制装置的接线图。

5）绘制各部件的电气布置图。

6）绘制电气设备内部接线图。

7）绘制电气设备外部接线图。

8）编制电气设备技术资料。

下面选择几个步骤作简要说明。

（1）电气控制装置的结构设计　按照国家标准规定，尽可能把电气设备组装在一起，使其成为一台或几台控制装置。只有那些必须安装在特定位置的部件，如按钮、手动控制开关、限位开关、离合器及电动机等才允许分散安装在设备的各处。

安放发热元件，如电阻器，必须使电气柜内其他元器件的温升不超过它们各自的允许极限。对于发热量大的元器件，如电动机的起动电阻，必须隔离安放。所有电气设备应该尽可能靠近安放，便于更换、识别与检测。

在上述规定指导下，首先要根据设备电气控制电路图和设备控制操作要求，决定采用哪些电气控制装置，如控制柜、操纵台或悬挂操纵箱等，然后确定设备电气控制装置的安放位置。需经常操作和监视的部分应放在操作方便、通观全局的位置；悬挂箱应置于操作者附近，接近加工工件且有一定移动方位处；发热或振动噪声大的电气设备要置于远离操作者的地方。

（2）绘制电气控制装置的电器布置图　按国家标准规定，电气柜内电气元器件必须位于维修站台之上 0.4 ~ 2m。所有元器件的接线端子和互连端子必须位于维修站台之上至少 0.2m 处，以便装拆导线。安排元器件时，必须留有规定的间隔，并考虑有关的维修条件。电气柜和壁龛中裸露及无电弧的带电元器件与电气柜和壁龛导体壁板间必须有适当的间隙，一般 250V 以下电压，不小于 15mm；250 ~ 500V 电压，不小于 25mm。电气柜内按照用户技术要求制作的电气控制装置，最少要留出 10% 的备用面积，以供控制装置改进或局部修改。除了人工控制开关、信号和测量部件，电气柜门上不得安装任何元器件。由电源电压直接供电的电器最好装在一起，从而与控制电压供电的电器分开。电源开关最好安装在电气柜内右上方，其操作手柄应装在电气柜前面或侧面，电源开关上方最好不安装其他电器，否则，应把电源开关用绝缘材料盖住，以防电击。

遵循上述规定，电气柜内电器可按下述原则布置：

1）体积大或较重的电器置于控制柜下方。

2）发热元件安装在电气柜的上方，并注意将发热元件与感温元件隔开。

3）弱电部分应加屏蔽和隔离，以防强电及外界电磁干扰。

4）应尽量将外形与结构尺寸相同的电气元器件安装在一起，既便于安装和布线处理，又可使布置整齐美观。

5）电器的布置应便于维修。

6）布置电器时应尽量考虑对称性。

一般可通过实物排列来进行控制柜的设计。操纵台及悬挂操纵箱则可采用标准结构设计，也可根据要求选择，或适当进行补充加工和单独自行设计。

（3）绘制电气控制装置的接线图　根据电气控制原理图与电气控制装置的电器布置图，可进一步绘制电气控制装置接线图。

1）图中所有电气元器件图形，应按实物，依据对称原则绘制。

2）图中各电气元器件，均应注明与电气控制原理图上一致的文字符号、接线编号。

3）图中应清楚地表示出各电气元器件的接线关系和接线走向。

接线图的接线关系有两种画法，一是直接接线法，即直接画出两元器件之间的接线，它适用于电气系统简单、电气元器件少及接线关系简单的场合；二是符号标准接线法，即仅在电气元器件接线端处标注符号，以表明相互连接关系，它适用于电气系统复杂、电气元器件多及接线关系较为复杂的场合。

4）按规定清楚标注配线导线的型号、规格、截面积和颜色。

5）图中各电气元器件应按实际位置绘制。

6）板后配线的接线图应按控制板翻转后的方位绘制电气元器件，以便施工配线，但触头方向不能倒置。

7）接线板或控制柜的进出线，除面积较大外，都应经接线板外接。

8）接线板上各接点按接线号顺序排列，并将动力线、交流控制线及直流控制线等分类排开。

（4）设备内部接线图和外部接线图

1）设备内部接线图。

① 根据设备上各电器布置的位置，绘制内部接线图。

② 设备上各处电气元器件、组件、部件间的接线应通过管路进行。

③ 图上应标明分线盒进线与出线的接线关系。接线排上的线号应标清，以便配线施工。

2）设备外部接线图。

① 设备外部接线图表示设备外部的电动机或电气元器件的接线关系。它主要供用户单位安装配线用。

② 设备外部接线图应按电气设备的实际相应位置绘制，其要求与设备内部接线图相同。

2.2 实训项目

2.2.1 项目 1 三相异步电动机点动控制和自锁控制

1. 项目任务

通过对三相异步电动机点动控制和自锁控制电路的实际安装接线，掌握其电气工作原理和安装接线的基本技能。

2. 项目技能点和知识点

（1）技能点

1）进一步认识常用低压电器。

2）能够使用电工工具和电工仪表。

3）能够完成对三相异步电动机点动控制和自锁控制电路的实际安装接线。

4）能够对三相异步电动机点动控制和自锁控制电路正确操作、调试，并能排除故障。

（2）知识点

1）理解刀开关、热继电器、接触器、按钮的工作原理和作用。

2）了解常用低压电器的分类、型号意义及技术参数。

3）掌握三相异步电动机点动控制和自锁控制电路电气原理图。

3. 项目设备(见表 2-1)

表 2-1 项目设备表

名 称	型号或规格	数 量	名 称	型号或规格	数 量
刀开关	HK1-30/3	1 只	一般电工工具	螺钉旋具、测电笔、万用表、剥线钳等	1 套
熔断器	RC1A-15	5 只	三相异步电动机	Y-100L2-4	1 只
按钮	LA23	2 只	交流接触器	CJ20-20	2 只
导线	BV1. 5mm², BVR1mm²	若干	热继电器	JR20-16	1 只

4. 项目实施

（1）知识点、技能点的学习

1）在控制电路中常采用接触器的辅助触头来实现自锁和互锁控制。要求接触器线圈得电后能自动保持动作后的状态，这就是自锁，通常用接触器自身的常开触头与起动按钮相并联来实现，以达到电动机的长期运行，这一常开触头称为"自锁触头"。

2）控制按钮通常用以短时通断小电流的控制电路，以实现近、远距离控制电动机等执行部件的起、停或正、反转控制。按钮是专供人工操作使用。对于复合按钮，其触头的动作规律是：当按下时，其常闭触头先断，常开触头后合；当松手时，则常开触头先断，常闭触头后合。

3）在电动机运行过程中，应对可能出现的故障进行保护。

采用熔断器作短路保护，当电动机或电器发生短路时，及时熔断熔体，达到保护电路、保护电源的目的。熔体熔断时间与流过的电流关系称为熔断器的保护特性，这是选择熔体的主要依据。

采用热继电器实现过载保护，使电动机免受长期过载之危害。其主要的技术指标是整定电流值，即电流超过此值的 20% 时，其常闭触头应能在一定时间内断开，切断控制电路，动作后只能由人工进行复位。

4）在电气控制电路中，最常见的故障常发生在接触器上。接触器线圈的电压等级通常有 220V 和 380V 等，使用时必须认清，切勿疏忽，否则，电压过高易烧坏线圈；电压过低吸力不够，将导致不易吸合或吸合频繁，这不但会产生很大的噪声，也因磁路气隙增大，致使电流过大，也易烧坏线圈。此外，在接触器铁心的部分端面嵌装有短路铜环，其作用是为了使铁心吸合牢靠，消除颤动与噪声，若发现短路环脱落或断裂现象，接触器将会产生很大的振动与噪声。

（2）项目任务训练

1）任务一：认识各电器的结构、图形符号、接线方法；抄录电动机及各电器铭牌数据；并在断电状态下用万用表检查各电器线圈、触头是否完好。

2）任务二：三相异步电动机的点动控制。按图 2-7 所示三相异步电动机点动控制电路进行安装接线，接线时，先接主电路，主电路连接完整无误后，再连接控制电路，接好全部电路，经指导教师检查后，方可进行通电操作。操作如下：

① 接通三相交流电源。

② 按起动按钮 SB，对电动机 M 进行点动操作，比较按下 SB 与松开 SB 时电动机和接触器的运行情况。

③ 实验完毕，切断实验电路三相交流电源。

3）任务三：三相异步电动机的自锁连续运行控制。按图 2-8 所示三相异步电动机的自锁连续运行控制电路进行接线，它与图 2-7 的不同点在于：一是主电路串上了热继电器，同时控制电路中也串联热继电器的常闭触头，当主电路过载时，控制电路的热继电器常闭触头就会断开，实现过载保护；二是控制电路串联了一只常闭按钮 SB2 实现停止功能；三是在 SB1 上并联 1 只接触器 KM 的常开触头，它起自锁作用。接好全部电路并经指导教师检查后，方可进行通电操作。操作如下：

① 接通三相交流电源。

② 按起动按钮 SB1,松手后观察电动机 M 是否继续运转。

③ 按停止按钮 SB2,松手后观察电动机 M 是否停止运转。

④ 按控制屏停止按钮,切断实验线路三相电源,拆除控制电路中自锁触头 KM,再接通三相电源,起动电动机,观察电动机及接触器的运转情况。从而验证自锁触头的作用。

⑤ 实验完毕,按控制屏停止按钮,切断实验电路的三相交流电源。

4)实验注意事项:

① 实验期间必须穿工作服(或学生服)、胶底鞋;注意安全、遵守实习纪律,做到有事请假,不得无故不到或随意离开;实验过程中要爱护实验器材,节约用料。

② 在不通电的情况下,用万用表或肉眼检查各元器件各触头的分合情况是否良好,元器件外部是否完整无缺;检查螺钉是否完好,是否滑丝;检查接触器的线圈电压与电源电压是否相符。

③ 接线应符合工艺要求,要求牢靠、整齐、清楚、安全可靠,线头长短适中。

④ 操作时要胆大、心细、谨慎,不许用手触及各电气元器件的导电部分及电动机的转动部分,以免触电及意外损伤。

(3) 思考、总结及成绩评定

1)试比较点动控制电路与自锁连续运行控制电路,从结构上看,主要区别是什么?从功能上看主要区别是什么?

2)交流接触器线圈的额定电压为 220V,若误接到 380V 电源上会产生什么后果?反之,若接触器线圈电压为 380V,而电源线电压为 220V,其结果又如何?

3)熔断器和热继电器两者可否只采用其中一种就可起到短路和过载保护作用?为什么?

4)根据实训要求完成实训报告。

5)根据本次实训的电路的安装质量、实训报告和实验纪律及态度综合评定每位学生的实训成绩。

2.2.2　项目 2　三相异步电动机的正、反转控制

1. 项目任务

通过对三相异步电动机的正、反转控制,掌握其电气工作原理和安装接线的基本技能。

2. 项目技能点和知识点

(1) 技能点

1)掌握三相异步电动机正、反转的控制方法。

2)能够使用电工工具和电工仪表。

3)能够完成对三相异步电动机接触器联锁控制和双重联锁控制电路的实际安装接线。

4)能够对三相异步电动机正、反转控制正确操作、调试和排除故障。

(2) 知识点

1)熟悉常用低压电器,了解常用低压电器的分类、型号意义及技术参数。

2)掌握三相异步电动机正、反转控制的电气原理。

3)掌握一般电路的布线、接线方法,接线要求和元器件布置方法。

3. 项目设备(见表 2-2)

表 2-2　项目设备表

名　称	型号或规格	数　量	名　称	型号或规格	数　量
刀开关	HK1-30/3	1 只	一般电工工具	螺钉旋具、测电笔、万用表、剥线钳等	1 套
熔断器	RC1A-15	5 只	三相异步电动机	Y-100L2-4	1 只
按钮	LA23	3 只	交流接触器	CJ20-20	2 只
导线	BV1.5mm², BVR1mm²	若干	热继电器	JR20-16	1 只

4. 项目实施

(1) 知识点、技能点的学习

在实际应用中,往往要求生产机械可以改变运动方向,如工作台前进、后退;电梯的上升、下降等,这就要求电动机能实现正、反转。对于三相异步电动机来说,可通过两个接触器来改变电动机定子绕组的电源相序来实现。使两个电器不能同时得电动作的控制,称为互锁(联锁)控制,如为了避免正、反转两个接触器同时得电而造成三相电源短路事故,必须增设互锁控制环节。为操作的方便,也为防止因接触器主触头长期大电流的烧蚀而偶发触头粘连后造成的三相电源短路事故,通常在具有正、反转控制的电路中采用既有接触器的常闭辅助触头的电气互锁,又有复合按钮机械互锁的双重互锁的控制环节。

(2) 项目任务训练

1) 任务一:三相异步电动机接触器互锁正反转控制。

其电路如图 2-12 所示,接触器 KM1 为正向接触器,控制电动机 M 正转;接触器 KM2 为反向接触器,控制电动机 M 反转。按控制电路进行安装接线,接线时,先接主电路,主电路连接完整无误后,再连接控制电路,接好全部电路,经指导教师检查后,方可进行通电操作。操作如下:

① 接通三相交流电源。

② 正转控制:合上刀开关 QS→按下正向起动按钮 SB2→正向接触器 KM1 通电→KM1 主触头和自锁触头闭合,互锁常闭触头断开→电动机 M 正转。

③ 反转控制:合上刀开关 QS→按下反向起动按钮 SB3→正向接触器 KM2 通电→KM2 主触头和自锁触头闭合,互锁常闭触头断开→电动机 M 反转。

④ 停机:按停止按钮 SB1→KM1(或 KM2)断电→M 停转。

⑤ 该电路只能实现"正→停→反"或者"反→停→正"控制,即必须按下停止按钮后,再反向或正向起动。这对需要频繁改变电动机运转方向的设备来说,是很不方便的。

⑥ 实验完毕,切断实验电路的三相交流电源。

2) 任务二:三相异步电动机按钮、接触器双重互锁正反转控制。

其电路如图 2-13 所示,控制电路中起动按钮改用复合按钮,将正转起动按钮 SB2 的常闭触头串接在反转控制电路中,将反转起动按钮 SB3 的常闭触头串接在正转控制电路中,这样便可以保证正、反转两条控制电路不会同时被接通。若要电动机由正转变为反转,不需要再按下停止按钮,可直接按下反转起动按钮 SB3;反之亦然。

按控制电路图进行安装接线,接线时,先接主电路,主电路连接完整无误后,再连接控制电路,接好全部电路,经指导教师检查后,方可进行通电操作。操作如下:

① 接通三相交流电源。

② 正转控制:合上刀开关 QS→按下正向起动按钮 SB2,SB2 互锁常闭触头断开→正向接触器 KM1 通电→KM1 主触头和自锁触头闭合,互锁常闭触头断开→电动机 M 正转。

③ 反转控制:合上刀开关 QS→按下反向起动按钮 SB3,SB3 互锁常闭触头断开→反向接触器 KM2 通电→KM2 主触头和自锁触头闭合,互锁常闭触头断开→电动机 M 反转。

④ 停机:按停止按钮 SB1→KM1(或 KM2)断电→M 停转。

⑤ 该电路可以直接实现"正→反"或者"反→正"控制。

⑥ 实验完毕,切断实验电路的三相交流电源。

3)实验注意事项:

① 实验期间必须穿工作服(或学生服)、胶底鞋;注意安全、遵守实习纪律,做到有事请假,不得无故不到或随意离开;实验过程中要爱护实验器材,节约用料。

② 在不通电的情况下,用万用表或肉眼检查各元器件各触头的分合情况是否良好,元器件外部是否完整无缺;检查螺钉是否完好,是否滑丝;检查接触器的线圈电压与电源电压是否相符。

③ 接线线头符合工艺要求,要求牢靠、整齐、清楚、安全可靠。

④ 操作时要胆大、心细、谨慎,不许用手触及各电气元器件的导电部分及电动机的转动部分,以免触电及意外损伤。

(3)思考、总结及成绩评定

1)比较两个电路:按正向(或反向)起动按钮,电动机起动后,再去按反向(或正向)起动按钮,观察有何情况发生?

2)在电动机正、反转控制电路中,为什么必须保证两个接触器不能同时工作?采用哪些措施可解决此问题,这些方法有何利弊,最佳方案是什么?

3)在控制电路中,短路、过载、失电压、欠电压保护等功能是如何实现的?在实际运行过程中,这几种保护有何意义?

4)根据实训要求完成实训报告。

5)根据本次实训的电路安装质量、实训报告和实验纪律及态度综合评定每位学生的实训成绩。

2.2.3 项目 3 工作台自动往返循环控制

1. 项目任务

通过完成对工作台自动往返循环控制,掌握其电气工作原理和安装接线的基本技能。

2. 项目技能点和知识点

(1)技能点

1)掌握实现三相异步电动机限位控制的方法。

2)能够使用电工工具和电工仪表。

3）能够完成对三相异步电动机带限位自动往返控制电路的实际安装接线。

4）能够对工作台自动往返循环控制正确操作、调试，并能排除故障。

（2）知识点

1）熟悉常用低压电器，了解常用低压电器的工作原理和选用方法。

2）掌握工作台自动往返循环控制的电气原理。

3 掌握工作台自动往返循环控制电路的布线、接线方法，接线要求，元器件布置方法。

3. 项目设备（见表2-3）

表2-3　项目设备表

名　　称	型号或规格	数　量	名　　称	型号或规格	数　量
刀开关	HK1-30/3	1只	一般电工工具	螺钉旋具、测电笔、万用表、剥线钳等	1套
熔断器	RC1A-15	5只	三相异步电动机	Y-100L2-4	1只
按钮	LA23	2只	交流接触器	CJ20-20	2只
导线	BV1.5mm², BVR1mm²	若干	热继电器	JR20-16	1只
限位开关	LX44-20A	4只			

4. 项目实施

（1）知识点、技能点的学习

1）限位开关又称行程开关，可以安装在相对静止的物体上（如固定架、门框等）或者运动的物体上（如行车、门、工作台等）。当运动物接近时，开关的连杆驱动开关的触头引起闭合的触头分断或者断开的触头闭合。由开关触头开、合状态的改变去控制电路。

2）限位开关包括工作限位开关和极限限位开关。工作限位开关是用来给出机构动作到位信号的。极限限位开关是防止机构动作超出设计范围而发生事故的。工作限位开关安装在机构需要改变工况的位置，开关动作后，给出信号，进行别的相关动作。极限限位开关安装在机构动作的最远端，用来防止机构动作过大出现机构损坏。

（2）项目任务训练

1）项目任务：工作台自动往返循环控制。

其控制电路按照行程控制原则，利用生产机械运动的行程位置实现控制，通常采用限位开关。按图2-15进行安装接线，接线时，先接主电路，主电路连接完整无误后，再连接控制电路，接好全部电路，经指导教师检查后，方可进行通电操作。操作如下：

① 接通三相交流电源。

② 前进过程：合上电源开关 QS→按下起动按钮 SB1→接触器 KM1 通电→电动机 M 正转，工作台向前→工作台前进到一定位置，撞块压动限位开关 SQ1→SQ1 常闭触头断开→KM1 断电→M 停止向前。

③ 自动返回过程：SQ1 常开触头闭合→KM2 通电→电动机 M 改变电源相序而反转，工

作台向后,SQ1 复位→工作台后退到一定位置,撞块压动限位开关 SQ2→SQ2 常闭触头断开→KM2 断电→M 停止后退。

④ 循环过程:SQ2 常开触头闭合→KM1 通电→电动机 M 又正转,工作台又前进,如此往复循环工作。

⑤ 停止控制:直至按下停止按钮 SB3→KM1(或 KM2)断电→电动机停止转动。

⑥ 实验完毕,切断实验电路的三相交流电源。

2) 实验注意事项:

① 实验期间必须穿工作服(或学生服)、胶底鞋;注意安全、遵守实习纪律,做到有事请假,不得无故不到或随意离开;实验过程中要爱护实验器材,节约用料。

② 在不通电的情况下,用万用表或肉眼检查各元器件各触头的分合情况是否良好,元器件外部是否完整无缺;检查螺钉是否完好,是否滑丝;检查接触器的线圈电压与电源电压是否相符。

③ 接线线头符合工艺要求,要求牢靠、整齐、清楚、安全可靠。

④ 操作时要胆大、心细、谨慎,不许用手触及各电气元器件的导电部分及电动机的转动部分,以免触电及意外损伤。

(3) 思考、总结及成绩评定

1) 限位开关有哪些?如何选用?

2) 工作台自动往返的常见故障有哪些?如何排除?

3) 根据实训要求完成实训报告。

4) 根据本次实训的电路安装质量、实验纪律、态度综合和实训报告综合评定每位学生的实训成绩。

2.2.4 项目 4 三相异步电动机丫-△减压起动控制

1. 项目任务

通过完成对三相异步电动机丫-△减压起动控制,掌握其电气工作原理和安装接线的基本技能。

2. 项目技能点和知识点

(1) 技能点

1) 掌握三相异步电动机丫-△减压起动控制的方法。

2) 能够使用电工工具和电工仪表。

3) 能够完成三相异步电动机丫-△减压起动电路的实际安装接线。

4) 能够完成三相异步电动机丫-△减压起动正确操作、调试和排除故障。

(2) 知识点

1) 了解时间继电器的结构,掌握其工作原理及使用方法。

2) 掌握三相异步电动机丫-△减压起动的电气原理。

3) 掌握三相异步电动机丫-△减压起动电路的布线、接线方法,接线要求,元器件布置方法。

3. 项目设备(见表2-4)

表 2-4　项目设备表

名　称	型号或规格	数　量	名　称	型号或规格	数　量
刀开关	HK1-30/3	1 只	一般电工工具	螺钉旋具、测电笔、万用表、剥线钳等	1 套
熔断器	RC1A-15	2 只	三相异步电动机	Y-100L2-4	1 只
按钮	LA23	2 只	交流接触器	CJ20-20	2 只
导线	BV1.5 mm², BVR1 mm²	若干	热继电器	JR20-16	1 只
时间继电器	JS14P	1 只			

4. 项目实施

（1）知识点、技能点的学习

1）时间继电器是一种利用电磁原理或机械原理实现延时控制的控制电器。它的种类很多，有空气阻尼型、电动型和电子型等。在交流电路中常采用空气阻尼型时间继电器，它是利用空气通过小孔节流的原理来获得延时动作的。它由电磁系统、延时机构和触头三部分组成。

2）时间继电器可分为通电延时型和断电延时型两种类型。空气阻尼型时间继电器的延时范围大（有 0.4~60s 和 0.4~180s 两种），它结构简单，但准确度较低。当线圈通电时，衔铁及托板被铁心吸引而瞬时下移，使瞬时动作触头接通或断开。但是活塞杆和杠杆不能同时跟着衔铁一起下落，因为活塞杆的上端连着气室中的橡皮膜，当活塞杆在释放弹簧的作用下开始向下运动时，橡皮膜随之向下凹，上面空气室的空气变得稀薄而使活塞杆受到阻尼作用而缓慢下降。经过一定时间，活塞杆下降到一定位置，便通过杠杆推动延时触头动作，使常闭触头断开，常开触头闭合。从线圈通电到延时触头完成动作，这段时间就是继电器的延时时间。延时时间的长短可以用螺钉调节空气室进气孔的大小来改变。吸引线圈断电后，继电器依靠恢复弹簧的作用而复原。空气经出气孔被迅速排出。

3）电动机 Y-△减压起动控制方法只适用于正常工作时定子绕组为三角形（△）联结的电动机。这种方法既简单又经济，使用较为普遍，但其起动转矩只有全压起动时的 1/3，因此，只适用于空载或轻载起动。

（2）项目任务训练　按图 2-17 进行安装接线，接线时，先接主电路，主电路连接完整无误后，再连接控制电路，接好全部电路，经指导教师检查后，方可进行通电操作。操作如下：

1）接通三相交流电源。

2）按起动按钮 SB1，观察电动机的整个起动过程及各继电器的动作情况，记录 Y-△换接所需时间。

3）按停止按钮 SB2，观察电动机及各继电器的动作情况。

4）调整时间继电器的整定时间，观察接触器 KMY、KT 的动作时间是否相应地改变。

5）实验完毕，切断实验电路的三相交流电源。

实验注意事项:

① 实验期间必须穿工作服(或学生服)、胶底鞋;注意安全、遵守实习纪律,做到有事请假,不得无故不到或随意离开;实验过程中要爱护实验器材,节约用料。

② 在不通电的情况下,用万用表或肉眼检查各元器件各触头的分合情况是否良好,元器件外部是否完整无缺;检查螺钉是否完好,是否滑丝;检查接触器的线圈电压与电源电压是否相符。

③ 接线线头应符合工艺要求,要求牢靠、整齐、清楚、安全可靠。

④ 操作时要胆大、心细、谨慎,不许用手触及各电气元器件的导电部分及电动机的转动部分,以免触电及意外损伤。

(3) 思考、总结及成绩评定

1) 时间继电器有哪些? 如何选用?

2) 时间继电器的触头有哪些,如何动作的?

3) 根据实训要求完成实训报告。

4) 根据本次实训的电路安装质量、实验纪律、态度综合和实训报告综合评定每位学生的实训成绩。

2.2.5 项目 5 CA6140 型普通车床电气控制系统分析、调试与维修

1. 项目任务

对 CA6140 型普通车床电气控制系统进行工作原理的分析和故障的判断与维修。

2. 项目技能点和知识点

(1) 技能点

1) 能够正确分析 CA6140 型普通车床电气控制原理图。

2) 能够使用电工工具和电工仪表。

3) 能根据车床电气控制原理图分析车床的电气控制原理。

4) 能对常用低压电器控制系统进行正确的安装、接线。

5) 能根据 CA6140 型普通车床电气控制系统运行的故障现象准确分析、查找到故障原因并加以修复。

(2) 知识点

1) 理解 CA6140 型普通车床的工作原理及结构。

2) 了解 CA6140 型普通车床电气控制系统运行过程中常见的故障现象。

3) 掌握对 CA6140 型普通车床电气控制系统电气原理图的识图。

4) 掌握 CA6140 型普通车床电气控制电路的维修方法。

3. 理论知识准备

车床是一种应用极为广泛的金属切削机床,能够车削外圆、内圆、端面、螺纹、螺杆,车削定型表面,并可用钻头、铰刀等进行加工。

(1) 主要结构及运动形式 如图 2-27 所示,CA6140 型普通车床主要由床身、主轴箱、进给箱、溜板箱、刀架、丝杠、光杠和尾架等部分组成。普通车床有两个主要的运动部分:一是车床主轴运动,即卡盘或顶尖带着工件的旋转运动;另一个是溜板带着刀架的直线运动,称进给运动。

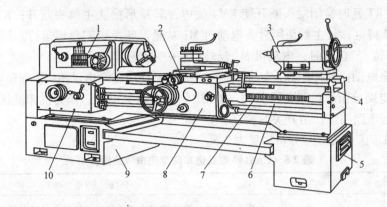

图 2-27 CA6140 型普通车床外形图

1—主轴箱 2—刀架 3—尾架 4—床身

5、9—床腿 6—光杠 7—丝杠 8—溜板箱 10—进给箱

（2）电气控制电路分析 CA6140 型车床是常用的普通车床之一，其电气控制电路如图 2-28 所示，分成主电路、控制电路和照明电路三大部分。

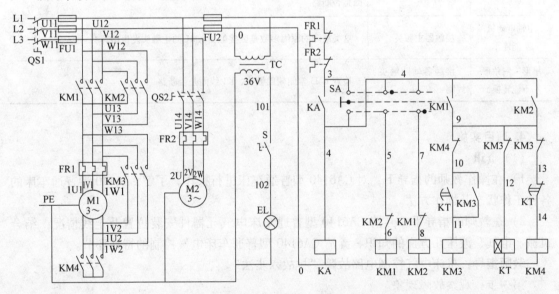

图 2-28 CA6140 型普通车床电气控制电路图

1）主电路分析。主电路中共有两台电动机。M1 为主轴电动机，拖动主轴旋转，并通过进给机构实现车床的进给运动。M2 为冷却泵电动机，拖动冷却泵为车削工件时输送冷却液。三相交流电源通过转换开关 QS1 引入，主轴电动机 M1 由接触器控制起动。热继电器 FR1 为主轴电动机 M1 的过载保护。

冷却泵电动机 M2 由组合开关 QS2 控制起动和停止。热继电器 FR2 为它的过载保护。

2）控制电路分析：

① 主轴电动机的控制。当控制开关 SA 在 0° 位置时，中间继电器 KA 吸合并自锁。SA 从 0° 位置逆时针旋转 45° 位置时，接触器 KM1 的线圈获电动作，同时 KM1 的常开触头闭合，KM4 和 KT 得电，KM1 和 KM4 主触头闭合时电动机 M1 星形正转减压起动，当 KT 延时 3～

5s 时间到时, KT 延时常闭触头断开使 KM4 失电, 其星形接法主触头断开; KT 延时常开触头闭合使 KM3 得电, 其主触头闭合, 电动机 M1 从星形转换到三角形运行。同理, SA 从 0° 位置顺时针旋转 45° 位置时, 电动机 M1 反转(星—三角形起动)。

② 冷却泵电动机的控制。旋转组合开关 QS2 90° 使冷却泵电动机 M2 起动运行。

3) 照明电路分析。控制变压器 TC 的二次侧输出 36V 电压, 作为机床低压照明灯电源。EL 为机床的低压照明灯, 由开关 S 控制。

(3) 普通车床电气故障分析　见表 2-5。

表 2-5　CA6140 型普通车床常见电气故障分析

故障现象	故障点	分析方法
主轴电动机 不能起动	电源部分故障	先检查电源的总熔断器 FU1 是否熔断, 接线头是否有脱落、松动或过热, 因为这类故障易引起接触器不吸合, 还会使电动机过热等。如无异常, 则可应用万用表检查电源开关 QS1 是否良好
	控制电路故障	如电源和主电路无故障, 则故障必定在控制电路, 检查熔断器 FU2、热继电器 FR1 和 FR2 的常闭触头、开关 SA 中间位置接线头、中间继电器 KA 的线圈是否断路
主轴电动机 不能停车	接触器主触头	这类故障的原因多数是因接触器 KM1 的主触头发生熔焊
星形、三角形 不能转换	接触器辅助触头、 线圈	检查 KM3 常闭辅助触头、KT 线圈是否断路

4. 项目实施

(1) 资讯

1) 在操作教师的指导下, 对 CA6140 型普通车床进行操作, 了解 CA6140 型普通车床的各种工作状态及操作方法。

2) 在教师的指导下, 弄清 CA6140 型普通车床电气元器件安装位置及走线情况, 结合机械、电气、液压几方面的知识, 弄清 CA6140 型普通车床电气控制的特殊环节。

教师指导: 机床电气控制电路故障 "排故六步法"。

第一步: 观察故障现象。

在检修机床电气设备前, 通过 "望、闻、问、切" 来了解故障前的操作情况和故障发生后的异常现象, 以便根据故障现象判断故障发生的可能部位, 进而进一步查找。

第二步: 判断故障范围

对简单的电路, 可采用对每个元器件、每根导线逐一检查的方法找到故障点; 对于复杂电路, 应根据电路的工作原理和故障现象, 采用逻辑分析确定故障范围。

第三步: 查找故障点。

在确定的故障范围内, 选择适当的检修方法, 寻找合适的突破点进行查找。查找故障点必须在确定的故障范围内, 顺着检查思路逐点检查, 直至找到故障点。

第四步: 排除故障。

找到故障点后，就要着手进行修复，如更换元器件等。

第五步：通电试车。

故障排除后，应通电试车，检查机床设备的各种操作是否完好如初，符合技术要求。

第六步：做好维修记录，以备日后维修时参考。

（2）决策及计划　根据指导教师给出的"排故六步法"，让学生以 2 ~ 3 人为一小组进行讨论，确定检修方法、实施步骤，写出具体检修方案，然后按照各自方案先在模拟电气控制柜上操作练习，最后再到实际设备上进行实地检修。

（3）实施

教师示范操作：

1）用通用试验法引导学生观察现象。

2）根据故障现象，依据电路图，用逻辑分析法确定故障范围。

3）采用正确的检查方法，查找故障点并排除故障。

4）检修完毕，进行通电试验，并做好维修记录。

学生操作：

由教师设置故障点，主电路一处，控制电路两处，让学生自行检修。

教师注意：设置故障点原则如下：

1）不能设置短路故障、机床带电故障，以免造成人身伤亡事故。

2）不能设置一接通总电源开关电动机就起动的故障，以免造成人身和设备事故。

3）设置故障不能损坏电气设备和电气元器件。

4）在初次进行故障检修训练时，不要实质调换导线类故障，以免增大分析故障的难度。

（4）检查　通过学生对实际故障的诊断和排除技能掌握情况，考核学生不同故障的诊断和排除能力以及安全规范操作的职业能力等，具体检查内容如下：

1）学生是否穿戴防护用品。

2）学生使用的工具、仪表是否符合使用要求。

3）学生在操作过程中是否有专人监护。

4）学生在操作过程中是否按操作规程进行操作。

5）排除故障时，能否修复故障点（**注意:**不得采用元器件代换法）。

6）检修时，是否有扩大故障范围或产生新的故障。

7）检修完毕后，能否准确填写维修记录表。

（5）评估

1）各小组之间互相评价检修方式和检修质量。

2）指导教师对各组的检修情况进行考核和点评，以达到不断优化的目的。考核要求及评分标准见表 2-6。

表 2-6　考核要求及评分标准

项目	考核内容及评分标准	配分	扣分	得分
故障 分析	1. 排除故障前不进行调查研究扣 5 分 2. 检修思路不正确扣 5 分 3. 标不出故障点、线或标错位置，每个故障点扣 10 分	30		

（续）

项目	考核内容及评分标准	配分	扣分	得分
检修故障	1. 切断电源后不验电扣 5 分 2. 使用仪表和工具不正确，每次扣 5 分 3. 检查故障的方法不正确扣 10 分 4. 查出故障不会排除，每个故障扣 20 分 5. 检修中扩大故障范围扣 10 分 6. 少查出故障，每个扣 20 分 7. 少排除故障，每个扣 10 分 8. 损坏电气元器件扣 30 分 9. 检修中或检修后试车操作不正确，每次扣 5 分	60		
安全文明生产	1. 防护用品穿戴不齐全扣 5 分 2. 检修结束后未恢复原状扣 5 分 3. 检修中丢失零件扣 5 分 4. 出现短路或触电扣 10 分	10		
工时	1h。检查故障不允许超时，修复故障允许超时，每超过 5min 扣 5 分，最多可延时 20min。			
合计		100		
备注	各项扣分最高不超过该项配分			

2.2.6　项目 6　Z3050 型摇臂钻床电气控制系统分析、调试与维修

1. 项目任务

对 Z3050 型普通车床电气控制系统进行工作原理的分析和故障的判断与维修。

2. 项目技能点和知识点

（1）技能点

1）能够正确分析 Z3050 型摇臂钻床电气控制原理图。

2）能够使用电工工具和电工仪表。

3）能根据车床电气控制原理图分析车床的电气控制原理。

4）能对常用低压电器控制系统进行正确的安装、接线。

5）能根据 Z3050 型摇臂钻床电气控制系统运行的故障现象准确分析、查找出故障原因并加以修复。

（2）知识点

1）理解 Z3050 型摇臂钻床的工作原理及结构。

2）了解 Z3050 型摇臂钻床电气控制系统运行过程中常见的故障现象。

3）掌握对 Z3050 型摇臂钻床电气控制系统电气原理图的识图。

4）掌握 Z3050 型摇臂钻床电气控制电路的维修方法。

3. 理论知识准备

钻床是一种孔加工机床，可用于在大、中型零件上进行钻孔、扩孔、铰孔、攻丝、修刮端面等。钻床的种类很多，有台式钻床、立式钻床、卧式钻床、摇臂钻床、深孔钻床、专用

钻床等。在各类钻床中，摇臂钻床具有操作方便、灵活、适用范围广等特点，特别适用于多孔大型零件的孔加工，是机械加工中常用的机床设备。这里以 Z3050 型摇臂钻床为例介绍钻床。

（1）摇臂钻床的主要结构和运动形式　如图 2-29 所示，Z3050 型摇臂钻床主要由底座、内立柱、外立柱、摇臂、主轴箱、工作台组成。内立柱固定在底座上，在它外面套着空心的外立柱，外立柱可绕着内立柱回转一周，摇臂一端的套筒部分与外立柱滑动配合，借助于丝杠，摇臂可沿着外立柱上下移动，但两者不能作相对转动，所以摇臂将与外立柱一起相对内立柱回转。主轴箱是一个复合的部件，它具有主轴及主轴旋转部件和主轴进给的全部变速和操纵结构。主轴箱可沿着摇臂上的水平导轨作径向移动。当进行加工时，可利用特殊的夹紧机构将外立柱紧固在内立柱上，摇臂紧固在外立柱上，主轴箱紧固在摇臂导轨上，然后进行部件的钻削加工。

图 2-29　Z3050 型摇臂钻床外形图

（2）摇臂钻床的电力拖动特点及控制要求　由于摇臂钻床的运动部件较多，为简化传动装置，使用多电动机拖动，主电动机承担主钻削及进给任务，摇臂升降、夹紧放松和冷却泵各用一台电动机拖动。为了适应多种加工方式的要求，主轴及进给应在较大范围内调速。但这些调速都是机械调速，用手柄操作变速箱调速，对电动机无任何调速要求。从结构上看，主轴变速机构与进给变速机构应该放在一个变速箱内，而且两种运动由一台电动机拖动是合理的。

加工螺纹时要求主轴能正反转。摇臂钻床的正反转一般用机械方法实现，电动机只需单方向旋转。摇臂升降由单独电动机拖动，要求能正反转。摇臂的夹紧与放松以及立柱的夹紧与放松由一台异步电动机配合液压装置来完成，要求这台电动机能正反转。摇臂的回转和主轴箱的径向移动在中小型摇臂钻床上都有采用手动。

钻削加工时，为对刀具及工件进行冷却，需由一台冷却泵电动机拖动冷却泵却液。

（3）摇臂钻床电气控制电路分析

1）主电路分析：Z3050 型摇臂钻床电气控制电路如图 2-30 所示，共有四台电动机，除冷却电动机采用开关直接起动外，其余三台异步电动机均采用接触器直接起动。

M1 是主电机，由接触器 KM1 控制，热继电器 FR1 是过载保护元件。

M2 是摇臂升降电动机，用接触器 KM2 和 KM3 控制其正反转。因该电动机短时工作，故不设过载保护。

M3 是液压泵电动机，做正反向转动。正反向的起动和停止由接触器 KM4 和 KM5 控制。FR2 是液压泵电动机的过载保护电器，该电动机的主要作用是供给夹紧装置压力油，实现摇臂和立柱的夹紧和松开。

M4 是冷却泵电动机。

2）控制电路分析：

① 主轴电动机 M1 的控制。按起动按钮 SB2，KM1 吸合自锁，M1 起动运行。

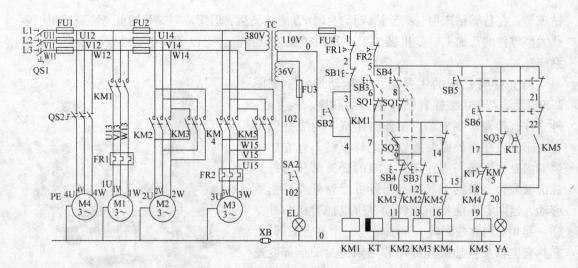

图 2-30 Z3050 型摇臂钻床电气控制电路图

按停止按钮 SB1，KM1 释放，M1 停止转动。

② 摇臂升降控制：

a) 摇臂上升。按上升按钮 SB3，则时间继电器 KT 通电吸合，它的瞬时闭合的常开触头闭合，接触器 KM4 线圈通电，液压油泵电动机 M3 起动正向旋转，供给压力油。压力油经分配阀体进入摇臂的"松开油腔"推动活塞移动，活塞推动菱形块，将摇臂松开。同时，活塞杆通过弹簧片限位开关 SQ2，使其常闭触头断开，常开触头闭合。前者切断了接触器 KM4 的线圈电路，KM4 主触头断开，液压油泵电动机停止工作；后者使交流接触器 KM2 的线圈通电，主触头接通 M2 的电源，摇臂升降电动机起动正向旋转，带动摇臂上升。如果此时摇臂尚未松开，则限位开关 SQ2 常开触头不闭合，接触器 KM2 就不能吸合，摇臂就不能上升。

当摇臂上升到所需位置时，松开按钮 SB3 则接触器 KM2 和时间继电器 KT 同时断电释放，M2 停止工作，随之摇臂停止上升。

由于时间继电器 KT 断电释放，经 1～3s 时间延时后，其延时闭合的常闭触头闭合，使接触器 KM5 吸合，液压泵电动机 M3 反方向旋转，随之泵内压力油经分配阀进入摇臂的"夹紧油腔"，摇臂夹紧。在摇臂夹紧的同时，活塞杆通过弹簧片使限位开关 SQ3 的常闭触头断开，KM5 断电释放，最终停止 M3 工作，完成摇臂的松开→上升→夹紧的整套动作。

b) 摇臂下降。按下降按钮 SB4，则时间继电器 KT 通电吸合，其常开触头闭合，接通 KM4 线圈电源，液压油泵电动机 M3 起动正向旋转，供给压力油。与前面叙述的过程相似，先使摇臂松开，接着压动限位开关 SQ2。其常闭触头断开，使 KM4 断电释放，液压油泵电动机停止工作；其常开触头闭合，使 KM3 线圈通电，摇臂升降电动机 M2 反方向运行，带动摇臂下降。

当摇臂下降到所需位置时，松开按钮 SB4，则接触器 KM3 和时间继电器 KT 同时断电释放，M2 停止工作，摇臂停止下降。

由于时间继电器 KT 断电释放，经 1～3s 时间延后，其延时闭合的常闭触头闭合，KM5 线圈获电，液压泵电动机 M3 反方向旋转，随之摇臂夹紧。在摇臂夹紧的同时，使限位开关

SQ3 断开，KM5 断电释放，最终停止 M3 工作，完成了摇臂的松开→下降→夹紧的整套动作。

限位开关 SQ1 用来限制摇臂的升降超程。当摇臂上升到极限位置时，SQ1 动作，接触器 KM2 断电释放，M2 停止运行，摇臂停止上升；当摇臂下降到极限位置时，SQ1 动作，接触器 KM3 断电释放，M2 停止运行，摇臂停止下降。

摇臂的自动夹紧由限位开关 SQ3 控制。如果液压夹紧系统出现故障，不能自动夹紧摇臂，或者由于 SQ3 调整不当，在摇臂夹紧后不能使 SQ3 的常闭触头断开，都会使液压泵电动机长期过载运行而损坏。为此，电路中设有热继电器 FR2，其整定值应根据液压泵电动机 M3 的额定电流进行调整。

摇臂升降电动机的正反转控制继电器不允许同时得电动作，以防止电源短路。为避免因操作失误等原因而造成短路事故，在摇臂上升和下降的控制电路中采用了接触器的辅助触头互锁和复合按钮互锁两种保证安全的方法，确保电路安全工作。

③ 立柱和主轴箱的夹紧与松开控制。立柱和主轴箱的松开（或夹紧）既可以同时进行，也可以单独进行，由复合按钮 SB5（或 SB6）进行控制。复合按钮 SB5 是松开控制按钮，SB6 是夹紧控制按钮。

（4）摇臂钻床常见电气故障分析　摇臂钻床电气控制的特殊环节是摇臂升降。Z3050 型摇臂钻床的工作过程是由电气与机械、液压系统紧密结合实现的。Z3050 型摇臂钻床常见电气故障分析见表 2-7。

表 2-7　Z3050 型摇臂钻床常见电气故障分析

故障现象	故障点	分 析 方 法
摇臂不能升降	SQ2	由摇臂升降过程可知，升降电动机 M2 旋转，带动摇臂升降，其前提是摇臂完全松开，活塞杆压限位开关 SQ2。如果 SQ2 不动作，常见故障是 SQ2 安装位置移动。这样，摇臂虽已放松，但活塞杆压不上 SQ2，摇臂就不能升降；有时，液压系统发生故障，使摇臂放松不够，也会压不上 SQ2，使摇臂不能移动。由此可见，SQ2 的位置非常重要，应配合机械、液压调整好后紧固
		电动机 M3 电源相序接反时，按上升按钮 SB3（或下降按钮 SB4），M3 反转，使摇臂夹紧，SQ2 应不动作，摇臂也就不能升降。所以，在机床大修或新安装后，要检查电源相序
摇臂升降后，摇臂夹不紧	SQ3	由摇臂升降后夹紧的动作过程可知，夹紧动作的结束是由限位开关 SQ3 来完成的，如果 SQ3 动作过早，使 M3 尚未充分夹紧时就停转。常见的故障有 SQ3 安装位置不合适，或固定螺钉松动造成 SQ3 移位，使 SQ3 在摇臂夹紧动作未完成时就被压上，切断了 KM5 回路，M3 停转

4. 项目实施

任务提出：由教师在 Z3050 型摇臂钻床上设置故障，然后给学生布置排故任务。

（1）资讯

1）在教师的指导下，对 Z3050 型摇臂钻床进行操作，了解 Z3050 型摇臂钻床的各种工作状态及操作方法。

2）在教师的指导下，弄清 Z3050 型摇臂钻床电气元器件安装位置及走线情况，结合机械、电气、液压几方面的知识，弄清 Z3050 型摇臂钻床电气控制的特殊环节。

教师指导：机床电气故障诊断：望、闻、问、切。

望——查看故障发生后是否有明显外观征兆。如信号异常，有指示装置的熔断器熔断，保护电器动作，接线脱落，触头烧蚀或熔焊，线圈过热烧毁等。

闻——在电路还能运行，并且不扩大故障范围、不损坏设备的前提下，可通电试车，细听电动机、接触器和继电器的声音是否正常。听一下电路工作时有无异常响声，如振动声、摩擦声、噪声。这对确定电路故障范围是十分有用(需有经验)。

问——询问操作者故障前后电路和设备的运行情况及故障发生后的现象。故障发生前有无切削力过大和频繁起动、制动、停车等情况，有无经过保养或改动电路，是否有声响、冒烟、火花、异常振动等。

切——要刚切断电源后，尽快触摸电动机、变压器、电磁线圈及熔断器等，是否有过热现象。

综合各方面收集到的信息判断故障发生的可能部位，进而缩小故障范围，更快做出诊断。

(2) 决策及计划　以小组为单位开展讨论，根据"排故六步曲"，确定检修方法、实施步骤，写出具体检修方案，然后按照各自方案先在模拟电气控制柜上操作练习，最后再到实际设备上进行实地检修。

(3) 实施

教师示范操作：

1) 用通用试验法引导学生观察现象。

2) 根据故障现象，依据电路图，用逻辑分析法确定故障范围。

3) 采用正确的检查方法，查找故障点并排除故障。

4) 检修完毕，进行通电试验，并做好维修记录。

学生操作：

由教师设置故障点，主电路一处，控制电路两处，让学生自行检修。

(4) 检查　通过学生对实际的故障诊断和排除技能的掌握情况，考核学生不同故障诊断和排除能力以及安全规范操作的职业能力等，具体检查内容如下：

1) 学生是否穿戴防护用品。

2) 学生使用的工具、仪表是否符合使用要求。

3) 学生在操作过程中是否有专人监护。

4) 学生在操作过程中是否按操作规程进行操作。

5) 排除故障时，能否修复故障点(**注意**：不得采用元器件代换法)。

6) 检修时，是否有扩大故障范围或产生新的故障。

7) 检修完毕后，能否准确填写维修记录表。

(5) 评估

1) 各小组之间互相评价检修方式和检修质量。

2) 教师对各组的检修情况进行考核和点评，以达到不断优化的目的。考核要求及评分标准见表 2-8。

表 2-8　考核要求及评分标准

项目	考核内容及评分标准	配分	扣分	得分
故障分析	1. 排除故障前不进行调查研究扣 5 分 2. 检修思路不正确扣 5 分 3. 标不出故障点、线或标错位置，每个故障点扣 10 分	30		
检修故障	1. 切断电源后不验电扣 5 分 2. 使用仪表和工具不正确，每次扣 5 分 3. 检查故障的方法不正确扣 10 分 4. 查出故障不会排除，每个故障扣 20 分 5. 检修中扩大故障范围扣 10 分 6. 少查出故障，每个扣 20 分 7. 少排除故障，每个扣 10 分 8. 损坏电气元器件扣 30 分 9. 检修中或检修后试车操作不正确，每次扣 5 分	60		
安全文明生产	1. 防护用品穿戴不齐全扣 5 分 2. 检修结束后未恢复原状扣 5 分 3. 检修中丢失零件扣 5 分 4. 出现短路或触电扣 10 分	10		
工时	1h。检查故障不允许超时，修复故障允许超时，每超过 5min 扣 5 分，最多可延时 20min			
合计		100		
备注	各项扣分最高不超过该项配分			

2.2.7　项目 7　X62W 型万能铣床电气控制系统分析、调试与维修

1. 项目任务

对 X62W 型万能铣床电气控制系统进行工作原理的分析和故障的判断与维修。

2. 项目技能点和知识点

（1）技能点

1）能够正确分析 X62W 型万能铣床电气控制原理图。

2）能够使用电工工具和电工仪表。

3）能根据电气控制系统技术参数合理选择低压电器的规格型号。

4）能对常用低压电器控制系统进行正确的安装、接线。

5）能根据 X62W 型万能铣床电气控制系统运行的故障现象准确分析、查找出故障原因并加以修复。

（2）知识点

1）理解 X62W 型万能铣床的工作原理及结构。

2）了解 X62W 型万能铣床电气控制系统运行的故障现象。

3）掌握对 X62W 型万能铣床电气控制系统电气原理图的识图。

4）掌握 X62W 型万能铣床电气控制电路的维修方法。

3. 理论知识准备

铣床是一种用途非常广泛的机床,它在金属切削机床中使用的数量仅次于车床。铣床主要用来加工工件各种形式的平面、斜面和沟槽等。装上分度头,还可以铣切直齿轮或螺旋面。如果装上回转工作台,还可以加工凸轮和弧形槽。

铣床的种类很多,一般可分为卧式铣床、立式铣床、龙门铣床、仿形铣床和各种专用铣床。这里以常用的 X62W 型卧式万能铣床为例,学习铣床的电气维护、维修。

(1)万能铣床的主要结构和运动形式　如图 2-31 所示,X62W 型万能铣床主要由床身、刀杆、悬梁、工作台、回转盘、床鞍和升降台等几部分组成。工作台上的工件可以在三个坐标的六个方向上调整位置或进给。除了能在平行于或垂直于主轴轴线方向进给外,还能在倾斜方向进给,还可以加工螺旋槽,故称万能铣床。

X62W 型铣床是使工件随工作台做进给运动,利用主轴带动铣刀的旋转来实现铣削加工的。其主要运动形式有:

主运动:主轴电动机带动铣刀的旋转运动。

进给运动:工件随圆形工作台所做的直线或旋转运动。

辅助运动:工作台快移、主轴或进给变速冲动。

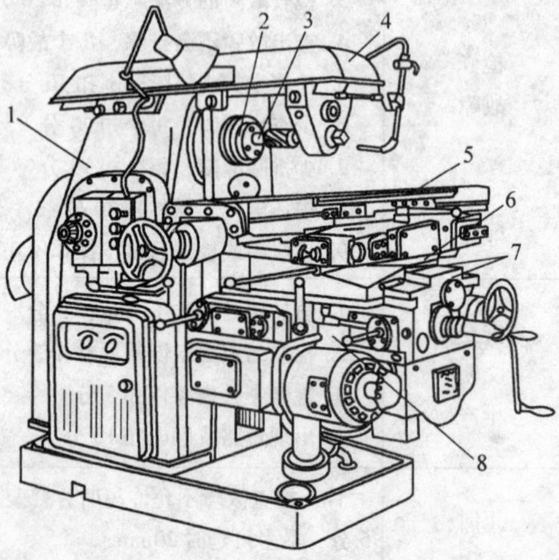

(2)万能铣床的电气控制要求

1)要求有三台电动机分别作为驱动机械和冷却之用,即主轴电动机、进给电动机和冷却泵电动机。

图 2-31　X62W 型万能铣床外形图
1—床身　2—主轴　3—刀杆　4—悬梁　5—工作台
6—回转盘　7—床鞍　8—升降台

2)由于加工时有顺铣和逆铣两种,所以要求主轴电动机能正反转及在变速时能瞬时冲动一下,以利于齿轮的啮合,并要求能制动停车和实现两地控制。

3)工作台的三种运动形式、六个方向的移动是依靠机械的方法来达到。因此对进给电动机要求能正反转,在纵向、横向、垂直三种运动形式相互间要求应有联锁,以确保操作的安全性。同时要求工作台进给变速时,电动机也能瞬间冲动及快速进给,只能两地控制。

4)冷却泵电动机只要求正转。

5)进给电动机与主轴电动机需实现两台电动机的联锁控制,保证主轴工作后才能进给。

(3)万能铣床电气控制电路分析　X62W 型铣床电气控制电路如图 2-32 所示,由主电路、控制电路和照明电路三部分组成。

1)主电路分析。主电路共有三台电动机,M1 是主电动机,拖动主轴带动铣刀进行铣削加工;M3 是工作台进给电动机,拖动升降台及工作台进给;M2 是冷却泵电动机,供应冷却液。

2)控制电路分析。

① 主轴控制电路。控制电路中的起动按钮 SB1、SB2 和停止按钮 SB5、SB6 是异地控制按钮,分别安装在机床上两处,方便操作。KM1 是主轴电动机 M1 的起动接触器,YC1 则是

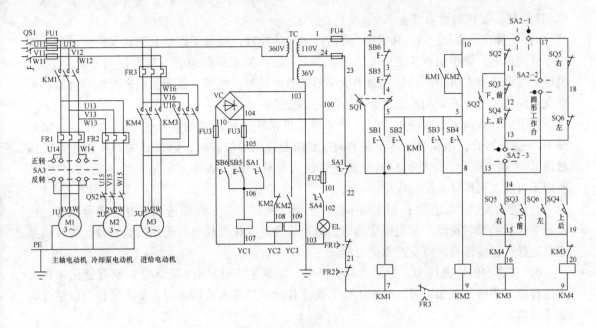

图 2-32 X62W 型万能铣床电气控制线路图

主轴制动用的电磁离合器，SQ1 是主轴变速冲动的限位开关。

起动：

按下起动按钮 SB1 或 SB2 时接触器 KM1 吸合，主轴电动机 M1 起动。

制动：按下停止按钮 SB5 或 SB6 时接触器 KM1 失电，主轴电动机 M1 停止转动。主轴电动机 M1 的正转、反转切换通过开关 SA3 完成。换刀时，为了避免主轴转动，造成更换困难，应将转换开关扳到制动位置，将主轴电动机制动。

变速冲动：主轴变速时的冲动控制，是利用变速手柄与冲动限位开关 SQ1 通过机械上的联动机构进行控制。

注意：在推回变速手柄时，动作应迅速，以免 SQ1 压合时间过长，主轴电动机 M1 转速太快不利于齿轮啮合甚至打坏齿轮。

② 工作台进给控制电路。转换开关 SA2 是控制圆形工作台的，在不需要圆形工作台工作时，转换开关 SA2 扳到"断开"位置，此时 SA2-1 闭合，SA2-2 断开，SA2-3 闭合；当需要圆形工作台运动时，将转换开关 SA2 扳到"接通"位置，则 SA2-1 断开，SA2-2 闭合，SA2-3 断开。

a）工作台纵向（左、右）进给运动控制：工作台纵向（左、右）进给运动是由"工作台操作手柄"来控制。手柄有三个位置：向左、向右、零位（停止）。

将操作手柄扳向右侧，联动机构接通纵向进给机械离合器，同时压下向右进给的限位开关 SQ5，SQ5 的常开触头闭合，常闭触头断开，由于 SQ6、SQ3、SQ4 不动作，则 KM3 线圈得电，KM3 的主触头闭合，进给电动机 M2 正转，工作台向右运动。

将纵向操作手柄向左扳动，联动机构将纵向进给机械离合器挂上，同时压下向左进给限位开关 SQ6，使其常开触头闭合，常闭触头断开，接触器 KM4 得电吸合，主触头 KM4 闭合，进给电动机 M2 反转，工作台实现向左运动。

若将手柄扳到中间位置，纵向进给机械离合器脱开，限位开关 SQ5 与 SQ6 复位，电动机 M2 停转,工作台运动停止。

b) 工作台垂直(上、下)和横向(前、后)运动的控制:操纵工作台上下和前后运动是用同一手柄完成的。该手柄有 5 个位置,即上、下、前、后和中间位置。当手柄向上或向下时,机械上接通了垂直进给离合器;当手柄向前或扳向后时,机械上接通了横向进给离合器;手柄在中间位置时,横向和垂直进给离合器均不接通。

在手柄扳到向下或向前位置时,手柄通过机械联动机构使限位开关 SQ3 被压动,接触器 KM3 通电吸合,电动机正转;在手柄扳到向上或向后位置时,限位开关 SQ4 被压动,接触器 KM4 通电吸合,电动机反转。此 5 个位置是联锁的,各个方向的进给不能同时接通,所以不可能出现传动紊乱的现象。

c) 进给变速冲动控制:和主轴一样,进给变速时,为了齿轮进入良好的啮合状态,也要做变速后的瞬时点动。在进给变速时,只需将变速盘往外拉,使进给齿轮松开,待转动变速盘选择好速度以后,将变速盘向里推。

d) 工作台的快速移动。为了提高生产率,减少生产辅助时间,X62W 型万能铣床在加工过程中,不作铣削加工时,要求工作台快速移动;当进入铣切区时,要求工作台以原进给速度移动。

③ 圆形工作台的控制。为了扩大机床的加工能力,可在机床上安装附件圆形工作台,这样可以进行圆弧或轮的铣削加工。在拖动时,所有进给系统均停止工作,只让圆形工作台绕轴心回转。

④ SQ2 是进给变速冲动限位开关,YC1、YC2、YC3 分别是主轴电磁离合器线圈、工作台常速进给和工作台快速进给电磁离合器线圈。

(4) 万能铣床电气故障分析　见表 2-9。

表 2-9　X62W 型万能铣床常见电气故障分析

故障现象	故障点	分析方法
电动机不能起动	三相电源、熔断器、热继电器的触头	故障和前面分析过的机床类似,主要检查三相电源、熔断器、热继电器的触头及有关按钮的接触情况
工作台不能进给	工作台各个方向都不能进给	先证实圆形工作台开关是否在"断开"位置。接着用万用表检查控制电路电压是否正常,可扳动操作手柄至任一运动方向,观察其相关接触器是否吸合,若吸合则断定控制电路正常;这时应着重检察电动机主电路。常见故障有接触器主触头接触不良、电动机接线脱落和绕组断路等
	工作台不能向上运动	这种现象往往是由操作手柄不在零位造成的。若操作手柄位置无误,则是因为机械磨损等因素,使相应的电气元器件动作不正常或触头接触不良所致
	工作台前后进给正常,但左右不能进给	由于工作台横向进给,说明接触器 KM3 或 KM4 及电动机 M2 的主回路都正常,故障只能发生在 SQ2、SQ3、SQ4 或 SQ5、SQ6 上
	工作台不能快速进给,主轴制动失灵	上述故障的原因往往是电磁离合器工作不正常。首先检查整流电路,其次检查电磁离合器线圈,最后检查离合器的动片和静片
	变速时冲动失灵	多数原因是冲动限位开关的常开触头在瞬间闭合时接触不良,其次是变速手柄或变速盘推回原位过程中,机械装置未碰上冲动限位开关所致

4. 项目实施过程

任务提出： 由教师在 X62W 型万能铣床上设置故障，然后给学生布置排故任务。

（1）资讯

1）在教师的指导下，对 X62W 型万能铣床进行操作，了解 X62W 型万能铣床的各种工作状态及操作方法。

2）在教师的指导下，弄清 X62W 型万能铣床电气元器件安装位置及走线情况，结合机械、电气、液压几方面的知识，弄清 X62W 型万能铣床电气控制的特殊环节。

（2）决策及计划　以小组为单位开展讨论，根据"排故六步法"，确定检修方法、实施步骤，写出具体检修方案，然后按照各自方案先在模拟电气控制柜上操作练习，最后再到实际设备上进行检修。

教师指导：

机床电气设备维修一般要求：

1）采取的维修步骤和方法必须正确、切实可行。

2）不可随意更换电气元器件及连接导线的型号规格。

3）不可擅自改动电路。

4）损坏的电气装置应尽量修复使用，但不得降低其性能。

5）维修后电气设备的各种保护性能必须满足使用要求。

6）通电试车，控制环节的动作顺序、电路的各种功能应符合要求。

7）修理后的电气元器件必须满足其质量标准。

（3）实施

教师示范操作：

1）用通用试验法引导学生观察现象。

2）根据故障现象，依据电路图，用逻辑分析法确定故障范围。

3）采用正确的检查方法，查找故障点并排除故障。

4）检修完毕，进行通电试验，并做好维修记录。

学生操作：

由教师设置故障点，主电路一处，控制电路两处，让学生自行检修。

教师注意： 设置故障点原则如下。

1）不能设置短路故障、机床带电故障，以免造成人身伤亡事故。

2）不能设置一接通总电源开关电动机就起动的故障，以免造成人身和设备事故。

3）设置故障不能损坏电气设备和电气元器件。

4）在初次进行故障检修训练时，不要实质调换导线类故障，以免增大分析故障的难度。

（4）检查　检查各小组的实际故障诊断和排除情况，同时注意学生在整个排故过程中是否安全规范地进行操作。具体检查内容如下：

1）学生是否穿戴防护用品。

2）学生使用的工具、仪表是否符合使用要求。

3）学生在操作过程中是否有专人监护。

4）学生在操作过程中是否按操作规程进行操作。

5）排除故障时，能否修复故障点(**注意：不得采用元器件代换法**)。

6）检修时，是否有扩大故障范围或产生新的故障。

7）检修完毕后，能否准确填写维修记录表。

（5）评估

1）各小组之间互相评价检修方式和检修质量。

2）教师对各组的检修情况进行考核和点评，以达到不断优化的目的。考核要求及评分标准见表 2-10。

表 2-10　考核要求及评分标准

项目	考核内容及评分标准	配分	扣分	得分
故障 分析	1. 排除故障前不进行调查研究扣 5 分 2. 检修思路不正确扣 5 分 3. 标不出故障点、线或标错位置，每个故障点扣 10 分	30		
检修 故障	1. 切断电源后不验电扣 5 分 2. 使用仪表和工具不正确，每次扣 5 分 3. 检查故障的方法不正确扣 10 分 4. 查出故障不会排除，每个故障扣 20 分 5. 检修中扩大故障范围扣 10 分 6. 少查出故障，每个扣 20 分 7. 少排除故障，每个扣 10 分 8. 损坏电气元器件扣 30 分 9. 检修中或检修后试车操作不正确，每次扣 5 分	60		
安全 文明 生产	1. 防护用品穿戴不齐全扣 5 分 2. 检修结束后未恢复原状扣 5 分 3. 检修中丢失零件扣 5 分 4. 出现短路或触电扣 10 分	10		
工时	1h。检查故障不允许超时，修复故障允许超时，每超过 5min 扣 5 分，最多可延时 20min			
合计		100		
备注	各项扣分最高不超过该项配分			

2.2.8　项目 8　M7120 型平面磨床电气控制系统分析、调试与维修

1. 项目任务

对 M7120 型平面磨床电气控制系统进行工作原理的分析和故障的判断与维修。

2. 项目技能点和知识点

（1）技能点

1）能够正确分析 M7120 型平面磨床电气控制原理图。

2）学会根据电气控制电路图分析各部分电路的工作过程，掌握电气控制电路故障分析的方法，能制定切实可行的维修方案，并做好防护措施。

3）能正确使用仪表或根据工作经验确定具体故障点，学会排除电磁吸盘中出现的故障。

4）能对常用低压电器控制系统进行正确的安装、接线。

5）能根据 M7120 型平面磨床电气控制系统运行的故障现象准确分析、查找故障原因并加以修复。

（2）知识点

1）理解 M7120 型平面磨床的工作原理及结构。

2）了解 M7120 型平面磨床电气控制系统运行的常见故障现象。

3）掌握对 M7120 型平面磨床电气控制系统电气原理图的识图。

4）掌握 M7120 型平面磨床电气控制电路的维修方法。

3. 理论知识准备

（1）主要结构及运行形式　平面磨床是用砂轮磨削加工各种零件的平面。M7120 型平面磨床是平面磨床中使用较为普遍的一种机床，该磨床使用方便，磨削精度和光洁度都较高，适用于磨削精度零件和各种工具，并可以做镜面磨削。M7120 型平面磨床是卧轴钜形工作台式，其结构如图 2-33 所示，主要由床身、工作台、电磁吸盘、砂轮修正器、横向进给手柄、立柱、行程挡块、驱动工作台手轮、垂直进给手轮等部分组成。

它的主运动是砂轮的快速旋转，辅助运动是工作台的纵向往复运动以及砂轮的横向和垂直进给运动。工作台每完成一次纵向往复运动，砂轮横行进给一次，从而能连续地加工整个平面。当整个平面磨完一遍后，砂轮在垂直于工件表面的方向移动一次，称为吃刀运动。通过吃刀运动，可将工件尺寸磨到所需尺寸。M7120 型平面磨床的主要运动形式及控制要求见表 2-11。

表 2-11　M7120 型平面磨床的主要运动形式及控制要求

运动种类	运动形式	控制要求
主运动	砂轮的高速旋转	1. 为保证磨削加工质量，要求砂轮有较高的转速，通常采用两级笼型异步电动机拖动 2. 为提高主轴的刚度，简化机械结构，采用正装式电动机，将砂轮直接装在电动机轴上 3. 砂轮电动机只要求单向旋转，可直接起动，无调速和制动要求
进给运动	工作台的往复运动（纵向进给）	1. 液压传动，因液压传动换向平衡，易于实现无级调速。液压泵电动机 M1 拖动液压泵，工作台在液压作用下做纵向移动 2. 由装在工作台前侧的行程挡块碰撞床身上的液压换向限位开关控制工作台进给方向
	砂轮的横（前进）进给	1. 砂轮架的上部有燕尾形导轨，可沿着滑座上的水平导轨作横向（前进）移动。在磨削的过程中，工作台换向时，砂轮架就横向进给一次 2. 在修正砂轮或调整砂轮的前后位置时，可连续横向移动 3. 砂轮的横向进给运动可由液压传动，也可用手轮来操作
	砂轮的升降运动（垂直进给）	砂轮的升、降是由电动机 M4 的点动正、反转进行控制

（续）

运动种类	运动形式	控 制 要 求
辅助运动	工件的夹紧	1. 工件可以用螺钉和压板直接固定在工作台上 2. 在工作台上也可以用电磁吸盘将工件吸附在其上。此时要有充磁和退磁控制环节。为保证安全，电磁吸盘吸合与三台电动机 M1、M2、M3 之间有电气联锁装置，即电磁吸盘吸合后，电动机才能起动。电磁吸盘不工作或发生故障时，三台电动机均不能起动
	工作台的快速移动	工作台能在纵向、横向和垂直三个方向快速移动，由液压传动机构实现
	工件的夹紧与放松	由人力操作
	工件冷却	冷却泵电动机 M3 拖动切削泵旋转，供给砂轮和工件切削液，同时切削液带走磨下的铁屑。要求砂轮电动机 M2 和冷却泵电动机 M3 是顺序控制

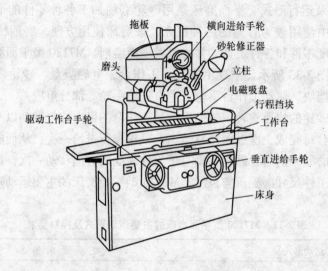

图 2-33　平面磨床结构图

（2）M7120 型平面磨床控制电路分析

1）机床对电气控制电路的主要要求：

① 机床对砂轮电动机、液压泵电动机和冷却液泵电动机只要求单向运转，而对砂轮升降电动机应有电气联锁装置，当电磁吸盘不工作或发生故障时，三台电动机均不能起动。

② 冷却液泵电动机只有在砂轮电动机工作时才能够起动。

③ 电磁吸盘要求有充磁和去磁功能。

④ 指示电路应能正确反映四台电动机和电磁吸盘的工作情况。

2）控制电路原理分析。M7120 型平面磨床电气原理图如图 2-34 所示。从 M7120 型平面磨床电气原理图可以看出：该机床电气控制电路由主电路、控制电路、电磁工作台控制电路及照明与指示电路四部分组成。

① 液压泵电动机 M1 的控制。合上电源开关 QS1，如果整流电源输出直流电压正常，则在图区 17 上的欠电压继电器 KUV 线圈通电吸合，使图区 7 上的常开触头闭合，为起动液压泵电动机 M1 和砂轮电动机 M2 做好准备。按下 SB2，接触器 KM1 线圈通电吸合，液压泵电动机 M1 起动运转。按下停止按钮 SB1，M1 停转。

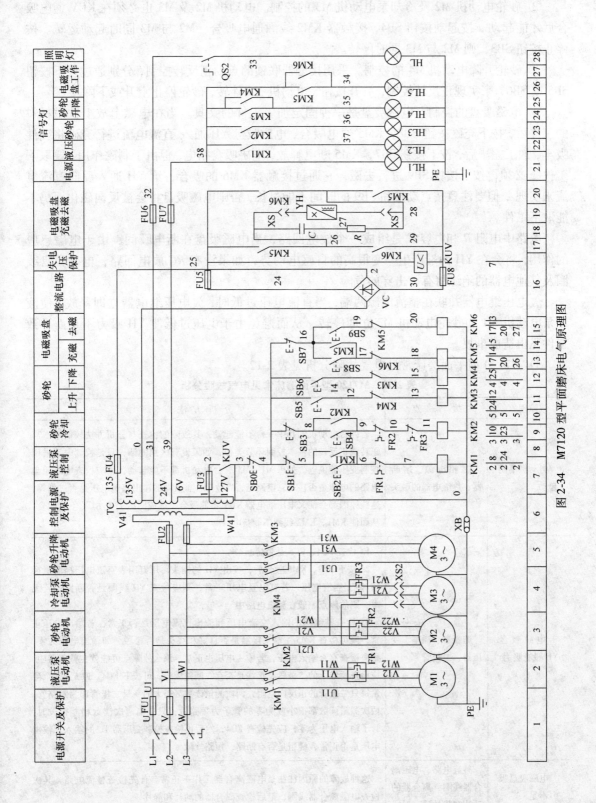

图 2-34　M7120 型平面磨床电气原理图

② 砂轮电动机 M2 及冷却泵电动机 M3 的控制。电动机 M2 及 M3 也必须在 KUV 通电吸合后才能起动。按起动按钮 SB4，接触器 KM2 线圈通电吸合，M2 与 M3 同时起动运转。按停止按钮 SB3，则 M2 与 M3 同时停转。

③ 砂轮升降电动机 M4 的控制。采用接触器联锁的点动正反转控制，分别通过按下按钮 SB5 或 SB6，来实现正反转控制，放开按钮，电动机 M4 停转，砂轮停止上升或下降。

④ 电磁吸盘的控制。电磁吸盘是一种固定加工工件的夹具。当在电磁上放上铁磁材料的工件后，按下充磁按钮 SB8，KM5 通电吸合，电磁吸盘 YH 通入 直流电流进行充磁将工件吸牢，加工完毕后，按下按钮 SB7，KM5 断电释放，电磁吸盘断电，但由于剩磁作用，要取下工件，必须再按下按钮 SB9 进行去磁，它通过接触器 KM6 的吸合，给 YH 通入反向直流电流来实现，但要注意按点动按钮 SB9 的时间不能过长，否则电磁吸盘将会被反向磁化而仍不能取下工件。

电路中电阻 R 和电容 C 是组成一个放电回路，当电磁吸盘在断电瞬间，由于电磁感应的作用，将会在 YH 两端产生一变很高的自感电动势，如果没有 RC 放电回路，电磁吸盘线圈及其他电器的绝缘将有被击穿的危险。

欠电压继电器并联在整流电源两端，当直流电压过低时，欠电压继电器立即释放，使液压泵电动机 M1 和砂轮电动机 M2 立即停转，从而避免由于电压过低使 YH 吸力不足而导致工件飞出造成事故。

3) M7120 型平面磨床常见电气故障分析见表 2-12。

表 2-12　M7120 型平面磨床常见电气故障分析

故障现象	故 障 点	分 析 方 法
电动机不能起动	三相电源、熔断器、热继电器的触头	若四台电动机的其中一台不能起动，其故障的检查与分析方法较简单，与正转或正反转的基本控制环节类似，如果说有区别的话，只是控制电源采用控制变压器供电。如果 M1～M3 三台电动机都不能起动，则应检查电磁吸盘电路的电源是否接通，电路是否有故障，整流器的输出直流电压是否过低等，这些原因都会使欠电压继电器 KUV 不能吸合，造成图区 7 中 KUV 不能闭合，从而使 KM1、KM2 线圈不能获电
电磁吸盘 YH 没有吸力	熔断器、插座、变压器、二极管	1. 检查 FU4、FU5 是否熔断 2. 按下 SB8，KM5 吸合后，拔出 YH 的插头，用万用表直流电压挡测量插座 XS 是否有电压，若有电且电压正常，则应检查 YH 线圈是否断路；若无电，则故障点一般在整流电路中 3. 检查整流器的输入交流电压和输出直流电压是否正常，若输出电压正常，则可检查 KM5 主触头接触是否良好和线头是否松脱。如输出电压为零，则应检查有否输入电压，若输入电压也正常，那么故障点可能就在整流器中，应检查桥堆上的二极管及接线是否存在断路故障，可拔下 FU4、FU5，逐个测量每只二极管的正反向电阻，两次测量读数都很大的一只二极管即为断路管；两次测量读数都很小或为零的管子为短路管；只有当两次读数相差很大时，管子输入电压为零，应先检查 FU4，然后再检查控制变压器 TC 的输入、输出电压是否正常，绕组是否有断路，短路故障
电磁吸盘吸力不足	整流电路、电磁离合器线圈、离合器的动片和静片	这种故障的原因往往是电磁离合器工作不正常。首先检查整流电路，其次检查电磁离合器线圈，最后检查离合器的动片和静片

4. 项目实施过程

任务提出：由教师在 M7120 型平面磨床上设置故障，然后给学生布置排故任务。

（1）资讯

1）在教师的指导下，对 M7120 型平面磨床进行操作，了解 M7120 型平面磨床的各种工作状态及操作方法。

2）在教师的指导下，弄清 M7120 型平面磨床电气元器件安装位置及走线情况，结合机械、电气、液压几方面的知识，弄清 M7120 型平面磨床电气控制的特殊环节。

（2）决策及计划　以小组为单位开展讨论，根据"排故六步法"，确定检修方法、实施步骤，写出具体检修方案，然后按照各自方案先在模拟电气控制柜上操作练习，最后再到实际设备上进行检修。

教师指导： 机床电气设备维修一般要求：

1）采取的维修步骤和方法必须正确、切实可行。将机床控制电源的控制开关关掉，并检查电源是否被完全切断。

2）不可随意更换电气元器件及连接导线的型号规格。当需要更换熔断器的熔体时，必须选择与原熔体型号相同的熔体，不得随意扩大，更不可以用其他导体代替，以免造成意想不到的事故。

3）不可擅自改动电路，在拆卸元器件及端子连线时一定要事先作好记号，避免在安装时发生错误。被拆下的线头要作好绝缘包扎，以免造成人为的事故。检修时，如要用绝缘电阻表检测电路的绝缘情况时，应断掉被测支路与其他支路的联系，以免将其他支路的元器件击穿，将事故扩大。

4）损坏的电气装置应尽量修复使用，但不得降低其性能。

5）维修后电气设备的各种保护性能必须满足使用要求。检修中如果机床保护系统出现故障，修复后一定要按技术要求、重新整定保护值，并要进行可靠性试验，以免发生失控，造成人为事故。

6）通电试车，控制环节的动作顺序、电路的各种功能应符合要求。试车时应做好防护工作，并注意人身及设备安全。若需要带电调整时，应允检查防护器具是否完好。操作时需要遵照安全规程进行，操作者不得随便触及机床或电气设备的带电部分和运动部分。

7）当机床电路检修完毕后，在通电试车之前，应再次清理现场，检查元器件、工具有无遗忘在机床机体内，并用万用表 $R \times 10$ 挡检测有无电源短路现象。

8）为防止出现新的故障，必须在操作者的配合下进行通电试车。

9）修理后的电气元器件必须满足其质量标准。

（3）实施

教师示范操作：

1）用通用试验法引导学生观察现象。

2）根据故障现象，依据电路图，用逻辑分析法确定故障范围。

3）采用正确的检查方法，查找故障点并排除故障。

4）检修完毕，进行通电试验，并做好维修记录。

学生操作：

由教师设置故障点，主电路一处，控制电路两处，让学生自行检修。

教师注意：设置故障点原则如下：

1）不能设置短路故障、机床带电故障，以免造成人身伤亡事故。

2）不能设置一接通总电源开关电动机就起动的故障，以免造成人身和设备事故。

3）设置故障不能损坏电气设备和电气元器件。

4）在初次进行故障检修训练时，不要实质调换导线类故障，以免增大分析故障的难度。

（4）检查　检查各小组的实际的故障诊断和排除情况，同时注意学生在整个排故过程中是否安全规范地进行操作。具体检查内容如下：

1）学生是否穿戴防护用品。

2）学生使用的工具、仪表是否符合使用要求。

3）学生在操作过程中是否有专人监护。

4）学生在操作过程中是否按操作规程进行操作。

5）排除故障时，能否修复故障点(**注意**：不得采用元器件代换法)。

6）检修时，是否有扩大故障范围或产生新的故障。

7）检修完毕后，能否准确填写维修记录表。

（5）评估

1）各小组之间互相评价检修方式和检修质量。

2）教师对各组的检修情况进行考核和点评，以达到不断优化的目的。考核要求及评分标准见表 2-13。

表 2-13　考核要求及评分标准

项目	考核内容及评分标准	配分	扣分	得分
故障 分析	1. 排除故障前不进行调查研究扣 5 分 2. 检修思路不正确扣 5 分 3. 标不出故障点、线或标错位置，每个故障点扣 10 分	30		
检修 故障	1. 切断电源后不验电扣 5 分 2. 使用仪表或工具不正确，每次扣 5 分 3. 检查故障的方法不正确扣 10 分 4. 查出故障不会排除，每个故障扣 20 分 5. 检修中扩大故障范围扣 10 分 6. 少查出故障，每个扣 20 分 7. 少排除故障，每个扣 10 分 8. 损坏电气元器件扣 30 分 9. 检修中或检修后试车操作不正确，每次扣 5 分	60		
安全 文明 生产	1. 防护用品穿戴不齐全扣 5 分 2. 检修结束后未恢复原状扣 5 分 3. 检修中丢失零件扣 5 分 4. 出现短路或触电扣 10 分	10		
工时	1h。检查故障不允许超时，修复故障允许超时，每超过 5min 扣 5 分，最多可延时 20min			
合计		100		
备注	各项扣分最高不超过该项配分			

思考练习题

1. 在什么条件下可以用中间继电器代替接触器？

2. 电气反接制动能否实现停车？能耗制动呢？

3. 电动机主电路中已装有热继电器，为什么还要装熔断器？它们的作用是否相同？

4. 为什么对笼型电动机一般不加瞬时动作的过电流保护？

5. 最常见的短路保护电器有哪些？

6. 保护电器有直接保护和间接保护两种形式，请举例说明你所知道的保护电器哪些属于直接保护电器？哪些属于间接保护电器？

7. 设计一个三相异步电动机正—反—停的主电路和控制电路，并具有短路、过载保护。

8. 某控制电路可以实现以下控制要求：（1）M1、M2 可以分别起动和停止；（2）M1、M2 可以同时起动、同时停止；（3）当一台电动机发生过载时，两台电动机同时停止。试设计该控制电路，并分析工作原理。

9. 试设计一小车运行电路，要求：

（1）小车由原位开始前进，到终点后自动停止；

（2）小车在终点停留 2min 后自动返回到原位停止；

（3）要求能在前进或后退中任一位置均可停止或起动。

10. 一台电动机丫-△接法，允许轻载起动，设计满足下列要求的控制电路：

（1）采用手动和自动控制减压起动。

（2）实现连续运转和点动工作，并且当点动工作时要求处于减压状态工作。

（3）具有必要的联锁和保护环节。

11. 某机床有两台三相异步电动机，要求第一台电动机起动运行 5s 后，第二台电动机自行起动，第二台电动机运行 10s 后，两台电动机停止；两台电动机都具有短路、过载保护，设计主电路和控制电路。

12. 某机床主轴工作和润滑泵各由一台电动机控制，要求主轴电动机必须在润滑泵电动机运行后才能运行，主轴电动机能正反转，并能单独停机，有短路、过载保护，设计主电路和控制电路。

13. 一台三相异步电动机运行要求为：按下起动按钮，电动机正转，5s 后，电动机自行反转，再过 10s，电动机停止，并具有短路、过载保护，设计主电路和控制电路。

14. 设计两台三相异步电动机 M1、M2 的主电路和控制电路，要求 M1、M2 可分别起动和停止，也可实现同时起动和停止，并具有短路、过载保护。

15. 一台小车由一台三相异步电动机拖动，动作顺序如下：1）小车由原位开始前进，到终点后自动停止。2）在终点停留 20s 后自动返回原位并停止。要求在前进或后退途中，任意位置都能停止或起动，并具有短路、过载保护，试设计主电路和控制电路。

模块 3　PLC 的认识和初步应用

【知识目标】

1. 了解可编程序控制器(PLC)的产生、发展及定义。
2. 掌握 PLC 元件功能和使用。
3. 掌握 PLC 控制系统的基本控制原理。
4. 掌握 PLC 控制系统的设计安装和调试方法。

【能力目标】

1. 能使用 PLC 的基本元件实现编程。
2. 能够根据控制要求实现简单的 PLC 控制系统的设计安装和调试。
3. 能够使用 PLC 编程软件进行编程。

3.1　知识链接

3.1.1　可编程序控制器的产生、发展及定义

1. 可编程序控制器的产生

可编程序控制器是在电气控制技术和计算机技术的基础上开发出来的，并逐渐发展成为以微处理器为核心，把自动化技术、计算机技术、通信技术融为一体的新型工业控制装置。目前，可编程序控制器已被广泛应用于各种生产机械和生产过程的自动控制中，成为一种最重要、最普及、应用场合最多的工业控制装置，被称为现代工业自动化的三大支柱(可编程序控制器、机器人、CAD/CAM)之一。

20 世纪 60 年代，计算机技术已开始应用于工业控制。但由于计算机技术本身的复杂性，编程难度大，难以适应恶劣的工业环境以及价格昂贵等原因，未能在工业控制中广泛应用。当时的工业控制，主要是以继电—接触器组成的控制系统为主。

1968 年，美国最大的汽车制造商——通用汽车制造公司(GM)，为适应汽车型号的不断更新，试图寻找一种新型的工业控制器，以尽可能减少重新设计和更换控制系统的硬件及接线所消耗的经济成本和时间成本，因而设想把计算机的完备功能、灵活及通用等优点和继电器控制系统的简单易懂、操作方便、价格便宜等优点结合起来，制成一种适合于工业环境的通用控制装置，并把计算机的编程方法和程序输入方式加以简化，用"面向控制过程，面向对象"的"自然语言"进行编程，使不熟悉计算机的人也能方便地使用。

针对上述设想，通用汽车制造公司提出了这种新型控制器所必须具备的十大著名的条件——"GM10 条"：

1) 编程简单，可在现场修改程序。

2）维护方便，最好是插件式。

3）可靠性高于继电器控制柜。

4）体积小于继电器控制柜。

5）可将数据直接送入管理计算机。

6）在成本上可与继电器控制柜竞争。

7）输入可以是交流 115V。

8）输出可以是交流 115V、2A 以上，可直接驱动电磁阀。

9）在扩展时，原有系统只要很小变更。

10）用户程序存储器容量至少能扩展到 4KB。

1969 年，美国数字设备公司（DEC）首先研制成功第一台可编程序控制器 PDP-14，在通用汽车公司的自动装配线上试用成功，并取得满意的效果，可编程序控制器自此诞生，从而开创了工业控制的新局面。美国 MODICON 公司也开发出了可编程序控制器 084。

2. 可编程序控制器的定义

早期的可编程序控制器是为取代继电—接触器控制系统，存储程序指令，完成顺序控制而设计的。它主要用于逻辑运算、计时、计数和顺序控制等，均属开关量控制。所以称为可编程序逻辑控制器（Programmable Logic Controller，PLC），主要替代传统的继电—接触器控制系统。进入 20 世纪 70 年代，随着微电子技术的发展，PLC 采用了通用微处理器，这种控制器就不再局限于当初的逻辑运算了，功能不断增强。1980 年，美国电气制造商协会（NE-MA）给它一个新的名称"Programmable Controller"，简称 PC。为了避免与个人计算机（Personal Computer）PC 这一简写名称术语混乱，仍沿用早期的 PLC 表示可编程序控制器，但并不意味着 PLC 只具有逻辑控制功能。

可编程序控制器一直在发展中，国际电工学会（IEC）曾先后于 1982 年、1985 年和 1987 年发布了可编程序控制器标准草案的第一、第二和第三稿。在第三稿中，对 PLC 作了如下定义："可编程序控制器是一种数字运算操作电子系统，专为在工业环境下应用而设计。它采用了可编程序的存储器，用来在其内部存储执行逻辑运算、顺序控制、定时、计数和算术运算等操作的指令，并通过数字的、模拟的输入和输出，控制各种类型的机械或生产过程。可编程序控制器及其有关的外围设备，都应按易于与工业控制系统形成一个整体、易于扩充其功能的原则设计"。概而言之：可编程序控制器是通用的、可编写程序的、专用于工业控制的计算机自动控制设备。

3.1.2　PLC 的特点与应用领域

1. PLC 的特点

从近年的统计数据看，在世界范围内 PLC 产品的产量、销量、用量高居工业控制装置榜首，而且市场需求量一直以每年 15% 的比率上升。PLC 已成为工业自动化控制领域中占主导地位的通用工业控制装置。PLC 技术之所以高速发展，除了工业自动化的客观需要外，主要是因为它具有许多独特的优点。它较好地解决了工业领域中普遍关心的可靠、安全、灵活、方便和经济等问题。主要有以下特点：

（1）可靠性高、抗干扰能力强　可靠性高、抗干扰能力强是 PLC 最重要的特点之一。PLC 的平均无故障时间可达几十万个小时。之所以有这么高的可靠性，是由于它采用了一系

列的硬件和软件的抗干扰措施:

1) 硬件方面:

① 主要模块均采用大规模或超大规模集成电路,大量开关动作由无触点的电子存储器完成,I/O 系统设计有完善的通道保护和信号调理电路。

② 屏蔽——对电源变压器、CPU、编程器等主要部件,采用导电、导磁良好的材料进行屏蔽,以防外界干扰。

③ 滤波——对供电系统及输入电路采用多种形式的滤波,如 LC 或 π 形滤波网络,以消除或抑制高频干扰,也削弱了各种模块之间的相互影响。

④ 电源调整与保护——对微处理器这个核心部件所需的 +5V 电源,采用多级滤波,并用集成电压调整器进行调整,以适应交流电网的波动和过电压、欠电压的影响。

⑤ 隔离——在微处理器与 I/O 电路之间,采用光电隔离措施,有效地隔离 I/O 接口与 CPU 之间电的联系,减少故障和误动作;各 I/O 口之间亦彼此隔离。

⑥ 采用模块式结构——这种结构有助于在故障情况下短时修复。一旦查出某一模块出现故障,能迅速更换,使系统恢复正常工作,同时也有助于加快查找故障的原因。

2) 软件方面:

① PLC 采用扫描工作方式——减少了由于外界环境干扰引起故障。

② 故障检测、自诊断程序——软件定期地检测外界环境,如掉电、欠电压、锂电池电压过低及强干扰信号等,以便及时进行处理。

③ 信息保护与恢复——当偶发性故障条件出现时,不破坏 PLC 内部的信息。一旦故障条件消失,就可恢复正常,继续原来的程序工作。所以,PLC 在检测到故障条件时,立即把现状态存入存储器,软件配合对存储器进行封闭,禁止对存储器的任何操作,以防存储信息被冲掉。

④ 设置警戒时钟 WDT(看门狗)——如果程序每次循环扫描执行时间超过了 WDT 规定的时间,预示了程序进入死循环,立即报警。

⑤ 加强对程序的检查和校验——一旦程序有错,立即报警,并停止执行。

⑥ 对程序及动态数据进行电池后备——停电后,利用后备电池供电,有关状态及信息就不会丢失。

(2) 编程简单、使用方便　目前,大多数 PLC 采用的编程语言是梯形图语言,它是一种面向生产、面向用户的编程语言。梯形图与电气控制电路图相似,形象、直观,不需要掌握计算机知识,很容易让广大工程技术人员掌握。当生产流程需要改变时,可以现场改变程序,使用方便、灵活。许多 PLC 还针对具体问题,设计了各种专用编程指令及编程方法,进一步简化了编程。

(3) 功能完善、通用性强　现代 PLC 不仅具有逻辑运算、定时、计数、顺序控制等功能,而且还具有 A-D 和 D-A 转换、数值运算、数据处理、PID 控制、通信联网等许多功能。同时,由于 PLC 产品的系列化、模块化,并且有品种齐全的各种硬件装置供用户选用,因此可以组成满足各种要求的控制系统。

(4) 设计安装简单、维护方便　由于 PLC 用软件代替了传统电气控制系统的硬件,控制柜的设计、安装接线工作量大为减少。PLC 的用户程序大部分可在实验室进行模拟调试,缩短了应用设计和调试周期。在维修方面,由于 PLC 的故障率极低,维修工作量很小,而且 PLC 具有很强的自诊断功能, 如果出现故障, 可根据 PLC 上指示或编程器上提供的故障信息, 迅速查明原因, 维修极为方便。

(5) 体积小、重量轻、能耗低   由于 PLC 采用了集成电路, 其结构紧凑、体积小、能耗低, 因而是实现机电一体化的理想控制设备。

2. PLC 的应用领域

目前, 在国内外 PLC 已广泛应用于冶金、石油、化工、建材、机械制造、电力、汽车、轻工、环保及文化娱乐等各行各业, 随着 PLC 性能价格比的不断提高, 其应用领域不断扩大。从应用类型看, PLC 的应用大致可归纳为以下几个方面:

(1) 开关量逻辑控制   利用 PLC 最基本的逻辑运算、定时、计数等功能实现逻辑控制, 可以取代传统的继电-接触器控制, 用于单机控制、多机群控制、生产自动线控制等, 例如: 机床、注塑机、印刷机械、装配生产线、电镀流水线及电梯的控制等。这是 PLC 最基本的应用, 也是 PLC 最广泛的应用领域。

(2) 运动控制   大多数 PLC 都有拖动步进电动机或伺服电动机的单轴或多轴位置控制模块。这一功能广泛用于各种机械设备, 如对各种机床、装配机械、机器人等进行运动控制。

(3) 过程控制   大、中型 PLC 都具有多路模拟量 I/O 模块和 PID(比例-积分-微分)控制功能, 有的小型 PLC 也具有模拟量 I/O 模块。所以 PLC 可实现模拟量控制, 而且具有 PID 控制功能的 PLC 还可构成闭环控制, 用于过程控制。这一功能已广泛用于锅炉、反应堆、水处理、酿酒以及闭环位置控制和速度控制等方面。

(4) 数据处理   现代的 PLC 都具有算术运算、数据传送、转换、排序和查表等功能, 可进行数据的采集、分析和处理, 同时可通过通信接口将这些数据传送给其他智能装置, 如计算机数值控制(CNC)设备, 进行处理。

(5) 通信联网   PLC 的通信包括 PLC 与 PLC、PLC 与上位计算机、PLC 与其他智能设备之间的通信, PLC 系统与通用计算机可直接或通过通信处理单元、通信转换单元相连构成网络, 以实现信息的交换, 并可构成 "集中管理、分散控制" 的多级分布式控制系统, 满足工厂自动化(FA)系统发展的需要。

3.1.3   PLC 的分类

PLC 产品种类繁多, 其规格和性能也各不相同。对 PLC 的分类, 通常根据其结构形式的不同、功能的差异和 I/O 点数的多少等进行大致分类。

1. 按结构形式分类

根据 PLC 的结构形式, 可将 PLC 分为整体式和模块式两类。

(1) 整体式 PLC   整体式 PLC 是将电源、CPU、I/O 接口等部件都集中装在一个机箱内, 具有结构紧凑、体积小、价格低的特点。小型 PLC 一般采用这种整体式结构。整体式 PLC 由不同 I/O 点数的基本单元(又称主机)和扩展单元组成。基本单元内有 CPU、I/O 接口、与 I/O 扩展单元相连的扩展口以及与编程器或 EPROM 写入器相连的接口等, 如 S7-200, 其实物如图 3-1 所示。扩展单元内只有 I/O 和电源等, 没有 CPU。基本单元和扩展单元之间一般用扁平电缆连接。整体式 PLC 一般还可配备特殊功能单元, 如模拟量单元、位置控制单元等, 使其功能得以扩展。

（2）模块式 PLC　模块式 PLC 是将 PLC 各组成部分，分别做成若干个单独的模块，如 CPU 模块、I/O 模块、电源模块(有的含在 CPU 模块中)以及各种功能模块。模块式 PLC 由框架或基板和各种模块组成。模块装在框架或基板的插座上。这种模块式 PLC 的特点是配置灵活，可根据需要选配不同规模的系统，而且装配方便，便于扩展和维修。大、中型 PLC 一般采用模块式结构。

还有一些 PLC 将整体式和模块式的特点结合起来，构成所谓叠装式 PLC。叠装式 PLC 的 CPU、电源、I/O 接口等也是各自独立的模块，但它们之间是靠电缆进行连接，并且各模块可以一层层地叠装。这样，系统更加灵活紧凑。如西门子 S7-300，其实物如图 3-2 所示。

图 3-1　整体式 PLC(S7-200)

图 3-2　模块式 PLC(S7-300)

2. 按功能分类

根据 PLC 所具有的功能不同，可将 PLC 分为低档、中档和高档三类。

1）低档 PLC 具有逻辑运算、定时、计数、移位以及自诊断、监控等基本功能，还可有少量模拟量输入/输出、算术运算、数据传送和比较、通信等功能。主要用于逻辑控制、顺序控制或少量模拟量控制的单机控制系统。

2）中档 PLC 除具有低档 PLC 的功能外，还具有较强的模拟量输入/输出、算术运算、数据传送和比较、数制转换、远程 I/O、子程序、通信联网等功能。有些还可增设中断控制、PID 控制等功能，适用于复杂控制系统。

3）高档 PLC 除具有中档机的功能外，还增加了带符号算术运算、矩阵运算、位逻辑运算、平方根运算及其他特殊功能函数的运算、制表及表格传送功能等。高档 PLC 具有更强的通信联网功能，可用于大规模过程控制或构成分布式网络控制系统，实现工厂自动化。

3. 按 I/O 点数分类

根据 PLC 的 I/O 点数的多少，可将 PLC 分为小型、中型和大型三类。

（1）小型 PLC　I/O 点数为 256 点以下的为小型 PLC。其中，I/O 点数小于 64 点的为超小型或微型 PLC。

（2）中型 PLC　I/O 点数为 256 点以上、1024 点以下的为中型 PLC。

（3）大型 PLC　I/O 点数为 1024 以上的为大型 PLC。其中，I/O 点数超过 8192 点的为超大型 PLC。

在实际中，一般 PLC 功能的强弱与其 I/O 点数的多少是相互关联的，即 PLC 的功能越强，其可配置的 I/O 点数越多。因此，通常所说的小型、中型、大型 PLC，除指其 I/O 点数不同外，同时也表示其对应功能为低档、中档、高档。

3.1.4　可编程序控制器的构成及工作原理

（1）可编程序控制器的基本组成　可编程序控制器一般由中央处理单元（CPU）、存储器（ROM/RAM）、输入/输出单元（I/O 单元）、编程器、电源等主要部件组成，如图 3-3 所示。

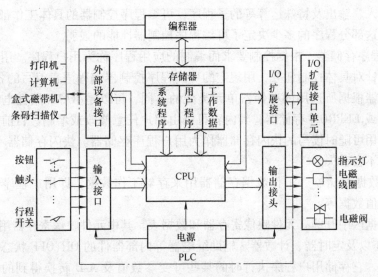

图 3-3　可编程序控制器的基本结构框图

（2）中央处理器（CPU）　CPU 是可编程序控制器的核心，它按系统程序赋予的功能指挥可编程序控制器有条不紊地进行工作，其主要任务是：

1）接收、存储用户程序和数据，并通过显示器显示出程序的内容和存储地址。

2）检查、校验用户程序。对输入的用户程序进行检查，发现语法错误立即报警，并停止输入；在程序运行过程中若发现错误，则立即报警或停止程序的执行。

3）接收、调用现场信息。将接收到现场输入的数据保存起来，在需要数据的时候将其调出并送到需要该数据的地方。

4）执行用户程序。PLC 进入运行状态后，CPU 根据用户程序存放的先后顺序，逐条读取、解释并执行程序，完成用户程序中规定的各种操作，并将程序执行的结果送至输出端口，以驱动可编程序控制器的外部负载。

5）故障诊断。诊断电源、可编程序控制器内部电路的故障，根据故障或错误的类型，通过显示器显示出相应的信息，以提示用户及时排除故障或纠正错误。

不同型号可编程序控制器的 CPU 芯片是不同的，有的采用通用 CPU 芯片，如 8031、8051、8086、80826 等，也有采用厂家自行设计的专用 CPU 芯片（如西门子公司的 S7-200 系列可编程序控制器均采用其自行研制的专用芯片），CPU 芯片的性能关系到可编程序控制器处理控制信号的能力与速度，CPU 位数越高，系统处理的信息量越大，运算速度也越快。

（3）存储器　可编程序控制器的存储器可以分为系统程序存储器、用户程序存储器及工作数据存储器等三种。

1）系统程序存储器　系统程序存储器用来存放由可编程序控制器生产厂家编写的系统

程序,并固化在 ROM 内,用户不能直接更改。它使可编程序控制器具有基本的智能,能够完成可编程序控制器设计者规定的各项工作。系统程序质量的好坏,很大程度上决定了 PLC 的性能,其内容主要包括三部分:第一部分为系统管理程序,它主要控制可编程序控制器的运行,使整个可编程序控制器按部就班地工作;第二部分为用户指令解释程序,通过用户指令解释程序,将可编程序控制器的编程语言变为机器语言指令,再由 CPU 执行这些指令;第三部分为标准程序模块与系统调用程序,它包括许多不同功能的子程序及其调用管理程序,如完成输入、输出及特殊运算等的子程序,可编程序控制器的具体工作都是由这部分程序来完成的,这部分程序的多少决定了可编程序控制器性能的强弱。

2)用户程序存储器　根据控制要求而编制的应用程序称为用户程序。用户程序存储器用来存放用户针对具体控制任务,用规定的可编程序控制器编程语言编写的各种用户程序。用户程序存储器根据所选用的存储器单元类型的不同,可以是 RAM(用锂电池进行掉电保护)、EPROM 或 EEPROM 存储器,其内容可以由用户任意修改或增删。目前较先进的可编程序控制器采用可随时读写的快闪存储器作为用户程序存储器。快闪存储器不需后备电池,掉电时数据也不会丢失。

3)工作数据存储器　工作数据存储器用来存储工作数据,即用户程序中使用的 ON/OFF 状态、数值数据等。

在工作数据区中开辟有元件映像寄存器和数据表。其中元件映像寄存器用来存储开关量输入/输出状态以及定时器、计数器、辅助继电器等内部器件的 ON/OFF 状态。数据表用来存放各种数据,它存储用户程序执行时的某些可变参数值及 A-D 转换得到的数字量和数学运算的结果等。在可编程序控制器断电时能保持数据的存储器区称数据保持区。

用户程序存储器和用户存储器容量的大小,关系到用户程序容量的大小和内部器件的多少,是反映 PLC 性能的重要指标之一。

(4)输入/输出接口　输入/输出接口是 PLC 与外界连接的接口。

输入接口用来接收和采集两种类型的输入信号:一类是由按钮、选择开关、行程开关、继电器触头、接近开关、光电开关、数字拨码开关等的开关量输入信号;另一类是由电位器、测速发电机和各种变送器等来的模拟量输入信号。如图 3-4 所示,输入回路的实现是将通过输入元件(如按钮、转换开关、行程开关、继电器的触头、传感器等)连接到对应的输入点上,再通过输入点将信息送到 PLC 内部。一旦某个输入元件状态发生变化,对应输入继电器的状态也就随之变化,PLC 在输入采样阶段即可获取这些信息。

输出接口用来连接被控对象中各种执行元件,如接触器、电磁阀、指示灯、调节阀(模拟量)、调速装置(模拟量)等。输出回路就是 PLC 的负载驱动回路,输出回路的连接如图 3-5 所

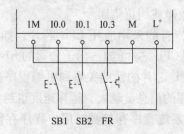

图 3-4　输入回路的连接

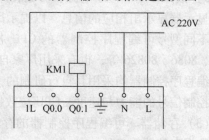

图 3-5　输出回路的连接

示。通过输出点，将负载和负载电源连接成一个回路，这样负载就由 PLC 输出点的 ON/OFF
进行控制，输出点动作负载得到驱动。负载电源的规格应根据负载的需要和输出点的技术规格
进行选择。

为适应控制的需要，PLC I/O 具有不同的类别。其输入可分为直流输入和交流输入两种
形式，如图 3-6 和图 3-7 所示；输出分继电器输出、晶闸管输出和晶体管输出三种形式。继
电器输出（见图 3-8）和晶闸管输出适用于大电流输出场合。晶体管输出、晶闸管输出适用于
快速、频繁动作的场合。相同驱动能力，继电器输出形式价格较低。为提高 PLC 抗干扰能
力，其输入、输出接口电路均采用了隔离措施。

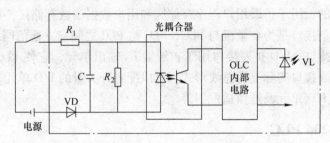

图 3-6　直流输入及隔离电路

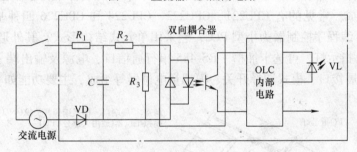

图 3-7　交流输入及隔离电路

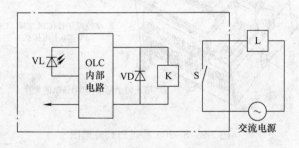

图 3-8　继电器输出及隔离电路

（5）电源　PLC 的电源是指为 CPU、存储器和 I/O 接口等内部电路所配备的直流开关
电源。电源的交流输入端一般都有脉冲吸收电路，交流输入电压范围一般都比较宽，抗干扰
能力比较强。电源的直流输出电压多为直流 5V 和直流 24V。直流 5V 电源供 PLC 内部使用，
直流 24V 电源除供内部使用外还可以供输入/输出单元和各种传感器使用。

（6）外部设备接口　PLC 的外部设备主要有编程器、操作面板、文本显示器和打印
机等。

编程器接口是用来连接编程器的，PLC 本身通常是不带编程器的，为了能对 PLC 编程

及监控，PLC 上专门设置有编程器接口，通过这个接口可以连接各种形式的编程装置，还可以利用此接口进行通信和监控工作。比如利用微机作为编程器，这时微机应配有相应的编程软件，若要直接与可编程序控制器通信，还要配有相应的通信电缆。

操作面板和文本显示器不仅是用于显示系统信息的显示器，还是操作控制单元，它们可以在执行程序的过程中修改某个量的数值，也可直接设置输入或输出量，以便立即起动或停止一台外部设备的运行。打印机可以把过程参数和运行结果以文字形式输出。外部设备接口可以把上述外部设备与 CPU 连接，以完成相应的操作。

除上述一些外部设备接口以外，PLC 还设置了存储器接口和通信接口。存储器接口是为扩展存储区而设置的，用于扩展用户程序存储区和用户数据参数存储区，可以根据使用的需要扩展存储器。通信接口是为在微机与 PLC、PLC 与 PLC 之间建立通信网络而设立的接口。

（7）I/O 扩展接口   I/O 扩展接口用于扩展输入/输出单元，它使 PLC 的控制规模配置更加灵活，这种扩展接口实际上为总线形式，可以配置开关量的 I/O 单元，也可配置模拟量和高速计数等特殊 I/O 单元及通信适配器等。

3.1.5　初识 S7-200 PLC

S7-200 PLC 是一种紧凑型可编程序控制器。整个系统的硬件架构主要由 CPU 模块和丰富的扩展模块组成。常见的有 CPU221、CPU222、CPU224 和 CPU226 四种基本型号。西门子 S7-200 系列可编程序控制器为小型 PLC，它采用单元式结构形式，其外形如图 3-9 所示。主要由状态 LED 指示灯、可选卡插槽、RS-485 串行通信口、电源及输出端子、输入端子及传感器电源、扩展接口、模式选择开关、模拟量电位器等组成，主要功能如下。

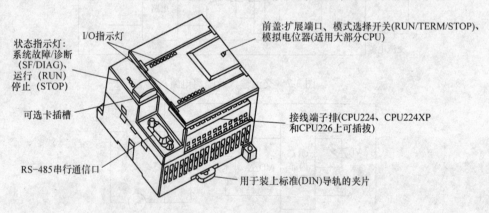

图 3-9　S7-200 系列 PLC 外形图

1. 状态指示灯

位于机身左侧，显示 CPU 的工作状态，共三个指示灯：其中 SF/DIAG 状态 LED 亮表示为系统故障/诊断指示，RUN 状态 LED 亮表示系统处于运行工作模式，STOP 状态 LED 亮表示系统处于停止工作模式。

2. 可选卡插槽

可选卡插槽可以根据需要插入 E2PROM 卡、时钟卡和电池卡中的一个。外插卡需单独订货。外插存储卡可用来保存 PLC 内的程序和重要数据等作为备份，存储卡 E2PROM 中有 6ES7 291-8GF23-0XA0 和 6ES7 291-8GH23-0XA0 两种，容量分别为 64KB 和 256KB。时钟卡可用于 CPU 221 和 CPU 222，以提供实时时钟功能，卡中包括了后备电池。外插电池卡可为所有类型的 CPU 提供数据保持的后备电池。电池卡可与 PLC 内置的超级电容配合，电池在超级电容放电完毕后起作用。

3. RS-485 串行通信口

RS-485 串行通信口位于机身的左下部，是 PLC 主机实现人机对话、机机对话的通道，利用其可实现 PLC 与上位计算机的连接，实现 PLC 与 PLC、编程器、彩色图形显示器、打印机等外部设备的连接。S7-200 CPU 主机上的通信口支持 PPI、MPI、Profibus DP 和自由口通信协议（CPU221 不支持 Profibus DP 协议）。通信接口可以用于与运行编程软件的计算机通信，与文本显示器 TD200 和操作员界面 OP 的通信，以及 S7-200CPU 之间的通信；通过自由口通信协议和 Modbus 协议，可以与其他设备进行串行通信；通过 As-i 通信接口模块，可以接入 496 个远程数字量输入/输出。

4. 电源及输出端子

电源及输出端子位于机身顶部端子盖下边（图中未示出），用于连接输出器件及电源，输出端子的运行状态可以由顶部端子盖下方的一排 I/O 状态指示灯显示，ON 状态时对应指示灯亮。为了方便接线有些机型（如 CPU224、CPU226）采用可插拔整体端子。

5. 输入端子及传感器电源

输入端子及传感器电源位于机身底部端子盖下边（图中未示出），输入端子的运行状态可以由底部端子盖上方的一排 I/O 状态指示灯显示，ON 状态时对应指示灯亮。CPU224 型 PLC 的外部端子如图 3-10 所示。

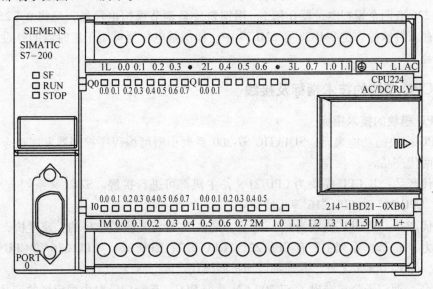

图 3-10 CPU224 型 PLC 的外部端子图

（1）底部端子（输入端子及传感器电源）

1）L+：内部 DC 24V 电源正极，为外部传感器或输入继电器供电。

2）M：内部 DC 24V 电源负极，接外部传感器负极或输入继电器公共端。

3）1M、2M：输入继电器的公共端口。

4）I0.0 ~ I1.5：输入继电器端子，输入信号的接入端。

　　输入继电器用"I"表示,S7-200 系列 PLC 共 128 位,采用八进制(I0.0 ~ I0.7,I1.0 ~ I1.7,…,I15.0 ~ I15.7)。

　　(2) 顶部端子(电源及输出端子)

　　1) 交流电源供电:L1、N、⏚分别表示电源相线、中线和接地线。交流电压为 85 ~ 265V。

　　2) 直流电源供电:L +、M、1L、2L、3L 为输出继电器的公共端口。接输出端所使用的电源。输出各组之间是互相独立的,这样负载可以使用多个电压系列(如 AC 220V、DC 24V 等)。

　　3) Q0.0 ~ Q1.1:输出继电器端子,负载接在该端子与输出端电源之间。

　　输出继电器用"Q"表示,S7-200 系列 PLC 共 128 位,采用八进制(Q0.0 ~ Q0.7,Q1.0 ~ Q1.7,…,Q15.0 ~ Q15.7)。

　　4) ●:带点的端子上不要外接导线,以免损坏 PLC。

6. 扩展端口、模式选择开关、模拟量电位器

　　该部分位于机身中部右侧前盖下。扩展端口提供 PLC 主机与输入、输出扩展模块的接口,做扩展系统之用,主机与扩展模块之间用扩展电缆连接;模式选择开关具有 RUN(运行)、STOP(停止)及 TERM(监控)等 3 种状态。将开关拨向"STOP"位置时,PLC 处于停止状态,此时可以对其编写程序。将开关拨向"RUN"位置时,PLC 处于运行状态,此时不能对其编写程序。将开关拨向"TERM"状态,在运行程序的同时还可以监视程序运行的状态。盖板下还有模拟电位器和扩展端口,S7-200 CPU221、222 有一个模拟电位器,S7-200 CPU224、226 有两个模拟电位器 0 和 1,用螺钉旋具调节模拟电位器,可将 0 ~ 255 之间的数值分别存入特殊标志位 SMB28 和 SMB29 中。模拟量电位器可用于定时器的外设定及脉冲输出等场合。

3.1.6　CPU 模块的技术指标及接线

1. CPU 模块的技术指标

　　从 CPU 模块的功能来看,SIMATIC S7-200 系列小型可编程序控制器发展至今,大致经历了下面两代产品。

　　第一代产品:其 CPU 模块为 CPU 21 ×,主机都可进行扩展。S7-21 × 系列有 CPU 212、CPU 214、CPU 215 和 CPU 216 等几种型号。

　　第二代产品:其 CPU 模块为 CPU 22 ×,是在 21 世纪初投放市场的,速度快,具有较强的通信能力。S7-22 × 系列主要有 CPU 221、CPU 222、CPU 224、CPU 226 和 CPU 224XP 等几种型号,除 CPU 221 之外,其他都可加扩展模块。

　　2004 年,西门子公司推出了 S7-200 CN 系列 PLC,是专门针对中国市场的产品。

　　对于每个型号,有直流(24V)和交流(120 ~ 220V)两种电源供电的 CPU 类型:

　　1) DC/DC/DC:说明 CPU 是直流供电,直流数字量输入、数字量输出点是晶体管直流电路的类型。

　　2) AC/DC/Relay:说明 CPU 是交流供电,直流数字量输入、数字量输出点是继电器的类型。

　　对于 S7-200 CPU 上的输出点来说,凡是 DC-24V 供电的 CPU 都是晶体管输出,AC-

220V 交流供电的 CPU 都是继电器输出。

不同型号的 CPU 模块具有不同的规格参数。表 3-1 为 CPU 22 × 系列的技术指标。

表 3-1　S7-200 CPU 22 × 系列的技术指标

特性		CPU 221	CPU 222	CPU 224	CPU 224XP	CPU 226
外形尺寸/mm		$90 \times 80 \times 62$		$120.5 \times 80 \times 62$	$140 \times 80 \times 62$	$190 \times 80 \times 62$
程序存储器/B	运行模式下能编辑	4K	4K	8K	12K	16K
	运行模式下不能编辑	4K	4K	12K	16K	24K
数据存储器/B		2K	2K	8K	10K	10K
掉电保持时间(电容)		50h			100h	
本机 I/O	数字量	6 入/4 出	8 入/6 出	14 入/10 出	14 入/10 出	24 入/16 出
	模拟量	无	无	无	2 入/1 出	无
扩展模块数量/个		0	2	7	7	7
高速计数器:		共 4 路	共 4 路	共 6 路	共 6 路	共 6 路
单相		4 路 30kHz	4 路 30kHz	6 路 30kHz	4 路 30kHz 2 路 200kHz	6 路 30kHz
双相		2 路 20kHz	2 路 20kHz	4 路 20kHz	3 路 20kHz 1 路 100kHz	4 路 20kHz
脉冲输出(DC)		2 路 20kHz			2 路 100kHz	2 路 20kHz
模拟电位器		1	1	2	2	2
实时时钟		配时钟卡	配时钟卡	内置	内置	内置
通信口		1 RS-485	1 RS-485	1 RS-485	2 RS-485	2 RS-485
浮点数运算		有				
数字量 I/O 映像区		128 入/128 出				
模拟量 I/O 映象区		无	16 入/16 出		32 入/32 出	
布尔指令执行速度		$0.22\mu s$ 指令				
供电能力/mA	DC 5V	0	340		660	1000
	DC 24V	180	180		280	400

2. CPU 模块的接线方式

S7-200 系列 CPU 模块端子接线基本相同，例如 S7-200 CPU 222 端子接线如图 3-11 所示。图 3-11a 所示为 CPU 222DC/DC/DC 型，即直流供电，直流数字量输入，数字量输出点是晶体管直流电路的类型。机身下端为输入端子及 DC 24V 电源输出端子，8 路输入分为两组，均为 DC 24V 直流，支持源型和漏型输入方式，1M 和 2M 为各组的电源公共端。机身上端为输出及电源端子。目前，晶体管输出点只有源型输出一种。

图 3-11b 所示为 CPU 222AC/DC/Relay 型，即交流供电，直流数字量输入，数字量输出点是继电器电路的类型。其输入电路和直流供电的完全相同，输出点既可以接直流信号，也可以接 AC 120V/240V。

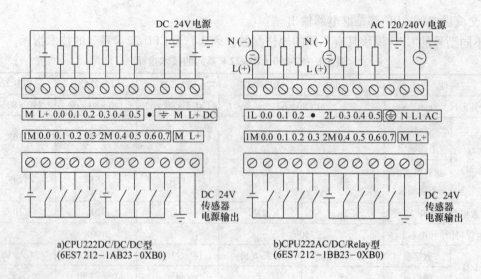

a)CPU222DC/DC/DC型
(6ES7 212-1AB23-0XB0)

b)CPU222AC/DC/Relay型
(6ES7 212-1BB23-0XB0)

图 3-11　CPU 222 端子接线图

3.1.7　S7-200 扩展模块的技术指标及接线

S7-200 PLC 为了扩展 I/O 点和执行特殊的功能,可以连接扩展模块(CPU 221 除外)。扩展模块主要有以下几类:数字量 I/O 模块、模拟量 I/O 模块、通信模块和特殊功能模块。

1. 数字量 I/O 扩展模块

(1) 数字量 I/O 扩展模块的分类　数字量 I/O 模块用来扩展 S7-200 系统的数字量 I/O 数量。根据不同的控制需要,可以选取 8 点、16 点和 32 点的数字量 I/O 扩展模块。连接时,CPU 模块放在最左侧,扩展模块用扁平电缆与左侧的模块相连。数字量 I/O 扩展模块主要分为数字量输入模块(EM221)、数字量输出模块(EM222)及数字量输入/输出模块(EM223),见表 3-2。

表 3-2　数字量 I/O 扩展模块

型号	各组输入点数	各组输出点数
EM221 8 点 DC 24V 输入	4, 4	无
EM221 8 点 AC 120/230V 输入	8 点相互独立	无
EM221 16 点 DC 24V 输入	4, 4, 4, 4	无
EM222 4 点 DC 24V 输出 5A	无	4 点相互独立
EM222 4 点继电器输出 10A	无	4 点相互独立
EM222 8 点 DC 24V 输出	无	4
EM222 8 点继电器输出	无	4, 4
EM222 8 点 AC 120/230V 输出	无	8 点相互独立
EM223 DC4 输入/DC4 输出	4	4
EM223 DC8 输入/继电器 8 输出	4, 4	4, 4
EM223 DC8 输入/DC8 输出	4, 4	4, 4
EM223 DC16 输入/DC16 输出	8, 8	4, 4, 8
EM223 DC16 输入/继电器 16 输出	8, 8	4, 4, 4, 4

（2）数字量 I/O 扩展模块的输入规范 数字量 I/O 扩展模块的输入规范、输出规范分别见表 3-3 和表 3-4。

表 3-3 数字量 I/O 扩展模块输入规范

常规	DC 24V 输入	AC 120/230V 输入（47～63Hz）
输入类型	漏型/源型（IEC 类型 1 漏型）	IEC 类型 1
额定电压	DC 24V、4mA	AC 120V、6mA 或 AC 230V、9mA
最大持续允许电压	DC 30V	AC 264V
浪涌电压（最大）	DC 35V、0.5s	
逻辑 1（最小）	DC 15V、2.5mA	AC 79V、2.5mA
逻辑 0（最大）	DC 5V、1mA	AC 20V 或 AC 1mA
输入延时（最大）	4.5ms	15ms
连接 2 线接近传感器允许的漏电流（最大）	1mA	AC 1mA
光电隔离	AC 500V、1min	AC 1500V、1min
电缆长度（最大）	屏蔽 500m；非屏蔽 300m	

表 3-4 数字量 I/O 扩展模块输出规范

数字量输出规范	DC 24V 输出		继电器输出		AC 120/230V 输出
	0.75A	5μA	2A	10A	
输出类型	固态-MOSFET（信号源）		干触点		直通
额定电压	DC 24V		DC 24V 或 AC 250V		AC 120/230
电压范围	DC 20.4～28.8V		DC 5-30V 或 AC 5-250V	DC 12-30V 或 AC 12-250V	AC 40-264V（47～63Hz）
浪涌电流（最大）	8A，100ms	30A	5A，4s，10% 占空比	15A，4s，10% 占空比	5A/ms，2AC 周期
逻辑 1（最小）	DC 20V，最大电流				L1（-0.9V/ms）
逻辑 0（最大）	DC 0.1V，10kΩ 负载	DC 0.2V，5kΩ 负载			
每点额定电流（最大）	0.75A	5μA	2A	阻性 10A；感性 DC 2A；感性 AC 3A	AC 0.5A
公共端额定电流（最大）	6A	5μA	8A	10A	AC 0.5A
漏电流（最大）	10μA	30μA			AC 132V 是 1.1mA/ms AC 264V 是 1.8mA/ms
灯负载（最大）	5W	50W	DC 30W AC 200W	DC 100W AC 1000W	60W
接通电阻（接点）	典型 0.3Ω（最大 0.6Ω）	最小 0.05Ω	最小 0.2Ω	最小 0.1Ω	最大 410Ω，当负载电流小于 0.05A 时

(续)

数字量输出规范	DC 24V 输出		继电器输出		AC 120/230V 输出
	0.75A	5μA	2A	10A	
延时断开到接通/接通到断开	150/200μs	500μs			0.2ms + 1/2AC 周期
延时切换(最大)			10ms	15ms	
脉冲频率(最大)			1Hz	1Hz	10Hz
机械寿命周期			1 千万次(空载)	3 千万次(空载)	
触点寿命			10 万次(额定负载)	3 万次(额定负载)	
电缆长度(最大)	屏蔽 500m,非屏蔽 150m				

注意:

1)当一个机械触头接通 S7-200 CPU 或任意扩展模块的供电时,它发送一个大约 50ms 的"1"信号到数字输出,需要考虑这一点。

2)当一个机械触头接通 AC 扩展模块的输出电源时,它向 AC 输出发出一个宽度为大约 1/2AC 周期的"1"信号,必须考虑这一点。

3)由于是直通电路,负载电流必须是完整的 AC 波形而非半波。最小负载电流是 AC0.05A。当负载电流在 AC5mA~50mA 之间时,该电流是可控的,但是,由于 410Ω 串联电阻的存在会有额外的压降。

4)如果因为过多的感性开关或不正常的条件而引起输出过热,输出点可能关断或被损坏。如果输出在关断一个感性负载时遭受大于 0.7J 的能量,那么输出将可能过热或被损坏。为了消除这个限制,可以将抑制电路和负载并联在一起。

5)如果是灯负载,继电器使用寿命将降低 75%,除非采取措施将接通浪涌电流降低到输出的浪涌电流额定值以下。

6)灯负载的额定功率是指额定电压下的功率情况。

(3)数字量 I/O 扩展模块的接线 数字量 I/O 扩展输入模块有直流输入模块和交流输入模块两种,而直流输入模块又有漏型和源型两种接法,相应的接线如图 3-12 所示。

数字量输出模块分为直流输出模块、交流输出模块、继电器输出(交直流均可)模块三种,相应的接线如图 3-13 所示。

2. 模拟量 I/O 扩展模块

生产过程中有许多电压、电流信号,用连续变化的形式表示流量、温度、压力等工艺参数的大小,就是模拟量信号,这些信号在一定范围内连续变化,如 -10~+10V 的电压,或者 4~20mA 的电流。

(1)模拟量 I/O 扩展模块的分类和技术规范 S7-200 不能直接处理模拟量信号,必须通过专门的硬件接口,把模拟量信号转换成 CPU 可以处理的数据,或者将 CPU 运算得出的

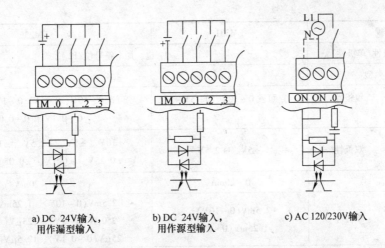

a) DC 24V输入，
用作漏型输入

b) DC 24V输入，
用作源型输入

c) AC 120/230V输入

图 3-12　数字量扩展模块输入接线图

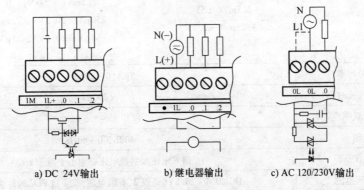

a) DC 24V输出

b) 继电器输出

c) AC 120/230V输出

图 3-13　数字量扩展模块输出接线

数据转换为模拟量信号。数据的大小与模拟量信号的大小有关，数据的地址由模拟量信号的硬件连接所决定。用户程序通过访问模拟量信号对应的数据地址，获取或输出真实的模拟量信号。S7-200 提供了专用的模拟量模块来处理模拟量信号，包括 EM231 EM232 和 EM235 等。EM231：4 路模拟量输入（电压或电流），输入信号的范围由 DIP 开关 SW1、SW2、SW3 设定。EM232：2 路模拟量输出（电压或电流）。EM235：4 路模拟量输入（电压或电流），1 路模拟量输出（电压或电流），量程由 DIP 开关 SW1 ～ SW6 设定。具体设定方法见《S7-200 系统手册》。建议 EM231 和 EM235 模块不用于热电偶。表 3-5 和表 3-6 是模拟量扩展模块输入和输出规范。

表 3-5　模拟量扩展模块输入规范

常规		EM231	EM235
数据格式	双极性，满量程	− 32 767 ～ + 32 767	
	单极性，满量程	0 ～ 32 767	
DC 输入阻抗		≥10MΩ 电压输入，250Ω 电流输入	
输入滤波衰减		−3dB，3.1kHz	
最大输入电压		DC 30V	
最大输入电流		32mA	

（续）

常规		EM231	EM235
分辨率(双极性/单极性)		11 位，加 1 符号位/12 位	
输入类型		差分	
输入电压范围	单极性	可选 0 ~ 10V、0 ~ 5V	可选 0 ~ 10V、0 ~ 5V、0 ~ 1V、0 ~ 0.5V、0 ~ 0.1V 和 0 ~ 0.05V
	双极性	±5V、±2.5V	±10V、±5V、±2.5V、±1V、±0.5V、±0.25V、±0.1V、±0.05V、±0.025V
电流		0 ~ 20mA	0 ~ 20mA
输入电压分辨率	单极性	2.5mV(0 ~ 10V)、1.25mV(0 ~ 5V)	2.5mV(0 ~ 10V)、1.25mV(0 ~ 5V)、250μV(0 ~ 1V)、125μV(0 ~ 0.5V)、25μV(0 ~ 0.1V)、12.5μV(0 ~ 0.05V)
	双极性	2.5mV(±5V)、1.25mv(±2.5V)	5mV(±10V)、2.5mV(±5V)、1.25mV(±2.5V)、0.5mV(±1V)、250μV(±0.5V)、125μV(±0.25V)、50μV(±0.1V)、25μV(±0.05V)、12.5μV(±0.025V)
输入电流分辨率		5μA(0 ~ 20mA)	
模拟到数字转换时间		<250μs	
模拟输入阶跃响应		0.95 ~ 1.5ms	
共模抑制		40dB，0 ~ 60Hz	
共模电压		信号电压加共模电压必须小于等于 ±12V	
DC 24V 电压范围		DC 20.4 ~ 28.8V(等级 2,有限电源,或来自 PLC 的传感器电源)	

表 3-6　模拟量扩展模块输出规范

常规		EM232	EM235
信号范围	电压输出	±10V	
	电流输出	0 ~ 20mA	
分辨率(满量程)：电压/电流		11 位，加 1 符号位/11 位	
数据格式	电压	-32 767 ~ +32 767	
	电流	0 ~ 32 767	
精度(25℃)	电压输出	±0.5% 满量程	
	电流输出	±0.5% 满量程	
稳定时间	电压输出	100μs	
	电流输出	2ms	
最大驱动	电压输出	5000Ω 最小	
	电流输出	500Ω 最大	
24V(DC)电压范围		20.4 ~ 28.8V(DC)(等级 2,有限电源,或来自 PLC 的传感器电源)	

（2）模拟量扩展模块的接线　图 3-14 所示为 EM231 的外部接线图。EM231 上部共有 12 个端子，每 3 个点为一组，共 4 组。每组可作为一路模拟量的输入通道（电压信号或电流信号），未用的输入通道应短接（图中的 B＋、B－）。电压信号用两个端子（A＋、A－），电流信号用 3 个端子，其中 R×与×＋端子短接。对于 4 线制电流信号接法见图中的 C 通道，为了抑制干扰可将信号的负端连接到扩展模块的电源输入的 M 端子，2 线制电流信号接法见 D 通道。该模块需要 DC 24V 供电（M、L＋端）。可由 CPU 模块的传感器电源 DC 24V/ 400mA 供电，也可由用户提供外部电源。一般说来电压信号比电流信号更容易受到干扰，并且电流信号传输的距离更长。

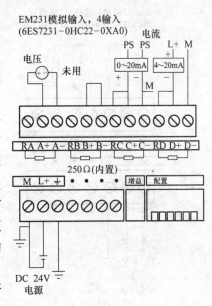

图 3-14　EM231 外部接线图

EM231 右端分别是校准电位器和配置 DIP 设定开关。如果没有精确的测量手段和信号源，不要对校准电位器进行调整。表 3-7 所示为如何使用 DIP 开关来配置 EM231 模块。该表中，ON 是闭合，OFF 是断开。EM231 只在电源接通时读取开关设置。

表 3-7　EM231 选择模拟量量程的 DIP 开关配置表

单极性			满量程输入	分辨率
SW1	SW2	SW3		
	OFF	ON	0～10V	2.5mV
ON	ON	OFF	0～5V	1.25mV
			0～20mA	5μA
双极性			满量程输入	分辨率
SW1	SW2	SW3		
	OFF	ON	±5V	2.5mV
OFF	ON	OFF	±2.5V	1.25mV

图 3-15a 所示为 EM232 的外部接线图。EM232 从左端起的每 3 个点为一组，共两组。每组可作为一路模拟量输出（电压或电流信号）。第一组 V0 端接电压负载、I0 端接电流负载，M0 为公共端。第二组的接法和第一组类同。图 3-15b 所示为 EM235 的外部接线图，其模拟量输入和模拟量输出的接法和 EM231、EM232 类同。EM235 开关配置表可参见系统手册。

3. 温度测量扩展模块

温度测量扩展模块可以直接连接 TC（热电偶）和 RTD（热电阻）以测量温度。它们各自都可以支持多种热电偶和热电阻，使用时只需简单设置就可以直接得到温度数据。例如，EM231 TC 为 4 输入通道热电偶输入模块，EM231 RTD 为 2 输入通道热电阻输入模块。表 3-8 为其常规规范。

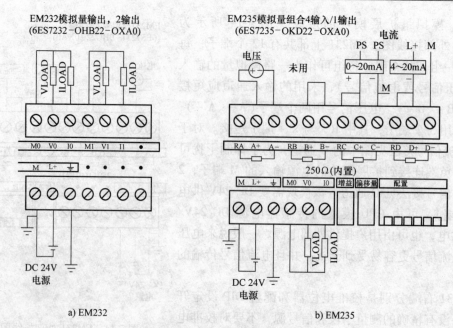

a) EM232   b) EM235

图 3-15   EM232 和 EM235 外部接线图

表 3-8   温度测量扩展模块的常规规范

模块名称	尺寸 W×H×D	重量	功耗	电源要求	
				DC+5V	DC+24V
EM231 TC	71.2mm×80mm×62mm	210g	1.8W	87mA	60mA
EM231 RTD	71.2mm×80mm×62mm	210g	1.8W	87mA	60mA

4. 特殊功能模块

S7-200 系统提供了一些特殊模块,用以完成特定的任务。例如,EM277 PROFIBUS-DP 通信模块、EM253 位控模块、EM241 MODEM 模块、CP243-1 工业以太网模块、CP243-1IT 互联网模块、CP243-2 AS 接口模块。各模块的选择和使用参见系统手册。

3.1.8   S7-200 供电和接线

S7-200 CPU 和扩展模块都需要电源供电。S7-200 CPU 的所需的外部电源有交流和直流两种类型。CPU 内部具有内部电源,可为 CPU 模块自身、扩展模块等提供 DC 5V、DC 24V 电源。扩展模块通过与 CPU 连接的总线连接电缆可取得 5V 直流电源。每个 CPU 模块向外提供的 DC 24V 电源从电源输出点(L+、M)引出。此电源可为 CPU 模块和扩展模块上的输入、输出点供电,也为一些特殊或智能模块提供电源。此电源还从 S7-200CPU 模块上的通信口输出,提供给 PC/PPI 编程电缆,或 TD200 文本显示操作界面等设备。S7-200 CPU 供电能力见表 3-9。

表 3-9   S7-200 CPU 供电能力   (单位:mA)

CPU 模块型号	DC 5V	DC 24V
CPU221	不能加扩展模块	180

（续）

CPU 模块型号	DC 5V	DC 24V
CPU222	340	180
CPU224	660	280
CPU226/CPU226XM	1000	400

由表 3-9 可见，不同规格的 CPU 模块的供电能力不同。每个实际应用项目都应对电源容量进行规划计算。

每个扩展模块都需要 DC 5V 电源，应当检查所有扩展模块的 DC 5V 电源需求是否超出 CPU 模块的供电能力，如果超出，就必须减少或改变模块配置。

有些扩展模块需要 DC 24V 电源供电，I/O 点也可能需要 DC 24V 供电，TD200 等也需要 DC 24V 电源。这些电源也要根据 CPU 的供电能力进行计算。如果所需电源容量超出 CPU 电源的额定容量，就需要增加外接 DC 24V 电源。

S7-200 CPU 模块的 DC 24V 电源不能与外接的 DC 24V 电源并联，这种并联会使一个或两个电源失效，并使 PLC 产生不正确的操作，但上述两个电源必须共地。

3.1.9 可编程序控制器的软件

可编程序控制器与一般的计算机相类似，在软件方面有系统软件和应用软件之分，只是可编程序控制器的系统软件由可编程序控制器生产厂家固化在 ROM 中，一般的用户只能在应用软件上进行操作，即通过编程软件来编制用户程序。

1. 系统软件

系统软件又称系统监控程序，是由 PLC 制造者设计的，用于 PLC 的运行管理。系统监控程序可分为系统管理程序、用户指令解释程序和专用标准程序模块等。

（1）系统管理程序　系统管理程序用于整个 PLC 的运行管理，管理程序又分为三部分：

第一部分是运行管理，控制可编程序控制器何时输入、何时输出、何时运算、何时自检、何时通信等等，进行时间上的分配管理。

第二部分进行存储空间的管理，即生成用户环境，由它规定各种参数、程序的存放地址，将用户使用的数据参数存储地址转化为实际的数据格式及物理存放地址。它将有限的资源变为用户可直接使用的元件。例如，它将有限个数的定时器、计数器扩展为几十至上百个用户时钟和计数器。通过这部分程序，用户看到的就不是实际机器存储定时器、计数器的地址了，而是按照用户数据结构排列的元件空间和程序存储空间了。

第三部分是系统自检程序，它包括各种系统出错检验、用户程序语法检验、句法检验和警戒时钟运行等。

在系统管理程序的控制下，整个可编程序控制器就能按部就班地正确工作了。

（2）用户指令解释程序　系统监控程序的第二部分为用户指令解释程序。任何计算机最终都是根据机器语言来执行的，而机器语言的编制又是很麻烦的。为此，在可编程序控制器中采用梯形图编程，将人们易懂的梯形图程序变为机器能懂的机器语言程序，即将梯形图程序逐条翻译成相应的一串机器码，这就是解释程序的任务。

事实上，为了节省内存，提高解释速度，用户程序是以内码的形式存储在可编程序控制器中的。用户程序变为内码形式的这一步是由编辑程序实现的，它可以插入、删除、检查和查错用户程序，方便程序的调试。

（3）专用标准程序模块和系统调用　系统监控程序的第三部分就是专用标准程序模块和系统调用，这部分是由许多独立的程序块组成的，各自能完成不同的功能，有些完成输入、输出，有些完成特殊运算等。可编程序控制器的各种具体工作都是由这部分程序来完成的，这部分程序的多少，就决定了可编程序控制器性能的强弱。

整个系统监控程序是一个整体，它质量的好坏很大程度上影响了可编程序控制器的性能。因为通过改进系统监控程序就可在不增加任何硬件设备的条件下大大改善可编程序控制器的性能，所以国外可编程序控制器厂家对监控程序的设计非常重视，实际售出的产品中，其监控程序一直在不断地完善。

2. 用户软件

用户软件是用户根据控制要求，用 PLC 编程的软元件和编程语言(如梯形图、指令表、高级语言、汇编语言等)编制的应用程序，用户程序通过编程器或 PC 写入到 PLC 的 RAM 中，可以修改和更新。编程软件是由可编程序控制器生产厂家提供的编程语言，至今为止还没有一种能适合各种可编程序控制器的通用的编程语言，随着 PLC 技术的发展，其编程软件呈现多样化和高级化发展趋势。由于可编程序控制器类型较多，各个不同机型对应的编程软件也是有一定的差别，特别是各个生产厂家的可编程序控制器之间，它们的编程软件不能通用的。当 PLC 断电时被锂电池保持。可编程序控制器的编程语言都大体相似，主要有五种表达方式。

（1）梯形图(Ladder Diagram)　梯形图语言是在传统电气控制系统中常用的接触器、继电器等图形表达符号的基础上演变而来的。它与电气控制电路图相似，继承了传统电气控制逻辑中使用的框架结构、逻辑运算方式和输入/输出形式，具有形象、直观、实用的特点。因此，这种编程语言为广大电气技术人员所熟知，是应用最广泛的 PLC 的编程语言，是 PLC 的第一编程语言。

图 3-16 所示是传统的电气控制电路图和 PLC 控制原理及梯形图。

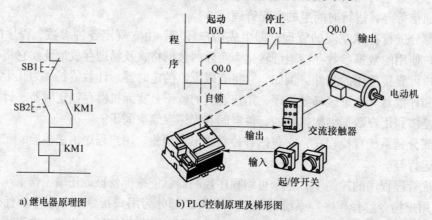

a) 继电器原理图　　　b) PLC控制原理及梯形图

图 3-16　电气控制电路图和 PLC 控制原理及梯形图

从图中可看出，两种图基本表示思想是一致的，具体表达方式有一定区别。PLC 的梯形图使用的是内部继电器、定时器、计数器等，都是由软件来实现的，使用方便，修改灵活，是原电气控制电路硬接线无法比拟的。

梯形图是一种以图形符号在图中的相互关系表示控制关系的编程语言，它是从继电器控制电路图演变过来的。梯形图将继电器控制电路图进行简化，同时加进了许多功能强大、使用灵活的指令，使编程更加容易，而实现的功能却大大超过传统继电—接触器控制电路图，是目前最普通的一种可编程序控制器编程语言。

对于梯形图的规则，总结有以下具有共性的几点，以便读者加深对可编程序控制器编程的认识和学习。

1) 梯形图中只有常开和常闭两种触点。各种机型中常开触点和常闭触点的图形符号基本相同，但它们的元件编号不相同，随不同机种、不同位置（输入或输出）而不同。统一标记的触点可以反复使用，次数不限，这点与继电器控制电路中同一触点只能使用一次不同。因为在可编程序控制器中每一触点的状态均存入可编程序控制器内部的存储单元中，可以反复读写，故可以反复使用。

2) 梯形图中输出继电器（输出变量）表示方法也不同，有圆圈、括弧和椭圆表示，而且它们的编程元件编号也不同，不论哪种产品，输出继电器在程序中只能使用一次。

3) 梯形图最左边是起始母线，每一逻辑行必须从起始母线开始画。

4) 梯形图必须按照从左到右、从上到下的顺序书写，可编程序控制器是按照这个顺序执行程序。

5) 梯形图中触点可以任意的串联或并联，而输出继电器线圈可以并联输出，但不可以串联。

（2）指令表（Instruction List）　梯形图编程语言优点是直观、简便，但要求用带 CRT 屏幕显示的图形编程器才能输入图形符号。小型的编程器一般无法满足，而是采用经济便携的编程器（指令编程器）将程序输入到可编程序控制器中，这种编程方法使用指令表（助记符语言）如图 3-17 所示，它类似于微机中的汇编语言。语句是指令语句表编程语言的基本单元，每个控制功能由一个或多个语句组成的程序来执行。每条语句规定可编程序控制器中 CPU 如何动作的指令，它是由操作码和操作数组成的。操作码用助记符表示要执行的功能，操作数（参数）表明操作的地址或一个预先设定的值。

（3）顺序功能图（Sequential Chart）　顺序功能图常用来编制顺序控制类程序。它包含步、动作、转换三个要素。顺序功能编程法可将一个复杂的控制过程分解为一些小的顺序控制要求连接组合成整体的控制程序。顺序功能图法体现了一种编程思想，在程序的编制中具有很重要的意义。在介绍步进梯形图指令时将详细介绍顺序功能图编程法。图 3-18 所示为顺序功能图。

```
LD      I0.0
O       Q0.0
AN      I0.1
=       Q0.0
```

图 3-17　指令表

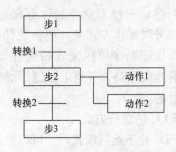

图 3-18　顺序功能图

（4）功能块图(Function Block Diagram)　功能块图编程语言实际上是用逻辑功能符号组成的功能块来表达命令的图形语言，与数字电路中逻辑图一样，它极易表现条件与结果之间的逻辑功能。图 3-19 所示为先"或"后"与"再输出操作的功能块图。

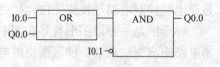

图 3-19　功能块图编程语言图

由图可见，这种编程方法是根据信息流将各种功能块加以组合，是一种逐步发展起来的新式的编程语言，正在受到各种可编程序控制器厂家的重视。

（5）结构文本(Structure Text)　随着可编程序控制器的飞速发展，如果许多高级功能还是用梯形图来表示，会很不方便。为了增强可编程序控制器的数字运算、数据处理、图表显示、报表打印等功能，方便用户的使用，许多大中型可编程序控制器都配备了 PASCAL、BASIC、C 等高级编程语言。这种编程方式称为结构文本。与梯形图相比，结构文本有两个很大优点：其一，是能实现复杂的数学运算；其二，是非常简洁和紧凑易读，可移植性强。结构文本用来编制逻辑运算程序也很容易。

以上编程语言的五种表达式是由国际电工委员会(IEC)1994 年 5 月在可编程序控制器标准中推荐的。对于一款具体的可编程序控制器，生产厂家可在这五种表达方式中提供其中的几种编程语言供用户选择。也就是说，并不是所有的可编程序控制器都支持全部的五种编程语言。

3. 编程器的形式

可编程序控制器的编程器可实现程序的写入、调试及监控，一般有两种：专用编程器和简易编程器。在可编程序控制器刚诞生的相当一段时间里，基本上以上述两种编程器对可编程序控制器进行编程操作。西门子公司曾专门为 S5 系列的可编程序控制器设计制造专用编程器，如 PG710 系列，但其价格相当贵，且携带不便。简易编程器对各个可编程序控制器的生产厂家而言，均有对应产品，如西门子的 PG635、三菱的 FX-20P-E 等。简易编程器由于携带方便，非常适合于生产现场的调试，但它使用时不是很直观。

随着计算机技术的发展，微机的性能价格比越来越高，可编程序控制器的功能也越来越强大，此时各个可编程序控制器生产厂家把目光投入到编程软件的开发上，到目前为止，可编程序控制器的用户一般利用微机结合编程软件再加上编程电缆，就可以形成一个功能强大的编程器了。

3.1.10　可编程序控制器的工作方式

众所周知，继电—接触器控制系统是一种"硬件逻辑系统"，采用并行工作方式。可编程序控制器是一种工业控制计算机，其工作原理是建立在计算机工作原理基础上的，而 CPU 是以分时操作方式来处理各项任务的，计算机在每一瞬间只能做一件事，所以程序的执行是按程序顺序依次完成相应各电器的动作，便成为时间上的顺序的工作方式。由于 CPU 运算速度极高，各继电器(软元件)的动作似乎是同时完成的，但实际输入/输出的响应是有滞后的。

1. PLC 的运行方式

当 PLC 处于运行模式时，PLC 要进行内部处理→通信处理→输入处理→程序执行→输出处理，然后按上述过程循环扫描工作。

在运行模式下，PLC 的工作方式是一个不断循环的顺序扫描工作方式。每一次扫描所用的时间称为扫描周期或工作周期。CPU 从第一条指令开始，按顺序逐条地执行用户程序直到用户程序结束，然后返回第一条指令开始新的一轮扫描。PLC 就是这样周而复始地重复上述循环扫描的。

PLC 通过反复执行反映控制要求的用户程序来实现控制功能，为了使 PLC 的输出及时地响应随时可能变化的输入信号，用户程序不是只执行一次，而是不断地重复执行，直至 PLC 停机或切换到 STOP 工作模式。PLC 的这种周而复始的循环工作方式称为扫描工作方式。

可编程序控制器的工作过程　PLC 的工作过程如图 3-20 所示。工作过程：主要分为内部处理、通信操作、输入处理、程序执行和输出处理几个阶段。

图 3-20　PLC 的工作过程

1）内部处理阶段：在此阶段，进行启动的初始化处理。CPU 进行的初始化工作包括 PLC 检查 CPU 模块的硬件是否正常，清除内部继电器区、复位监视定时器和检查 I/O 单元的连接等，以及完成一些其他内部工作。PLC 每扫描一次，执行一次自诊断检查，确定 PLC 自身的动作是否正常，如 CPU、电池电压、程序存储器、I/O、通信等是否异常或出错，如检查出异常时，CPU 面板上的 LED 及异常继电器会接通，在特殊寄存器中会存入出错代码。当出现致命错误时，CPU 被强制为 STOP 方式，所有的扫描停止。

2）通信操作阶段：在此阶段，PLC 与一些智能模块通信，响应编程器输入的命令，更新编程器的显示内容等。

3）输入处理阶段：在此阶段，PLC 以扫描方式依次地读入所有输入状态和数据，并将它们存入 I/O 映像区中的相应单元内。输入采样结束后，转入用户程序执行和输出刷新阶段。在这两个阶段中，即使输入状态和数据发生变化，I/O 映像区中的相应单元的状态和数据也不会改变。因此，如果输入是脉冲信号，则该脉冲信号的宽度必须大于一个扫描周期，才能保证在任何情况下，该输入均能被读入。

4）程序执行阶段：在此阶段，PLC 总是按由上而下的顺序依次地扫描用户程序（梯形图）。在扫描每一条梯形图时，又总是先扫描梯形图左边的由各触点构成的控制电路，并按先左后右、先上后下的顺序对由触点构成的控制电路进行逻辑运算，然后根据逻辑运算的结果，刷新该逻辑线圈在系统 RAM 存储区中对应位的状态；或者刷新该输出线圈在 I/O 映像区中对应位的状态；或者确定是否要执行该梯形图所规定的特殊功能指令。即在用户程序执行过程中，只有输入点在 I/O 映像区内的状态和数据不会发生变化，而其他输出点和软设备在 I/O 映像区或系统 RAM 存储区内的状态和数据都有可能发生变化，而且排在上面的梯形图，其程序执行结果会对排在下面的凡是用到这些线圈或数据的梯形图起作用。相反，排在下面的梯形图，其被刷新的逻辑线圈的状态或数据只能到下一个扫描周期才能对排在其上面的程序起作用。

5）输出处理阶段：当扫描用户程序结束后，PLC 就进入输出刷新阶段。在这一阶段里，CPU 将输出映像寄存器中的数据输出给数字量输出端点（写入输出锁存器），更新输出状态，并通过一定方式输出，驱动外部负载。然后 PLC 进入下一个循环周期，重新执行上述五个阶段，周而复始。如果程序中使用了中断，中断事件出现，立即执行中断程序，中断程序可以在扫描周期的任意点被执行。

2. 停止模式

当 PLC 处于停止模式时，PLC 只进行内部处理和通信服务等内容。

3. 可编程序控制器的中断处理

根据以上所述，外部信号的输入总是通过可编程序控制器扫描由"输入传送"来完成，这就不可避免地带来了"逻辑滞后"。PLC 能不能像计算机那样采用中断输入的方法，即当有中断申请信号输入后，系统会中断正在执行的程序而转去执行相关的中断子程序；系统若有多个中断源时，它们之间按重要性是否有一个先后顺序的排队；系统能否由程序设定允许中断或禁止中断等等。PLC 关于中断的概念及处理思路与一般微机系统基本是一样的，但也有特殊之处。

（1）响应问题　一般微机系统的 CPU，在执行每一条指令结束时去查询有无中断申请。而 PLC 对中断的响应则是在相关的程序块结束后查询有无中断申请和在执行用户程序时查询有无中断申请，如有中断申请，则转入执行中断服务程序。如果用户程序以块式结构组成，则在每块结束或实行块调用时处理中断。

（2）中断源先后顺序及中断嵌套问题　在 PLC 中，中断源的信息是通过输入点而进入系统的，PLC 扫描输入点是按输入点编号的先后顺序进行的，因此中断源的先后顺序只要按输入点编号的顺序排列即可。系统接到中断申请后，顺序扫描中断源，它可能只有一个中断源申请中断，也可能同时有多个中断源申请中断。系统在扫描中断源的过程中，就在存储器的一个特定区建立起"中断处理表"，按顺序存放中断信息，中断源被扫描过后，中断处理表亦已建立完毕，系统就按该表顺序先后转至相应的中断子程序入口地址去工作。

必须说明的是，多中断源可以有优先顺序，但无嵌套关系。即中断程序执行中，若有新的中断发生，不论新中断的优先顺序如何，都要等执行中的中断处理结束后，再进行新的中断处理。所以在 PLC 系统工作中，当转入下一个中断服务子程序时，并不自动关闭中断，所以也没有必要去开启中断。

（3）中断服务程序执行结果信息的输出问题　PLC 按巡回扫描方式工作，正常的输入/输出在扫描周期的一定阶段进行，这给外设希望及时响应带来了困难。采用中断输入，解决了对输入信号的高速响应。当中断申请被响应，在执行中断子程序后有关信息应当尽早送到相关外设，而不希望等到扫描周期的输出传送阶段，就是说对部分信息的输入或输出要与系统 CPU 的周期扫描脱离，可利用专门的硬件模块(如快速响应 I/O 模块)或通过软件利用专门指令使某些 I/O 立即执行来解决。

3.1.11　PLC 的性能指标

1. 存储容量

存储容量是指用户程序存储器的容量。用户程序存储器的容量大，可以编制出复杂的程序。一般来说，小型 PLC 的用户存储器容量为几千字，而大型机的用户存储器容量为几万字。

2. I/O 点数

输入/输出(I/O)点数是 PLC 可以接受的输入信号和输出信号的总和，是衡量 PLC 性能的重要指标。I/O 点数越多，外部可接的输入设备和输出设备就越多，控制规模就越大。

3. 扫描速度

扫描速度是指 PLC 执行用户程序的速度，是衡量 PLC 性能的重要指标。一般以扫描 1K 步用户程序所需的时间来衡量扫描速度，通常以 ms/(K 步) 为单位。PLC 用户手册一般给出执行各条指令所用的时间，可以通过比较各种 PLC 执行相同的操作所用的时间，来衡量扫描速度的快慢。

4. 指令的功能与数量

指令功能的强弱与数量的多少也是衡量 PLC 性能的重要指标。编程指令的功能越强、数量越多，PLC 的处理能力和控制能力也越强，用户编程也越简单和方便，越容易完成复杂的控制任务。

5. 内部元件的种类与数量

在编制 PLC 程序时，需要用到大量的内部元件来存放变量、中间结果、保持数据、定时计数、模块设置和各种标志位等信息。这些元件的种类与数量越多，表示 PLC 的存储和处理各种信息的能力越强。

6. 特殊功能单元

特殊功能单元种类的多少与功能的强弱是衡量 PLC 产品的一个重要指标。近年来各 PLC 厂商非常重视特殊功能单元的开发，特殊功能单元种类日益增多，功能越来越强，使 PLC 的控制功能日益扩大。

7. 可扩展能力

PLC 的可扩展能力包括 I/O 点数的扩展、存储容量的扩展、联网功能的扩展以及各种功能模块的扩展等。在选择 PLC 时，经常需要考虑 PLC 的可扩展能力。

3.1.12 PLC 的发展趋势

1. 向高速度、大容量方向发展

为了提高 PLC 的处理能力，要求 PLC 具有更好的响应速度和更大的存储容量。目前，有的 PLC 的扫描速度可达 0.1ms/K 步左右。PLC 的扫描速度已成为很重要的一个性能指标。

在存储容量方面，有的 PLC 最高可达几十兆字节。为了扩大存储容量，有的公司已使用了磁泡存储器或硬盘。

2. 向超大型、超小型两个方向发展

当前中小型 PLC 比较多，为了适应市场的多种需要，今后 PLC 要向多品种方向发展，特别是向超大型和超小型两个方向发展。现已有 I/O 点数达 14336 点的超大型 PLC，其使用 32 位微处理器，多 CPU 并行工作和大容量存储器，功能强。小型 PLC 由整体结构向小型模块化结构发展，使配置更加灵活，为了市场需要已开发了各种简易、经济的超小型 PLC，最小配置的 I/O 点数为 8 ~ 16 点，以适应单机及小型自动控制的需要，如三菱公司 α 系列 PLC。

3. PLC 大力开发智能模块，加强联网通信能力

为满足各种自动化控制系统的要求，近年来不断开发出许多功能模块，如高速计数模块、温度控制模块、远程 I/O 模块、通信和人机接口模块等。这些带 CPU 和存储器的智能 I/O 模块，既扩展了 PLC 功能，又使用灵活方便，扩大了 PLC 应用范围。

加强 PLC 联网通信的能力，是 PLC 技术进步的潮流。PLC 的联网通信有两类：一类是 PLC 之间联网通信，各 PLC 生产厂家都有自己的专有联网手段；另一类是 PLC 与计算机之间的联网通信，一般 PLC 都有专用通信模块与计算机通信。为了加强联网通信能力，PLC 生产厂家之间也在协商制订通用的通信标准，以构成更大的网络系统，PLC 已成为集散控制系统(DCS)不可缺少的重要组成部分。

4. 增强外部故障的检测与处理能力

根据统计资料表明：在 PLC 控制系统的故障中，CPU 占 5%，I/O 接口占 15%，输入设备占 45%，输出设备占 30%，线路占 5%。前两项共 20% 的故障属于 PLC 的内部故障，它可通过 PLC 本身的软、硬件实现检测、处理；而其余 80% 的故障属于 PLC 的外部故障。因此，PLC 生产厂家都致力于研制、发展用于检测外部故障的专用智能模块，进一步提高系统的可靠性。

5. 编程语言多样化

在 PLC 系统结构不断发展的同时，PLC 的编程语言也越来越丰富，功能也不断提高。除了大多数 PLC 使用的梯形图语言外，为了适应各种控制要求，出现了面向顺序控制的步进编程语言、面向过程控制的流程图语言、与计算机兼容的高级语言(BASIC、C 语言等)等。多种编程语言的并存、互补与发展是 PLC 进步的一种趋势。

3.1.13　S7-200 系列 PLC 数据存储区及元件功能

1. 输入继电器

输入继电器(I)用来接收外部传感器或开关元件发来的信号，其一般采用八进制编号，一个端子占用一个点。它有 4 种寻址方式，即可以按位、字节、字或双字来存取输入过程映像寄存器中的数据。输入继电器的表示格式见表 3-10。

表 3-10　输入继电器的表示格式

位	I0.0 ~ I0.7 … I15.0 ~ I15.7	128 点
字节	IB0、IB1、…、IB15	16 个
字	IW0、IW2、…、IW14	8 个
双字	ID0、ID4、ID8、ID12	4 个

(1) 位　位表示格式为：I[字节地址].[位地址]。如 I1.0 表示输入继电器第 1 个字节的第 0 位。

(2) 字节　如图 3-21 所示，字节表示格式为：IB[起始字节地址]。如 IB0 表示输入继电器第 0 个字节，共 8 位。

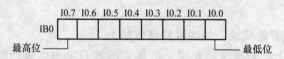

图 3-21　输入继电器字节

（3）字　如图 3-22 所示，字表示格式为：IW[起始字节地址]。例如 IW0 中 IB0 是高 8 位，IB1 是低 8 位。

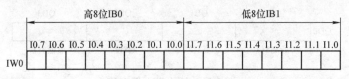

图 3-22　输入继电器字

（4）双字　如图 3-23 所示，双字表示格式为：ID[起始字节地址]。如 ID0 中 IB0 是最高 8 位，IB1 是高 8 位，IB2 是低 8 位，IB3 是最低 8 位，其表示格式如图 3-23 所示。

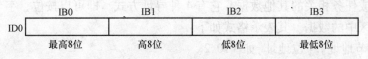

图 3-23　输入继电器双字

2. 输出继电器

输出继电器（Q）是用来将 PLC 的输出信号传递给负载，以驱动负载。输出继电器一般采用八进制编号，且一个端子占用一个点。它有 4 种寻址方式，即可以按位、字节、字或双字来存取输出过程映像寄存器中的数据。输出继电器的表示格式见表 3-11。

表 3-11　输出继电器的表示格式

位	Q0. 0 ~ Q0. 7 … Q15. 0 ~ Q15. 7	128 点
字节	QB0、QB1、…、QB15	16 个
字	QW0、QW2、…、QW14	8 个
双字	QD0、QD4、QD8、QD12	4 个

（1）位　位表示格式为：Q[字节地址].[位地址]。如 Q1.0 表示输出继电器第 1 个字节的第 0 位。

（2）字节　输出继电器字节表示格式如图 3-24 所示，如 QB0 表示输出继电器第 0 个字节，共 8 位。

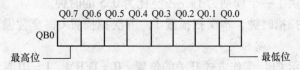

图 3-24　输出继电器字节

（3）字　输出继电器字表示格式如图 3-25 所示，如 QW0 中 QB0 是高 8 位，QB1 是低 8 位。

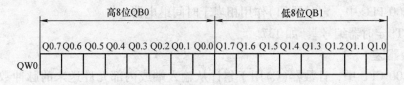

图 3-25　输出继电器字

(4) 双字　输出继电器双字表示格式如图 3-26 所示，如 QD0 中 QB0 是最高 8 位，QB1 是高 8 位，QB2 是低 8 位，QB3 是最低 8 位。

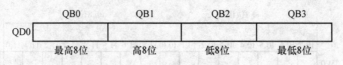

图 3-26　输出继电器双字

3. 变量存储区

用户可以用变量存储区(V)存储程序执行过程中控制逻辑操作的中间结果，也可以用它来保存与工序或任务相关的其他数据。它有 4 种寻址方式，即可以按位、字节、字或双字来存取变量存储区中的数据。其表示格式如下：

位：V[字节地址].[位地址]如 V10.2。

字节、字或双字：V[长度][起始字节地址]，如 VB 100，VW200，VD300。

4. 位存储区

在逻辑运算中通常需要一些存储中间操作信息的元件，它们并不直接驱动外部负载，只起中间状态的暂存作用，类似于继电器接触系统中的中间继电器。一般以位为单位使用。位存储区(M)有 4 种寻址方式，即可以按位、字节、字或双字来存取位存储器中的数据。其表示格式如下：

位：M[字节地址].[位地址]，如 M0.3。

字节、字或双字：M[长度][起始字节地址]，如 MB4，MW10，MD4。

特殊标志位存储器(SM)为用户提供一些特殊的控制功能及系统信息，用户对操作的一些特殊要求也要通过 SM 通知系统。特殊标志位分为只读区和可读可写区两部分。

只读区特殊标志位，用户只能使用其触点，如下所述。

SM0.0：RUN 监控，PLC 在 RUN 状态时，SM0.0 总为 1。

SM0.1：初始化脉冲，PLC 由 STOP 转为 RUN 时，SM0.1 接通一个扫描周期。

SM0.2：当 RAM 中保存的数据丢失时，SM0.2 接通一个扫描周期。

SM0.3：PLC 上电进入 RUN 状态时，SM0.3 接通一个扫描周期。

SM0.4：该位提供了一个周期为 1min，占空比为 0.5 的时钟。

SM0.5：该位提供了一个周期为 1s，占空比为 0.5 的时钟。

SM0.6：该位为扫描时钟，本次扫描置 1，下次扫描置 0，交替循环，可作为扫描计数器的输入。

SM0.7：该位指示 CPU 工作方式开关的位置，0 = TERM，1 = RUN。通常用来在 RUN 状态下启动自由口通信方式。

5. 定时器区

在 S7-200 PLC 中，定时器(T)作用相当于时间继电器。

格式：T[定时器编号]，如 T37。

6. 计数器区

在 S7-200 CPU 中，计数器(C)用于累计从输入端或内部元件送来的脉冲数。它有增计数器、减计数器及增/减计数器 3 种类型。

格式：即 C[计数器编号]，如 C0；

7. 高速计数器

高速计数器(HC)用于对频率高于扫描周期的外界信号进行计数，其使用 PLC 主机上的专用端子接收这些高速信号。

格式：HC[高速计数器号]，如 HC1。

8. 累加器

累加器(AC)是用来暂存数据的寄存器，可以与子程序之间传递参数，以及存储计算结果的中间值。S7-200 PLC 提供了 4 个 32 位累加器 AC0 ~ AC3。累加器可以按字节、字和双字的形式来存取累加器中的数值。

格式：AC[累加器号]，如 AC 1。

9. 顺序控制继电器存储区

顺序控制继电器(S)又称状态元件，以实现顺序控制和步进控制。状态元件是使用顺序控制继电器指令的重要元件，在 PLC 内为数字量。可以按位、字节、字或双字来存取状态元件存储区中的数据。其表示格式如下：

位：S[字节地址].[位地址]，如 S0.6。

字节、字或双字：S[长度][起始字节地址]，如 SB10，SW10，SD4。

10. 模拟量输入

S7-200 将模拟量值(如温度或电压)转换成 1 个字长(16 位)的数字量，可以用区域标识符(AI)、数据长度(W)及字节的起始地址来存取这些值。因为模拟输入量为 1 个字长，且从偶数位字节(如 0、2、4)开始，所以必须用偶数字节地址(如 AIW0、AIW2、AIW4)来存取这些值。模拟量输入值为只读数据，转换的实际精度是 12 位。

格式：AIW[起始字节地址]，如 AIW4。

11. 模拟量输出

S7-200 将 1 个字长(16 位)数字值按比例转换为电流或电压，可以用区域标识符(AQ)、数据长度(W)及字节的起始地址来改变这些值。因为模拟量为 1 个字长，且从偶数字节(如 0、2、4)开始，所以必须用偶数字节地址(如 AQW0、AQW2、AQW4)来改变这些值。模拟量输出值为只写数据。模拟量转换的实际精度是 12 位。

格式：AQW[起始字节地址]，如 AQW4。

3.1.14 STEP7-Micro/WIN4.0 编程软件的使用

1. 硬件连接

为了实现 PLC 与计算机之间的通信，西门子公司为用户提供了两种硬件连接方式：一种是通过 PC/PPI 电缆直接连接；另一种是通过带有 MPI 电缆的通信处理器连接。

典型的单主机与 PLC 直接连接如图 3-27 所示，它不需要其他的硬件设备，方法是把 PC/PPI 电缆的 PC 端连接到计算机的 RS-232 通信口(一般是 COM1)，而把 PC/PPI 电缆的 PPI 端连接到 PLC 的

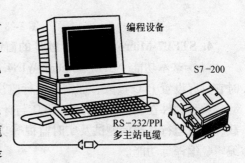

图 3-27 单主机与 PLC 直接连接

RS-485 通信口即可。

2. 软件的安装

（1）系统要求　STEP7-Micro/WIN4.0 软件安装包是基于 WINdows 的应用软件，4.0 版本的软件安装与运行需要 WINdows2000/SP3 或 WINdowsXP 的操作系统。

（2）软件安装　STEP7-Micro/WIN4.0 软件的安装方法很简单，将光盘插入光盘驱动器，系统就会自动进入安装向导(或在光盘目录里双击 Setup，则进入安装向导)，按照安装向导完成软件的安装。软件程序安装路径可使用默认子目录，也可以使用单击"浏览"按钮弹出的对话框中的任意选择或新建一个子目录。

3. 软件的中文环境的设定

首次运行 STEP7-Micro/WIN4.0 软件时，系统默认语言为英语，但可根据需要修改编程语言。如将英语改为中文，其具体操作如下：运行 STEP7-Micro/WIN4.0 编程软件，在主界面单击 Tools→Options→General 选项，然后在弹出的对话框中选择 Chinese，按照图 3-28、图 3-29 和图 3-30 所示对话框进行操作，即可将 English 改为中文。

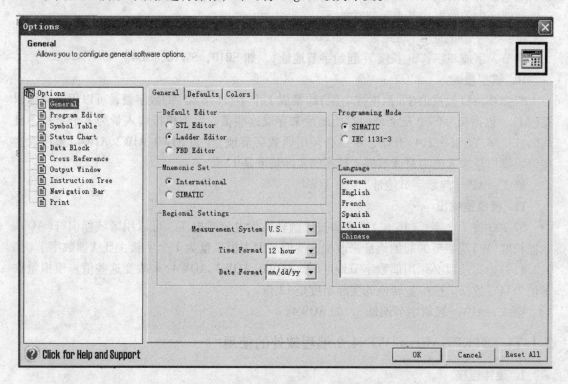

图 3-28　设置所需要的语言

4. STEP7-Micro/WIN4.0 软件的窗口组件介绍

（1）基本功能　STEP7-Micro/WIN4.0 的基本功能是协助用户完成应用程序的开发，同时它具有设置 PLC 参数、加密和运行监视等功能。

编程软件在联机工作方式(PLC 与计算机相连)时可以实现用户程序的输入、编辑、上载、下载运行、通信测试及实时监视等功能。在离线条件下，也可以实现用户程序的输入、编辑、编译等功能。

（2）主界面　启动 STEP7-Micro/WIN4.0 编程软件，其主要界面外观如图 3-31 所示，菜

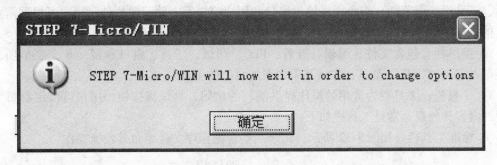

图 3-29 确认改变选项界面

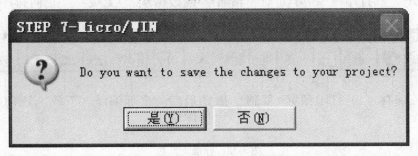

图 3-30 保存项目界面

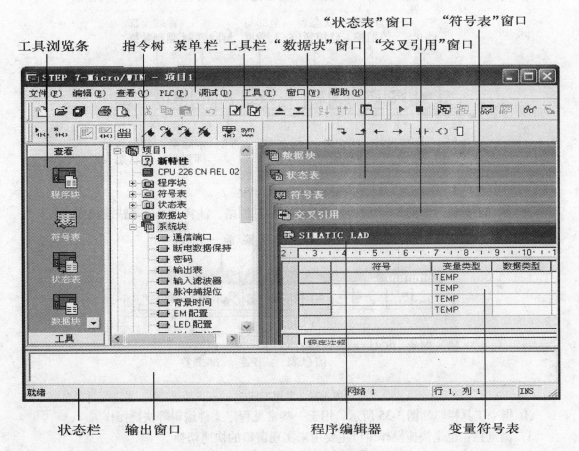

图 3-31 STEP7-Micro/WIN4.0 软件界面

单栏、工具栏、浏览栏、指令树、输出窗口和用户窗口等。除菜单栏外,用户可根据需要决定其他窗口的取舍和样式的设置。主界面一般可分为以下 6 个区域:

1)菜单栏:包含文件、编辑、查看、PLC、调试、工具、窗口和帮助 8 个菜单项,用户还可以定制"工具"菜单,在该菜单中增加自己的工具。

2)工具栏:工具栏为常用的操作提供便利的访问,是快捷按钮。用户可以定制每个工具栏的内容和外观。常见工具栏如下:

① 标准工具栏。如图 3-32 所示,用于一些常见程序文件编辑等快捷操作。

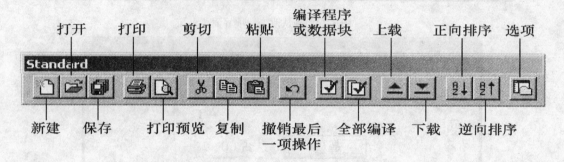

图 3-32 标准工具栏

② 调试工具栏。如图 3-33 所示,用于一些常见 PLC 程序运行及调试等快捷操作。

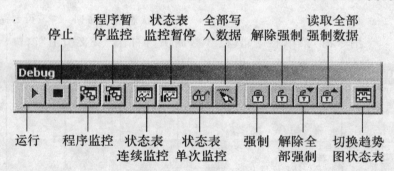

图 3-33 调试工具栏

③ 常用工具栏。如图 3-34 所示,用于一些常见网络、注释、书签等快捷操作。

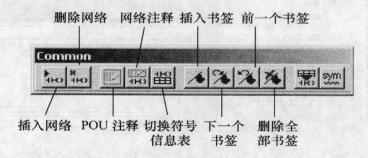

图 3-34 常用工具栏

④ 指令工具栏。如图 3-35 所示,用于一些常见程序文件编辑等快捷操作。

3)浏览栏:也是快捷操作窗口主要用来实现窗口的快速切换。

4)指令树:指令树提供所有项目对象和为当前程序编辑器(LAD、FBD 或 STL)提供所有指令的树形视图。指令树中各项目分支用于组织程序项目。

5）用户窗口：可同时或分别打开图中的 5 个用户窗口，用户窗口包括：交叉引用、数据块、状态表、符号表、程序编辑器和变量符号表。

① 可借助"交叉引用"（Cross Reference，也称交叉参考）窗口检视程序的交叉引用和组件使用信息。

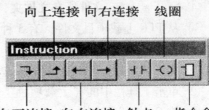

图 3-35　指令工具栏

② 可借助"数据块"窗口显示和编辑数据块内容。

③ 可借助"状态表"窗口允许将程序的输入、输出结果或变量置入图表中，以便追踪其状态。可以建立多个状态图，以便从程序的不同部分检视组件。每个状态图在"状态表"窗口中都有自己的标签。

④ "符号表"（全局变量表）窗口允许分配和编辑全局符号（即可在任何 POU 中使用的符号值，不只是建立符号的 POU）。可以建立多个符号表。可在项目中增加一个 S7-200 系统符号预定义表。

⑤ 程序编辑器包含用于该项目的编辑器（LAD、FBD 或 STL）的局部变量表和程序视图。如果需要，拖动分割条，扩展程序视图，并覆盖变量符号表。若在主程序一节（OB1）之外，建立子程序或中断例行程序时，标记出现在程序编辑器窗口的底部。可单击该标记，在子程序、中断和 OB1 之间移动。

⑥ 变量符号表包含读者对局部变量所作的赋值（即子程序和中断例行程序使用的变量）。在变量符号表中建立的变量使用暂时内存，地址赋值由系统处理，并且变量的使用仅限于建立此变量的 POU。

6）输出窗口：编译程序时提供信息。当输出窗口列出程序的错误信息时，双击错误信息，会在程序编辑器中显示适当的网络。

5. STEP7-Micro/WIN4.0 编程软件的应用

（1）创建、打开及上载工程文件　用 STEP 7-Micro/WIN4.0 软件创建的工程文件的扩展名为 mwp。生成一个工程文件的方法有 3 种：新建一个项目文件、打开已有的项目文件和从 PLC 上载项目文件。

1）新建一个项目文件　有 3 种方法创建一个新项目：

① 选择"文件"→"新建"菜单命令。

② 单击标准工具栏中的"新建"按钮。

③ 按 Ctrl + N 组合键。

每个 STEP7-Micro/WIN4.0 只能打开一个项目。如果需要同时打开两个项目，必须运行两个 STEP7-Micro/WIN4.0 软件，此时可在两个项目之间复制和粘贴 LAD/FBD 程序元素和 STL 文本。

2）打开已有的项目文件。打开现有项目的方法有 4 种：

① 选择"文件"→"打开"菜单命令。

② 单击标准工具栏中的"打开"按钮。

③ 按 Ctrl + O 组合键。

④ 打开 *.wmp 文件所在文件夹,双击该 wmp 文件。

3) 从 PLC 上载项目文件。有 3 种方法从 PLC 上载项目文件到 STEP 7-Micro/WIN4.0 程序编辑器:

① 选择"文件"→"上载"菜单命令。

② 单击工具栏中的"上载项目"按钮。

③ 按 Ctrl + U 组合键。

(2) 选择 CPU 类型的两种方法 所使用的 PLC 要求与主界画画面显示的 PLC 类型一致。若不同,用鼠标右键单击中文界面的项目 1 处,如图 3-36 所示。

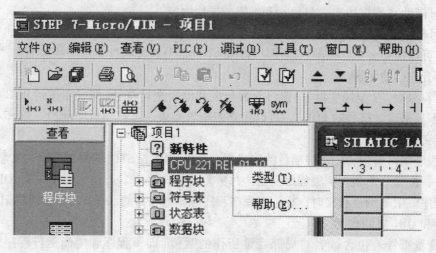

图 3-36 选择 PLC 类型

弹出"类型(T)"菜单。再单击"类型(T)"菜单,会出现图 3-37 所示的类型选择界面。

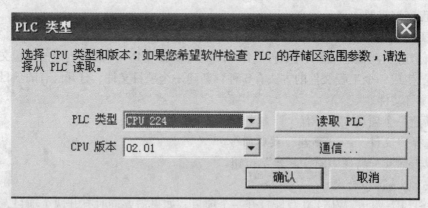

图 3-37 PLC 类型选择界面

选择方法一:打开 PLC 类型下拉列表框,可以看到所有的 S7-200 的类型。找到所使用的 CPU(如 CPU226),单击"确认"按钮即可。

选择方法二:单击"读取 PLC"按钮,由编程软件自动确认 CPU 的类型。如果 PLC 与计算机连接正确、通信参数设置无误,PLC 类型会显示在图 3-37 所示的画面中。若不能正常通信,会出现"通信超时。请检查端口号码、网络地址、波特率和连接的电缆"的警告对话框。应重新检查串口地址号、参数设置是否正确或编程电缆是否完好。当确认通信无误后再一次选择 CPU 类型。

(3) 程序编写 以图 3-38 所示的梯形图为例介绍程序的输入操作。运行 STEP 7-Micro/WIN4.0 即建立一个默认项目名称为"项目 1"的项目。或者利用前面的方法新建、打开项目亦可。利用程序编辑器窗口进行编程操作。

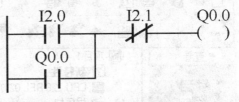

图 3-38 起/停控制梯形图

1) 输入程序。在 LAD(梯形图)编辑器中有 4 种输入程序指令的方法：鼠标拖放、鼠标双击、工具栏按钮或特殊功能键(如 F4、F6、F9 等)。

① 使用鼠标双击输入程序的方法：

a) 在程序编辑窗口选择指令的位置，如图 3-39 所示。

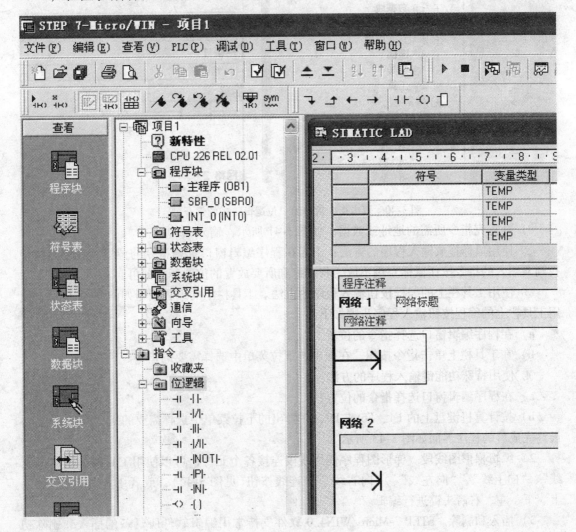

图 3-39 选择指令的位置

b) 在指令树中找到要输入的指令双击则将其添加在所指定的位置上，如图 3-40 所示，双击指令树中的"位逻辑"中的常开触点。

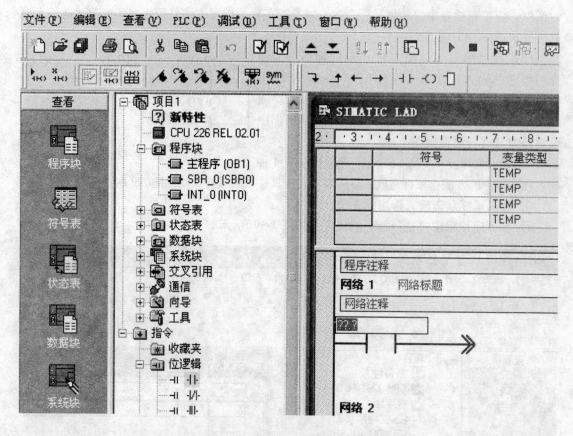

图 3-40 双击指令树中的"位逻辑"中的常开触点

c)补充完指令所需的地址或数据,如图 3-41 所示,输入 I2.0。

② 使用鼠标拖放输入程序的方法:不需在程序编辑窗口选择指令的位置,在指令树中找到要输入的指令按住鼠标左键不放,将其拖到所要放置的位置释放即可。

③ 使用工具栏上的编程按钮输入程序的方法。工具栏上的编程按钮如图 3-42 所示。使用工具栏上的编程按钮输入程序步骤如下:

a)在程序编辑窗口选择指令的位置。

b)在工具栏上单击指令按钮,在弹出的下拉菜单中选择需要的指令。

④ 使用特殊功能键输入程序的方法。

a)在程序编辑窗口选择指令的位置;

b)按计算机键盘上的 F4、F6 或 F9,在弹出的下拉菜单中选择需要的指令。

最终完成后的程序界面如图 3-43 所示。

2)编辑梯形图线段。梯形图程序使用线段连接各个元件,可以使用工具栏上的"向下线"、"向上线"、"向左线"、"向右线"等连线按钮(见图 3-42),或者用键盘上的 Ctrl + 上、下、左、右箭头键进行编辑。

3)插入和删除。STEP 7-Micro/WIN4.0 软件支持常用编辑软件所具备的插入和删除功能。通过键盘或者菜单命令可以方便地插入和删除一行、一列、一个网络、一个子程序或者中断程序。在编辑区右键单击要进行操作的位置,在弹出的快捷菜单中选择"插入"或"删除"选项,在弹出的子菜单中单击要插入或删除的项即可。子菜单中的"竖直"用来插

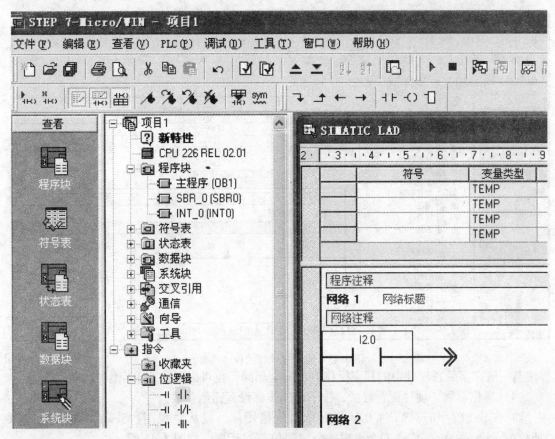

图 3-41　补充指令所需的地址或数据

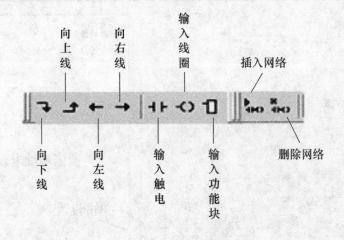

图 3-42　编程按钮

入和删除垂直的并联线段。可以用"编辑"菜单中的命令进行以上相同的操作。按键盘上的 Delete 键可以删除光标所在位置的元件。

　　4）程序块操作。在编辑器左母线左侧用鼠标单击，可以选中整个程序块。按住鼠标左键拖动，可以选中多个程序块。对选中的程序块可以进行剪切、删除、复制和粘贴等操作，

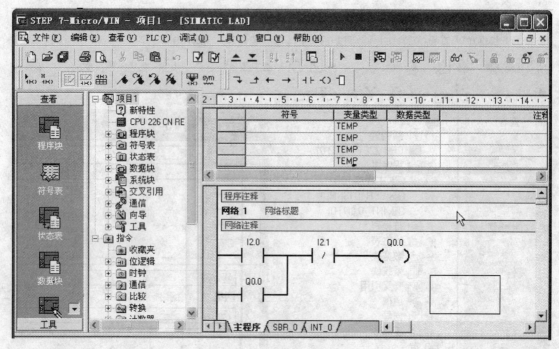

图 3-43 输入完成后的程序界面

方法与一般文字处理软件中的相应操作方法完全相同，也可以通过菜单操作。

（4）通信设置 硬件设置好后，按下面的步骤设置通信参数。

1）在 STEP7-Micro/WIN4.0 运行时单击通信图标，或从"视图（View）"菜单中选择"通信（Communications）"，则会出现一个"通信"对话框，如图 3-44 所示。

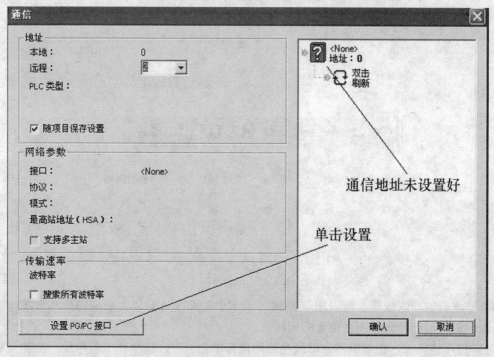

图 3-44 "通信"对话框

2）对话框中单击"PG/PC 接口"图标，将出现"设置通信器件"对话框，如图 3-45 所示。

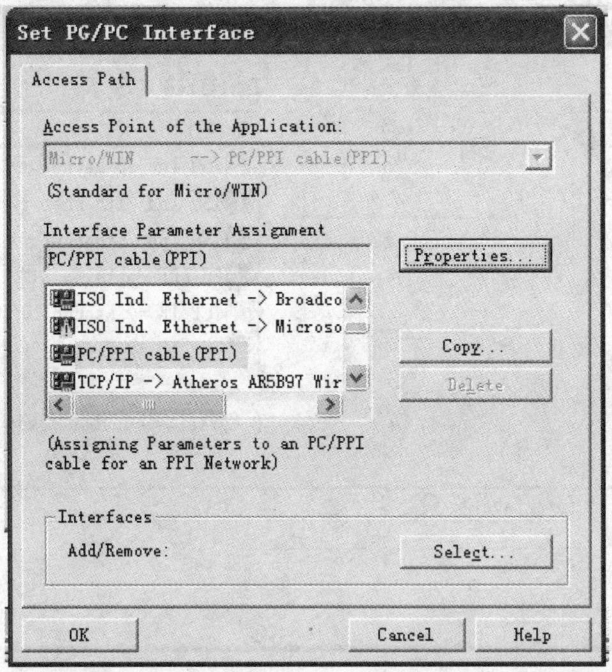

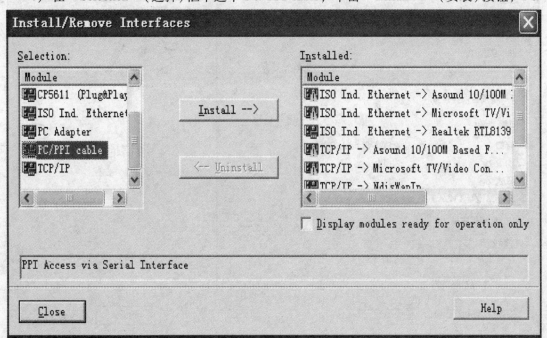

图 3-45　"设置通信器件"对话框

3）单击"Select..."（选择）按钮，将打开"Install/Remove Interfaces"（安装/删除通信器件）对话框，如图 3-46 所示。

4）在"Selection"（选择）框中选中 PC/PPI cable，单击"Install→"（安装）按钮，PC/

图 3-46　"安装/删除通信器件"对话框

PPI cable 将出现在右侧已安装框内，如图 3-47 所示。

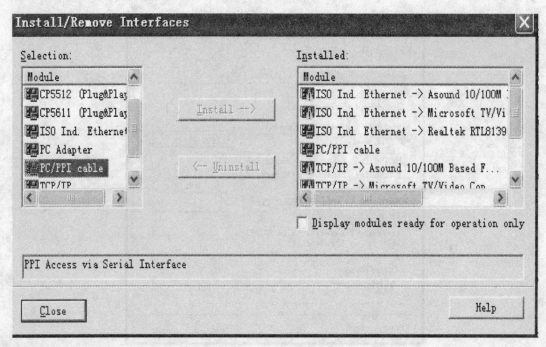

图 3-47 已安装 PC/PPI cable(通信电缆)

5）单击 "Close" 按钮，再单击 "OK" 按钮，显示通信地址已设置好，如图 3-48 所示。

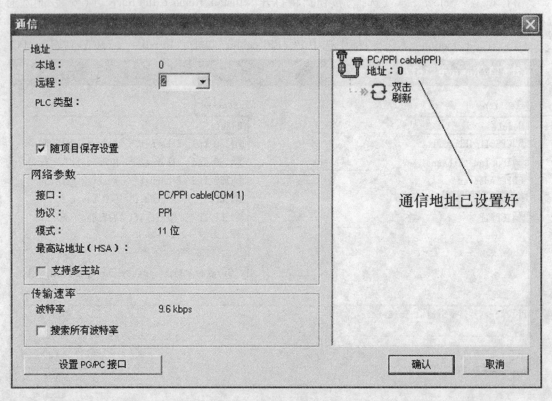

图 3-48 已设置好通信地址

6）单击图 3-49 中的"属性（Properties）"按钮，将出现图 3-49 PC/PPI 性能设置对话框，检查各参数的属性是否正确，初学者可以使用默认的通信参数，在 PC/PPI 性能设置的窗口中单击"默认（Default）"按钮，可获得默认的参数。默认站地址为 2，波特率为 9600bit/s。

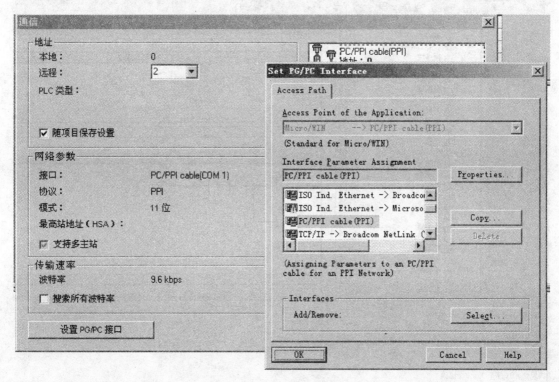

图 3-49 PC/PPI 性能设置对话框

（5）建立在线连接 在前几步顺利完成后，可以建立与 S7-200 CPU 的在线联系，步骤如下：

1）在 STEP7-Micro/WIN4.0 运行时单击通信图标，或从"视图（View）"菜单中选择"通信（Communications）"，出现一个通信建立结果对话框，显示是否连接了 CPU 主机。

2）双击对话框中的刷新图标，STEP7-Micro/WIN4.0 编程软件将检查所连接的所有 S7-200CPU 站。

3）双击要进行通信的站，在通信建立对话框中，可以显示所选的通信参数。

（6）程序编译和下载 在 STEP 7-Micro/WIN4.0 中编辑的程序必须编译成 S7-200 CPU 能识别的机器指令，才能下载到 S7-200 CPU 内运行。

选择"PLC"→"编译"或"全部编译"菜单命令，或者单击工具栏 ☒ 或 ☒ 按钮来执行编译功能。编译命令：编译当前所在的程序窗口或数据块窗口。全部编译命令：编译项目文件中所有可编译的内容。

执行编译后，在信息输出窗口会显示相关的结果。图 3-50 所示为图 3-38 所示程序执行全部编译命令后的编译结果，编译结果没有错误。信息输出窗口会显示程序块和数据块的大小以及编译中发现的错误。如果将 Q0.0 改为 Q80.0，重新编译结果如图 3-51 所示，显示程序块中有 1 个错误, 并给出错误所在网络、行、列、错误代码及描述。

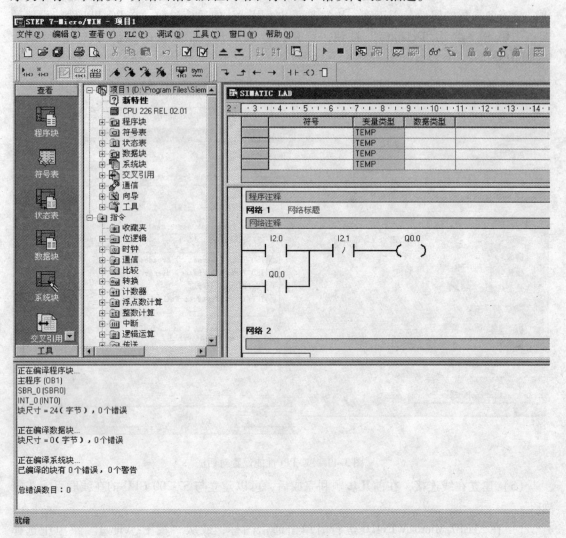

图 3-50 编译成功的例子

如果计算机与 PLC 建立通信连接, 且程序编译无误后, 可以将它下载到 PLC 中。下载必须在 STOP 模式下进行。下载时 CPU 可以自动切换到 STOP 模式。STEP 7-Micro/WIN4.0中设置的 CPU 型号必须与实际的型号相符, 如果不相符, 将出现警告信息, 应修改 CPU 的型号后再下载。下载操作会自动执行编译命令。

选择 "文件" → "下载" 菜单命令, 或者单击工具栏 ⤓ 按钮, 在出现的下载对话框中, 选择要下载的程序块、数据块和系统块等。单击下载按钮, 开始下载。

下载是从计算机将程序块、数据块或系统块装载到 PLC 上, 上载则反之, 并且符号表或状态表不能上载。

(7) 程序调试及运行监控 在运行 STEP 7-Micro/WIN 4.0 的计算机和 PLC 之间建立通信并向 PLC 下载程序后, 用户可以利用软件提供的调试和监控工具, 直接调试并监视程序的运行, 给用户程序的开发和设计提供了很大的方便。

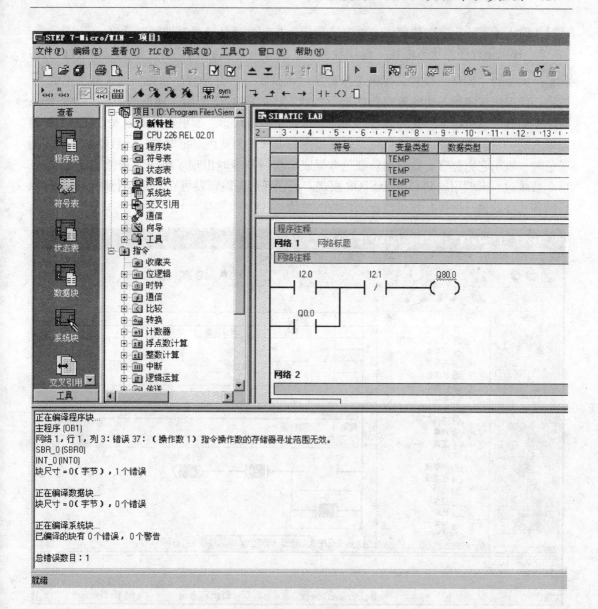

图 3-51　编译有错误的例子

1）有限次数扫描。可以指定 PLC 对程序执行有限次数扫描（从 1～65535 次）。通过选择 PLC 运行的扫描次数，可以在程序改变进程变量时对其进行监控。第一次扫描时，SM0.1 数值为 1。有限次数扫描时，PLC 须处于停止（STOP）模式。当准备好恢复正常程序操作时，务必将 PLC 切换回运行（RUN）模式。

① 执行单次扫描：

a）PLC 必须位于停止模式。如果不是已经位于停止模式，应将 PLC 转换成停止模式。

b）从菜单条选择"调试"→"首次扫描"。

② 执行多次扫描：

a）PLC 须位于停止模式。如果不是已经位于停止模式，应将 PLC 转换成停止模式。

b）若想执行多次扫描，从菜单栏选择"调试"→"多次扫描"。出现"执行扫描"对话框，输入所需的扫描次数数值，单击"确定"按钮，确认选择并取消对话框。

2）梯形图程序的状态监视。程序经编辑、编译并下载到 PLC 后，将 S7-200 CPU 上的状态开关拨到"RUN"位置，单击菜单命令"调试"→"开始程序状态"或工具栏上的 ![] 按钮，可以用程序状态功能监视程序运行的状况。如图 3-52 所示，梯形图中各元件的状态将用不同颜色显示出来。变为蓝色的元件表示处于接通状态。如果有能流流入方框指令的使能输入端，且该指令被成功执行时，方框指令的方框变为蓝色。定时器、计数器的方框变为绿色时，表示它们包含有效数据。红色方框表示执行指令时出现了错误。灰色表示无能流、指令被跳过、未调用或 PLC 处于 STOP 模式。利用梯形图编辑器可在 PLC 运行时监视程序执行后各元件的执行结果，并可监视操作数的数值。

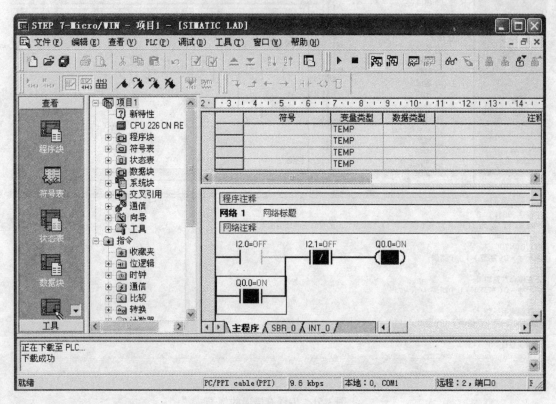

图 3-52　梯形图程序的状态监视

如果 S7-200 PLC 上的状态开关处于 RUN 或 TERM 位置，还可以在 STEP 7-Micro/WIN4.0 软件中使用菜单命令"PLC"→"运行"和"PLC"→"停止"，或者工具栏上的 ▶ 和 ■ 按钮改变 CPU 的运行状态。

3）状态表监视。状态表监视不能监视常数、累加器和局部变量的状态。可以按位或者按字两种形式来监视定时器和计数器的值。按位监视的是定时器和计数器的状态位，按字则显示定时器和计数器的当前值。

在浏览条窗口中单击"状态表"![] 图标，可以打开状态表监控窗口。在状态表监控窗口的"地址"和"格式"列中分别输入要监视的变量的地址和数据类型。状态监视如图 3-53 所示。

如果状态图已经打开，想要停止状态表监控，使用菜单命令"调试"→"停止状态表监控"，或单击工具栏状态表监控按钮 ⊠，可以关闭状态表。

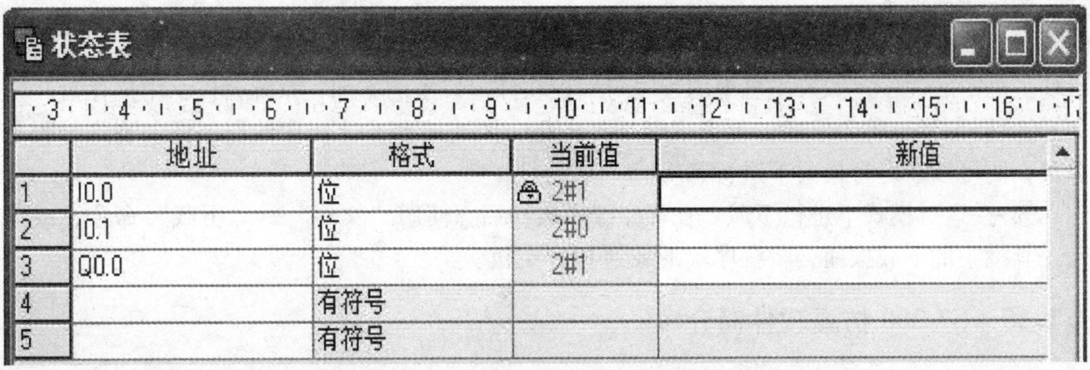

	地址	格式	当前值	新值
1	I0.0	位	🔒 2#1	
2	I0.1	位	2#0	
3	Q0.0	位	2#1	
4		有符号		
5		有符号		

图 3-53   梯形图程序的状态监视

4）强制功能。S7-200 提供了强制功能以方便程序调试工作（例如在现场不具备某些外部条件的情况下模拟工艺状态）。用户可以对所有的数字量 I/O 以及 16 个内部存储器数据 V、M 或模拟量 I/O 进行强制设置。

显示状态表并且使其处于监控状态，在"新值"列中写入希望强制成的数据，然后单击工具栏按钮 🔒，或者使用菜单命令"调试"→"强制"来强制设置数据。一旦使用了强制功能，则在每次扫描时该数值均被重新应用于地址（强制值具有最高的优先级），直至取消强制设置。

如果希望取消单个强制设置，打开状态表窗口，在"当前值"列中单击并选中该值，然后单击工具栏中的取消强制按钮 🔓，或使用菜单命令"调试"→"取消强制"来取消强制设置。

如果希望取消所有的强制设置，打开状态表窗口，单击工具栏中的全部取消强制按钮 🔓，或者使用菜单命令"调试"→"全部取消强制"来取消所有强制设置。

打开状态表窗口，单击工具栏中的"读取全部强制"按钮 🔒，或者使用菜单命令"调试"→"读取全部强制"，状态图的"当前值"列会为所有被强制的地址显示强制符号，共有三种强制符号：明确强制、隐含强制或部分隐含强制。

5）状态趋势图。STEP7-Micro/WIN4.0 提供两种 PLC 变量在线查看方式：状态表形式和状态趋势图形式。后者的图形化的监控方式使用户更容易观察变量的变化关系，能更加直观地观察数字量信号变化的逻辑时序，或者模拟量信号的变化趋势。

在状态表窗口中，使用菜单命令"查看"→"查看趋势图"，或按工具栏中的趋势视图按钮 ⊠，可以在状态表形式和状态趋势图形式之间切换。或者在当前显示的状态表窗口中单击鼠标右键，在弹出的下拉菜单中选择"查看趋势图"。

状态趋势图对变量的反应速度取决于计算机和 PLC 的通信速度以及图示的时间基准，在趋势图中单击鼠标右键可以选择图形更新的速率。

6）运行模式下的程序编辑。在运行（RUN）模式下编辑程序，可在对控制过程影响较小的情况下，对用户程序做少量的修改。修改后的程序下载时，将立即影响系统的控制运行，所以使用时应特别注意,确保安全。可进行这种操作的 PLC 有 CPU224、CPU226 和 CPU226XM 等。

操作步骤如下:

① 使用菜单命令"调试"→"运行"中的"程序编辑",因为 RUN 模式下只能编辑 PLC 主机中的程序,如果主机中的程序与编程软件窗口中的不同,系统会提示用户存盘。

② 屏幕弹出警告信息。单击"继续"按钮,所连接 PLC 主机中的程序将上装到编程主窗口,便可以在运行模式下进行编辑。

③ 在运行模式下进行下载。在程序编译成功后,使用"文件"→"下载"命令,或单击工具栏中的下载按钮,将程序块下载到 PLC 主机。

3.1.15　S7-200 仿真软件简介

在没有任何硬件的情况下,PLC 仿真软件可以用来观察程序运行的结果正确与否,以便及时修正错误。使用 PLC 仿真软件可以大大节约成本和提高学习效果。现在介绍的是英文版 S7-200PLC 仿真软件(V2.0),原版为西班牙语。启动仿真软件后出现的界面如图 3-54 所示,输入密码无误后,单击"OK"按钮,就进入到仿真软件了。

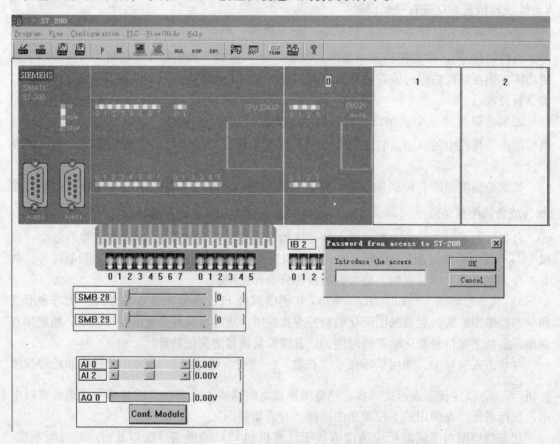

图 3-54　S7-200 仿真软件启动界面

S7-200 仿真软件可以仿真大量的 S7-200 指令(支持常用的位触点指令、定时器指令、计数器指令、比较指令、逻辑运算指令和大部分的算术运算指令等,但部分指令如顺序控制指令、循环指令、高速计数器指令和通信指令等尚无法支持。仿真程序提供了数字信号输入开关、模拟电位器和 LED 输出显示,仿真程序同时还支持对 TD-200 文本显示器的仿真,在实验条件尚不具备的情况下,完全可以作为学习 S7-200 PLC 的一个辅助工具。

1. S7-200 仿真软件界面介绍

S7-200 仿真软件的界面如图 3-55 所示,和所有基于 WINdows 的软件一样,该仿真软件最上方是菜单,S7-200 仿真软件的所有功能都有对应的菜单命令;在工具栏中列出了部分常用的命令(如 PLC 程序加载,启动程序,停止程序、AWL、KOP、DB1 和状态观察窗口等)。

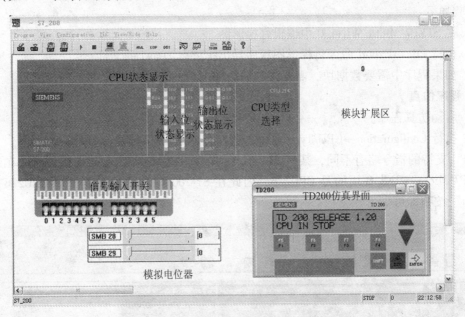

图 3-55　S7-200 仿真软件的界面

2. 常用菜单命令介绍

1)　Program | Load Program:加载仿真程序(仿真程序梯形图必须为 awl 文件,数据块必须为 dbl 或 txt 文件)。

2)　Program | Paste Program(OB1):粘贴梯形图程序。

3)　Program | Paste Program(DB1):粘贴数据块。

4)　View | Program AWL:查看仿真程序(语句表形式)。

5)　View | Program KOP:查看仿真程序(梯形图形式)。

6)　View | Data (DB1):查看数据块。

7)　View | State Table:启用状态观察窗口。

8)　View | TD200:启用 TD200 仿真。

9)　Configuration | CPU Type:设置 CPU 类型。

3. 界面的介绍

1)　输入位状态显示:对应的输入端子为 1 时,相应的 LED 变为绿色。

2)　输出位状态显示:对应的输出端子为 1 时,相应的 LED 变为绿色。

3)　CPU 类型选择:单击该区域可以选择仿真所用的 CPU 类型。

4)　模块扩展区:在空白区域单击,可以加载数字和模拟 I/O 模块。

5）信号输入开关：用于提供仿真需要的外部数字量输入信号。

6）模拟电位器：用于提供 0 ~ 255 连续变化的数字信号。

7）TD200 仿真界面：仿真 TD200 文本显示器(该版本 TD200 只具有文本显示功能,不支持数据编辑功能)。

4. 仿真的准备工作

S7-200 仿真软件不提供源程序的编辑功能,因此必须和 STEP7 Micro/WIN4.0 程序编辑软件配合使用,即在 STEP7 Micro/WIN4.0 中编辑好源程序后,然后加载到仿真程序中执行。具体步骤如下:

1）在 STEP7 Micro/WIN4.0 中编辑好梯形图。

2）执行 File→Export 命令将梯形图程序导出扩展名为 awl 的文件。

3）如果程序中需要数据块,需要将数据块导出为 txt 文件。

5. 程序仿真

1）启动仿真程序。

2）执行 Configuration→CPU Type 命令,选择合适的 CPU 类型,如图 3-56 所示。不同类型的 CPU 支持的指令略有不同,某些 214 不支持的仿真指令 226 可能支持,前面在编程软件 STEP7 Micro/WIN4.0 用的是 CPU226,因此在 S7-200 仿真软件中也选取 CPU226,单击"Accept"按钮即可。

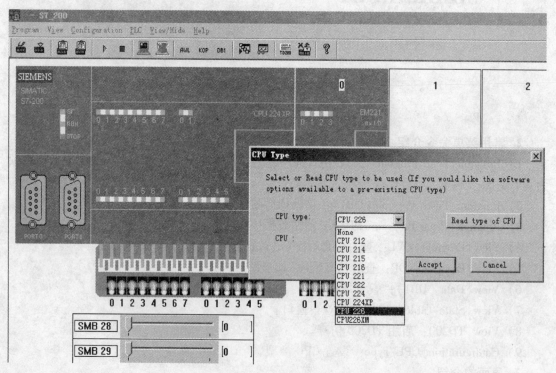

图 3-56　CPU 类型的选择

3）模块扩展(不需要模块扩展的程序该步骤可以省略)。在模块扩展区的空白处单击,弹出模块组态窗口,如图 3-57 所示。在窗口中列出了可以在 S7-200 仿真软件中扩展的模块。选择需要扩展的模块类型后,单击"Accept"按钮即可。不同类型 CPU 可扩展的模块数量是不同的，每一处空白只能添加一种模块。

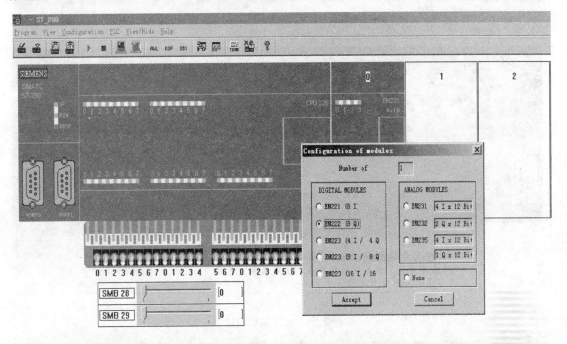

图 3-57　模块组态窗口

扩展模块后的 S7-200 仿真软件界面如图 3-58 所示。

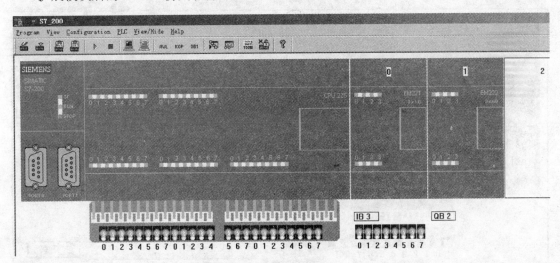

图 3-58　扩展模块后的仿真界面

4）程序加载。执行仿真软件的 Program→Load Program 命令，或者单击导入程序图标"📥"也可以打开加载梯形图程序窗口，如图 3-59 所示，可以选择 Logic Block（梯形图程序），单击"Accept"按钮，从文件列表框分别选择 awl 文件，如图 3-60 所示，单击打开。出现的程序仿真界面如图 3-61 所示。加载成功后，在仿真软件中的 AWL、KOP 和 DB1 观察窗口中就可以分别观察到加载的语句表程序、梯形图程序和数据块。

5）程序仿真运行。执行 PLC→RUN 命令，或者单击 PLC 运行快捷图标"▷"也可

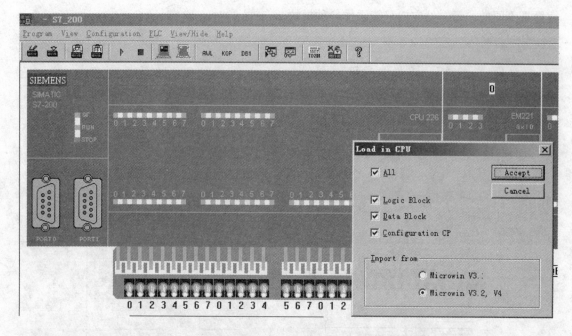

图 3-59　程序加载窗口

图 3-60　梯形图文件选择

以，如图 3-62 所示，再在 RUN 对话框单击"是"按钮就会出现 PLC 程序仿真运行模式已启动的界面("RUN"指示灯点亮)如图 3-63 所示。

　　6) 程序仿真及状态监控。单击程序状态监视图标，可以监控程序的运行及状态情

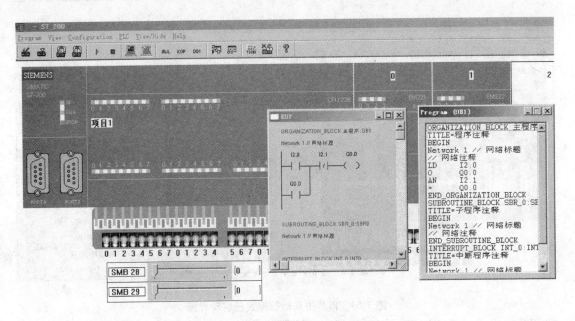

图 3-61　程序仿真界面

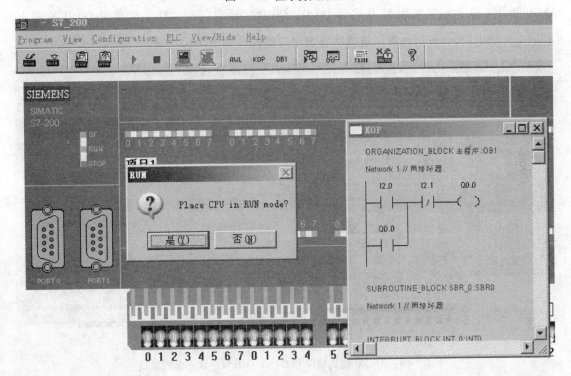

图 3-62　程序仿真运行启动界面

况，如图 3-64 所示，单击触点 "I2.0"，对应仿真开关向上合上，相应的 PLC 输入点 "I2.0" 指示灯亮，同时输出点 "Q0.0" 输出，相应 "Q0.0" 输出指示灯亮。再次单击触点 "I2.0"，对应仿真开关向下动作，PLC 的输入点 "I2.0" 断开，相应 "I2.0" 输入指示灯熄灭，输出点 "Q0.0" 继续保持点亮。单击触点 "I2.1"，对应仿真开关向上合上，相应

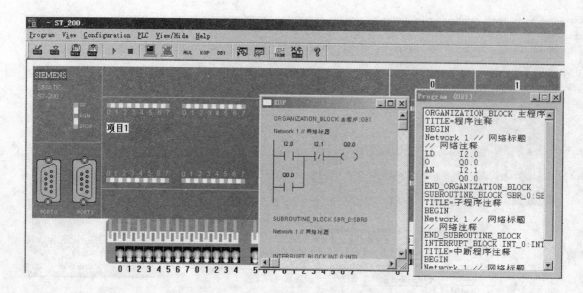

图 3-63　PLC 仿真运行模式已启动界面

的 PLC 输入点"I2.1"指示灯亮,相应梯形图中常闭触头"I2.1"动作,实现 PLC 输出 Q0.0 断开。以上程序实现 I2.0 启动 Q0.0,Q0.0 实现自保持,I2.1 实现对 Q0.0 的停止。

利用工具栏中的 按钮还可以进行状态表窗口监控,如图 3-65 所示。

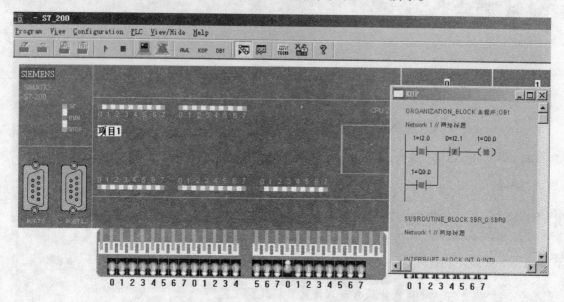

图 3-64　S7-200 仿真软件 PLC 的 I/O 及程序状态监控窗口

在"Address"栏中,可以添加需要观察的编程元件的地址,在"Format"栏中选择数据显示模式。单击窗口中的"Start"按钮后,在"Value"栏中可以观察按照指定格式显示的指定编程元件当前数值。在程序执行过程中,如果编程元件的数据发生变化,"Value"栏中的数值将随之改变。利用状态观察窗口可以非常方便地监控程序的执行情况。

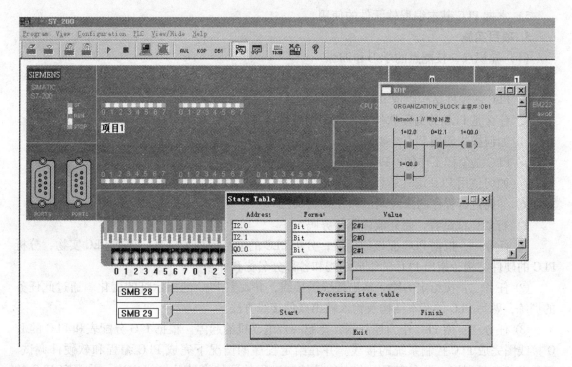

图 3-65　状态表观察窗口

3.2　实训项目

3.2.1　项目 1　电动机正反转的 PLC 控制

1. 项目任务

按下正转起动按钮，电动机正转运行；按下反转起动按钮，电动机反转运行；按下停止信号，无论电动机正转还是反转，按下停止按钮，电动机停止运行。即电动机的控制能实现正反停。

2. 项目技能点和知识点

（1）技能点

1）能够正确识别 PLC 的硬件结构。

2）能够实现电动机主电路和 PLC 控制电路的接线。

3）能够实现 PLC 软件的编程和调试。

4）能够实现电动机 PLC 控制系统的在线调试。

5）根据单台三相异步电动机的技术参数合理选择低压电器的规格型号。

（2）知识点

1）了解 PLC 的分类、型号意义及技术参数。

2）掌握 PLC 的编程软件的使用。

3）熟悉 PLC 的功能、结构及工作原理。

4）掌握三相异步电动机的正反转工作原理。

5) 掌握 PLC 基本编程软元件的使用。

3. 项目实施

(1) 知识点、技能点的学习和训练

1) **思考:**

① PLC 的硬件结构组成和作用是什么?

② 什么是 PLC 的编程软件? 如何使用编程软件?

③ 如何操作使用 PLC? 如何连接 PLC 的电源及外部输入、输出电路?

④ PLC 是怎样工作的? PLC 有哪些基本编程软元件?

⑤ 如何使用 PLC 编程软件进行梯形图、指令表的编写及程序的读写操作?

⑥ 如何进行程序的离线调试和在线调试?

2) **行动:** 试试看,能完成以下任务吗?

① 任务一:根据 PLC 面板的标注,分析 PLC 的型号等相关信息。根据 PLC 实物,分析 PLC 的硬件结构,指出 PLC 的组成结构和各部分名称和作用等。

② 任务二:按给定的输入输出接线图接线,并观察 PLC 的指示灯的变化。通过此任务的训练,熟悉 PLC 的基本结构及输入输出点的接线方法。

③ 任务三:用 PLC 作为控制器,控制一台电动机的起停。根据 I/O 分配表和 PLC 的 I/O 接线图完成 PLC 控制系统的接线。并在给定程序的情况下完成 PLC 编程和软硬件调试。通过此任务的训练,学会实现一个完整的控制过程的硬件设计及接线方法,并观察 PLC 的运行情况和计算机监视情况,理解内部软元件的意义和应用情况。

(2) 明确项目工作任务

1) **思考:** 项目工作任务是什么?(仔细分析项目任务要求)

2) **行动:** 根据系统控制和操作要求,逐项分解工作任务,完成项目任务分析。分析任务及所要求达到的技术指标和工艺要求。

(3) 确定系统控制方案

1) **思考:** 系统采用什么主控制器? 采用什么控制策略,选择什么样的控制方案,完成项目需要哪些设备?

2) **行动:** 小组成员共同研讨,制订电动机正反转控制总体控制方案,绘制系统工作流程图及系统结构框图;根据技术工艺指标确定系统的评价标准。

(4) PLC 控制系统硬件的设计

1) 收集相关 PLC 控制器、开关、按钮等设备资料,完善项目设备表,见表 3-12。

表 3-12 项目设备表

名称	型号或规格	数量	名称	型号或规格	数量
PLC	CPU224	1 台	一般电工工具	螺钉旋具、测电笔、万用表、剥线钳等	1 套
刀开关	HK1-30/3	1 只	低压断路器	DZ15	1 只
熔断器	RC1A-15	1 只	三相异步电动机	Y-100L2-4	1 只
按钮		2 只	交流接触器	CJ10-20	2 只
导线	2.5mm^2	若干			

2）I/O 的点分配。根据被控对象对 PLC 系统的功能要求和所需要输入/输出的点数，选择适当类型的 PLC。分配输入/输出的点，见表 3-13。

表 3-13　I/O 分配表

输入（I）			输出（O）		
元件	功能	信号地址	元件	功能	信号地址
FR	过载保护	I0.0	电动机	正转	Q0.1
按钮 SB1	电动机正转	I0.2	电动机	反转	Q0.2
按钮 SB2	电动机反转	I0.3			
按钮 SB3	电动机停止	I0.1			

3）PLC(I/O)的接线图。本项目的电动机控制主电路和 PLC 控制的 PLC(I/O)的接线如图 3-66 所示。

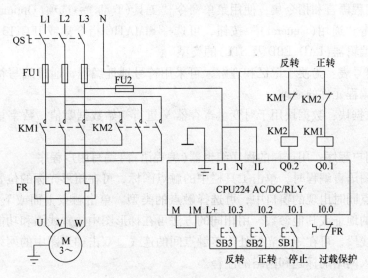

图 3-66　电动机正反转控制的 PLC 外部接线图

（5）程序设计　根据被控对象的工艺条件和控制要求，设计梯形图，参考梯形图程序如图 3-67 所示。

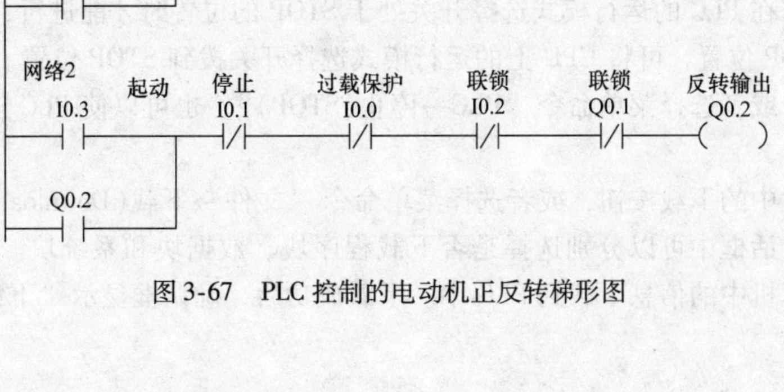

图 3-67　PLC 控制的电动机正反转梯形图

(6) 编写、下载、调试程序 编写梯形图程序,参考程序如图 3-67 所示,在 STEP7-Micro/WIN4.0 软件中进行程序的检查和调试及仿真,确认无误,写入 PLC。操作步骤如下:

1) 创建项目:在为控制系统编写应用程序前,首先应当创建一个项目(Project)。可用菜单命令"文件→新建"或按工具栏中"新建项目"按钮,创建一个新的项目。使用菜单命令"文件→另存为",可修改项目的名称和项目文件所在的目录。

2) 打开一个已有的项目:使用菜单命令"文件→打开",可打开一个已有的项目。如果最近在某个项目上工作过,它将在文件菜单的下部列出,可直接选择。项目存放在 *.mwp 的文件中。

3) 设置与读取 PLC 的型号:在给 PLC 编程前,为防止创建程序时发生编程错误,应正确地设置 PLC 的型号。使用菜单命令"PLC→类型",在出现的对话框中,选择 PLC 的型号。在建立了通信连接后,单击对话框中的"读 PLC"按钮,可读取 PLC 的型号与硬件版本。

4) 选择编程语言和指令集:使用菜单命令"工具(Tools)→选项(Options)",可弹出选项对话框,单击"通用(General)"按钮,可选择 SIMATIC 指令集或 IEC1131-3 指令集。还可以选择程序编辑器(LAD、FBD 及 STL)的类型。

5) 编写符号表:为便于记忆和理解,可采用符号地址编程,通过编写符号表,可以用符号地址代替编程元件的地址。

6) 编写数据块:数据块用于对变量寄存器 V 进行初始数据赋值,数字量控制程序一般不需要数据块。

7) 编写用户程序:用选择的程序编辑器(编程语言)编写用户程序。

使用梯形图语言编程时,单击工具栏中的触点图标,可在矩形光标的位置上放置一个触点,在与新触点同时出现的窗口中,可选择触点的类型。单击触点上面或下面的红色问号,可设置该触点的地址或其他参数。用相同的方法可在梯形图中放置线圈和功能框。单击工具栏中带箭头的线段,可在矩形光标处连接触点间的连线。双击梯形图中的网络编号,在弹出的窗口中可输入网络的标题和网络的注释。

8) 编译程序:用户程序编写完成后,要进行程序编译。使用菜单命令"PLC→编译(Compile)"或"PLC→全部编译(Compile All)",或按工具栏中的编译按钮、全部编译按钮,进行程序编译。编译后在屏幕下部的输出窗口显示语法错误的数量、各条语法错误的原因和产生错误的位置。双击输出窗口中的某一条错误,程序编辑器中的光标会自动移到程序中产生错误的位置。必须改正程序中所有的错误,且编译成功后,才可能下载到 PLC 中。

9) 程序的下载、上载及清除:当计算机与 PLC 建立起通信连接,且用户程序编译成功后,可以进行程序的下装操作。

下载操作需在 PLC 的运行模式选择开关处于 STOP 的位置时才能进行,如果运行模式选择开关不在 STOP 位置,可将 CPU 上的运行模式选择开关拨到 STOP 位置。或者单击工具栏中的停止按钮,或者选择菜单命令"PLC→停止(STOP)",也可以使 PLC 进入到 STOP 工作模式。

单击工具栏中的下载按钮,或者选择菜单命令"文件→下载(Download)",将会出现下载对话框。在对话框中可以分别选择是否下载程序块、数据块和系统块。单击"确定"按钮后开始将计算机中的信息下载到 PLC 中。下载成功后,确认框显示"下载成功"。

如果在编程软件中设置的 PLC 型号与实际型号不符，将出现警告信息，应在修改 PLC 的型号后再进行下载操作。

10）先离线调试程序，再按系统接线图连接好系统，然后根据控制要求对系统进行在线调试，直到符合要求。

（7）编写系统技术文件　整理好过程资料并编制一份系统操作使用说明书。

（8）项目考核及总结

1）思考：整个项目任务完成得怎么样？有何收获和体会？有没有需要完善和改进的地方？对自己有何评价？

2）行动：按照任务书的要求，填写考核表，与同学、教师共同完成本次项目的考核工作。整理上述步骤中所编写的材料，完成项目训练报告。

3.2.2　项目2　工作台的自动往返 PLC 控制

1. 项目任务

按下前进起动按钮，工作台开始前进运行，碰到限位开关 SQ1 停止再后退运行；碰到限位开关 SQ2 停止后退再前进运行，以后重复运行，无论电动机正转还是反转，按下停止按钮，电动机停止运行。如果开始按下后退起动按钮，工作台开始后退运行，碰到限位开关 SQ2 停止再前进运行；碰到限位开关 SQ1 停止前进再后退运行，以后重复运行，无论电动机正转还是反转，按下停止按钮，电动机停止运行。工作台的自动往返示意图如图 3-68 所示。

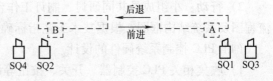

图 3-68　工作台的自动往返示意图

2. 项目技能点和知识点

（1）技能点

1）能够实现电动机主电路和 PLC 控制电路的接线。

2）能使用 PLC 软件进行编程和调试。

3）能够使用定时器、计数器编程。

4）能够使用限位开关实现工作台自动往返控制。

（2）知识点

1）掌握 PLC 的编程软件的编程、仿真和调试。

2）掌握三相异步电动机的正反转工作原理

3）熟悉 PLC 的功能、结构及工作原理。

4）掌握 PLC 基本编程软元件的使用。

5）掌握定时器的使用。

3. 项目实施

（1）知识点、技能点的学习和训练

1）思考：

① PLC 的定时器、计数器有哪些？如何使用定时器、计数器编程软件？

② 如何使用 PLC 控制工作台前进后退？

③ 工作台是如何工作的？

④ 如何使用 PLC 编程软件进行梯形图、指令表的编写及程序的读写操作？

⑤ 如何进行程序的离线调试和在线调试?

2) **行动**: 试试看, 能完成以下任务吗?

① 任务一: PLC 控制电动机单向运行, 按下起动按钮电动机运行 20s 停止, 或者按下停止按钮电动机停止。

② 任务二: 设计一个简易三组抢答器。其控制要求如下:

a) 主持人按下起动按钮 SB0 后开始抢答, 三组操作按钮 SB1、SB2、SB3 中任一个接通, 指示灯 L1、L2、L3 中对应灯亮, 且一直亮;

b) 某一组抢到后, 其余组操作无效;

c) 主持人按复位按钮 SB4 后, 灯灭。

(2) 明确项目工作任务

1) **思考**: 项目工作任务是什么?(仔细分析项目任务要求)

2) **行动**: 根据系统控制和操作要求, 逐项分解工作任务, 分析任务及所要求达到的技术指标和工艺要求, 完成项目任务分析。

(3) 确定系统控制方案

1) **思考**: 系统采用什么主控制器?采用什么控制策略, 选择什么样的控制方案, 完成项目需要哪些设备?

2) **行动**: 小组成员共同研讨, 制订工作台自动往返控制总体控制方案, 绘制系统工作流程图及系统结构框图;根据技术工艺指标确定系统的评价标准。

(4) PLC 控制系统硬件的设计

1) 收集相关 PLC 控制器、开关、按钮等设备资料, 完善项目设备表, 见表 3-14。

表 3-14　项目设备表

名称	型号或规格	数量	名称	型号或规格	数量
PLC	CPU224	1 台	一般电工工具	螺钉旋具、测电笔、万用表、剥线钳等	1 套
刀开关	HK1-30/3	1 只	限位开关		4 只
熔断器	RC1A-15	1 只	三相异步电动机	Y-100L2-4	1 只
按钮		3 只	交流接触器	CJ10-20	2 只
导线	2.5mm2	若干			

2) 输入/输出的点分配。根据被控对象对 PLC 系统的功能要求和所需要输入/输出的点数, 选择适当类型的 PLC。分配输入/输出的点, 见表 3-15。

表 3-15　I/O 分配表

输入(I)			输出(O)		
元件	功能	信号地址	元件	功能	信号地址
按钮 SB2	工作台前进	I0.0	工作台	前进	Q0.0
按钮 SB3	工作台后退	I0.1	工作台	后退	Q0.1
按钮 SB1	工作台停止	I0.2			
过载保护 FR	工作台过载保护	I0.3			

(续)

输入(I)			输出(O)		
元件	功能	信号地址	元件	功能	信号地址
A 位置开关 SQ1	A 位置信号起动	I0.4			
A 限位开关 SQ3	防右过限	I0.5			
B 位置开关 SQ2	B 位置信号起动	I0.6			
B 限位开关 SQ4	防左过限	I0.7			

3) 绘制出 PLC(I/O) 的接线图，如图 3-69 所示。

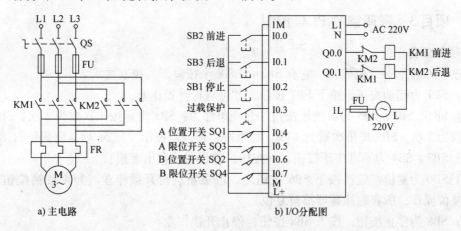

图 3-69　工作台的自动往返控制主电路和控制电路

（5）程序设计　根据被控对象的工艺条件和控制要求，设计梯形图和指令表程序，如图 3-70 所示。

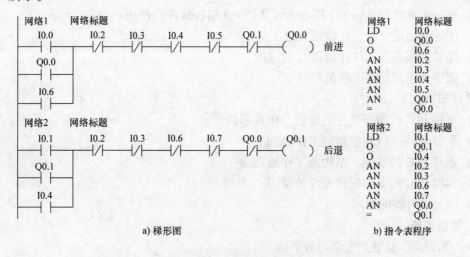

图 3-70　工作台的自动往返控制梯形图和指令表程序

（6）编写、下载、调试程序　编写梯形图程序，参考程序如图 3-70 所示，进行程序的检查和调试及仿真，确认无误，写入 PLC。操作步骤同项目一。

（7）编写系统技术文件　整理好过程资料并编制一份系统操作使用说明书。

(8) 项目考核及总结

1) 整个项目任务完成得怎么样？有何收获和体会？项目有没有创新的地方？有没有需要完善和改进的地方？对自己有何评价？

2) 按照任务书的要求，填写考核表，与同学、教师共同完成本次项目的考核工作。整理上述步骤中所编写的材料，完成项目训练报告。

(9) 能力提高　课后任务：按下前进起动按钮，工作台从 B 点 SQ2 处开始前进运行，碰到位置开关 SQ1 停止 5s 再后退运行；碰到位置开关 SQ2 停止 10s 再前进运行，以后重复运行，总共自动循环 3 个周期停在 B 处；无论电动机正转还是反转，按下停止按钮，电动机停止运行。课后试完成上述任务的 PLC I/O 分配和程序设计。

3.2.3　项目 3　密码锁的 PLC 控制

1. 项目任务

通过 PLC 控制一个密码锁，它有 SB1~SB8 8 个按钮，其控制要求如下：

(1) SB7 为起动按钮，按下 SB7 按钮，才可进行开锁作业。

(2) SB1、SB2、SB5 为可按压按钮。开锁条件为：SB1 设定按压次数为 3 次，SB2 设定按压次数为 2 次，SB5 按压次数为 4 次。如果按上述规定按压，则 5s 后，密码锁自动打开。

(3) SB3、SB4 为不可按压按钮，一按压，警报器就发出警报。

(4) SB6 为复位按钮，按下 SB6 按钮后，可重新进行开锁作业。如果按错按钮，则必须进行复位操作，所有的计数器都被复位。

(5) SB8 为停止按钮，按下 SB8 按钮，停止开锁作业

(6) 除了起动按钮外，不考虑按钮的顺序。

2. 项目技能点和知识点

(1) 技能点

1) 进一步熟悉和掌握 STEP7-Micro/WIN4.0 编程软件的使用。

2) 能够使用定时器、计数器编程。

3) 能够使用编程元件计数器 C 的应用。

4) 能够使用辅助继电器编程。

(2) 知识点

1) 掌握 PLC 的编程软件的编程、仿真和调试。

2) 掌握密码锁 PLC 控制的工作原理。

3) 熟悉 PLC 的功能、结构及工作原理。

4) 掌握 PLC 基本编程软元件的使用。

5) 掌握定时器的使用。

3. 项目实施

(1) 知识点、技能点的学习和训练

1) 思考：

① PLC 的定时器、计数器有哪些？如何使用定时器、计数器编程软件。

② 如何使用辅助继电器编程？

③ 密码锁是如何工作的？

④ 如何使用 PLC 编程软件进行梯形图、指令表的编写及程序的读写操作?

⑤ 如何进行程序的离线调试和在线调试?

2) 行动:试试看,能完成以下任务吗?

PLC 控制自动停车场的自动大门及指示灯,停车场可以停 20 台车,车位未满显示绿灯,来车传感器检测到来车,自动门打开,车位已满显示红灯,不再进车,出车传感器检测到出车,自动门打开,并且 PLC 计数减 1。

(2) 明确项目工作任务

1) 思考:项目工作任务是什么?(仔细分析项目任务要求)

2) 行动:根据系统控制和操作要求,逐项分解工作任务,分析任务及所要求达到的技术指标和工艺要求,完成项目任务分析。

(3) 确定系统控制方案

1) 思考:系统采用什么主控制器?采用什么控制策略,选择什么样的控制方案,完成项目需要哪些设备?

2) 行动:小组成员共同研讨,制订密码锁 PLC 控制系统总体控制方案,绘制系统工作流程图及系统结构框图;根据技术工艺指标确定系统的评价标准。

(4) PLC 控制系统硬件的设计

1) 收集相关 PLC 控制器、开关、按钮等设备资料,完善项目设备表,见表 3-16。

表 3-16 项目设备表

名称	型号或规格	数量	名称	型号或规格	数量
PLC	CPU222	1 台	一般电工工具	螺钉旋具、测电笔、万用表、剥线钳等	1 套
按钮		8 只	蜂鸣器		1 只
导线	$1\,mm^2$	若干	交流接触器	CJ10-20	1 只

2) 输入/输出点的分配。根据被控对象对 PLC 系统的功能要求和所需要输入/输出的点数,选择适当类型的 PLC。分配输入/输出的点,见表 3-17。

表 3-17 I/O 分配表

输入(I)			输出(O)		
元件	功能	信号地址	元件	功能	信号地址
SB1	可按压按钮	I0.0	KM	开锁继电器	Q0.0
SB2	可按压按钮	I0.1	HA	报警器	Q0.1
SB3	不可按压按钮	I0.2			
SB4	不可按压按钮	I0.3			
SB5	可按压按钮	I0.4			
SB6	复位按钮	I0.5			
SB7	起动按钮	I0.6			
SB8	停止按钮	I0.7			

3）绘制出密码锁的 PLC(I/O)的接线图，如图 3-71 所示。

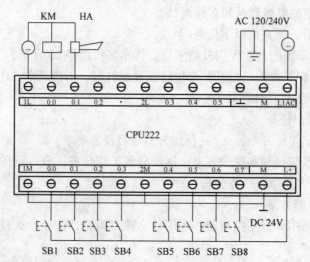

图 3-71　密码锁的 PLC(I/O)接线图

（5）程序设计　根据被控对象的工艺条件和控制要求，设计梯形图。

（6）编写、下载、调试程序　编写梯形图程序，参考程序如图 3-72 所示，进行程序的检查和调试及仿真，确认无误，写入 PLC。操作步骤同项目一。

（7）编写系统技术文件　整理好过程资料并编制一份系统操作使用说明书。

（8）项目考核及总结

1）整个项目任务完成得怎么样？有何收获和体会？项目有没有创新的地方？有没有需要完善和改进的地方？对自己有何评价？

2）按照任务书的要求，填写考核表，与同学、教师共同完成本次项目的考核工作。整理上述步骤中所编写的材料，完成项目训练报告。

思考练习题

1. PLC 的主要性能指标有哪些？

2. PLC 主要用在哪些场合？

3. PLC 怎样分类？

4. PLC 的发展趋势是什么？

5. 与继电—接触器控制系统相比可编程序控制器有哪些优点？

6. 简述可编程序控制器的定义。

7. S7-200 系列 PLC 有哪些编址方式？

8. S7-200 系列 CPU226 PLC 有哪些寻址方式？

9. S7-200 系列 PLC 的结构是什么？

10. CPU226 PLC 有哪几种工作方式？

11. 西门子 PLC 的扩展模块有哪几类？它们的具体作用是什么？

12. CPU226 PLC 有哪些元件？它们的作用是什么？

13. PLC 由哪几部分组成？

14. PLC 的 I/O 接口电路有哪几种形式？

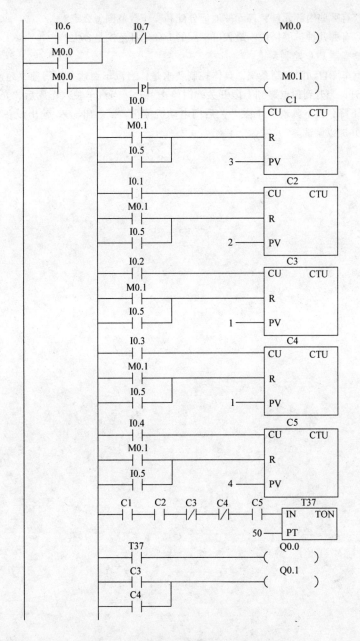

图 3-72　密码锁 PLC 控制的梯形图程序

15. PLC 的主要技术指标有哪些？

16. S7 系列 PLC 有哪些子系列？

17. CPU22X 系列 PLC 有哪些型号？

18. S7-200 PLC 有哪些输出方式？各适应什么类型地负载？

19. CPU22 系列 PLC 的用户程序下载后放在什么存储器中？掉电后是否会丢失？

20. S7-200 CPU 的一个机器周期分为哪几个阶段？各执行什么操作？

21. S7-200 CPU 有哪些工作模式？在离线操作时如何改变工作模式？在线操作时，改变工作模式的最佳方法是什么？

22. S7-200 有哪几种寻址方式？

23. S7-200 PLC 有哪些内部元件? 各元件地址分配和操作数范围怎么定?

24. S7-200 PLC 有哪几种扩展模块? 最大可扩展的 I/O 地址范围是多大?

25. 设计一个抢答器 PLC 控制系统。

26. 设计一个汽车库自动门控制系统,具体控制要求是:当汽车到达车库门前,超声波开关接收到车来的信号,开门上升,当升到顶点碰到上限开关,门停止上升,当汽车驶入车库后,光电开关发出信号,门电动机反转,门下降,当下降碰到下限开关后门电动机停止。试画出输入/输出设备与 PLC 的接线图、设计出梯形图程序并加以调试。

模块4 PLC控制系统基本指令的编程和应用

【知识目标】

1. 掌握可编程序控制器的基本指令。
2. 掌握PLC定时器和计数器的使用及基本单元电路的使用。
3. 掌握PLC梯形图的编写规则和优化方法。
4. 掌握PLC控制系统的接线和调试方法。
5. 掌握PLC的经验编程方法和继电器电路移植编程方法。

【能力目标】

1. 能使用PLC的基本元件实现编程。
2. 能够根据控制要求应用基本指令实现PLC控制系统的编程。
3. 能正确连接PLC系统的电气回路。
4. 能合理分配I/O地址，绘制PLC控制流程图。
5. 能够使用PLC的定时器、计数器软元件，会设计定时、计数基本电路。
6. 能够使用PLC的经验编程方法和继电器电路移植编程方法。

4.1 知识链接

4.1.1 梯形图绘制规则

梯形图是使用得最多的图形编程语言，被称为PLC的第一编程语言。梯形图与电气控制系统的电路图很相似，具有直观易懂的优点，很容易被电气人员掌握，特别适用于开关量逻辑控制。梯形图常被称为电路或程序，梯形图的设计称为编程。

1. 梯形图编程的基本概念

（1）软继电器 PLC梯形图中的某些编程元件沿用了继电器这一名称，如输入继电器、输出继电器、内部辅助继电器等，但是它们不是真实的物理继电器，而是一些存储单元（软继电器），每一软继电器与PLC存储器中映像寄存器的一个存储单元相对应。该存储单元如果为"1"状态，则表示梯形图中对应软继电器的线圈"通电"，其常开触点接通，常闭触点断开，称这种状态是该软继电器的"1"或"ON"状态。如果该存储单元为"0"状态，对应软继电器的线圈和触点的状态与上述的相反，称该软继电器为"0"或"OFF"状态。使用中也常将这些"软继电器"称为编程元件。

（2）母线 梯形图两侧的垂直公共线称为母线（Bus bar）。在分析梯形图的逻辑关系时，为了借用继电器电路图的分析方法，可以想象左右两侧母线（左母线和右母线）之间有一个左正右负的直流电源电压，母线之间有"能流"从左向右流动。右母线可以不画出。

（3）梯形图的逻辑解算　　根据梯形图中各触点的状态和逻辑关系，求出与图中各线圈对应的编程元件的状态，称为梯形图的逻辑解算。梯形图中逻辑解算是按从左至右、从上到下的顺序进行的。解算的结果，马上可以被后面的逻辑解算所利用。逻辑解算是根据输入映像寄存器中的值，而不是根据解算瞬时外部输入触点的状态来进行的。

2. 梯形图的设计规则

尽管梯形图与继电器电路图在结构形式、元件符号及逻辑控制功能等方面相类似，但它们又有许多不同之处，梯形图具有自己的编程规则。

1）每一逻辑行总是起于左母线，然后是触点的连接，最后终止于线圈或右母线（右母线可以不画出）。**注意：** 如图 4-1 所示，左母线与线圈之间一定要有触点，线圈和指令一般不能直接连接在左边的母线上，如需要的话可

图 4-1　线圈的直接输出

通过特殊的中间继电器 SM0.0（常 ON 特殊中间继电器）完成。而线圈与右母线之间则不能有任何触点，如图 4-2a 所示。

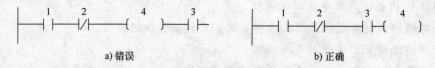

图 4-2　梯形图触点与线圈的串联

2）梯形图中的触点可以任意串联或并联，然后是各种触点的逻辑连接，最后以线圈或指令盒结束。如图 4-2b 所示。

3）PLC 内部元件触点的使用次数是无限制的。

4）一般情况下，在梯形图中同一线圈只能出现一次。如果在程序中，同一线圈使用了两次或多次，称为"双线圈输出"。对于"双线圈输出"，有些 PLC 将其视为语法错误，所以应避免使用。S7-200 PLC 中不允许双线圈输出。有些 PLC 则将前面的输出视为无效，只有最后一次输出有效；而有些 PLC，在含有跳转指令或步进指令的梯形图中允许双线圈输出。

5）有几个串联电路相并联时，应将串联触点多的回路放在上边，如图 4-3a 所示。在有

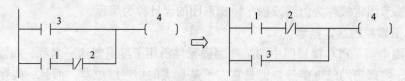

a) 把串联多的电路块放在最上边

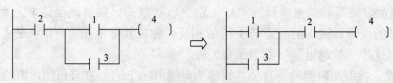

b) 把并联多的电路块放在最左边

图 4-3　梯形图简化

几个并联电路相串联时，应将并联触点多的回路放在左边，如图4-3b所示。这样所编制的程序简洁明了，语句较少。

6）在手工编写梯形图程序时，触点应画在水平线上，从习惯和美观的角度来讲，不要画在垂直线上。使用编程软件则不可能把触点画在垂直线上，如图4-4所示。

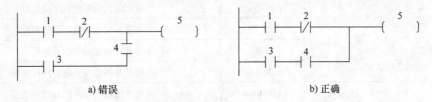

a) 错误　　　　　　　　　b) 正确

图4-4　梯形图绘制的对错(1)

不包含触点的分支线条应放在垂直方向，不要放在水平方向，以便于读图和美观，使用编程软件则不可能出现这种情况，如图4-5所示。

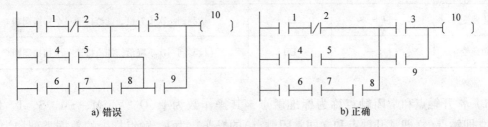

a) 错误　　　　　　　　　b) 正确

图4-5　梯形图绘制的对错(2)

7）对常闭触点的处理。在设计梯形图时输入继电器的触点状态最好按输入设备全部为常开进行设计更为合适，不易出错。建议用户尽可能用输入设备的常开触点与PLC输入端连接，如果某些信号只能用常闭输入，可先按输入设备为常开来设计，然后将梯形图中对应的输入继电器触点取反(常开改成常闭、常闭改成常开)。

4.1.2　S7-200 PLC 的指令系统

1. 位逻辑指令

位逻辑指令针对触点和线圈进行逻辑运算操作。触点及线圈指令是PLC中应用最多的指令。使用时要弄清指令的逻辑含义以及指令在两种表达形式(梯形图与指令语句)中的对应关系。

（1）触点指令　下面以S7-200系列PLC指令为主，首先介绍触点指令，S7-200系列可编程率控制器的触点指令LAD(梯形图)和STL(语句表)格式见表4-1，从表中可见有的一个梯形图指令对应多个语句表指令，说明梯形图编程比语句表编程简单、直观。

表4-1　S7-200 系列 PLC 触点指令

名称	LAD	STL	功能
常开触点	Bit ┤├	LD Bit	常开触点与左侧母线相连接
		A Bit	常开触点与其他程序段串联
		O Bit	常开触点与其他程序段并联

(续)

名称	LAD	STL	功能
常闭触点	Bit ─┤/├─	LDN Bit	常闭触点与左侧母线相连接
		AN Bit	常闭触点与其他程序段串联
		ON Bit	常闭触点与其他程序段并联
立即常开触点	Bit ─┤I├─	LDI Bit	立即常开触点与左侧母线相连接
		AI Bit	立即常开触点与其他程序段串联
		OI Bit	立即常开触点与其他程序段并联
立即常闭触点	Bit ─┤/I├─	LDNI Bit	立即常闭触点与左侧母线相连接
		ANI Bit	立即常闭触点与其他程序段串联
		ONI Bit	立即常闭触点与其他程序段并联
取反	─┤NOT├─	NOT	改变能流输入的状态
正跳变	─┤P├─	EU	检测到一次上升沿,能流接通一个扫描周期
负跳变	─┤N├─	ED	检测到一次下降沿,能流接通一个扫描周期

1) 常开触点和常闭触点称为标准触点,其操作数为 I、Q、V、M、SM、S、T、C、L 等。立即触点(立即常开触点和立即常闭触点)的操作数为 I。触点指令的数据类型均为布尔型。常开触点对应的存储器地址位为 1 状态时,该触点闭合。在语句表中,用 LD(Load,装载)、A(And,与)和 O(Or,或)指令来表示。

2) 常闭触点对应的存储器地址位为 0 状态时,该触点闭合,在语句表中,用 LDN (Load Not)、AN(And Not)和 ON(Or Not)来表示,触点符号中间的"/"表示常闭。

3) 立即触点并不依赖于 S7-200 的扫描周期刷新,它会立即刷新。立即触点指令只能用于输入量 I,执行立即触点指令时,立即读入物理输入点的值,根据该值决定触点的接通/断开状态,但是并不更新该物理输入点对应的输入映像存储器的值。

4) 取反触点将它左边电路的逻辑运算结果取反,逻辑运算结果若为 1 则变为 0,为 0 则变为 1,即取反指令改变能流输入的状态,该指令没有操作数。

5) 正跳变触点指令对其之前的逻辑运算结果的上升沿产生一个宽度为一个扫描周期的脉冲。正跳变指令的助记符为 EU(Edge UP,上升沿),指令没有操作数,触点符号中间的 "P" 表示正跳变(Positive Transition)。

6) 负跳变触点指令对逻辑运算结果的下降沿产生一个宽度为一个扫描周期的脉冲。负跳变指令的助记符为 ED(Edge Down,下降沿),指令没有操作数,触点符号中间的"N"表示负跳变(Negative Transition)。正、负跳变指令常用于启动及关断条件的判定,以及配合功能指令完成一些逻辑控制任务。由于正跳变指令和负跳变指令要求上升沿或下降沿的变化,所以不能在第一个扫描周期中检测到上升沿或者下降沿的变化。

(2) 线圈指令

1) 线圈指令用来表达一段程序的运算结果。线圈指令包括普通线圈指令、置位及复位线圈指令和立即线圈指令等类型。

2）普通线圈指令(＝)又称为输出指令，在工作条件满足时，指定位对应的映像存储器为 1，反之则为 0。

3）置位线圈指令 S 在相关工作条件满足时，从指定的位地址开始 N 个位地址都被置位（变为 1），N ＝ 1～255。工作条件失去后，这些位仍保持置 1，复位需用线圈复位指令。执行复位线圈指令 R 时，从指定的位地址开始的 N 个位地址都被复位（变为 0），N ＝ 1～255。

4）如果对定时器状态位(T)或计数器位(C)复位，则不仅复位了定时器/计数器位，而且定时器/计数器的当前值也被清零。

5）立即线圈指令(＝ I)，又称为立即输出指令，"I" 表示立即。当指令执行时，新值会同时被写到输出映像存储器和相应的物理输出，这一点不同于非立即指令(非立即指令执行时只把新值写入输出映像存储器,而物理输出的更新要在 PLC 的输出刷新阶段进行)，该指令只能用于输出量 Q。

西门子 S7-200 系列可编程序控制器的线圈指令见表 4-2。

表 4-2　S7-200 系列 PLC 的线圈指令

名称	LAD	STL	功能
输出	Bit —( )	＝ Bit	将运算结果输出
立即输出	Bit —(I)	＝ I　Bit	将运算结果立即输出
置位	Bit —(S) N	S　Bit, N	将从指定地址开始的 N 个点置位
复位	Bit —(R) N	R　Bit, N	将从指定地址开始的 N 个点复位
立即置位	Bit —(SI) N	SI　Bit, N	立即将从指定地址开始的 N 个点置位
立即复位	Bit —(RI) N	RI　Bit, N	立即将从指定地址开始的 N 个点复位
无操作	N NOP	NOP N	指令对用户程序执行无效。在 FBD 模式中不可使用该指令。操作数 N 为数字 0～255

（3）基本逻辑指令的应用

1）逻辑取及线圈驱动指令。①LD：取指令，常开触点与母线连接。②LDN：取非指令。③ ＝ ：(out)线圈驱动。图 4-6 所示为触点、线圈指令编程举例，左侧为梯形图程序，右侧为对应语句表。

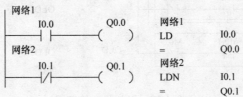

图 4-6　LD、LDN 和 " ＝ " 指令的使用

2) A(And)：与操作，表示串联连接单个常开触点。AN(And not)：与非操作，表示串联连接单个常闭触点，梯形图和指令举例如图4-7所示。

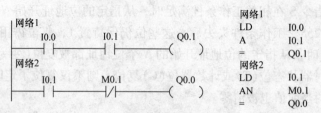

图4-7 A、AN指令的使用

3) 触点并联指令：O(Or)/ON(Or not)。①O：或操作，表示并联连接一个常开触点。②ON：或非操作，表示并联连接一个常闭触点。梯形图和指令举例如图4-8所示。

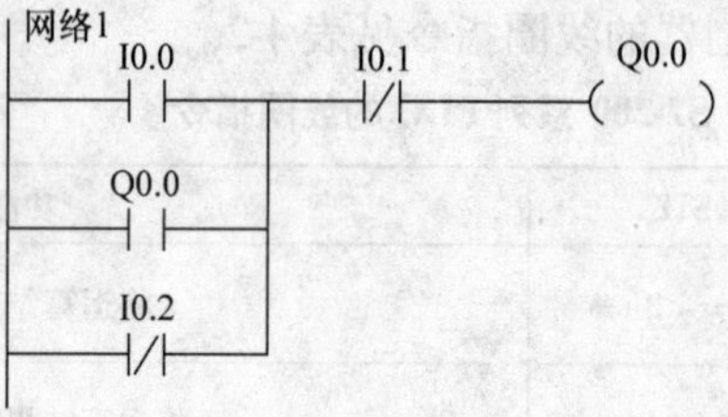

网络1
```
        I0.0        I0.1        Q0.0
        ┤├          ┤/├         (   )
        Q0.0
        ┤├
        I0.2
        ┤/├
```
网络1
```
LD      I0.0
O       Q0.0
ON      I0.2
AN      I0.1
=       Q0.0
```

图4-8 O、ON指令的使用

4) 电路块的串联指令ALD：块"与"操作，串联连接多个并联电路组成的电路块。梯形图和指令举例如图4-9所示。

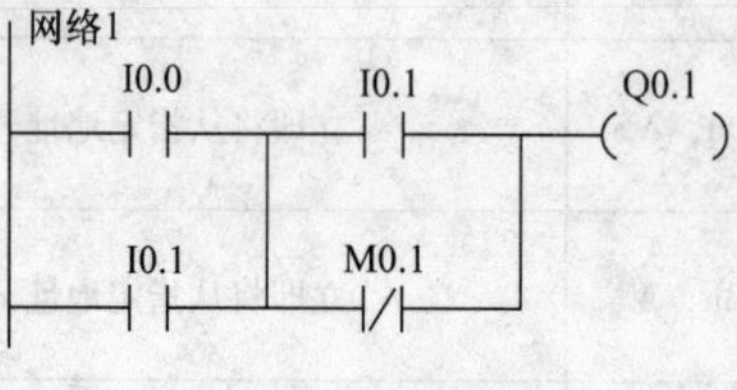

网络1
```
        I0.0        I0.1        Q0.1
        ┤├          ┤├          (   )
        I0.1        M0.1
        ┤├          ┤/├
```
网络1
```
LD      I0.0
O       I0.1
LD      I0.1
ON      M0.1
ALD
=       Q0.1
```

图4-9 ALD指令的使用

5) OLD：或块指令。将一个串联电路块与前面的电路并联，用于分支电路并联。OLD指令应用如图4-10所示。

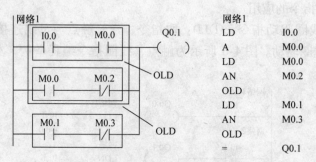

图4-10 OLD指令的使用

举例：ALD、OLD 指令的应用，梯形图和指令如图 4-11 所示。

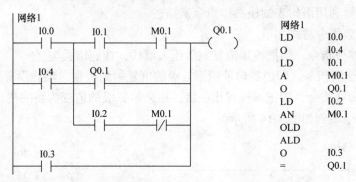

图 4-11 OLD、ALD 指令的使用

6）置位/复位指令 S/R。①置位指令 S：使能输入有效后从起始位 S-bit 开始的 N 个位置"1"并保持。②复位指令 R：使能输入有效后从起始位 R-bit 开始的 N 个位清"0"并保持。R、S 指令的使用如图 4-12 所示，当 PLC 上电时，Q0.0 和 Q0.1 都通电，当 I0.1 接通时，Q0.0 和 Q0.1 都断电。

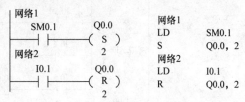

图 4-12 R、S 指令的使用

7）边沿触发指令。边沿触发是指用边沿触发信号产生一个机器周期的扫描脉冲，通常用做脉冲整形。边沿触发指令可分为正跳变触发（上升沿）和负跳变触发（下降沿）两大类。

正跳变触发指输入脉冲的上升沿使触点闭合（ON）一个扫描周期。负跳变触发指输入脉冲的下降沿使触点闭合（ON）一个扫描周期。

如图 4-13 所示，在 I0.0 的上升沿，触点（EU）产生一个扫描周期的时钟脉冲，驱动输出线圈 Q0.1 通电一个扫描周期，Q0.0 通电，使输出线圈 Q0.0 置位并保持。

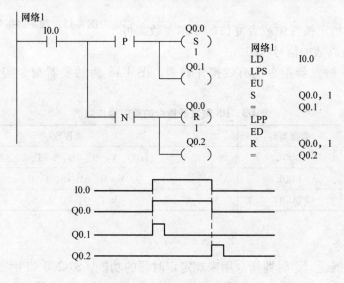

图 4-13 边沿触发指令应用

8）逻辑栈操作指令。LD 取指令是从梯形图最左侧的母线画起的，如果要生成一条分支的母线，则需要利用语句表的栈操作指令来描述。

栈操作语句表指令格式如下。

LPS：逻辑堆栈指令，即把栈顶值复制后压入堆栈，栈底值丢失。

LRD：逻辑读栈指令，即把逻辑堆栈第二级的值复制到栈顶，堆栈没有压入和弹出。

LPP：逻辑弹栈指令，即把堆栈弹出一级，原来第二级的值变为新的栈顶值。

梯形图和指令举例如图 4-14 所示。

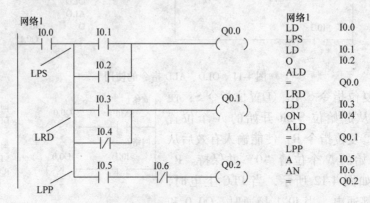

图 4-14 LPS、LRD、LPP 指令应用示例

（4）RS 触发器指令

1）置位优先触发器是一个置位优先的锁存器，其梯形图符号如图 4-15a 所示。当置位信号（S1）为真时，输出为真。

2）复位优先触发器是一个复位优先的锁存器，其梯形图符号如图 4-15b 所示。当复位信号（R1）为真时，输出为假。

Bit 参数用于指定被置位或者复位的布尔参数。可选的输出反映 Bit 参数的信号状态。

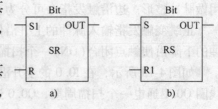

图 4-15 触发器指令的梯形图符号

表 4-3 为 RS 触发器指令的有效操作数表。图 4-16 为触发器指令实例的梯形图和时序图。

表 4-3 RS 触发器指令的有效操作数表

输入/输出	数据类型	操作数
S1，R	BOOL	I、Q、V、M、SM、S、T、C、能流
S，R1，OUT	BOOL	I、Q、V、M、SM、S、T、C、L、能流
Bit	BOOL	I、Q、V、M、S

2. 定时器指令

（1）定时器概述 定时器指令用来规定定时器的功能，S7-200 CPU 提供了 256 个定时器，共有 3 种类型：接通延时定时器（TON）、有记忆接通延时定时器（TONR）和断开延时定时器（TOF）。

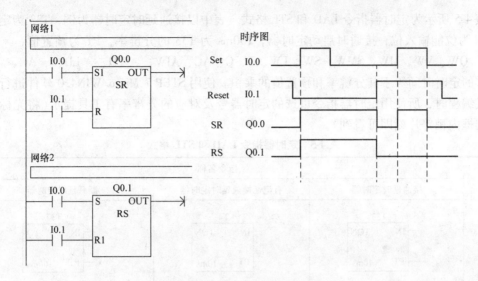

图4-16　触发器指令实例梯形图和时序图

定时器对时间间隔计数，时间间隔称为分辨率，又称为时基。S7-200定时器有3种分辨率：1ms、10ms和100ms，如表4-4所示。

表4-4　定时器分类及特征

定时器类型	分辨率/ms	最长定时值/s	定时器号
TONR	1	32.767	T0，T64
	10	327.67	T1~T4，T65~T68
	100	3276.7	T5~T31，T69~T95
TON，TOF	1	32.767	T32，T96
	10	327.67	T33~T36，T97~T100
	100	3276.7	T37~T63，T101~T255

定时器的分辨率决定了每个时间间隔的时间长短。例如：一个以10ms为分辨率的接通延时定时器，在启动输入位接通后，以10ms的时间间隔计数，若10ms的定时器计数值为50则代表500ms。定时器号决定了定时器的分辨率。

对于分辨率为1ms的定时器来说，定时器状态位和当前值的更新不与扫描周期同步。对于大于1 ms的程序扫描周期，定时器状态位和当前值在一次扫描内刷新多次。

对于分辨率为10ms的定时器来说，定时器状态位和当前值在每个程序扫描周期的开始刷新。定时器状态位和当前值在整个扫描周期过程中为常数。在每个扫描周期的开始会将一个扫描累计的时间间隔加到定时器当前值上。

对于分辨率为100ms的定时器来说，定时器状态位和当前值在指令执行时刷新。因此，为了使定时器保持正确的定时值，要确保在一个程序扫描周期中，只执行一次100ms定时器指令。

从表4-4中可以看出TON和TOF使用相同范围的定时器号。**注意**：在同一个PLC程序中，一个定时器号只能使用一次。即在同一个PLC程序中，不能既有接通延时（TON）定时器T32，又有断开延时（TOF）定时器T32。

表 4-5 所示为定时器指令 LAD 和 STL 格式。表中以接通延时定时器为例，T33 为定时器号，IN 为位能输入位，接通时启动定时器，100ms 为 T33 的分辨率，PT 为预置值，* 可以为 IW、QW、VW、MW、SMW、SW、LW、T、C、AC、AIW、* VD、* LD、* AC、常数。定时器的定时时间等于其分辨率和预置值的乘积。使用 STEP 7 Micro/WIN4.0 软件进行梯形图方式编程时，所使用定时器指令可选的定时器号及对应的分辨率有工具提示(将光标放在计时器框内稍等片刻即可看到)。

表 4-5　定时器指令 LAD 和 STL 格式

形式	指令名称		
	接通延时定时器	有记忆接通延时定时器	断开延时定时器
LAD	T33 — IN　　TON * — PT　　10ms	T4 — IN　　TON * — PT　　10ms	T37 — IN　　TO * — PT　　100ms
STL	TON　T33, *	TONR　T4, *	TOF　T37, *

(2) 接通延时定时器 TON　接通延时定时器 TON 用于单一间隔的定时，当启动输入 IN 接通时，接通延时定时器开始计时，当定时器的当前值大于等于预置值(PT)时，该定时器状态位被置位。当启动输入 IN 断开时，接通延时定时器复位，当前值被清除(即在定时过程中，启动输入需一直接通)。达到预置值后，定时器仍继续定时，达到最大值 32 767 时停止。图 4-17 所示为接通延时定时器使用举例。

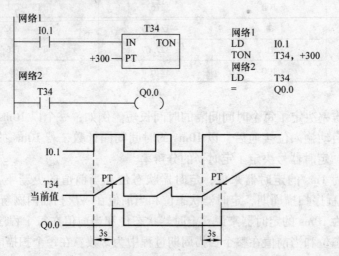

图 4-17　通电延时型定时器应用示例

从时序图中可以看出：定时器 T34 在 I0.1 接通后开始计时，当定时器的当前值等于预置值 300(即延时 10ms × 10 = 3s)时，T34 位置 1(其常开触点闭合 Q0.0 得电)。此后，如果 I0.1 仍然接通，定时器继续计时直到最大值 32 767，T34 位保持接通直到 I0.1 断开。任何时刻，只要 I0.1 断开，则 T34 就复位：定时器状态位为 OFF，当前值 = 0。

（3）有记忆接通延时定时器 TONR　有记忆接通延时定时器 TONR 用于累计多个时间间隔。和 TON 相比，具有以下几个不同之处：

1）当启动输入 IN 接通时，TONR 以上次的保持值作为当前值开始计时。

2）当启动输入 IN 断开时，TONR 的定时器状态位和当前值保持最后状态。

3）上电周期或首次扫描时，TONR 的定时器状态位为 OFF，当前值为掉电之前的值。因此 TONR 定时器只能用复位指令 R 对其复位，图 4-18 所示为有记忆接通延时定时器 TONR 使用举例。当接通 I0.0，延时 1s 后，Q0.0 得电；I0.0 断电后，Q0.0 仍然保持得电，当 I0.1 接通时，定时器复位，Q0.0 断电。

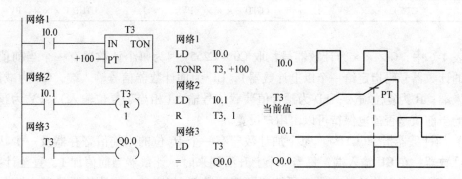

图 4-18　有记忆的通电型延时定时器应用示例

（4）断开延时定时器 TOF　断开延时定时器 TOF 用于关断或故障事件后的延时，例如在电动机停后，需要冷却电动机。当启动输入接通时，定时器状态位立即接通，并把当前值设为 0。当启动输入断开时，定时器开始计时，直到达到预设的时间。当达到预设时间时，定时器状态位断开，并且停止计时当前值。当启动输入断开的时间短于预设时间时，定时器状态位保持接通。TOF 必须用使能输入的下降沿启动计时。图 4-19 所示为断开延时定时器 TOF 使用举例。

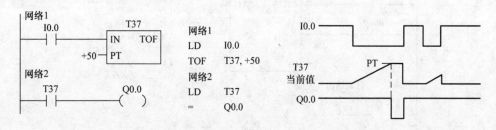

图 4-19　断开延时定时器 TOF 使用举例

3. 计数器指令

计数器用来累计输入脉冲（上升沿）的个数，当计数器达到预置值时，计数器发生动作，以完成计数控制任务。S7-200 CPU 提供了 256 个计数器，共分为以下三种类型：加计数器（CTU）、减计数器（CTD）、加/减计数器（CTUD）。计数器指令见表 4-6。

表 4-6　计数器指令

形式	指令名称		
	加计数器(CTU)	减计数器(CTD)	加/减计数器(CTUD)
LAD	Cxxx CU　CTU R PV	Cxxx CD　CTD LD PV	Cxxx CU　CTUD CD R PV
STL	CTU C×××, PV	CTD C×××, PV	CTUD C×××, PV

在表 4-6 中, C×××为计数器号, 取 C0~C255(因为每个计数器有一个当前值, 不要将相同的计数器号码指定给一个以上计数器); CU 为加计数器信号输入端, CD 为减计数器信号输入端; R 为复位输入; LD 为预置值装载信号输入(相当于复位输入); PV 为预置值。计数器的当前值是否掉电保持可以由用户设置。

(1) 加计数器指令(CTU)　每个加计数器有一个 16 位的当前值寄存器及一个状态位。对于加计数器, 在 CU 输入端, 每当一个上升沿到来时, 计数器当前值加 1, 直至计数到最大值(32 767)。当当前计数值大于或等于预置计数值(PV)时, 该计数器状态位被置位(置1), 计数器的当前值仍被保持。如果在 CU 端仍有上升沿到来时, 计数器仍计数, 但不影响计数器的状态位。当复位端(R)置位时, 计数器被复位, 即当前值清零, 状态位也清零。图 4-20 所示为加计数器指令梯形图和指令表举例, 图 4-21 所示为加计数器指令时序图。加计数器 C10 对 CU 输入端(I0.0)的脉冲累加值达到 5 时, 计数器的状态位被置 1, C10 常开触点闭合, 使 Q0.0 得电; 直至 I0.1 触点闭合, 使计数器 C1 复位, Q0.1 失电。

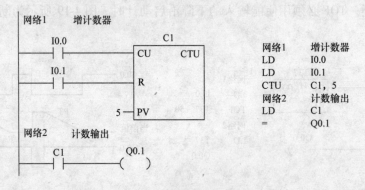

图 4-20　加计数器梯形图和指令表举例

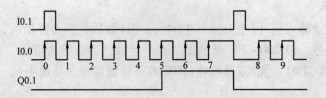

图 4-21　加计数器时序图

（2）减计数器指令（CTD）　每个减计数器有一个 16 位的当前值寄存器及一个状态位。对于减计数器，当复位端 LD 输入脉冲上升沿信号时，计数器被复位，减计数器被装入预设值（PV），状态位被清零，但是启动对 CD 的计数是在该脉冲的下降沿时。

当启动计数后，在 CD 输入端，每当一个上升沿到来时，计数器当前值减 1，当当前计数值等于 0 时，该计数器状态位被置位，计数器停止计数。如果在 CD 端仍有上升沿到来，计数器仍保持为 0，且不影响计数器的状态位。图 4-22 所示为减计数器指令的使用举例，当 I2.0 接通时，计数器状态位复位，预置值 3 被装入当前值寄存器；当 I1.0 接通 3 次时，当前值等于 0，Q0.0 上电；当前值等于 0 时，尽管 I1.0 接通，当前值仍然等于 0。当 I2.0 接通期间，I1.0 接通，当前值不变。

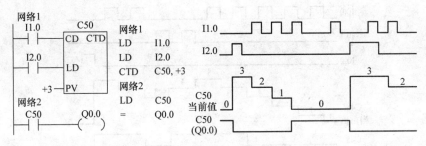

图 4-22　减计数器指令的使用举例

（3）加/减计数器指令（CTUD）　加/减计数器指令（CTUD）兼有加计数器和减计数器的双重功能，在每一个加计数输入（CU）的上升沿时加计数，在每一个减计数输入（CD）的上升沿时减计数。计数器的当前值保存当前计数值。在每一次计数器执行时，预置值 PV 与当前值作比较。当 CTUD 计数器当前值大于等于预置值 PV 时，计数器状态位置位。否则，计数器位复位。当复位端（R）接通或者执行复位指令后，计数器被复位。

当达到最大值（32 767）时，加计数输入端的下一个上升沿导致当前计数值变为最小值（−32 768）。当达到最小值（−32 768）时，减计数输入端的下一个上升沿导致当前计数值变为最大值（32 767）。图 4-23 所示为加/减计数器指令使用举例，当 I0.0 接通 5 次时，C48 的计数为 5；接着当 I0.1 接通 2 次，此时 C48 的计数为 3，C48 的常开触点断开，Q0.0 断电；接着当 I0.0 接通 2 次，此时 C48 的计数为 5，C48 的计数大于或等于 4 时，C48 的常开触点闭合，Q0.0 上电。当 I0.2 接通时计数器复位，C48 的计数等于 0，C48 的常开触点断开，Q0.0 断电。

4.1.3　典型基本梯形图的经验设计方法

在 PLC 发展的初期，沿用了设计继电器电路图的方法来设计梯形图程序，即在已有的典型梯形图的基础上，根据被控对象对控制的要求，不断地修改和完善梯形图。有时需要多次反复地调试和修改梯形图，不断地增加中间编程元件和触点，最后才能得到一个较为满意的结果。这种方法没有普遍的规律可以遵循，设计所用的时间、设计的质量与编程者的经验有很大的关系，所以有人把这种设计方法称为经验设计法。它可以用于逻辑关系较简单的梯形图程序设计。

用经验设计法设计 PLC 程序时大致可以按下面几步来进行：分析控制要求、选择控制原则；设计主令元件和检测元件，确定输入输出设备；设计执行元件的控制程序；检查修改

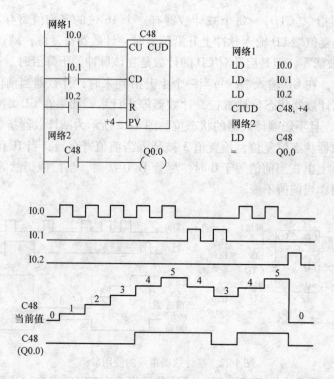

图 4-23 加/减计数器指令的使用举例

和完善程序。

PLC 的应用程序往往是一些典型的控制环节和基本单元电路的组合,熟练掌握这些典型环节和基本单元电路,可以使程序的设计变得简单。下面介绍一些常见的典型单元梯形图程序。

1. 典型基本环节梯形图程序——电动机单向启动、停止控制

在广泛使用的生产机械中,一般都是由电动机拖动的,也就是说,生产机械的各种动作都是通过电动机的各种运动来实现的。因此,控制电动机连续运行(具有自锁功能)及停止运行是十分常见的。电动机单向起动、停止控制电路如图 4-24 所示,它能实现电动机直接起动和自由停车的控制功能。

在控制电路中,热继电器常闭触点、停止按钮、起动按钮属于控制信号,应作为 PLC 的输入量分配接线端子;而接触器线圈属于被控对象,应作为 PLC 的输出量分配接线端子。对于 PLC 的输出端子来说,允许额定电压为 220V。用 PLC 控制电动机单向起动、停止控制电路如图 4-25 所示。PLC 梯形图程序和指令如图 4-26 所示。

2. 电动机正反转的控制电路

在生产实际中,各种生产机械常常要求具有上、下、左、右、前、后等相反方向的运动,这就要求电动机能够正、反向运转。对于三相交流电动机可

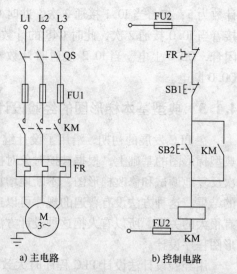

a) 主电路   b) 控制电路

图 4-24 电动机单向起动、停止控制电路

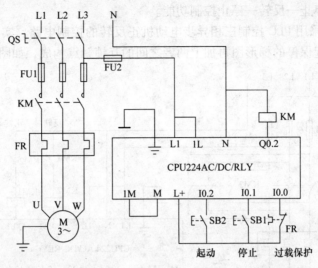

图 4-25　PLC 控制电动机单向起动、停止主电路和控制电路

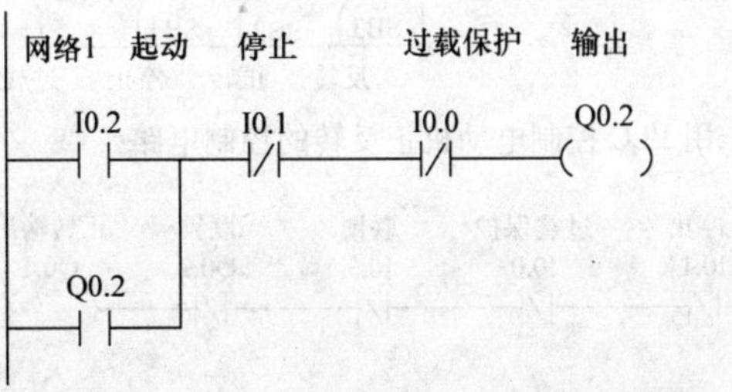

网络1　起动　停止　　过载保护　输出
I0.2　　I0.1　　I0.0　　Q0.2

Q0.2

网络1
LD　　　I0.2
O　　　 Q0.2
AN　　　I0.1
AN　　　I0.0
=　　　　Q0.2

图 4-26　PLC 梯形图程序和指令

以借助正、反向接触器改变定子绕组相序来实现。利用两个或多个常闭触点来保证线圈不会同时通电的功能称为"联锁"。三相异步电动机的正反转控制电路即为典型的联锁电路，如图 4-27 所示。其中 KM1 和 KM2 分别是控制正转运行和反转运行的交流接触器。该电路可以

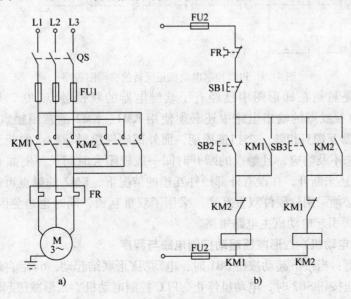

图 4-27　三相异步电动机的正反转控制电路

实现电动机正转—停止—反转—停止控制功能。

图 4-28 所示为采用 PLC 控制三相异步电动机正反转的控制电路。实现正反转控制功能的梯形图是由两个起保停的梯形图再加上两者之间的互锁触点构成,如图 4-29 所示。

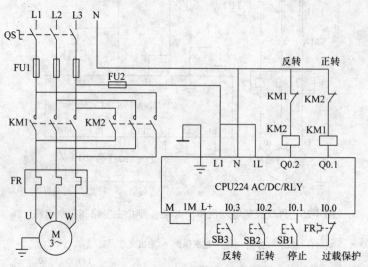

图 4-28　用 PLC 控制电动机正反转的控制电路

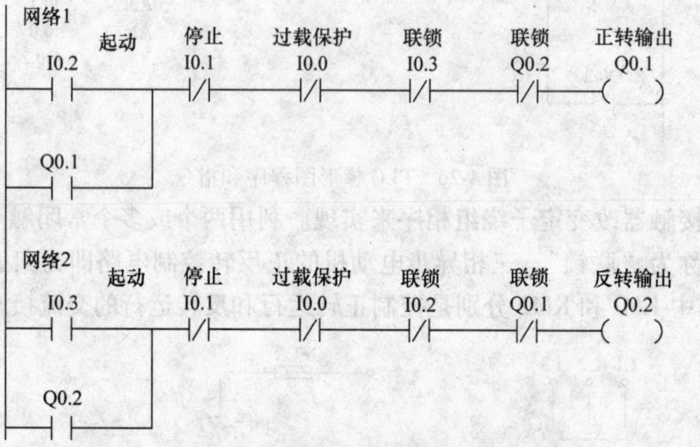

图 4-29　PLC 控制电动机正反转的梯形图程序

应该注意的是虽然在梯形图中已经有了软继电器的联锁触点(I0.2 与 I0.3、Q0.1 与 Q0.2),但在 I/O 接线图的输出电路中还必须使用 KM1、KM2 的常闭触点进行硬件互锁。因为 PLC 软继电器互锁只相差一个扫描周期,而外部硬件接触器触点的断开时间往往大于一个扫描周期,来不及响应,且触点的断开时间一般较闭合时间长。例如 Q0.1 虽然断开,可能 KM1 的触点还未断开,在没有外部硬件互锁的情况下,KM2 的触点可能接通,引起主电路短路,因此必须采用软硬件双重互锁。采用了双重互锁,同时也避免因接触器 KM1 或 KM2 的主触点熔焊引起电动机主电路短路。

3. PLC 控制电动机丫-△形减压起动控制电路与程序

控制要求如下:当按下起动按钮 SB1 时,电动机丫形联结起动,6s 后自动转为△形联结运行。当按下停止按钮 SB2 时,电动机停止。PLC 控制电动机丫-△形减压起动的控制电路和程序分别如图 4-30 和图 4-31 所示。

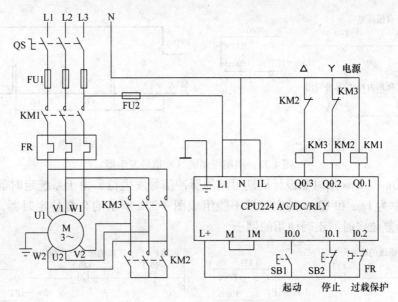

图 4-30　PLC 控制电动机 Y-△ 形减压起动的控制电路

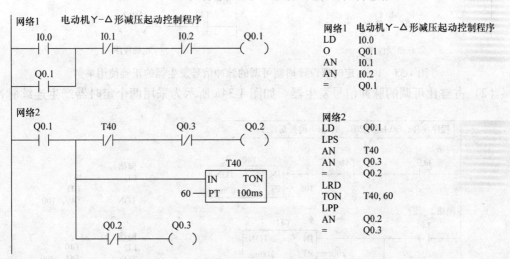

图 4-31　PLC 控制电动机 Y-△ 形减压起动的程序

4.1.4　定时器的扩展应用

1. 脉冲信号发生器的编程

（1）周期可调的脉冲信号发生器

1）用 100ms 定时器设计周期可调的脉冲信号发生器。图 4-32 所示采用定时器 T40 产生一个周期可调节的连续脉冲。当 I0.0 常开触点闭合后，第一次扫描到 T40 常闭触点时，它是闭合的，于是 T40 线圈得电，经过 15s 的延时，T40 常闭触点动作而断开。当扫描到 T40 常闭触点时，因它已断开，使 T40 线圈失电，T40 常闭触点断开后的下一个扫描周期中，T40 常闭触点又随 T40 线圈失电恢复闭合。这样，又使 T40 线圈得电，重复以上动作，T40 的常开触点连续闭合、断开，就产生了脉宽为一个扫描周期、脉冲周期为 15s 的连续脉冲。改变 T40 的设定值，就可改变脉冲周期。

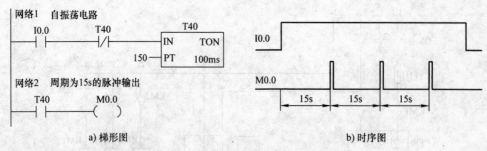

图 4-32　周期可调的脉冲信号发生器

2）用 10ms、1ms 定时器设计周期可调的脉冲信号发生器。由于系统定时器指令设置的原因，分辨率为 1ms 和 10ms 的定时器不能组成图 4-33a 所示的自复位定时器，图 4-33b 所示是 10ms 自复位定时器正确使用的例子。

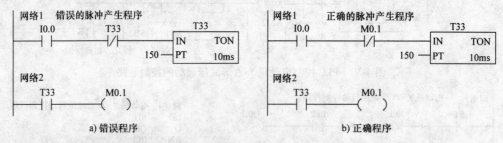

图 4-33　10ms 定时器设计周期可调的脉冲信号发生器的正确使用举例

（2）占空比可调的脉冲信号发生器　如图 4-34a 所示为采用两个定时器产生连续脉冲信

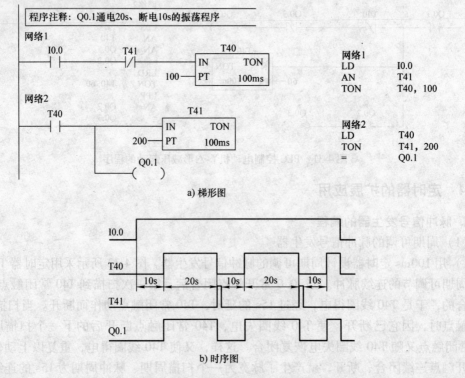

图 4-34　占空比可调的脉冲信号发生器

号，脉冲周期为30s，占空比为1:3(接通时间:断开时间)。脉冲信号的低电平时间为10s，高电平时间为20s的程序和时序图如图4-34b所示。

2. 长定时的编程

(1) 用定时器与计数器实现长定时　一般PLC的一个定时器的延时时间都较短，如S7-200系列PLC中一个0.1s定时器的定时范围为0.1~3276.7s，如果需要延时时间更长的定时器，可以用计数器扩展定时器的定时范围。如图4-35所示，定时范围扩展的梯形图程序与波形。

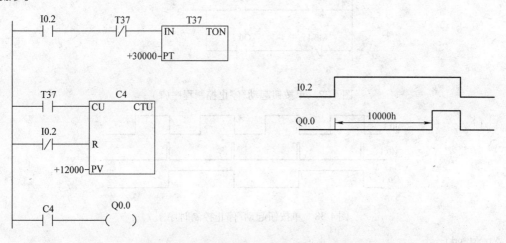

图4-35　定时范围扩展的梯形图程序与波形

(2) 用特殊继电器与计数器的实现长延时　编写一个长时间延时控制程序，设I0.0闭合5h后，输出端Q0.1接通，如图4-36所示。

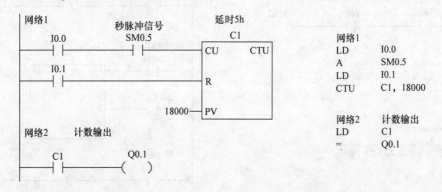

图4-36　特殊继电器与计数器的延时程序

3. 单按钮起动/停止控制程序

(1) 单按钮起动/停止控制程序的编程　起动/停止共用同一个按钮I0.1，当I0.1有上升沿产生时，M0.1线圈输出一个扫描周期的脉冲，分析如下：M0.1线圈产生第一个脉冲(时间为一个扫描周期)，同时Q0.1线圈得电，Q0.1的常开触点动作并导通，当下一个扫描周期时，M0.1线圈失电，同时M0.1常闭触点恢复常闭而导通，使Q0.1线圈继续保持得电状态，一直到M0.1线圈产生的第二个脉冲使M0.1常闭触点动作而断开，使得Q0.1线圈失电。后面的分析跟前面的一样，这样同一个按钮I0.1实现了Q0.1的起停，而且Q0.1的频率是I0.1的频率的一半，也称为二分频电路的编程。梯形图程序和时序图分别如图4-37和图4-38所示。另外两种方法的编程的梯形图如图4-39和图4-40所示，原理容易理解。

Network1
I0.1
P
M0.1
Network2
M0.1
Q0.1
Q0.1
M0.1
Q0.1

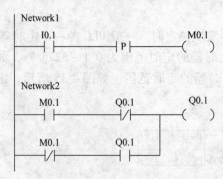

图4-37　单按钮起动/停止控制程序(1)

I0.1
M0.1
Q0.1

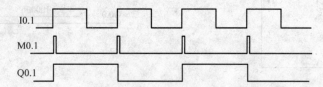

图4-38　单按钮起动/停止控制时序图

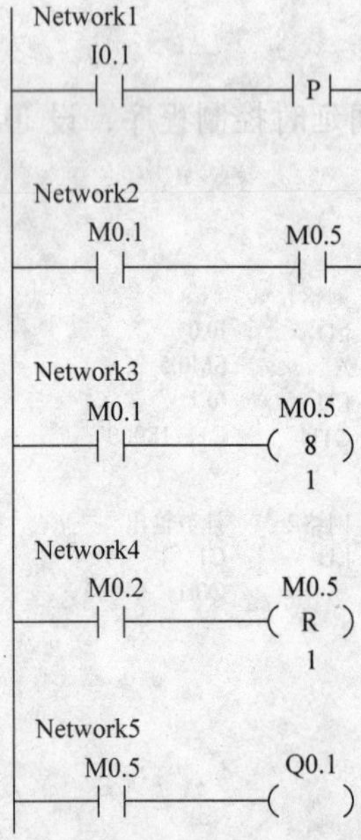

Network1
I0.1
P
M0.1
Network2
M0.1
M0.5
M0.2
Network3
M0.1
M0.5
S
1
Network4
M0.2
M0.5
R
1
Network5
M0.5
Q0.1

图4-39　单按钮起动/停止控制程序(2)

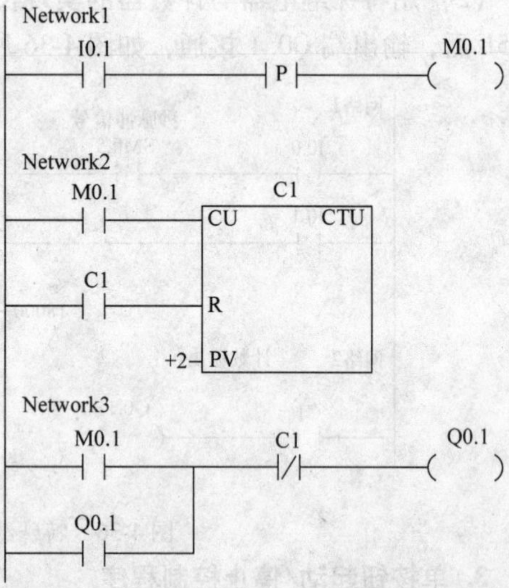

Network1
I0.1
P
M0.1
Network2
M0.1
C1
CU
CTU
C1
R
+2
PV
Network3
M0.1
C1
Q0.1
Q0.1

图4-40　单按钮起动/停止控制程序(3)

（2）延时0.5s单按钮起动/停止控制程序的编程　起动/停止共用同一个按钮，连接I0.0，负载连接Q0.1。为消除连续按下按钮时产生的误操作，I0.0接入断开延时定时器T40的输入端，因为T40延时0.5s，所以对0.5s时间内重复的按钮动作不计数。其梯形图和指令表程序如图4-41所示。

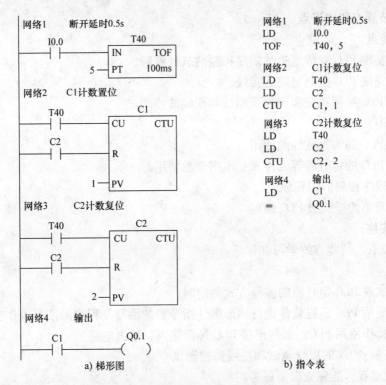

a) 梯形图　　　　　　　　　　　b) 指令表

图 4-41　延时单按钮起动/停止控制的梯形图和指令表程序

4.2　实训项目

4.2.1　项目1　传送带顺序起停 PLC 控制系统的设计

1. 项目任务

有 3 台传送带运输机，分别由电动机 M1、M2、M3 驱动，如图 4-42 所示。

要求：按起动按钮 SB1 后，起动时顺序为 M1、M2、M3，间隔时间为 5s。按停止按钮 SB2 后，停车时的顺序为 M3、M2、M1，间隔时间为 3s。3 台电动机 M1、M2、M3 分别通过接触器 KM1、KM2、KM3 接通三相交流电源，用 PLC 控制接触器的线圈。图 4-43 所示为传送带顺序控制时序图。

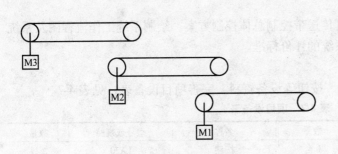

图 4-42　传送带工作示意图

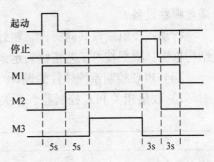

图 4-43　传送带顺序工作控制时序图

2. 项目技能点和知识点

（1）技能点

1）能够实现 PLC 对传送带的顺序控制的软件编程。

2）能够完成 PLC 控制电路的接线。

3）能对 PLC 控制系统实现离线调试和在线监控调试。

（2）知识点

1）掌握 PLC 的编程软件的使用。

2）掌握 PLC 的定时器等元件和基本指令的使用。

3）理解顺序控制的编程原理。

4）掌握简单的经验法 PLC 编程。

3. 项目实施

（1）知识点、技能点的学习和训练

思考：

1）能否实现 PLC 定时器的多种方式的定时？

2）如何使用 PLC 编程软件进行梯形图、指令表的编写及程序的读写操作？

3）如何操作使用 PLC？如何连接 PLC 外部输入、输出电路？

4）如何进行程序的离线调试和在线监控调试？

行动：试试看，能完成以下任务吗？

训练内容和控制要求

任务一：按下起动按钮 I0.0 通过 PLC 实现流水灯 Q0.0 亮 2s 后熄灭，接着 Q0.1 再亮 2s 后熄灭、接着 Q0.2 亮 2s 熄灭，以后循环，按下停止按钮 I0.1 所有灯熄灭。

任务二：使用基本指令编写洗手间小便池冲水系统控制程序。

控制要求：当来人时，光电开关使 I0.0 接通 2s 后控制冲水系统冲水（Q0.0 为 ON）3s，人离开后控制冲水系统冲水 4s。

（2）明确项目工作任务

思考：项目工作任务是什么？（仔细分析项目任务要求）

行动：根据系统控制和操作要求，逐项分解工作任务，完成项目任务分析。分析任务及所要求达到的技术指标和工艺要求。

（3）确定系统控制方案

思考：系统采用什么主控制器？采用什么控制策略，选择什么样的控制方案，完成项目需要哪些设备？

行动：小组成员共同研讨，制订传送带控制总体控制方案，绘制系统工作流程图及系统结构框图；根据技术工艺指标确定系统的评价标准。

（4）PLC 控制系统硬件的设计

1）收集相关 PLC 控制器、开关、按钮等设备资料，完善项目设备表，见表 4-7。

表 4-7　项目设备表

名称	型号或规格	数量	名称	型号或规格	数量
PLC	S7-200	1 台	按钮	LA20	2 只
熔断器	RC1A-15	3 只	导线	2.5mm²	若干

（续）

名称	型号或规格	数量	名称	型号或规格	数量
一般电工工具	螺钉旋具、测电笔、万用表、剥线钳等	1 套	三相异步电动机	Y-100L2-4	3 只
			交流接触器	CJ10-20	3 只
低压断路器	DZ15	3 只			

2）输入/输出的点分配。根据被控对象对 PLC 系统的功能要求和所需要输入/输出的点数，选择适当类型的 PLC。分配输入/输出的点，见表 4-8。

表 4-8　I/O 分配表

输　入 (I)			输　出 (O)		
元件	功能	信号地址	元件	功能	信号地址
按钮 SB1	传送带起动	I0.0	KM1	传送带 1	Q0.0
按钮 SB2	传送带停止	I0.1	KM2	传送带 2	Q0.1
			KM3	传送带 3	Q0.2

3）绘制出主电路和 PLC 控制系统（I/O）电气接线图，并按系统接线图连接好系统。参考电气接线图如图 4-44 所示。

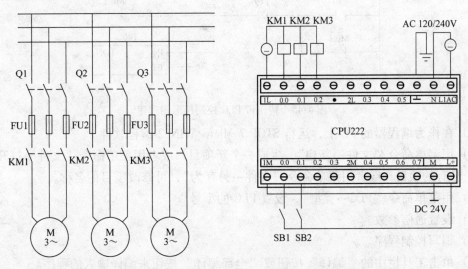

图 4-44　传送带主电路和 PLC 控制系统（I/O）电气接线图

（5）程序设计

1）根据被控对象的工艺条件和控制要求，设计梯形图，参考梯形图程序如图 4-45 所示。

2）进行程序的语法检查无误后，进行软件仿真调试。

（6）下载程序到 PLC、运行综合调试软硬件　操作步骤如下：

1）在断电状态下，连接好 PC/PPI 电缆。

2）打开 PLC 的前盖，将运行模式选择开关拨到 STOP 位置，此时 PLC 处于停止状态，或者用鼠标单击工具栏中的 STOP 按钮，可以进行程序编写。

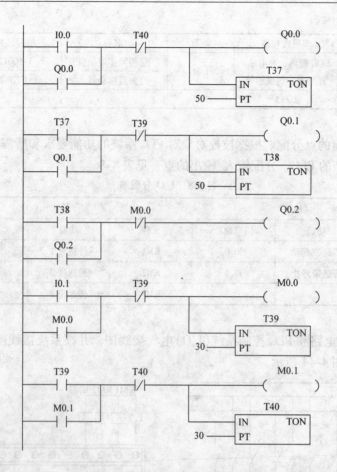

图 4-45　传送带 PLC 控制梯形图程序

3）在作为编程器的 PC 上，运行 STOP 7 Micro/WIN32 编程软件。

4）用菜单命令"文件→新建"，生成一个新项目，或者用菜单命令"文件→打开"，打开一个已有的项目，或者用菜单命令"文件→另存为"，可修改项目的名称。

5）用菜单命令"PLC→类型"，设置 PLC 的型号。

6）设置通信参数。

7）编写控制程序。

8）单击工具栏中的"编译"按钮或"全部编译"按钮来编译输入的程序。

9）下载程序文件到 PLC。

10）进行系统的运行和通过 PLC 编程软件进行监控联合调试、发现问题进行修改。直到系统完善。

（7）编写系统技术文件和完善过程资料　编制一份系统操作使用说明书，并完善过程资料。

（8）项目考核及总结

1）问题讨论

① 对于定时器，如果系统的编程元件是 T33、T34、T35、T36，每个定时器的 PT 值是多少？

② 如果起动间隔和停车间隔是相同的，可否只用两个定时器，使其既能完成起动时的时间间隔控制，又能完成停车时的时间间隔控制。

③ 在参考梯形图程序中，M0.0 及 M0.1 的作用是什么？

2）**思考**：整个项目任务完成得怎么样？有何收获和体会？还有哪些需要改进的地方？对自己有何评价？并进行总结和成果展示。

3）填写考核表，与同学、教师共同完成本次项目的考核工作。整理上述步骤中所编写的过程材料，完成项目训练报告。

4.2.2 项目 2 液体混合装置的 PLC 控制系统的设计

1. 项目任务

设计一个用 PLC 控制的液体混合装置的控制系统。

初始状态，电磁阀 YV1、YV2、YV3 以及电动机 M、加热电路 H 状态均为 OFF，液位传感器 S1、S2、S3 状态均为 OFF。

按下起动按钮 SB1，开始注入液体 A，当液面高度达到 S2 时，停止注入液体 A，开始注入液体 B，当液面上升到 S1 时，停止注入液体，开始搅拌，10s 后继续搅拌，同时加热 5s，5s 后停止搅拌，继续加热 8s。8s 后停止加热，同时放出混合液体 C，当液面降至 S3 时，继续放 2s，2s 后停止放出液体，同时重新注入液体 A，开始下一次混合。按下停止按钮 SB2，在完成当前的混合任务后，返回初始状态。其示意图如图 4-46 所示。

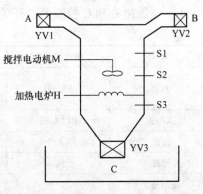

图 4-46　液体混合控制装置示意图

2. 项目技能点和知识点

（1）技能点

1）能够实现对液体混合装置 PLC 控制系统的软、硬件设计。

2）能够完成 PLC 控制电路的接线。

3）能对 PLC 控制系统能够实现离线调试和在线监控调试。

（2）知识点

1）掌握 PLC 的编程软件的使用。

2）掌握 PLC 的定时器等元件和基本指令的使用。

3）掌握基本单元电路的使用。

4）掌握经验法的 PLC 编程。

3. 项目实施

（1）知识点、技能点的学习和训练

思考：

1）液体混合装置的工作过程是如何实现的？

2）什么是双线圈输出？如何避免双线圈输出？

3）如何操作使用 PLC？如何连接 PLC 外部输入、输出电路？

行动：试试看，能完成以下任务吗？

训练内容和控制要求：

任务一：用 PLC 编程实现楼梯间的一路灯的两地控制系统的设计。

任务二：用 PLC 编程实现客厅的大灯的控制。要求如下：按钮按下第一次打开白灯，第二次打开黄灯第三次打开蓝灯，第四次打开红灯，第五次全打开，第六次关闭所有灯。

(2) 明确项目工作任务

思考：项目工作任务是什么？(仔细分析项目任务要求)

行动：根据系统控制和操作要求，逐项分解工作任务，完成项目任务分析。分析任务及所要求达到的技术指标和工艺要求。

(3) 确定系统控制方案

思考：系统采用什么主控制器？采用什么控制策略？完成项目需要哪些设备？

行动：小组成员共同研讨，制订液体混合控制系统总体控制方案，绘制系统工作流程图及系统结构框图；根据技术工艺指标确定系统的评价标准。

(4) PLC 控制系统硬件的设计

1) 收集相关 PLC 控制器、开关、按钮等设备资料，完善项目设备表，见表4-9。

表 4-9　项目设备表

名称	型号或规格	数量	名称	型号或规格	数量
PLC	S7-200	1 台	一般电工工具	螺钉旋具、测电笔、万用表、剥线钳等	1 套
熔断器	RC1A-15	2 只	低压断路器	DZ15	3 只
按钮	LA20	2 只	液位限位开关		3 只
导线	1.5mm^2	若干	交流接触器	CJ10-20	3 只
电加热炉		1	搅拌机		1

2) 输入/输出的点分配。根据被控对象对 PLC 系统的功能要求和所需要输入/输出的点数，选择适当类型的 PLC。分配输入/输出的点，见表4-10。

表 4-10　I/O 分配表

输入(I)			输出(O)		
元件	功能	信号地址	元件	功能	信号地址
按钮 SB1	起动	I0.0	YV1	注入液体 A	Q0.0
按钮 SB2	停止	I0.1	YV2	注入液体 B	Q0.1
S1	限位开关	I0.2	YV3	排除液体 C	Q0.2
S2	限位开关	I0.3	M	搅拌电动机	Q0.3
S3	限位开关	I0.4	H	电加热	Q0.4

3) 绘制出 PLC 控制系统(I/O)电气接线图。

(5) 程序设计

1) 根据被控对象的工艺条件和控制要求，设计梯形图。

2) 进行程序的语法检查无误后，进行软仿真调试。

（6）下载程序到 PLC、运行综合调试软硬件　操作步骤如下：

1）在断电状态下，连接好 PC/PPI 电缆。

2）打开 PLC 的前盖，将运行模式选择开关拨到 STOP 位置，此时 PLC 处于停止状态，或者用单击工具栏中的 STOP 按钮，可以进行程序编写。

3）在作为编程器的 PC 上，运行 STOP 7 Micro/WIN32 编程软件。

4）用菜单命令"文件→新建"，生成一个新项目，或者用菜单命令"文件→打开"，打开一个已有的项目，或者用菜单命令"文件→另存为"，可修改项目的名称。

5）用菜单命令"PLC→类型"，设置 PLC 的型号。

6）设置通信参数。

7）编写控制程序。

8）单击工具栏中的"编译"按钮或"全部编译"按钮来编译输入的程序。

9）下载程序文件到 PLC。

10）进行系统的运行和通过 PLC 编程软件进行在线监控联合调试，发现问题进行修改，直到系统完善。

（7）项目考核及总结

思考：整个项目任务完成得怎么样？有何收获和体会？项目有没有创新的地方？有没有需要完善和改进的地方？对自己有何评价？

行动：按照任务书的要求，填写考核表，与同学、教师共同完成本次项目的考核工作。整理上述步骤中所编写的材料，完成项目训练报告。

4.2.3　项目 3　十字路口交通灯的 PLC 控制系统的设计

1. 项目任务

设计一个用 PLC 控制的十字路口交通灯的控制系统，实现十字路口交通灯的控制。

控制系统具有手动和自动两种工作方式：

1）手动运行时，两方向的黄灯同时闪动，周期是 1s。

2）自动运行时，按一下起动按钮，信号灯系统按图 4-47 所示要求开始工作（绿灯闪烁的周期为 1s），按一下停止按钮，所有信号灯都熄灭。

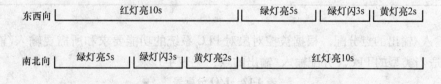

图 4-47　十字路口交通灯时序图

2. 项目技能点和知识点

（1）技能点

1）能够实现对十字路口的交通灯 PLC 控制系统的软、硬件设计。

2）能够完成 PLC 控制电路的接线。

3）能对 PLC 控制系统能够实现离线调试和在线监控调试。

（2）知识点

1）掌握 PLC 的编程软件的使用。

2）掌握 PLC 的定时器等元件和基本指令的使用。

3）掌握基本单元电路的使用。

4）掌握经验法的 PLC 编程。

3. 项目实施

（1）知识点、技能点的学习和训练

1）思考：

① 交通灯控制的工作过程是如何实现的？

② 定时器的振荡定时和顺序定时是如何实现的？

③ 如何操作使用 PLC？如何连接 PLC 外部输入、输出电路？

2）行动：试试看，能完成以下任务吗？

① 任务一：用 PLC 单独编程实现手动工作方式，让两方向的黄灯同时闪动，周期是 1s。

② 任务二：用 PLC 单独编程实现自动工作方式东西方向的交通灯控制。

（2）明确项目工作任务

① 思考：项目工作任务是什么？（仔细分析项目任务要求）

② 行动：根据系统控制和操作要求，逐项分解工作任务，完成项目任务分析。分析任务及所要求达到的技术指标和工艺要求。

（3）确定系统控制方案

① 思考：系统采用什么主控制器？采用什么控制策略？完成项目需要哪些设备？

② 行动：小组成员共同研讨，制订十字路口交通灯的 PLC 控制系统总体控制方案，绘制系统工作流程图及系统结构框图；根据技术工艺指标确定系统的评价标准。

（4）PLC 控制系统硬件的设计

1）收集相关 PLC 控制器、开关、按钮等设备资料，完善项目设备表见表 4-11。

表 4-11 项目设备表

名称	型号或规格	数量	名称	型号或规格	数量
PLC	S7-200	1 台	一般电工工具	螺钉旋具、测电笔、万用表、剥线钳等	1 套
熔断器	RC1A-15	1 只	指示灯		6
按钮	LA20	2 只	导线	1.5mm²	若干

2）输入/输出的点分配。根据被控对象对 PLC 系统的功能要求和所需要输入/输出的点数，选择适当类型的 PLC。分配输入/输出的点，见表 4-12。

表 4-12 I/O 分配表

输 入(I)			输 出(O)		
元件	功能	信号地址	元件	功能	信号地址
开关	手动、自动选择	I0.0	南北绿灯	南北绿灯指示	Q0.0
按钮 SB2	起动	I0.1	南北黄灯	南北黄灯指示	Q0.1
按钮 SB1	停止	I0.2	南北红灯	南北红灯指示	Q0.2
			东西绿灯	东西绿灯指示	Q0.3
			东西黄灯	东西黄灯指示	Q0.4
			东西红灯	东西红灯指示	Q0.5

3）绘制出 PLC 控制系统(I/O)电气接线图。

（5）程序设计

1）根据被控对象的工艺条件和控制要求，设计梯形图。

2）进行程序的语法检查无误后，进行软仿真调试。

（6）下载程序到 PLC、运行综合调试软硬件　操作步骤如下：

1）在断电状态下，连接好 PC/PPI 电缆。

2）打开 PLC 的前盖，将运行模式选择开关拨到 STOP 位置，此时 PLC 处于停止状态，或者单击工具栏中的 STOP 按钮，可以进行程序编写。

3）在作为编程器的 PC 上，运行 STOP 7 Micro/WIN4.0 编程软件。

4）用菜单命令"文件→新建"，生成一个新项目，或者用菜单命令"文件→打开"，打开一个已有的项目，或者用菜单命令"文件→另存为"，可修改项目的名称。

5）用菜单命令"PLC→类型"，设置 PLC 的型号。

6）设置通信参数。

7）编写控制程序。

8）单击工具栏中的"编译"按钮或"全部编译"按钮来编译输入的程序。

9）下载程序文件到 PLC。

10）进行系统的运行和通过 PLC 编程软件进行在线监控联合调试，发现问题进行修改，直到系统完善。

（7）项目考核及总结

思考：整个项目任务完成得怎么样？有何收获和体会？项目有没有创新的地方？有没有需要完善和改进的地方？对自己有何评价？

行动：按照任务书的要求，填写考核表，与同学、教师共同完成本次项目的考核工作。整理上述步骤中所编写的材料，完成项目训练报告。

思考练习题

1. 写出图 4-48 梯形图对应的指令语句。

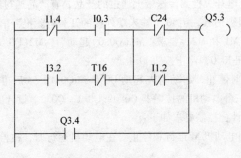

图 4-48　梯形图

2. 将下列语句转换为梯形图，并简要说明其逻辑结构。

LD	I0.1	LPS	
AN	I0.0	A	I0.4
LPS		=	Q2.1
AN	I0.2	LPP	

A	I4.6		=	M3.6
R	Q0.3，1		LPP	
LRD			AN	I0.4
A	I0.5		TON	T37，25

3. 写出图 4-49 所示梯形图程序对应的语句表指令。

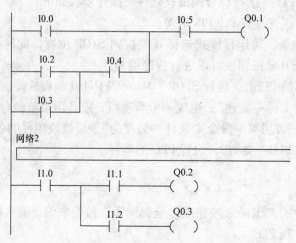

图 4-49　梯形图

4. 根据下列语句表程序，写出梯形图程序。

LD	I0.0		A	I0.6
AN	I0.1		=	Q0.1
LD	I0.2		LPP	
A	I0.3		A	I0.7
O	I0.4		=	Q0.2
A	I0.5		A	I1.1
OLD			=	Q0.3
LPS				

5. 用接在 I0.0 输入端的光电开关检测传送带上通过的产品，有产品通过时 I0.0 为 ON，如果在 10s 内没有产品通过，由 Q0.0 发出报警信号，用 I0.1 输入端外接的开关解除报警信号。设计出梯形图程序。

6. 有两台三相异步电动机 M1 和 M2，要求：M1(Q0.0)起动后，M2(Q0.1)才能起动，M1 停止后，M2 延时 30s 后才能停止。起动按钮 I0.0，停止按钮 I0.1。

7. 有电动机三台，能够同时停止，起动时先起动 O0.0 和 Q0.1，5s 后再起动 Q0.2。输入：起动按钮 I0.0，停车按钮 I0.1。输出：三台电动机的接触器 Q0.0、Q0.1、Q0.2。设计出梯形图程序。

8. 正次品分拣机的程序设计，控制要求如下：

1) 用起动和停止按钮控制电动机 M 运行和停止。在电动机运行时，被检测的产品(包括正次品)在传送带上运行。

2) 产品(包括正、次品)在传送带上运行时，S1(检测器)检测到的次品，经过 5s 传送，到达次品剔除位置时，起动电磁铁 Y 驱动剔除装置，剔除次品(电磁铁通电 1s)，检测器 S2 检测到的次品，经过 3s 传送，起动 Y，剔除次品；正品继续向前输送。

分配 I/O 地址，并设计梯形图程序。

9. 电动机起保停控制加点动控制。

输入：起动按钮 I0.0，停止按钮 I0.1，点动按钮 I0.3，输出 Q0.0。设计梯形图程序。

10. 设计钻床主轴多次进给控制。要求：该机床进给由液压驱动。电磁阀 YV1 得电主轴前进，失电后退。同时，还用电磁阀 YV2 控制前进及后退速度，得电快速，失电慢速。其工作过程如图 4-50 所示。

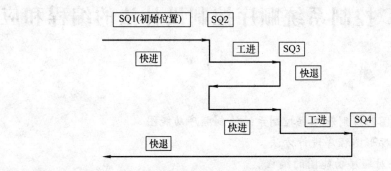

图 4-50　钻床主轴运动示意图

11. 两组带机组成的原料运输自动化系统，该自动化系统的起动顺序为：盛料斗 D 中无料，先起动带机 C，5s 后再起动带机 B，经过 7s 后再打开电磁阀 YV，该自动化系统停机的顺序恰好与起动顺序相反。试完成梯形图设计。

模块5　PLC 控制系统顺序控制设计法的编程和应用

【知识目标】

1. 掌握顺序功能图的规则和根据控制系统绘制顺序功能图。
2. 掌握顺序控制梯形图程序设计方法。
3. 掌握 SCR 指令对顺序功能图的编程。
4. 掌握使用"起保停"电路设计顺序功能图的梯形图程序。
5. 掌握"以转换为中心"的顺序功能图的编程。
6. 掌握 PLC 控制系统多种工作方式编程。

【能力目标】

1. 能够根据控制要求绘制控制系统顺序功能图。
2. 能够根据控制要求应用基本指令实现 PLC 控制系统的编程。
3. 能正确连接 PLC 系统的电路。
4. 能合理分配 I/O 地址，绘制 PLC 控制接线图。
5. 能够按照顺序功能图通过不同的编程方法来灵活设计 PLC 程序。
6. 能够使用 SCR 指令进行顺序功能图的编程。

5.1　知识链接

5.1.1　顺序控制设计法概述

经验设计方法对于一些较简单控制系统的设计比较奏效，这种设计方法主要是依靠设计人员的经验进行设计，对于复杂的系统，经验设计方法一般设计周期长，不易掌握，系统交付使用后，维修困难。所以对设计人员的要求比较高，特别是要求设计者有一定的实践经验，对工业控制系统和工业上常用的各种典型环节比较熟悉，对于初学者也不易掌握，因此下面介绍顺序控制设计法。

如果一个控制系统可以分解成几个独立的控制动作，且这些动作必须严格按照一定的先后次序执行，这样的控制系统称为顺序控制系统，也称为步进控制系统。在工业控制领域中，顺序控制系统的应用很广，尤其在机械行业，通常利用顺序控制来实现加工的自动循环。

所谓顺序控制设计法就是针对顺序控制系统的一种专门的设计方法。这种设计方法很容易被初学者接受，对于有经验的工程师，也会提高设计的效率，程序的调试、修改和阅读也很方便。PLC 的设计者们为顺序控制系统的程序编制提供了大量通用和专用的编程元件，开发了专门供编制顺序控制程序用的顺序功能图，它具有简单、直观等特点，使这种先进的设计方法成为当前 PLC 程序设计的主要方法。顺序功能图不涉及控制功能的具体技术，是一种通用的语言，是 IEC（国际电工委员会）首选的编程语言，近年来在 PLC 的编程中已经得到了普及与推广。

5.1.2　顺序控制设计法的设计步骤

采用顺序控制设计法进行程序设计的基本步骤及内容如下：

1. 步的划分

顺序控制设计法最基本的思想是将系统的一个工作周期划分为若干个顺序相连的阶段，这些阶段称为步，并且用编程元件（辅助继电器 M 或状态器 S）来代表各步。如图 5-1a 所示，步是根据 PLC 输出状态的变化来划分的，在任何一步之内，各输出状态不变，但是相邻步之间输出状态是不同的。步的这种划分方法使代表各步的编程元件与 PLC 各输出状态之间有着极为简单的逻辑关系。

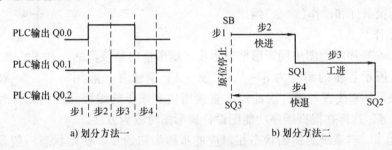

a) 划分方法一　　　　　　　　　　　b) 划分方法二

图 5-1　步的划分

步也可根据被控对象工作状态的变化来划分，但被控对象工作状态的变化应该是由 PLC 输出状态变化引起的。如图 5-1b 所示，某液压滑台的整个工作过程可划分为停止（原位）、快进、工进、快退四步。但这四步的状态改变都必须是由 PLC 输出状态的变化引起的，否则就不能这样划分，例如从快进转为工进与 PLC 输出无关，那么快进和工进只能算一步。

2. 转换条件的确定

使系统由当前步转入下一步的信号称为转换条件。转换条件可能是外部输入信号，如按钮、指令开关、限位开关的接通/断开等，也可能是 PLC 内部产生的信号，如定时器、计数器触点的接通/断开等，转换条件也可能是若干个信号的与、或、非逻辑组合。如图 5-1b 所示的 SB、SQ1、SQ2、SQ3 均为转换条件。

顺序控制设计法用转换条件控制代表各步的编程元件，让它们的状态按一定的顺序变化，然后用代表各步的编程元件去控制各输出继电器。

3. 顺序功能图的绘制

根据以上分析和被控对象工作内容、步骤、顺序和控制要求画出顺序功能图。绘制顺序功能图是顺序控制设计法中最为关键的一个步骤。绘制顺序功能图的具体方法将后面详细介绍。

4. 梯形图的编制

根据顺序功能图，按某种编程方式写出梯形图程序。有关编程方式将在后面介绍。如果 PLC 支持功能表图语言，则可直接使用该顺序功能图作为最终程序。如三菱的 PLC 编程软件就支持顺序功能图直接编程，但西门子 S7-200 PLC 并不支持。

5.1.3 顺序功能图的绘制

顺序功能图(Sequential Function Chart,SFC)也叫状态流程图(简称状态图),是描述控制系统的控制过程、功能和特性的一种图形,也是设计 PLC 的顺序控制程序的有力工具。它已成为一种通用的技术语言,可以进一步设计和不同专业的人员之间进行技术交流之用。在 IEC PLC 标准(IEC61131)中,顺序功能图被定为 PLC 位居首位的编程语言,顺序功能图主要由步序、有向连线、转移及转移条件和动作(或命令)组成。各个 PLC 厂家都开发了相应的顺序功能图,各国家也都制定了顺序功能图的国家标准。我国于 1993 年颁布了顺序功能图的国家标准(GB6988.6—1993)。

图 5-2 所示为顺序功能图的一般形式,它主要由步、有向连线、转换、转换条件和动作(命令)组成。

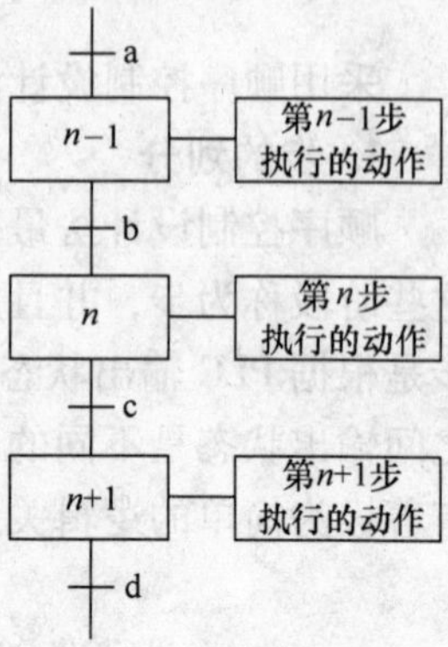

1. 步与动作

(1) 步 在顺序功能图中用矩形框表示步,矩形框内是该步的编号。图 5-2 所示各步的编号为 $n-1$、n、$n+1$。编程时一般用 PLC 内部编程元件来代表各步,因此经常直接用代表该步的编程元件的元件号作为步的编号,如 M、S 等,这样在根据顺序功能图设计梯形图时较为方便。

图 5-2 顺序功能图的一般形式

(2) 初始步 与系统的初始状态相对应的步称为初始步。初始状态一般是系统等待起动命令的相对静止的状态。初始步用双线方框表示,每一个顺序功能图至少应该有一个初始步。

(3) 动作 一个控制系统可以划分为被控系统和施控系统,例如在数控车床系统中,数控装置是施控系统,而车床是被控系统。对于被控系统,在某一步中要完成某些"动作",对于施控系统,在某一步中则要向被控系统发出某些"命令",将动作或命令简称为动作,并用矩形框中的文字或符号表示,该矩形框应与相应的步的符号相连。如果某一步有几个动作,可以用图 5-3 所示的两种画法来表示,但是图中并不隐含这些动作之间的任何顺序。

(4) 活动步 当系统正处于某一步时,该步处于活动状态,称该步为"活动步"。步处于活动状态时,相应的动作被执行。若为保持型动作则该步不活动时继续执行该动作,若为非保持型动作则指该步不活动时,动作也停止执行。一般在顺序功能图中保持型的动作应该用文字或助记符标注,而非保持型动作不要标注。

图 5-3 多个动作的表示

2. 有向连线、转换与转换条件

(1) 有向连线 在顺序功能图中,随着时间的推移和转换条件的实现,将会发生步的活动状态的顺序进展,这种进展按有向连线规定的路线和方向进行。在画顺序功能图时,将代表各步的矩形框按它们成为活动步的先后次序顺序排列,并用有向连线将它们连接起来。活动状态的进展方向习惯上是从上到下或从左至右,在这两个方向有向连线上的箭头可以省略。如果不是上述的方向，应在有向连线上用箭头注明进展方向。

（2）转换 转换是用有向连线上与有向连线垂直的短划线来表示，转换将相邻两步分隔开。步的活动状态的进展是由转换的实现来完成的，并与控制过程的发展相对应。

（3）转换条件 转换条件是与转换相关的逻辑条件，转换条件可以用文字语言、布尔代数表达式或图形符号标注在表示转换的短线的旁边。转换条件 X 和 $\overline{X}$ 分别表示在逻辑信号 X 为"1"状态和"0"状态时转换实现。符号 X↑和 X↓分别表示当 X 从 0→1 状态和从 1→0 状态时转换实现。使用最多的转换条件表示方法是布尔代数表达式，如转换条件$(X0 + X3) \cdot \overline{C0}$。

3. 顺序功能图的基本结构

（1）单序列 单序列由一系列相继激活的步组成，每一步的后面仅接有一个转换，每一个转换的后面只有一个步，如图 5-4a 所示。

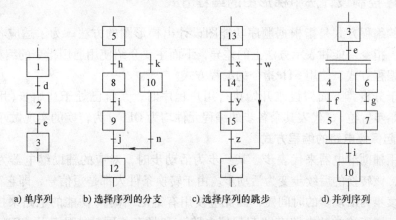

a) 单序列 b) 选择序列的分支 c) 选择序列的跳步 d) 并列序列

图 5-4 单序列、选择序列和并行序列

（2）选择序列 选择序列的开始称为分支，如图 5-4b 所示，转换符号只能标在水平连线之下。如果步 5 是活动的，并且转换条件 h = 1，则由步 5→步 8 进行转移；如果步 5 是活动的，并且 k = 1，则由步 5→步 10 进行转移。在转移时一般只允许选择一个序列。选择序列的跳步，如图 5-4c 所示。如果步 13 是活动步，并且转换条件 x = 1，则由步 13→步 14 进行转移，如果步 13 是活动步，并且转换条件 w = 1，则由步 13→步 16 进行转移。

（3）并行序列 并行序列的开始称为分支，如图 5-4d 所示，当转换条件的实现导致几个序列同时激活时，这些序列称为并行序列。当步 3 是活动步，并且转换条件 e = 1，则步 4 和步 6 这两步同时变为活动步，同时步 3 变为不活动步。为了强调转换的同步实现，水平连线用双线表示。步 4、6 被同时激活后，每个序列中活动步的进展将是独立的。在表示同步的水平双线之上，只允许有一个转换符号。并行序列的合并：必须步 5 和步 7 都变成活动步并且条件 i = 1 才能转移到步 10。

4. 绘制顺序功能图的注意事项

1）两个步绝对不能直接相连，必须用一个转换将它们隔开。

2）两个转换也不能直接相连，必须用一个步将它们隔开。

3）顺序功能图中的初始步一般对应于系统等待起动的初始状态，初始步可能没有输出处于 ON 状态，但初始步是必不可少的。

4）自动控制系统应能多次重复执行同一工艺过程，因此在顺序功能图中一般应有由步和有向连线组成的闭环，即在完成一次工艺过程的全部操作之后，应从最后一步返回到初始步，系统停留在初始状态(单周期操作)，在连续循环工作方式时，应从最后一步返回下一个工作周期开始运行的第一步。

5）在顺序功能图中，只有当某一步的前级步是活动步时，该步才有可能变成活动步。如果用没有断电保持功能的编程元件代表各步，则进入 RUN 工作方式时，它们均处于 OFF 状态，必须用初始化脉冲 SM0.1 的常开触点作为转换条件，将初始步预置为活动步，否则因顺序功能图中没有活动步，系统将无法工作。如果系统有自动、手动两种工作方式，由于顺序功能图是用来描述自动工作过程的，这时还应在系统由手动工作方式进入自动工作方式时，用一个适当的信号将初始步置为活动步。

5.1.4 顺序控制设计法中梯形图的编程方式

梯形图的编程方式是指根据顺序功能图设计出梯形图的方法。为了适应各厂家的 PLC 在编程元件、指令功能和表示方法上的差异，下面主要介绍使用通用指令的编程方式、以转换为中心的编程方式、使用 STL 指令的编程方式。

为了便于分析，下面假设刚开始执行用户程序时，系统已处于初始步(用初始化脉冲 SM0.1 将初始步置位)，代表其余各步的编程元件均为 OFF，为转换的实现做好了准备。

1. 使用起保停电路的编程方式

编程时用辅助继电器来代表步。某一步为活动步时，对应的辅助继电器为"1"状态，转换实现时，该转换的后续步变为活动步。由于转换条件大都是短信号，即它存在的时间比它激活的后续步为活动步的时间短，因此应使用有记忆(保持)功能的电路来控制代表步的辅助继电器。属于这类的电路有"起保停电路"和具有相同功能的使用 SET、RST 指令的电路。

图 5-5a 所示 $M_{X,Y-1}$、$M_{X,Y}$ 和 $M_{X,Y+1}$ 是顺序功能图中顺序相连的 3 步，$I_{X,Y}$ 是步 $M_{X,Y}$ 之前的转换条件。

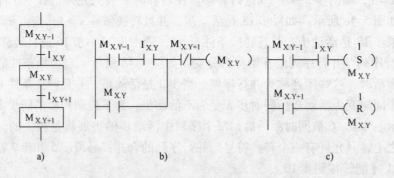

图 5-5 使用起保停电路的编程方式示意图

编程的关键是找出它的起动条件和停止条件。根据转换实现的基本规则，转换实现的条件是它的前级步为活动步，并且满足相应的转换条件，所以步 $M_{X,Y}$ 变为活动步的条件是 $M_{X,Y-1}$ 为活动步，并且转换条件 $I_{X,Y}=1$，在梯形图中则应将 $M_{X,Y-1}$ 和 $I_{X,Y}$ 的常开触点串联后作为控制 $M_{X,Y}$ 的起动电路，如图 5-5b 所示。当 $M_{X,Y}$ 和 $I_{X,Y}$ 均为"1"状态时，步 $M_{X,Y+1}$ 变为活动步，这时步 $M_{X.Y}$ 应变为不活动步，因此可以将 $M_{X.Y+1}=1$ 作为使 $M_{X.Y}$ 变为"0"状态的条件，即将 $M_{X.Y+1}$ 的常闭触点与 $M_{X.Y}$ 的线圈串联。也可用 S、R 指令来代替"起保停电路"，如图 5-5c 所示。

这种编程方式仅仅使用与触点和线圈有关的指令，任何一种 PLC 的指令系统都有这一类指令，所以称为使用通用指令的编程方式，可以适用于任意型号的 PLC。

（1）单序列的起保停电路的编程 以锅炉鼓风机与引风机控制为例，来介绍单序列的起保停电路的编程，锅炉鼓风机与引风机的工作流程如下：按下起动按钮 I0.0。引风机开始工作并保持（Q0.0 为 ON），12s 以后鼓风机开始工作并保持（Q0.1 为 ON），按下停止按钮 I0.1，鼓风机停止工作，10s 以后引风机停止工作。图 5-6 所示为锅炉的鼓风机和引风机控制工作时序图。

根据锅炉的鼓风机和引风机控制的工作时序，画出其顺序功能图如图 5-7 所示，一个工作周期可以分为 1 个初始步和 3 个工作步，分别用 M0.0 ~ M0.3 来代表这 4 步。起动按钮 I0.0、定时器 T37、定时器 T38、停止按钮 I0.1 是各步间的转换条件。根据上述的编程方法和顺序功能图，很容易画出图 5-8 所示的梯形图。例如图 5-8 中步 M0.0 的前级步为 M0.3，该步前面的转换条件为 T38，所以 M0.0 的起动电路由 M0.3 和 T38 的常开触点串联而成，PLC 开始运行时应将 M0.0 置为 ON，否则系统无法工作，所以将 PLC 特殊功能辅助继电器 SM0.1 起动一个扫描周期，因此起动电路还并联了 SM0.1 的常开触点，同时还得并联 Q0.0 的自保持触点。步 M0.0 的后续步是 M0.1，所以应将 M0.1 的常闭触点与 M0.0 的线圈串联，作为控制 M0.0 的停止电路，M0.1 为 ON 时，其常闭触点断开，使 M0.0 的线圈"断电"。后续工作步的编写原理一样。

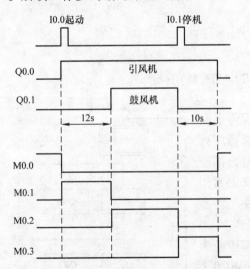

图 5-6 锅炉的鼓风机和引风机控制工作时序图

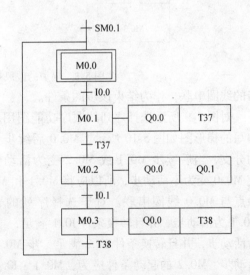

图 5-7 锅炉的鼓风机和引风机控制的顺序功能图

注意：该电路三个工作步都输出 Q0.0，为了避免出现双线圈现象，不能将 Q0.0 线圈分别与 M0.1、M0.2、M0.3 的线圈直接输出，可以最后将 Q0.0 线圈分别与 M0.1、M0.2、M0.3 的常开触点进行并联输出。

（2）选择序列的分支的编程方法 如果某一步的后面有一个由 N 条分支组成的选择序列，该步可能转到不同的 N 步中去，应将这 N 个后续步对应的辅助继电器的常闭触点与该

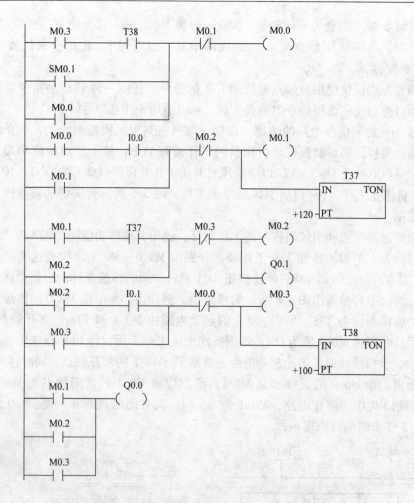

图 5-8 锅炉的鼓风机和引风机控制的梯形图

步的线圈串联,作为结束该步的条件。

对图 5-9 所示选择序列的顺序功能图用起保停电路编写的梯形图如图 5-10 所示,M0.0 后续步为选择序列的分支,当后续步 M0.1 或 M0.2 变为活动步时,都应使 M0.0 变为不活动步,所以应将 M0.1 和 M0.2 的常闭触点与 M0.0 线圈串联。对于选择序列的合并,当步 M0.1 为活动步,并且转换条件 I0.1 满足,或者步 M0.0 为活动步,并且转换条件 I0.2 满足,步 M0.2 都应变为活动步,M0.2 的起动条件应为:M0.1·I0.1 + M0.0·I0.2,对应的起动电路由两条并联支路组成,每条支路分别由 M0.1、I0.1 串联及 M0.0、I0.2 的常开触点串联而成。在设计梯形图时,其实没有必要特别留意选择序列的如何处理,只要正确地确定每一步的转换条件和转换目标即可。

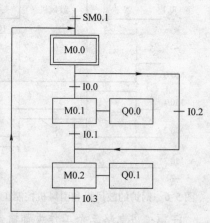

图 5-9 选择序列的顺序功能图

(3)使用起保停电路的并行序列结构的编程方法 如图 5-11 所示,M0.2 之后有一个并行序列的分支,当步 M0.2 为活动步且转换条件 I0.3 满足时,步 M0.3 和步 M0.5 同时变为活动步，对应在图 5-12 中带并行序列的起保停方法编程的梯形图中的 M0.2 和 I0.3 的常开触点串联电路都用来作为控制步 M0.3 和步 M0.5 的起动电路。而 M0.0 的描述，其中一个起动条件为并行序列中各单序列 M0.4 和 M0.6 步应同时变为活动步，所以对 M0.0 的起动条件为串联 M0.4 和 M0.6 及 I0.6 的常开触点。

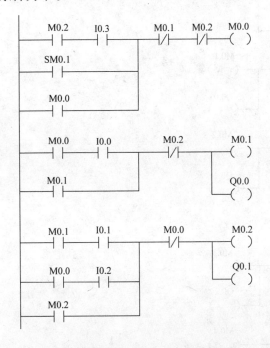

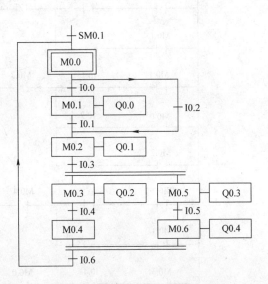

图 5-10　选择序列的起保停方法编程的梯形图　　　　图 5-11　带并行序列的顺序功能图

（4）注意事项　使用起保停的编程方法时应该注意以下几个问题：

如果在顺序功能图中存在仅由两步组成的小闭环，如图 5-13a 所示，用起动、保持、停止电路设计的梯形图不能正常工作。例如在 M0.3 和 I0.3 均为 ON 时，M0.2 的起动电路接通，但是这时与它串联的 M0.3 的常闭触点却是断开的，如图 5-13b，所以 M0.2 的线圈不能"通电"。出现上述问题的根本原因在于步 M0.3 既是步 M0.2 的前级步，又是它的后续步。同样的原因，M0.3 也无法起动，因为步 M0.2 既是步 M0.3 的前级步，又是它的后续步。将图 5-13b 中的作为停止用的辅助继电器的常闭触点改为对应转换条件的常闭触点，就可以解决相邻两步的起停矛盾，将 M0.3 的常闭触点改为转换条件 I0.2 的常闭触点，同样将 M0.2 的常闭触点改为转换条件 I0.3 的常闭触点，由于程序的顺序逻辑即使当 M0.2 是活动步时并且条件 I0.2 满足时，而 I0.2 会先停止 M0.2，而无法起动 M0.3，为了解决这个问题增设一 I0.2 控制的一个中间辅助继电器 M1.0，作为停止 M0.2 这个步的条件，要注意的是一定要将 I0.2 输出的 M1.0 这行程序放在 M0.3 步的后面就可以可以解决上述问题，完善后的梯形图如图 5-13c 所示。

2. 以转换为中心的编程方式

图 5-14 所示为以转换为中心的编程方式设计的梯形图与顺序功能图的对应关系。图中要实现步 $M_{X.Y-1}$ 向 $M_{X.Y}$ 步转换对应的转换必须同时满足两个条件：前级步为活动步（$M_{X.Y-1}=1$）和转换条件满足（$I_{X.Y}=1$），所以用 $M_{X.Y-1}$ 和 $X_{X.Y}$ 的常开触点串联组成的电路来表示上述条件。两个条件同时满足时，该电路接通时，此时应完成两个操作：将后续步变为

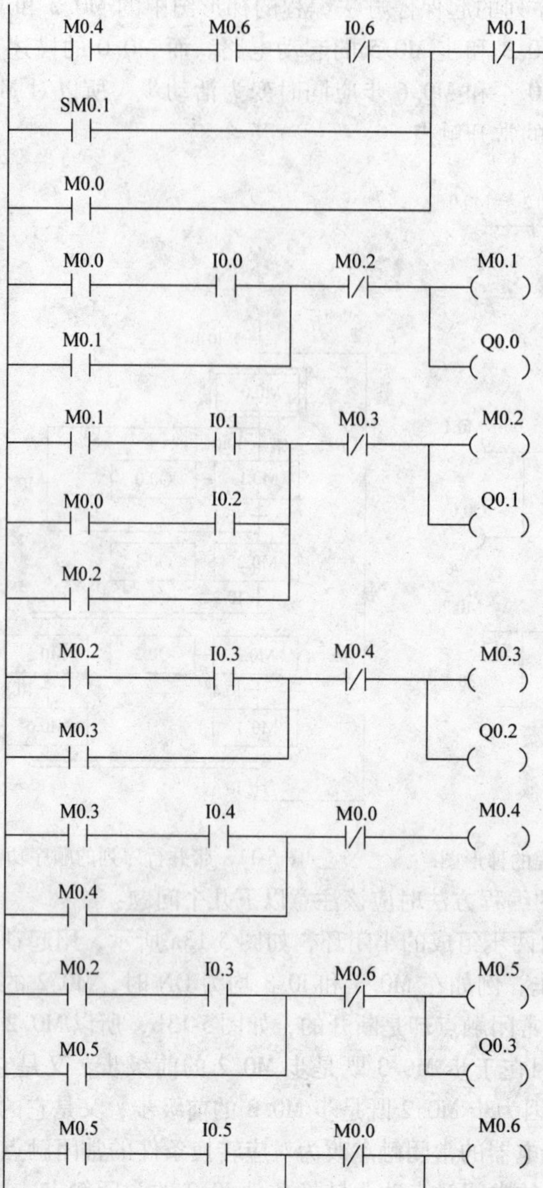

图 5-12　带并行序列的起保停方法编程的梯形图

活动步(用 S　$M_{X.Y}$ 指令将 $M_{X.Y}$ 置位)和将前级步变为不活动步(用 R　$M_{X.Y-1}$ 指令将 $M_{X.Y-1}$ 复位)。这种编程方式与转换实现的基本规则之间有着严格的对应关系,用它编制复杂的顺序功能图的梯形图时,更能显示出它的优越性。不同序列的编程:只要对照顺序功能图的工作原理和流程,在设计梯形图时,其实没有必要特别留意选择、并行序列的如何处理,只要正确地确定每一步的转换条件和转换目标即可,类似起保停的编程方法。

图 5-15 所示是对图 5-7 锅炉的鼓风机和引风机控制的顺序功能图采用的以转换为中心的编程方法编程的梯形图。

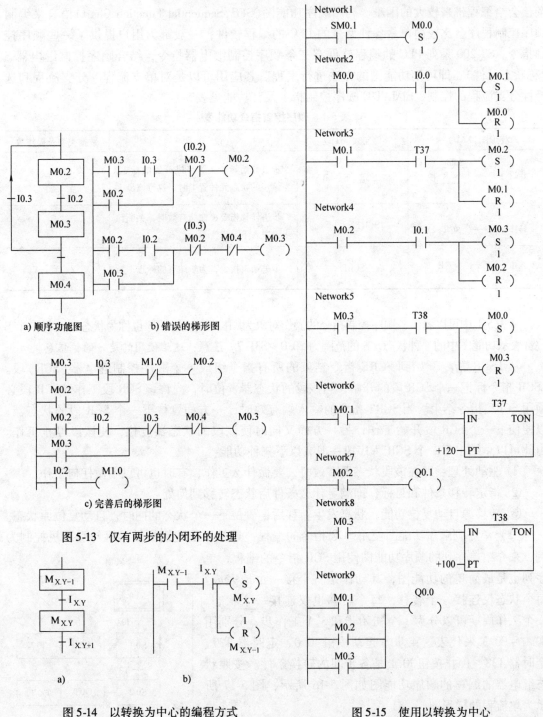

a) 顺序功能图　　　b) 错误的梯形图

c) 完善后的梯形图

图 5-13　仅有两步的小闭环的处理

a)　　　　　　b)

图 5-14　以转换为中心的编程方式

图 5-15　使用以转换为中心
的编程方法对锅炉鼓风机
和引风机控制的编程

3. 使用 SCR 指令的顺序控制梯形图的设计方法

在工程上，用梯形图或语句表的一般指令编程，程序简洁但需要一定的编程技巧，特别是对于一个工艺过程比较复杂的控制系统，如一些顺序控制过程，各过程之间的逻辑关系复杂,会给编程带来较大的困难。利用顺序功能图(SFC,Sequential Function Chart)语言来编制顺序控制程序会比较简单。各种型号的 PLC 的编程软件,一般都为用户提供了一些顺序控制指令。S7-200 系列 PLC 的编程软件有三条顺序控制继电器指令,结合顺序控制继电器 S(称状态元件),即可用功能图的方法进行编程。其应用可以是对单支流程、分支流程和选择性分支流程的控制,SIMATIC 顺序控制指令及其功能见表 5-1。

表 5-1 顺序控制指令功能表

梯形图(LAD)	语句表(STL)	说 明	数据类型及操作数
开始 —S bit SCR	LSCR S bit	步进开始指令,为步进开始的标志,当该步的状态元件置 1 时,执行该步	S,位
转移 ——(SCRT) S bit	SCRT S bit	步进转移指令,使能有效时,关断该步,进入下一步	S,位
结束 ——(SCRE)	SCRE	步进结束指令,为步结束的标志	无

从表 5-1 中可以看出,顺序控制指令的操作对象为顺控继电器 S,S 也称为状态器,每一个 S 位都表示功能图中的一种状态。S 的范围为 S0.0 ~ S31.7。**注意:**这里使用的是 S 的位信息。

从 LSCR 指令开始到 SCRE 指令结束的所有指令组成一个顺序控制继电器(SCR)段。LSCR 指令标记一个 SCR 段的开始,当该段的状态器置位时,允许该 SCR 段工作。SCR 段必须用 SCRE 指令结束。当 SCRT 指令的输入端有效时,一方面置位下一个 SCR 段的状态器,以便使下一个 SCR 段开始工作;另一方面又同时使该段的状态器复位,使该段停止工作。

由此可以总结出每一个 SCR 程序段一般有以下三种功能:

① 驱动处理:即在该段状态器有效时,要做什么工作,有时也可以不做任何工作。

② 指定转移条件和目标:即满足什么条件后状态转移到何处。

③ 转移源自动复位功能:状态发生转移后,置位下一个状态的同时,自动复位原状态。

(1) 单序列顺序功能图使用 SCR 指令的编程 还是以上述锅炉鼓风机与引风机控制为例,来介绍单序列的顺序功能图使用 SCR 指令的编程,单序列也是最简单的功能图,其动作是一个接一个地完成。每个状态仅连接一个转移,每个转移也仅连接一个状态。一个工作周期可以分为 1 个初始步和 3 个工作步,分别用 S0.0 ~ S0.3 来代表这 4 步。起动按钮 I0.0、定时器 T37、定时器 T38、停止按钮 I0.1 是各步间的转换条件。按照状态继电器的编写的顺序功能图如图 5-16 所示,图 5-17 所示为单流程的梯形图。

(2) 选择序列、并行序列顺序功能图使用 SCR 指令的编程 在生产实际中,对具有多流程的工作要进行流程选择或者分支选择。即从一个步可能转入多个可能的步中的某一个,但不允许多路分支同时执行。到底进入哪一个步的分支,取决于当前工作步后面控制的转移条件哪一个为

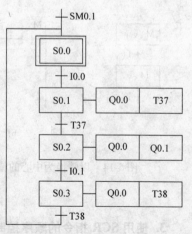

图 5-16 用状态继电器编写的鼓风
机和引风机控制的顺序功能图

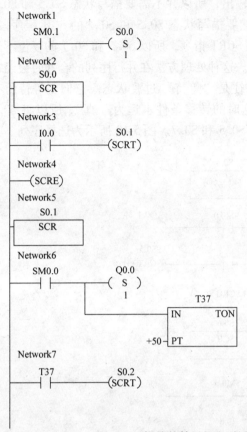

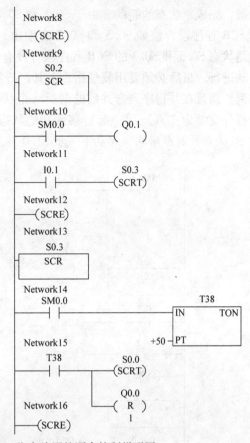

图 5-17　锅炉的鼓风机和引风机 SCR 指令编写的顺序控制梯形图

真。SCR 指令的编程对选择序列的编程同单序列相似，把每个步的开始、输出、条件转移、结束都描述好就可以了。

在许多实例中，一个顺序控制状态流同时分成两个或多个不同分支控制状态，这就是并行序列或并发分支。即从一个步同时转入后续的两个或多个步，当多个控制流产生的结果相同时，可以把这些控制流合并成一个控制流，即并行序列的合并。在合并控制流时，所有前面的分支序列必须都是完成了的。这样，在转移条件满足时才能转移到下一个状态。并行序列一般用双水平线表示，同时结束若干个顺序也必须用双水平线表示。

图 5-18 所示的顺序功能图既有选择序列又有并行序列，S0.0 步后的分支为选择序列，S0.3 步后的分支为并行序列。需要特别说明的是，并行序列合并时要同时使状态转移到新的

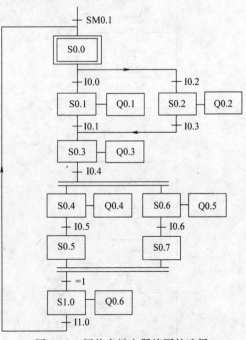

图 5-18　用状态继电器编写的选择序列、并行序列的顺序功能图

状态，完成新状态的起动。由于 S0.5 和 S0.7 无输出，所以并不需要描写状态 S0.5 和 S0.7 的 SCR 程序段，假如 S0.5 和 S0.7 有输出，虽然要描写状态 S0.5 和 S0.7 的 SCR 程序段，但是状态 S0.5 和 S0.7 的 SCR 程序段并没有使用 SCRT 指令，所以 S0.5 和 S0.7 的复位不能自动进行，最后必须要用复位指令对其进行复位。这种处理方法在并行序列的合并时会经常用到，而且在并行序列合并前的最后一个状态往往是"等待"过渡状态。它们要等待所有并行分支都为"真"后一起转移到新的状态。这时的转移条件永远为"真"，所以将 S0.5 和 S0.7 常开触点串联，起动下一步 S1.0 并复位 S0.5 和 S0.7。图 5-19 所示为选择序列、并

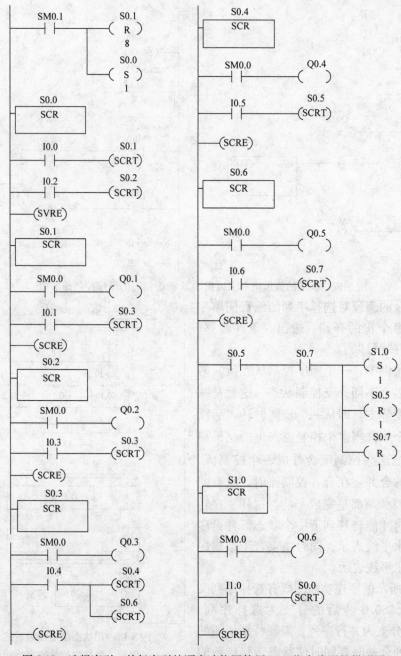

图 5-19　选择序列、并行序列的顺序功能图使用 SCR 指令编写的梯形图

行序列的顺序功能图使用 SCR 指令编写的对应的梯形图。

5.2 实训项目

5.2.1 项目 1 自动送料装车控制系统的设计

1. 项目任务

用 PLC 设计一个装料、卸料小车自动往返行程控制系统。如图 5-20 所示，为自动送料装车控制系统示意图，控制要求如下：

1）初始状态。红灯 HL1 灭，绿灯 HL2 亮（表示允许汽车进入车位装料）。进料阀、出料阀、电动机 M1、M2、M3 皆为 OFF。

2）进料控制。料斗中的料不满时，检测开关 S 为 OFF，5 s 后进料阀打开，开始进料；当料满时，检测开关 S 为 ON，关闭进料阀，停止进料。

3）装车控制：

① 当汽车到达装车位置时，SQ1 为 ON，红灯 HL1 亮、绿灯 HL2 灭。同时，起动传送带电动机 M3，2s 后起动 M2，2s 后再起动 M1，再过 2s 后打开料斗出料阀，开始装料。

② 当汽车装满料时，SQ2 为 ON，先关闭出料阀，2s 后 M1 停转，又过 2s 后 M2 停转，再过 2s 后 M3 停转，红灯 HL1 灭，绿灯 HL2 亮。装车完毕，汽车可以开走。

4）起停控制。按下起动按钮 SB1，系统起动；按下停止按钮 SB2，系统停止运行。

5）保护措施。系统具有必要的电气保护环节。

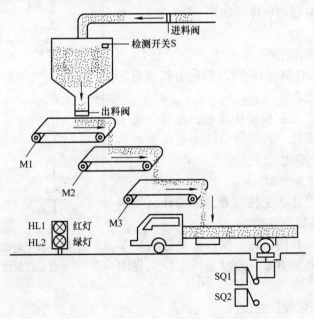

图 5-20 自动送料装车控制系统示意图

2. 项目技能点和知识点

（1）技能点

1) 能够实现自动送料装车 PLC 控制系统的顺序功能图的设计。

2) 能够完成顺序功能图的 SCR 指令的编程。

3) 能够完成 PLC 控制电路的接线。

4) 能对 PLC 控制系统能够实现离线调试和在线监控调试。

(2) 知识点

1) 掌握 PLC 的顺序功能图的规则和根据控制系统绘制顺序功能图。

2) 掌握单序列、选择序列、并行序列顺序功能图的编程。

3) 掌握 SCR 指令的编程方法。

3. 项目实施

(1) 知识点、技能点的学习和训练

思考:

1) 自动送料装车控制系统的工作过程是如何实现的?

2) 自动送料装车控制系统的顺序功能图如何编写?

3) 如何使用掌握 SCR 指令的编程。

4) 如何操作使用 PLC? 如何连接 PLC 外部输入、输出电路?

行动: 试试看,能完成以下任务吗?

用 SCR 指令编写电动机丫-△形减压起动控制的顺序功能图对应的梯形图,控制要求如下:按下起动按钮 SB1,电动机丫形连接起动,延时 6s 后自动转为△形联结运行。按下停止按钮 SB2,电动机停止工作。用状态继电器编写的顺序功能图(图 5-21)为参考的顺序功能图。

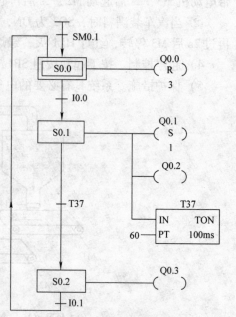

图 5-21　电动机丫-△形减压起动控制的顺序功能图

(2) 明确项目工作任务

思考: 项目工作任务是什么?(仔细分析项目任务要求)

行动: 根据系统控制和操作要求,逐项分解工作任务,完成项目任务分析。分析任务及所要求达到的技术指标和工艺要求。

(3) 确定系统控制方案

思考: 系统采用什么主控制器? 采用什么控制策略? 完成项目需要哪些设备?

行动: 小组成员共同研讨,制订自动送料装车控制系统控制总体控制方案,绘制系统工作流程图及系统结构框图。

(4) PLC 控制系统硬件的设计

1) 收集相关 PLC 控制器、开关、按钮等设备资料,完善项目设备表,见表 5-2。

2) 输入/输出点的分配。根据被控对象对 PLC 系统的功能要求和所需要输入/输出的点数,选择适当类型的 PLC。分配输入/输出的点,见表 5-3。

表5-2 项目设备表

名　　称	型号或规格	数　　量	名　　称	型号或规格	数　　量
PLC	S7-200	1 台	一般电工工具	螺钉旋具、测电笔、万用表、剥线钳等	1 套
热继电器		3 只	指示灯		2
按钮	LA20	2 只	导线	1.5mm²	若干
熔断器		1 只	检测开关		1

表5-3 I/O 分配表

输入(I)			输出(O)		
元件	功能	信号地址	元件	功能	信号地址
SQ1	汽车到达检测	I0.1	M1	传送带1	Q0.0
SQ2	汽车装满料检测	I0.2	M2	传送带2	Q0.1
S	检测开关	I0.3	M3	传送带3	Q0.2
急停 SB2	停止按钮	I0.4	HL1	红灯指示	Q0.3
起动 SB1	起动按钮	I0.0	HL2	绿灯指示	Q0.4
保护 FR1	传送带1过载保护	I0.4	YV1	进料阀	Q0.5
保护 FR2	传送带2过载保护	I0.4	YV2	出料阀	Q0.6
保护 FR3	传送带3过载保护	I0.4			

3) 绘制出 PLC 控制系统(I/O)电气接线图，参考(I/O)电气接线图如图5-22 所示。

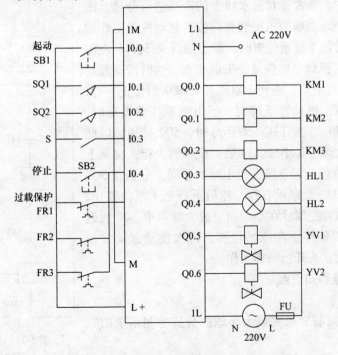

图 5-22 自动送料装车 PLC 控制系统(I/O)电气接线图

（5）程序设计

1）根据被控对象的工艺条件和控制要求用状态继电器设计顺序功能图。参考顺序功能图如图 5-23 所示。

2）根据相应的顺序功能图用 SCR 指令设计梯形图。

思考：如何在梯形图体现过载保护和紧急停止功能。

（6）下载程序到 PLC、运行综合调试软硬件　操作步骤如下：

1）进行程序的语法检查无误后，进行软件仿真调试。

2）下载程序文件到 PLC。

3）进行系统的运行和通过 PLC 编程软件进行在线监控联合调试，发现问题进行修改，直到系统完善。

（7）项目考核及总结

思考：整个项目任务完成得怎么样？有何收获和体会？项目有没有创新的地方？有没有需要完善和改进的地方？对自己有何评价？

行动：按照任务书的要求，填写考核表，与同学、教师共同完成本次项目的考核工作。整理上述步骤中所编写的材料，完成项目训练报告。

5.2.2　项目 2　大小球分拣控制系统的设计

1. 项目任务

在生产过程中，经常要对流水线上的产品进行分拣，图 5-24 是用于分拣小球大球的机械装置。按下起动按钮工作顺序如下：当机械臂处于原始位置时，即上限开关 SQ3 和左限位开关 SQ1 压下，抓球电磁铁处于失电状态。这时按动起动按钮 SB 后，机械臂下行，碰到下限位开关 SQ2 后停止下行，且电磁铁得电吸球。机械臂下降时，当电磁铁压着大球时，下限位开关 SQ2（I0.2）断开；压着小球时，SQ2 接通，以此可判断吸住的是大球还是小球。1s 后，机械臂上行，碰到上限位开关 SQ3 后右行，它会根据大小球的不同，分别在 SQ4（小球）和 SQ5（大球）处停止右行，然后下行至下限位停止，电磁铁失电，机械臂把球放在小球箱里或大球箱里，1s 后返回。机械臂最终都要停止在原始位置。再次按动起动按钮后，系统可以再次从头开始循环工作。

2. 项目技能点和知识点

（1）技能点

1）能够根据控制要求完成大小球的分拣控制系统的顺序功能图的编写。

2）能够完成 PLC 控制电路的接线。

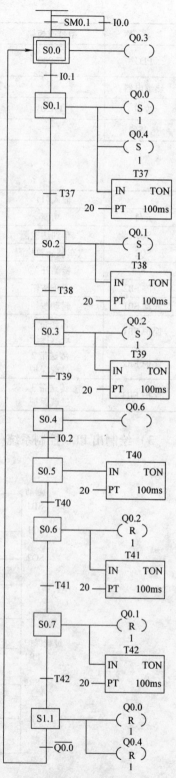

图 5-23　自动送料装车的顺序功能图

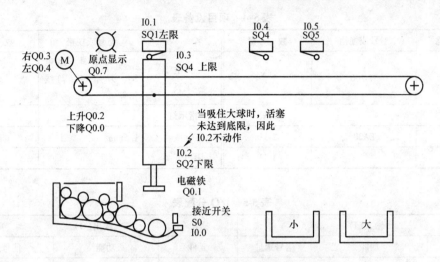

图 5-24 大小球的分拣控制系统装置示意图

3）能对 PLC 控制系统实现离线调试和在线监控调试。

（2）知识点

1）掌握 PLC 顺序功能图的规则和根据控制系统绘制顺序功能图。

2）掌握单序列、选择序列顺序功能图的编程。

3）掌握 SCR 指令的编程方法、"起保停"方法和以转换为中心的编程方式的编程。

3. 项目实施

（1）知识点、技能点的学习和训练

思考：

1）大小球分拣控制系统工作过程是如何实现的？

2）大小球分拣控制系统顺序功能图如何编写？

3）如何使用 SCR 指令的编程方法完成顺序功能图的梯形图编程？

4）如何分配 I/O？如何连接 PLC 外部输入、输出电路？

行动：试试看，能完成下面的任务吗？

任务：使用"起保停"方法编写大小球分拣控制系统的顺序功能图和梯形图程序。

（2）明确项目工作任务

思考：项目工作任务是什么？（仔细分析项目任务要求）

行动：根据系统控制和操作要求，逐项分解工作任务，完成项目任务分析。分析任务及所要求达到的技术指标和工艺要求。

（3）确定系统控制方案

思考：系统采用什么主控制器？采用什么控制策略？完成项目需要哪些设备？

行动：小组成员共同研讨，制订大小球分拣控制系统的总体控制方案，绘制系统工作流程图及系统结构框图。

（4）PLC 控制系统硬件的设计

1）收集相关 PLC 控制器、开关、按钮等设备资料，完善项目设备表，见表 5-4。

2）输入/输出点的分配。根据被控对象对 PLC 系统的功能要求和所需要输入/输出的点数，选择适当类型的 PLC。分配输入/输出的点，见表 5-5。

表 5-4　项目设备表

名　　称	型号或规格	数　量	名　　称	型号或规格	数　量
PLC	S7-200	1 台	一般电工工具	螺钉旋具、测电笔、万用表、剥线钳等	1 套
热继电器		3 只	指示灯		1
按钮	LA20	2 只	导线	1.5mm^2	若干
熔断器		1 只	限位开关		5

表 5-5　I/O 分配表

输入(I)			输出(O)		
元件	功能	信号地址	元件	功能	信号地址
SB	启动	I0.0	KM1	下降	Q0.0
SQ1	左限位开关	I0.1	KM2	上升	Q0.2
SQ2	下限位开关	I0.2	YV1	吸球	Q0.1
SQ3	上限位开关	I0.3	KM3	右行	Q0.3
SQ4	小球右限位开关	I0.4	KM4	左行	Q0.4
SQ5	大球右限位开关	I0.5	HL1	原点指示	Q0.7

3)绘制出 PLC 控制系统(I/O)电气接线图。

(5)程序设计

1)根据被控对象的工艺条件和控制要求用状态继电器设计顺序功能图。参考顺序功能图如图 5-25 所示。

2)根据相应的顺序功能图用 SCR 指令设计梯形图。

思考:如何在梯形图体现过载保护和紧急停止功能。

(6)下载程序到 PLC、运行综合调试软硬件　操作步骤如下:

1)进行程序的语法检查无误后,进行软件仿真调试。

2)下载程序文件到 PLC。

3)进行系统的运行并通过 PLC 编程软件进行在线监控联合调试,发现问题进行修改,直到系统完善。

(7)项目考核及总结

思考:整个项目任务完成得怎么样?有何收获和体会?项目有没有创新的地方?有没有需要完善和改进的地方?对自己有何评价?

行动:按照任务书的要求,填写考核表,与同学、教师共同完成本次项目的考核工作。整理上述步骤中所编写的材料,完成项目训练报告。

5.2.3　项目 3　全自动洗衣机 PLC 控制系统的设计

1. 项目任务

控制要求:洗衣机接通电源后,按下起动按钮,洗衣机开始进水。当水位达到高水位

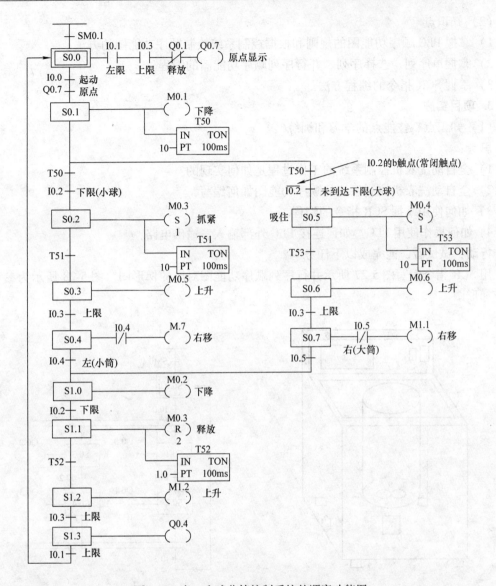

图 5-25 大、小球分拣控制系统的顺序功能图

时，停止进水并开始正向洗涤。正向洗涤 5s 以后，停止 2s，然后开始反向洗涤，反向洗涤 5s 以后，停止 2s……如此反复进行。当正向洗涤和反向洗涤满 10 次时，开始排水，当水位降低到低水位时，开始脱水，并且继续排水。脱水 10s 后，就完成一次从进水到脱水的大循环过程。然后进入下一次大循环过程。当大循环的次数满 3 次时，进行洗完报警。报警维持 2s，结束全部过程，洗衣机自动停机。图 5-26 所示为全自动洗衣机的结构示意图。

2. 项目技能点和知识点

（1）技能点

1）能够实现全自动洗衣机 PLC 控制系统的顺序功能图的设计。

2）能够完成顺序功能图的 SCR 指令的编程。

3）能够完成 PLC 控制电路的接线。

4）能对 PLC 控制系统实现离线调试和在线监控调试。

(2) 知识点

1) 掌握 PLC 顺序功能图的规则和根据控制系统绘制顺序功能图的方法。

2) 掌握单序列、选择序列、并行序列顺序功能图的编程。

3) 掌握 SCR 指令的编程方法。

3. 项目实施

(1) 知识点、技能点的学习和训练

思考:

1) 全自动洗衣机控制系统的工作过程是如何实现的?

2) 全自动洗衣机控制系统的顺序功能图如何编写?

3) 如何使用掌握 SCR 指令的编程。

4) 如何操作使用 PLC? 如何连接 PLC 外部输入、输出电路?

行动: 试试看,能完成以下任务吗?

用 SCR 指令编写图 5-27 所示并行序列顺序功能图对应的梯形图。图 5-28 所示为参考的对应梯形图。

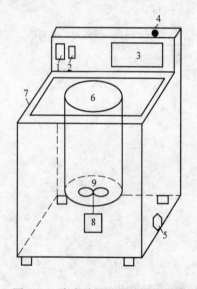

图 5-26　全自动洗衣机结构示意图

1—电源开关　2—起动按钮　3—PLC 控制器　4—进水口

5—出水口　6—洗衣桶　7—外桶　8—电动机　9—波轮

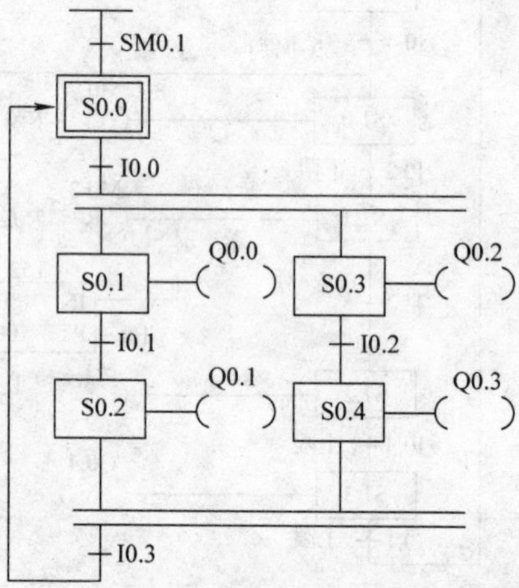

图 5-27　并行序列的顺序功能图

(2) 明确项目工作任务

思考: 项目工作任务是什么?(仔细分析项目任务要求)

行动: 根据系统控制和操作要求,逐项分解工作任务,完成项目任务分析。分析任务及所要求达到的技术指标和工艺要求。

(3) 确定系统控制方案

思考: 系统采用什么主控制器? 采用什么控制策略? 完成项目需要哪些设备?

行动: 小组成员共同研讨,制订全自动洗衣机控制系统控制总体控制方案,绘制系统工作流程图及系统结构框图。

(4) PLC 控制系统硬件的设计

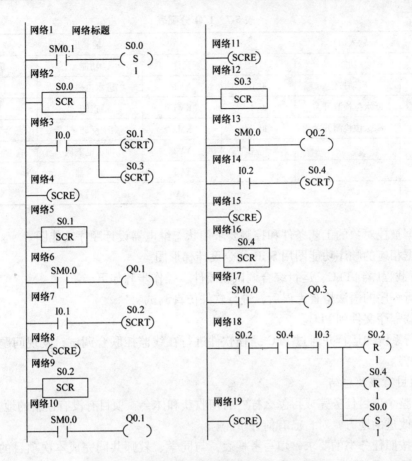

图 5-28   根据并行序列顺序功能图编写的梯形图

1）收集相关 PLC 控制器、开关、按钮等设备资料，完善项目设备表，见表 5-6。

表 5-6   项目设备表

名　称	型号或规格	数　量	名　称	型号或规格	数　量
PLC	S7-200	1 台	一般电工工具	螺钉旋具、测电笔、万用表、剥线钳等	1 套
热继电器		3 只	检测开关		2
按钮	LA20	1 只	导线	1.5mm²	若干
熔断器		1 只			
水位监测开关	2 只		电磁阀		1 只
离合器		1 只			

2）输入/输出点的分配。根据被控对象对 PLC 系统的功能要求和所需要输入/输出的点数，选择适当类型的 PLC。分配输入/输出的点，见表 5-7。

3）绘制出 PLC 控制系统（I/O）电气接线图。

（5）程序设计

表 5-7 I/O 分配表

输入(I)			输 出(O)		
元件	功能	信号地址	元件	功能	信号地址
SB1	启动按钮	I0.0	YV1	进水电磁阀	Q0.0
S1	低水位检测开关	I0.1	KM1	正转	Q0.1
S2	高水位检测开关	I0.2	KM2	反转	Q0.2
			YV2	排水电磁阀	Q0.3
			YV3	离合器	Q0.4
			HA	报警	Q0.5

1)根据被控对象的工艺条件和控制要求用状态继电器设计顺序功能图。

2)根据相应的顺序功能图用 SCR 指令设计梯形图。

(6)下载程序到 PLC、运行综合调试软硬件 操作步骤如下:

1)进行程序的语法检查无误后,进行软件仿真调试。

2)下载程序文件到 PLC。

3)进行系统的运行并通过 PLC 编程软件进行在线监控联合调试,发现问题进行修改,直到系统完善。

(7)项目考核及总结

思考:整个项目任务完成得怎么样?有何收获和体会?项目有没有创新的地方?有没有需要完善和改进的地方?对自己有何评价?

行动:按照任务书的要求,填写考核表,与同学、教师共同完成本次项目的考核工作。整理上述步骤中所编写的材料,完成项目训练报告。

5.2.4 项目4 机械手 PLC 控制系统的设计

1. 项目任务

设计一个机械手的 PLC 控制系统,工作方式设置为自动/手动、连续/单周期、回原点;有必要的电气联锁和保护。图 5-29 所示为机械手的动作示意图。

自动循环时应按下述顺序动作:

1)首先机械手在原点位置,处于左限位、上限位位置并且机械手为松开状态。

2)按下起动按钮,机械手按照下降→夹紧(延时 1s)→上升→右移→下降→松开(延时 1s)→上升→左移的顺序依次从左向右转送工件。下降/上升、左移/右移、夹紧/松开使用继电器控制。

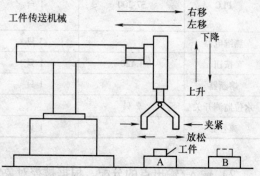

图 5-29 机械手动作示意图

3)按下停止按钮,机械手完成当前工作过程,停在原点位置。

2. 项目技能点和知识点

(1)技能点

1) 能够根据控制要求完成机械手控制系统顺序功能图的编写。

2) 能够完成 PLC 控制电路的接线。

3) 能对 PLC 控制系统实现离线调试和在线监控调试。

4) 会用子程序、跳转指令进行编程。

5) 具有分析较复杂控制系统的能力。

(2) 知识点

1) 掌握 PLC 顺序功能图的规则和根据控制系统绘制顺序功能图的方法。

2) 掌握列顺序功能图的编程。

3) 掌握 SCR 指令的编程方法。

4) 掌握子程序、跳转指令的应用。

5) 掌握多种工作方式程序设计方法。

6) 理解 PLC 控制系统多种工作方式的编程。

3. 项目实施

(1) 任务分析　根据控制要求，按照工作方式将控制程序分为三部分：第一部分为自动程序，包括连续和单周期两种控制方式，采用主程序进行控制；第二部分为手动程序，采用子程序 SBR-0 进行控制；第三部分为自动回原点程序，采用子程序 SBR-1 进行控制。

(2) 知识点、技能点的学习和训练

1) 知识点的学习：

① 跳转指令 (JMP)。JMP，跳转指令。如图 5-30 所示，"????"处的参数为跳转标号。功能是：当使能输入有效时，把程序的执行跳转到同一程序指定的标号处向下执行。

② 标号指令 (LBL)。标号指令如图 5-31 所示。标记程序段，作为跳转指令执行时跳转到的目的位置。操作数为 0～255，**必须强调的是**：跳转指令及标号必须同在主程序内或在同一子程序内，或在同一中断服务程序内，不可由主程序跳转到中断服务程序或子程序，也不可由中断服务程序或子程序跳转到主程序。

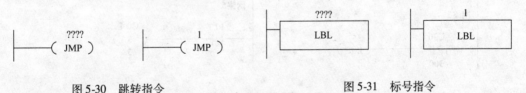

图 5-30　跳转指令　　　　　　　　　　　图 5-31　标号指令

③ 跳转指令举例。

【例 5-1】　在图 5-32 中，当 JMP 条件满足 (即 I0.0 为 ON 时) 程序跳转执行 LBL 标号以后的指令，而在 JMP 和 LBL 之间的指令一概不执行，在这个过程中，即使 I0.1 接通也不会有 Q0.1 输出。当 JMP 条件不满足时，只有 I0.1 接通后 Q0.1 才有输出。

【例 5-2】　如图 5-33 所示，用可逆计数器进行计数，如果当前值小于 300，则程序按原顺序执行；若当前值超过 300，则跳转到从标号 5 开始的程序执行。

④ 子程序指令格式如图 5-34 所示，主程序调用为 SBR-n。

说明：子程序调用指令编在主程序中，子程序返回指令编在子程序中，子程序的标号 n 的范围是 0～63。

无条件子程序返回指令 (RET) 为自动默认；有条件子程序返回指令为 CRET。

【例 5-3】 子程序应用举例：I0.0 闭合时，执行手动程序，I0.0 断开时，执行自动程序。

主程序：如图 5-35 所示。

子程序 SBR-0：如图 5-36 所示；子程序 SBR-1：如图 5-37 所示。

2）思考：

① 机械手控制系统工作过程是如何实现的？

② 机械手制系统顺序功能图如何编写？

③ 跳转指令(JMP)、子程序调用如何使用？

④ 如何通过 SCR 指令来编写机械手控制系统的自动程序？

⑤ 如何用通用指令来编写机械手控制系统的自动程序？

⑥ 如何分配 I/O？如何连接 PLC 外部输入、输出电路？

3）行动：试试看，能完成以下任务吗？

① 任务一：使用起保停电路的编程方式，编写图 5-38 所示专用钻床控制系统顺序功能图的梯形图程序。

② 任务二：使用以转换为中心电路的编程方式，编写图 5-38 所

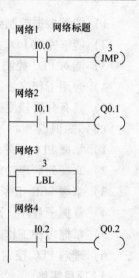

图 5-32 跳转指令
举例(一)

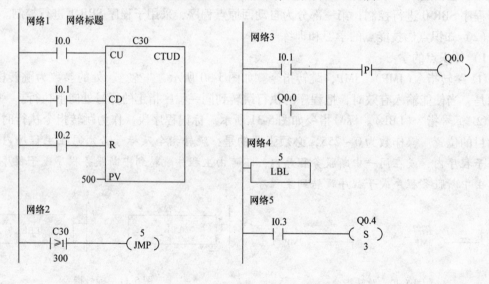

图 5-33 跳转指令举例(二)

示专用钻床控制系统顺序功能图的梯形图程序。

（3）确定系统控制方案

思考： 系统采用什么主控制器？采用什么控制策略？完成项目需要哪些设备？

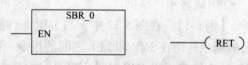

图 5-34 子程序指令格式

行动： 小组成员共同研讨，制订机械手 PLC 控制总体控制方案，绘制系统工作流程图及系统结构框图。

（4）PLC 控制系统硬件的设计

1）收集相关 PLC 控制器、开关、按钮等设备资料，完善项目设备表，见表 5-8。

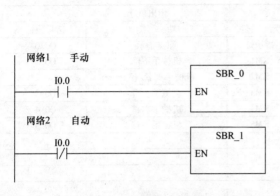

图 5-35 主程序的梯形图

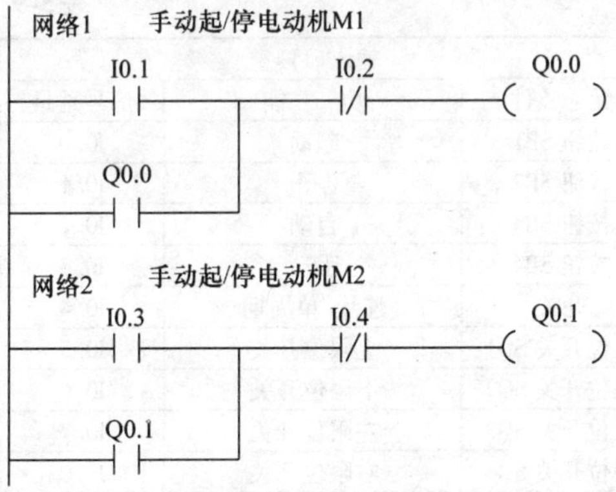

图 5-36 子程序 SBR-0 的梯形图

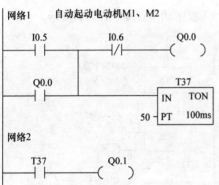

图 5-37 子程序 SBR-1 的梯形图

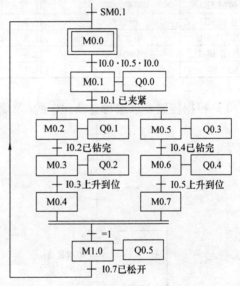

图 5-38 专用钻床控制系统顺序功能图

表 5-8 项目设备表

名　称	型号或规格	数　量	名　称	型号或规格	数　量
PLC	S7-200	1 台	一般电工工具	螺钉旋具、测电笔、万用表、剥线钳等	1 套
继电器		5 只	指示灯		1
按钮	LA20	12 只	限位开关		4
开关		1 只	导线	1.5mm²	若干

2）输入/输出点的分配。根据被控对象对 PLC 系统的功能要求和所需要输入/输出的点数，选择适当类型的 PLC。分配输入/输出的点，见表 5-9。

3）绘制出 PLC 控制系统(I/O)电气接线图。

（5）程序设计

表5-9 I/O 分配表

输入(I)			输出(O)		
元 件	功 能	信号地址	元 件	功 能	信号地址
按钮 SB1	起动	I0.0	指示灯	原点指示	Q0.0
按钮 SB2	停止	I0.1	KM1	机械手下降	Q0.1
按钮 SB3	自动	I0.2	KM2	机械手夹紧/松开	Q0.2
按钮 SB4	手动	I0.3	KM3	机械手上升	Q0.3
开关	连续/单周期	I0.4	KM4	机械手右移	Q0.4
限位开关 SQ1	上限位开关	I0.5	KM5	机械手左移	Q0.5
限位开关 SQ2	下限位开关	I0.6			
限位开关 SQ3	左限位开关	I0.7			
限位开关 SQ4	右限位开关	I1.0			
按钮 SB6	手动上升	I1.1			
按钮 SB7	手动夹紧	I1.2			
按钮 SB8	手动左移	I1.3			
按钮 SB9	回原点	I1.4			
按钮 SB10	手动下降	I1.5			
按钮 SB11	手动松开	I1.6			
按钮 SB12	手动右移	I1.7			

1) 根据控制要求编写自动程序的(单周期、连续)顺序功能图如图 5-39 所示。

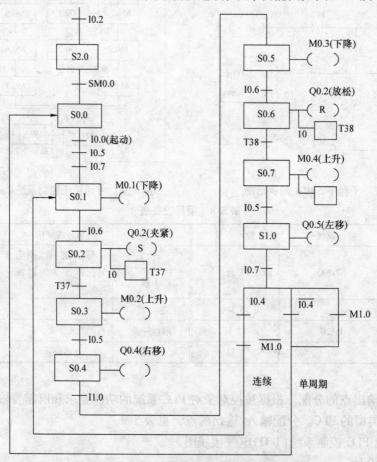

图 5-39 自动程序的(单周期、连续)顺序功能图

2）根据顺序功能图编写程序梯形图。

① 主程序：如图 5-40 所示。

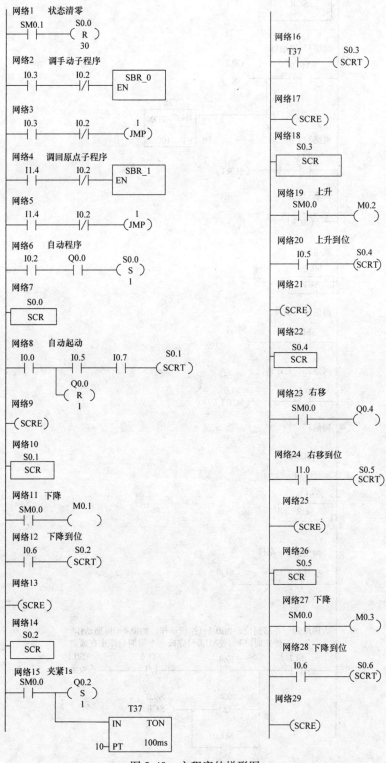

图 5-40　主程序的梯形图

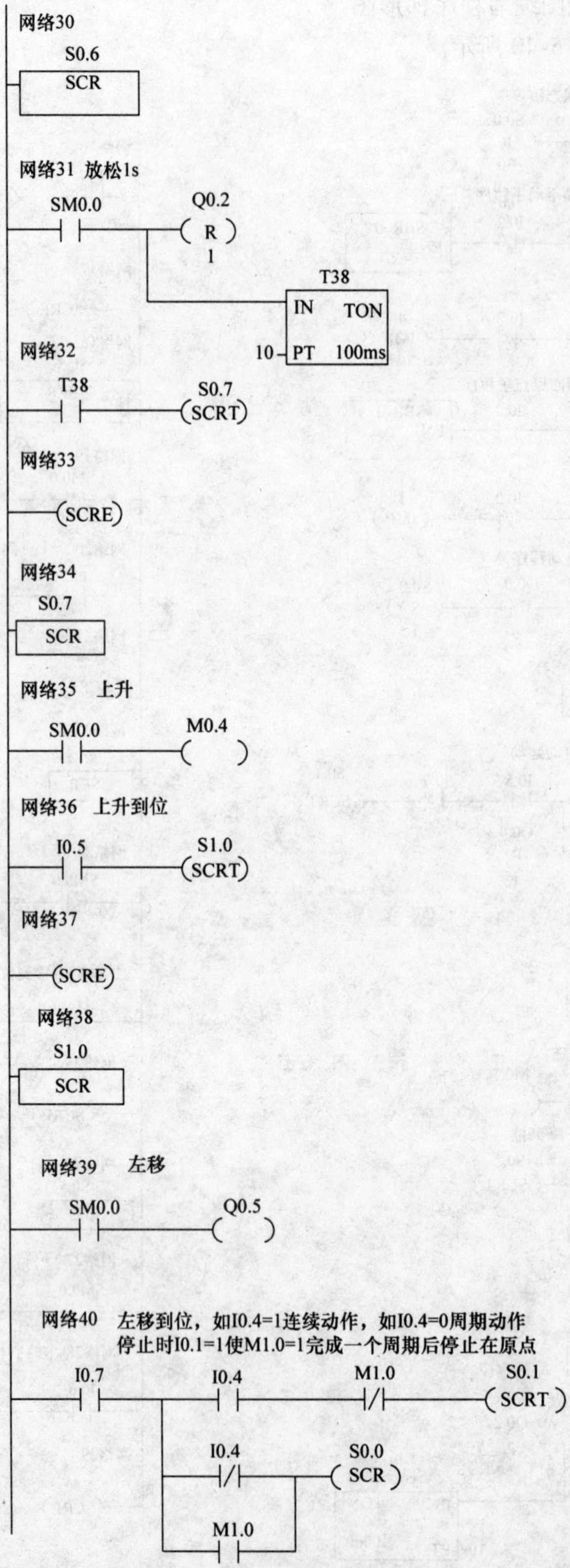

网络30

S0.6
SCR

网络31 放松1s

```
SM0.0              Q0.2
 ─┤ ├──────────────( R )
         │          1
         │              T38
         │          ┌──────────┐
         └──────────┤IN    TON │
                    │          │
               10 ──┤PT  100ms │
                    └──────────┘
```

网络32

```
 T38           S0.7
─┤ ├──────────(SCRT)
```

网络33

```
──────────(SCRE)
```

网络34

S0.7
SCR

网络35 上升

```
SM0.0          M0.4
─┤ ├──────────(   )
```

网络36 上升到位

```
 I0.5          S1.0
─┤ ├──────────(SCRT)
```

网络37

```
──────────(SCRE)
```

网络38

S1.0
SCR

网络39 左移

```
SM0.0          Q0.5
─┤ ├──────────(   )
```

网络40 左移到位, 如I0.4=1连续动作, 如I0.4=0周期动作
         停止时I0.1=1使M1.0=1完成一个周期后停止在原点

```
 I0.7      I0.4        M1.0           S0.1
─┤ ├──────┤ ├─────────┤/├───────────(SCRT)
  │
  │        I0.4        S0.0
  ├───────┤/├─────────( SCR )
  │
  │        M1.0
  └───────┤ ├
```

图 5-40 主程序的梯形图(续)

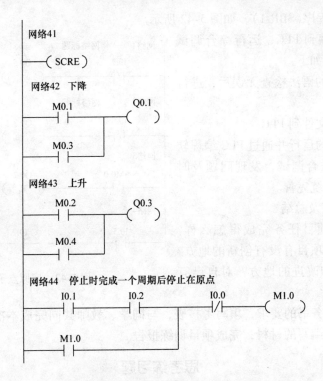

图 5-40　主程序的梯形图（续）

② 手动子程序（SBR-0），如图 5-41 所示。

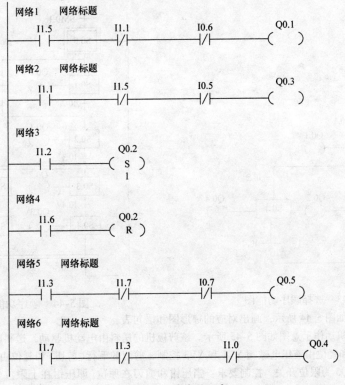

图 5-41　手动子程序

③ 回原点子程序(SBR-1)，如图 5-42 所示。

（6）下载程序到 PLC、运行综合调试软硬件　操作步骤如下：

1）进行程序的语法检查无误后，进行软件仿真调试。

2）下载程序文件到 PLC。

3）进行系统的运行并通过 PLC 编程软件进行在线监控联合调试，发现问题及时进行修改，直到系统完善。

（7）项目考核及总结

思考：整个项目任务完成得怎么样？有何收获和体会？项目有没有创新的地方？有没有需要完善和改进的地方？对自己有何评价？

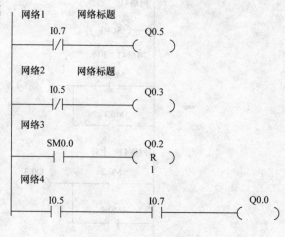

图 5-42　回原点子程序

行动：按照任务书的要求，填写考核表，与同学、教师共同完成本次项目的考核工作。整理上述步骤中所编写的材料，完成项目训练报告。

思考练习题

1. 什么是步、初始步、转移、转移条件、负载？什么是顺序功能图？

2. 选择顺序功能图如图 5-43 所示，画出对应的梯形图和语句表。

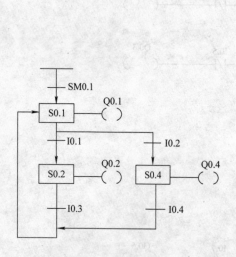

图 5-43　选择顺序功能图

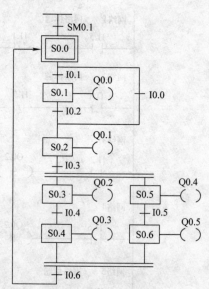

图 5-44　顺序功能图

3. 顺序功能图如图 5-44 所示，画出对应的梯形图和语句表。

4. 某自动剪板机动作示意图如图 5-45 所示。该剪板机的送料由电动机驱动，送料电动机由接触器 KM 控制，压钳的下行和复位由液压电磁阀 YV1 和 YV3 控制，剪刀的下行（剪切）和复位由液压电磁阀 YV2 和 YV4 控制。SQ1 ~ SQ5 为限位开关。控制要求：当压钳和剪刀在原位（即压钳在上限位 SQ1 处，剪刀在上限位 SQ2 处），按下起动按钮后，电动机送料，板料右行，至 SQ3 处停，压钳下行至 SQ4 处将板料压紧、剪刀下行剪板，板料剪断落至 SQ5 处，压钳和剪刀上行复位，至 SQ1、SQ2 处回到原位，等待下次再起动。表 5-10 为剪板机 PLC 控制系统 I/O 分配表，编写该系统的顺序控制功能图。

表 5-10 剪板机 PLC 控制系统 I/O 分配表

输 入 设 备		输入继电器编号	输 出 设 备		输出继电器编号
限位开关	SQ1	I0.1	电磁阀	YV1	Q0.1
	SQ2	I0.2		YV2	Q0.2
	SQ3	I0.3		YV3	Q0.3
	SQ4	I0.4		YV4	Q0.4
	SQ5	I0.5	电动机接触器 KM		Q0.0
	起动按钮	I0.0			

5. 用 PLC 对自动售汽水机进行控制，工作要求：

1）此售货机可投入 1 元、2 元硬币，投币口为 SQ1，SQ2。

2）当投入的硬币总值大于等于 6 元时，汽水指示灯 L1 亮，此时按下出汽水按钮 SB，则汽水口 L2 出汽水 12s 后自动停止。

3）不找钱，不结余，下一位投币又重新开始。

设计顺序功能图或梯形图。

6. 设计自动钻床控制系统的 PLC 程序。

控制要求：

1）按下起动按钮，系统进入起动状态。

2）当光电传感器检测到有工件时，工作台开始旋转，此时由计数器控制其旋转角度（计数器计满 2 个数）。

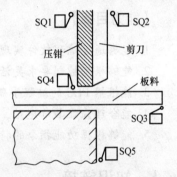

图 5-45 某自动剪板机
动作示意图

3）工作台旋转到位后，夹紧装置开始夹工件，一直到夹紧限位开关闭合为止。

4）工件夹紧后，主轴电动机开始向下运动，一直运动到工作位置（由下限位开关控制）。

5）主轴电动机到位后，开始进行加工，此时用定时 5s 来描述。

6）5s 后，主轴电动机回退，夹紧电动机后退（分别由后限位开关和上限位开关来控制）。

7）接着工作台继续旋转由计数器控制其旋转角度（计数器计满 2 个）。

8）旋转电动机到位后，开始卸工件，由计数器控制（计数器计满 5 个）。

9）卸工件装置回到初始位置。

10）如再有工件到来，实现上述过程。

11）按下停车按钮，系统立即停车。

要求设计程序完成上述控制要求。

模块6 PLC控制系统功能指令的编程和应用

【知识目标】

1. 掌握常用功能指令的基本格式、常用功能指令梯形图的编程及使用注意事项。

2. 掌握常用功能指令在程序设计中的灵活应用。

3. 掌握数据传送、数据比较、数据转换、算术运算、逻辑运算、比较、表功能等常见功能指令的格式、功能及应用。

【能力目标】

1. 能够通过编程软件实现功能指令的编程。

2. 能够根据控制要求灵活应用功能指令实现 PLC 控制系统的编程。

3. 能根据 PLC 的编程手册的功能指令的说明来应用功能指令编程。

4. 能合理分配 I/O 地址，绘制 PLC 控制接线图。

5. 能够根据功能指令的特点来灵活设计 PLC 程序。

6.1 知识链接

可编程序控制器的基本指令是基于继电器、定时器、计数器等软元件，主要用于逻辑处理的指令，作为工业控制的通用控制器，PLC 仅有基本指令是远远不够的。现代工业控制在许多场合需要数据处理，因而大部分 PLC 制造商在 PLC 中引入功能指令（Functional Instruction，也有的书称为应用指令 Applied Instruction），用于数据的传送、运算、变换及程序控制等应用。这使得可编程序控制器成了真正意义上的计算机。下面就传送与比较、算术与逻辑运算、传送、移位与循环移位、运算、数据转换、表功能指令、触点比较等功能指令的格式、功能及应用进行介绍。

6.1.1 数据传送指令

1. 字节、字、双字、实数单个数据传送指令 MOV

数据传送指令，用来传送单个的字节、字、双字、实数。指令格式及功能见表6-1。

表 6-1 单个数据传送指令 MOV 指令格式及功能

LAD	MOV_B EN ENO ????─IN OUT─????	MOV_W EN ENO ????─IN OUT─????	MOV_DW EN ENO ????─IN OUT─????	MOV_R EN ENO ????─IN OUT─????
STL	MOVB IN, OUT	MOVW IN, OUT	MOVD IN, OUT	MOVR IN, OUT

（续）

操作数及数据类型	IN：VB, IB, QB, MB, SB, SMB, LB, AC, 常量 OUT：VB, IB, QB, MB, SB, SMB, LB, AC	IN：VW, IW, QW, MW, SW, SMW, LW, T, C, AIW, 常量, AC OUT：VW, T, C, IW, QW, SW, MW, SMW, LW, AC, AQW	IN：VD, ID, QD, MD, SD, SMD, LD, HC, AC, 常量 OUT：VD, ID, QD, MD, SD, SMD, LD, AC	IN：VD, ID, QD, MD, SD, SMD, LD, AC, 常量 OUT：VD, ID, QD, MD, SD, SMD, LD, AC
	字节	字、整数	双字、双整数	实数
功能	使能输入有效时，即 EN＝1 时，将一个输入 IN 的字节、字/整数、双字/双整数或实数送到 OUT 指定的存储器输出。在传送过程中不改变数据的大小。传送后，输入存储器 IN 中的内容不变			

使 ENO＝0（即使能输出断开）的错误条件是：SM4.3（运行时间），0006（间接寻址错误）。

【例6-1】 将变量存储器 VW10 中内容送到 VW100 中。程序如图6-1所示。

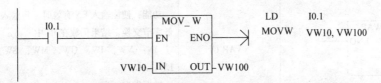

图6-1 数据传送指令 MOV 梯形图和指令举例

2. 字节、字、双字、实数数据块传送指令 BLKMOV

数据块传送指令将从输入地址 IN 开始的 N 个数据传送到输出地址 OUT 开始的 N 个单元中，N 的范围为 1～255，N 的数据类型为字节。指令格式及功能见表6-2。

表6-2 数据传送指令 BLKMOV 指令格式及功能

LAD	BLKMOV_B EN ENO ???? IN OUT ???? ???? N	BLKMOV_W EN ENO ???? IN OUT ???? ???? N	BLKMOV_D EN ENO ???? IN OUT ???? ???? N
STL	BMB IN, OUT	BMW IN, OUT	BMD IN, OUT
操作数及数据类型	IN：VB, IB, QB, MB, SB, SMB, LB。 OUT：VB, IB, QB, MB, SB, SMB, LB。 数据类型：字节	IN：VW, IW, QW, MW, SW, SMW, LW, T, C, AIW。 OUT：VW, IW, QW, MW, SW, SMW, LW, T, C, AQW。 数据类型：字	IN/ OUT：VD, ID, QD, MD, SD, SMD, LD。 数据类型：双字
	N：VB, IB, QB, MB, SB, SMB, LB, AC, 常量。数据类型：字节。数据范围：1～255		
功能	使能输入有效时，即 EN＝1 时，把从输入 IN 开始的 N 个字节(字、双字)传送到以输出 OUT 开始的 N 个字节(字、双字)中		

使 ENO＝0 的错误条件：0006（间接寻址错误），0091（操作数超出范围）。

【例6-2】 程序举例：将变量存储器 VB20 开始的 4 个字节（VB20～VB23）中的数据，

移至 VB100 开始的 4 个字节中(VB100 ~ VB103)。程序如图 6-2 所示。

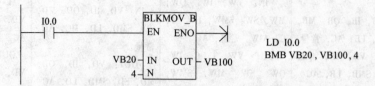

LD I0.0
BMB VB20,VB100,4

图 6-2 传送指令 BLKMOV 举例

6.1.2 字节交换、字节立即读写指令

1. 字节交换指令

字节交换指令用来交换输入字 IN 的最高位字节和最低位字节,其指令格式及功能见表 6-3。

表 6-3 字节交换指令使用格式及功能

LAD	STL	功能及说明
SWAP —EN ENO— ????—IN	SWAP IN	功能:使能输入 EN 有效时,将输入字 IN 的高字节与低字节交换,结果仍放在 IN 中 IN:VW、IW、QW、MW、SW、SMW、T、C、LW、AC。 数据类型:字

ENO =0 的错误条件:0006(间接寻址错误),SM4.3(运行时间)。

【例 6-3】 字节交换指令应用举例。如图 6-3 所示。

程序执行结果:

指令执行之前 VW50 中的字为 "D6 C3"。

指令执行之后 VW50 中的字为 "C3 D6"。

2. 字节立即读写指令

字节立即读指令(MOV-BIR)读取实际输入端 IN 给出的 1 个字节的数值,并将结果写入 OUT 所指定的存储单元,但输入映像寄存器未更新。

字节立即写指令从输入 IN 所指定的存储单元中读取 1 个字节的数值并写入(以字节为单位)实际

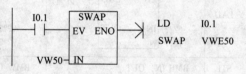

LD   I0.1
SWAP   VWE50

图 6-3 字节交换指令应用举例

输出 OUT 端的物理输出点,同时刷新对应的输出映像寄存器。其指令格式及功能见表 6-4。

表 6-4 字节立即读写指令格式及功能

LAD	STL	功能及说明
MOV_BIR —EN ENO— ????—IN OUT—????	BIR IN, OUT	功能:字节立即读 IN:IB OUT:VB、IB、QB、MB、SB、SMB、LB、AC 数据类型:字节

（续）

LAD	STL	功能及说明
MOV_BIW EN ENO ???? – IN OUT – ????	BIW IN, OUT	功能：字节立即写 IN：VB, IB, QB, MB, SB, SMB, LB, AC, 常量 OUT：QB 数据类型：字节

使 ENO = 0 的错误条件：0006（间接寻址错误），SM4.3（运行时间）。**注意**：字节立即读写指令无法存取扩展模块。

6.1.3 移位指令及其应用举例

移位指令分为左、右移位和循环左、右移位及寄存器移位指令三大类。前两类移位指令按移位数据的长度又分字节型、字型和双字型 3 种。

1. 左、右移位指令

左、右移位将数据存储单元与 SM1.1（溢出）端相连，移出位被放到特殊标志存储器 SM1.1 位。移位数据存储单元的另一端补 0。移位指令格式及功能见表 6-5。

（1）左移位指令（SHL） 使能输入有效时，将输入 IN 的无符号数字节、字或双字中的各位向左移 N 位后（右端补 0），将结果输出到 OUT 所指定的存储单元中，如果移位次数大于 0，最后一次移出位保存在 "溢出" 存储器位 SM1.1。如果移位结果为 0，零标志位 SM1.0 置 1。

（2）右移位指令（SHR） 使能输入有效时，将输入 IN 的无符号数字节、字或双字中的各位向右移 N 位后，将结果输出到 OUT 所指定的存储单元中，移出位补 0，最后一移出位保存在 SM1.1。如果移位结果为 0，零标志位 SM1.0 置 1。

表 6-5 移位指令格式及功能

LAD	SHL_B EN ENO ???? – IN OUT – ???? ???? – N SHR_B EN ENO ???? – IN OUT – ???? ???? – N	SHL_W EN ENO ???? – IN OUT – ???? ???? – N SHR_W EN ENO ???? – IN OUT – ???? ???? – N	SHL_DW EN ENO ???? – IN OUT – ???? ???? – N SHR_DW EN ENO ???? – IN OUT – ???? ???? – N
STL	SLB OUT, N SRB OUT, N	SLW OUT, N SRW OUT, N	SLD OUT, N SRD OUT, N

（续）

操作数及数据类型	IN：VB, IB, QB, MB, SB, SMB, LB, AC, 常量 OUT：VB, IB, QB, MB, SB, SMB, LB, AC 数据类型：字节	IN：VW, IW, QW, MW, SW, SMW, LW, T, C, AIW, AC, 常量 OUT：VW, IW, QW, MW, SW, SMW, LW, T, C, AC。 数据类型：字	IN：VD, ID, QD, MD, SD, SMD, LD, AC, HC, 常量。 OUT：VD, ID, QD, MD, SD, SMD, LD, AC。 数据类型：双字
	N：VB, IB, QB, MB, SB, SMB, LB, AC, 常量。数据类型：字节。数据范围：N≤数据类型（B、W、D）对应的位数		
功能	SHL：字节、字、双字左移 N 位。SHR：字节、字、双字右移 N 位		

使 ENO = 0 的错误条件：0006（间接寻址错误），SM4.3（运行时间）。

说明：在 STL 指令中，若 IN 和 OUT 指定的存储器不同，则须首先使用数据传送指令 MOV 将 IN 中的数据送入 OUT 所指定的存储单元。如：

$$MOVB \ IN, \ OUT$$

$$SLB \ OUT, \ N$$

2. 循环左、右移位指令

循环移位将移位数据存储单元的首尾相连，同时又与溢出标志 SM1.1 连接，SM1.1 用来存放被移出的位。其指令格式及功能见表 6-6。

表 6-6　循环左、右移位指令格式及功能

LAD	ROL_B EN ENO ????−IN OUT−???? ????−N ROR_B EN ENO ????−IN OUT−???? ????−N	ROL_W EN ENO ????−IN OUT−???? ????−N ROR_W EN ENO ????−IN OUT−???? ????−N	ROL_DW EN ENO ????−IN OUT−???? ????−N ROR_DW EN ENO ????−IN OUT−???? ????−N
STL	RLB OUT, N RRB OUT, N	RLW OUT, N RRW OUT, N	RLD OUT, N RRD OUT, N
操作数及数据类型	IN：VB, IB, QB, MB, SB, SMB, LB, AC, 常量 OUT：VB, IB, QB, MB, SB, SMB, LB, AC 数据类型：字节	IN：VW, IW, QW, MW, SW, SMW, LW, T, C, AIW, AC, 常量 OUT：VW, IW, QW, MW, SW, SMW；LW, T, C, AC 数据类型：字	IN：VD, ID, QD, MD, SD, SMD, LD, AC, HC, 常量 OUT：VD, ID, QD, MD, SD, SMD, LD, AC 数据类型：双字
	N：VB, IB, QB, MB, SB, SMB, LB, AC, 常量；数据类型：字节		
功能	ROL：字节、字、双字循环左移 N 位。ROR：字节、字、双字循环右移 N 位		

（1）循环左移位指令（ROL）　使能输入有效时，将 IN 输入的无符号数（字节、字或双字）循环左移 N 位后，将结果输出到 OUT 所指定的存储单元中，移出的最后一位的数值送溢出标志位 SM1.1。当需要移位的数值是零时，零标志位 SM1.0 为 1。

（2）循环右移位指令（ROR）　使能输入有效时，将 IN 输入的无符号数（字节、字或双字）循环右移 N 位后，将结果输出到 OUT 所指定的存储单元中，移出的最后一位的数值送溢出标志位 SM1.1。当需要移位的数值是零时，零标志位 SM1.0 为 1。

（3）移位次数 N 大于等于数据类型（B、W、D）时的移位位数的处理

1）如果操作数是字节，当移位次数 N≥8 时，则在执行循环移位前，先对 N 进行模 8 操作（N 除以 8 后取余数），其结果 0~7 为实际移动位数。

2）如果操作数是字，当移位次数 N≥16 时，则在执行循环移位前，先对 N 进行模 16 操作（N 除以 16 后取余数），其结果 0~15 为实际移动位数。

3）如果操作数是双字，当移位次数 N≥32 时，则在执行循环移位前，先对 N 进行模 32 操作（N 除以 32 后取余数），其结果 0~31 为实际移动位数。

使 ENO=0 的错误条件：0006（间接寻址错误），SM4.3（运行时间）。

说明：在 STL 指令中，若 IN 和 OUT 指定的存储器不同，则须首先使用数据传送指令 MOV 将 IN 中的数据送入 OUT 所指定的存储单元。如：

$$MOVB \quad IN, \ OUT$$
$$RLB \quad \quad OUT, \ N$$

【例 6-4】　程序应用举例，将 AC0 中的字循环右移 2 位，将 VW200 中的字左移 3 位。程序及运行结果如图 6-4 所示。

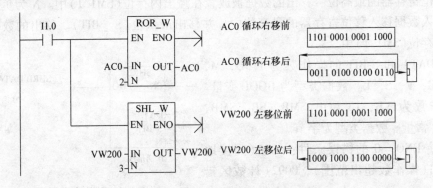

图 6-4　循环移位指令举例

【例 6-5】　用 I0.0 控制接在 Q0.0~Q0.7 上的 8 个彩灯循环移位，从左到右以 0.5s 的速度依次点亮，保持任意时刻只有一个指示灯亮，到达最右端后，再从左到右依次点亮。

分析：8 个彩灯循环移位控制，可以用字节的循环移位指令。根据控制要求，首先应置彩灯的初始状态为 QB0=1，即左边第一盏灯亮；接着灯从左到右以 0.5s 的速度依次点亮，即要求字节 QB0 中的"1"用循环左移位指令每 0.5s 移动一位，因此须在 ROL-B 指令的 EN 端接一个 0.5s 的移位脉冲（可用定时器指令实现）。梯形图程序和语句表程序如图 6-5 所示。

3. 移位寄存器指令（SHRB）

移位寄存器指令是可以指定移位寄存器的长度和移位方向的移位指令。其指令格式如图 6-6 所示。

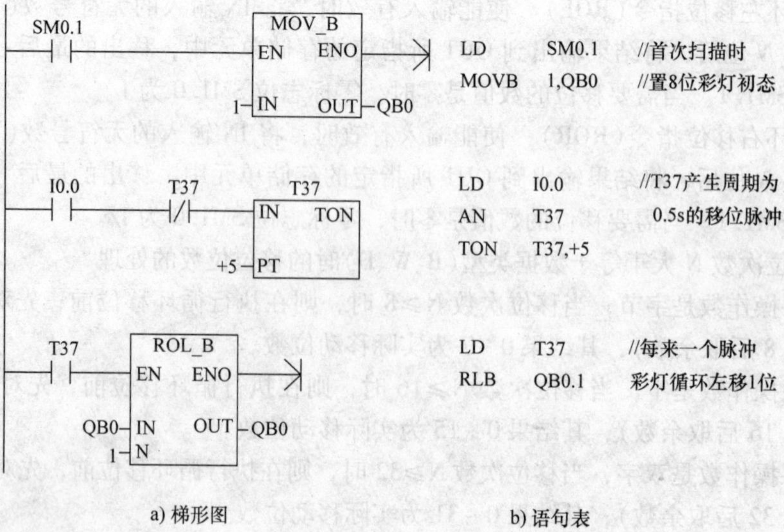

```
  SM0.1        MOV_B              LD    SM0.1      //首次扫描时
  ─┤├─        EN   ENO    ─┤     MOVB  1,QB0      //置8位彩灯初态
              1─IN   OUT─QB0


  I0.0   T37      T37            LD    I0.0       //T37产生周期为
  ─┤├──┤/├─      IN   TON       AN    T37        0.5s的移位脉冲
                               TON   T37,+5
              +5─PT


  T37          ROL_B             LD    T37        //每来一个脉冲
  ─┤├─        EN   ENO    ─┤     RLB   QB0.1      彩灯循环左移1位
        QB0─IN   OUT─QB0
          1─N
```

　　　　a) 梯形图　　　　　　　　　　b) 语句表

图 6-5　彩灯循环移位控制梯形图程序和语句表程序

　　1) 移位寄存器指令 SHRB 将 DATA 数值移入移位寄存器。梯形图中，EN 为使能输入端，连接移位脉冲信号，每次使能有效时，整个移位寄存器移动 1 位。DATA 为数据输入端，连接移入移位寄存器的二进制数值，执行指令时将该位的值移入寄存器。S_BIT 用于指定移位寄存器的最低位。N 用于指定移位寄存器的长度和移位方向，移位寄存器的最大长度为 64 位，N 为正值表示左移位，输入数据(DATA)移入移位寄存器的最低位(S_BIT)，并移出移位寄存器的最高位。移出的数据被放置在溢出内存位(SM1.1)中。N 为负值表示右移位，输入数据移入移位寄存器的最高位中，并移出最低位(S_BIT)。移出的数据被放置在溢出内存位(SM1.1)中。

　　2) DATA 和 S-BIT 的操作数为 I, Q, M, SM, T, C, V, S, L。数据类型为 BOOL 变量。N 的操作数为 VB, IB, QB, MB, SB, SMB, LB, AC, 常量。数据类型为字节。

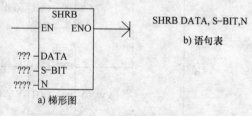

```
            SHRB
      EN    ENO   ─┤        SHRB DATA, S-BIT,N
   ???─DATA                      b) 语句表
   ???─S-BIT
  ????─N
      a) 梯形图
```

　　3) 使 ENO = 0 的错误条件：0006(间接地址)，0091(操作数超出范围)，0092(计数区错误)。

图 6-6　移位寄存器指令格式

　　4) 移位指令影响特殊内部标志位：SM1.1(为移出的位值设置溢出位)。

　　【例 6-6】　移位寄存器应用举例。每次 I0.0 接通时，产生一个正向脉冲，从而引发一次移位，低位读入 I0.1 的状态数值(高或低)，高位则溢出到 SM1.1 特殊寄存器。程序及运行结果如图 6-7 所示。

6.1.4　数据转换指令

　　数据转换指令是对操作数的类型进行转换，并输出到指定目标地址中去。转换指令包括数据的类型转换、数据的编码和译码指令以及字符串类型转换指令。

　　不同功能的指令对操作数要求不同。类型转换指令可将固定的一个数据用到不同类型要

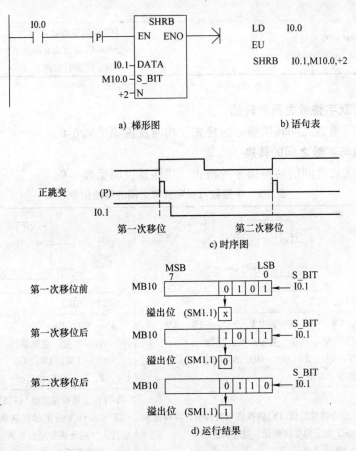

图 6-7 移位寄存器应用举例的梯形图、语句表、时序图及运行结果

求的指令中，包括字节与字整数之间的转换、字整数与双字整数的转换、双字整数与实数之间的转换、BCD 码与整数之间的转换等。

1. 字节与字整数之间的转换

字节型数据与字整数之间转换的指令格式见表 6-7。

表 6-7 字节型数据与字整数之间转换指令

LAD	![B_I EN ENO ????-IN OUT-????]	![I_B EN ENO ????-IN OUT-????]
STL	BTI IN, OUT	ITB IN, OUT
操作数及数据类型	IN：VB，IB，QB，MB，SB，SMB，LB，AC，常量。数据类型：字节 OUT：VW，IW，QW，MW，SW，SMW，LW，T，C，AC，数据类型：整数	IN：VW，IW，QW，MW，SW，SMW，LW，T，C，AIW，AC，常量。数据类型：整数 OUT：VB，IB，QB，MB，SB，SMB，LB，AC，数据类型：字节
功能及说明	BTI 指令将字节数值（IN）转换成整数值，并将结果置入 OUT 指定的存储单元。因为字节不带符号，所以无符号扩展	ITB 指令将字整数（IN）转换成字节，并将结果置入 OUT 指定的存储单元。输入的字整数 0～255 被转换。超出部分导致溢出，SM1.1 = 1。输出不受影响

(续)

ENO = 0 的错误条件	0006(间接地址) SM4.3(运行时间)	0006(间接地址) SM1.1(溢出或非法数值) SM4.3(运行时间)

2. 字整数与双字整数之间的转换

字整数与双字整数之间转换指令的格式、功能及说明见表6-8。

3. 双字整数与实数之间的转换

双字整数与实数之间的转换指令的格式、功能及说明见表6-9。

表 6-8 字整数与双字整数之间的转换指令

LAD	I_DI EN ENO ????-IN OUT-????	DI_I EN ENO ????-IN OUT-????
STL	ITD IN, OUT	DTI IN, OUT
操作数及数据类型	IN:VW, IW, QW, MW, SW, SMW, LW, T, C, AIW, AC, 常量。数据类型:整数 OUT:VD, ID, QD, MD, SD, SMD, LD, AC。数据类型:双整数	IN:VD, ID, QD, MD, SD, SMD, LD, HC, AC, 常量。数据类型:双整数 OUT:VW, IW, QW, MW, SW, SMW, LW, T, C, AC 数据类型:整数
功能及说明	ITD 指令将整数值(IN)转换成双整数值,并将结果置入 OUT 指定的存储单元。符号被扩展	DTI 指令将双整数值(IN)转换成整数值,并将结果置入 OUT 指定的存储单元。如果转换的数值过大,则无法在输出中表示,产生溢出 SM1.1 =1,输出不受影响
ENO = 0 的错误条件	0006(间接地址) SM4.3(运行时间)	0006(间接地址) SM1.1(溢出或非法数值) SM4.3(运行时间)

表 6-9 双字整数与实数之间的转换指令

LAD	DI_R EN ENO ????-IN OUT-????	ROUND EN ENO ????-IN OUT-????	TRUNC EN ENO ????-IN OUT-????
STL	DTR IN, OUT	ROUND IN, OUT	TRUNC IN, OUT
操作数及数据类型	IN:VD, ID, QD, MD, SD, SMD, LD, HC, AC, 常量。数据类型:双字整数 OUT:VD, ID, QD, MD, SD, SMD, LD, AC。数据类型:实数	IN:VD, ID, QD, MD, SD, SMD, LD, AC, 常量。数据类型:实数 OUT:VD, ID, QD, MD, SD, SMD, LD, AC。数据类型:双字整数	IN:VD, ID, QD, MD, SD, SMD, LD, AC, 常量。数据类型:实数 OUT:VD, ID, QD, MD, SD, SMD, LD, AC。数据类型:双字整数

（续）

功能及说明	DTR 指令将 32 位带符号整数 IN 转换成 32 位实数，并将结果置入 OUT 指定的存储单元	ROUND 指令按小数部分四舍五入的原则，将实数（IN）转换成双字整数值，并将结果置入 OUT 指定的存储单元	TRUNC（截位取整）指令按将小数部分直接舍去的原则，将 32 位实数（IN）转换成 32 位双字整数，并将结果置入 OUT 指定的存储单元
ENO =0 的错误条件	0006（间接地址） SM4.3（运行时间）	0006（间接地址） SM1.1（溢出或非法数值） SM4.3（运行时间）	0006（间接地址） SM1.1（溢出或非法数值） SM4.3（运行时间）

注意：不论是四舍五入取整，还是截位取整，如果转换的实数数值过大，无法在输出中表示，则产生溢出，即影响溢出标志位，使 SM1.1 =1，输出不受影响。

4. BCD 码与整数的转换

BCD 码与整数之间转换指令的格式、功能及说明，见表 6-10。

表 6-10　BCD 码与整数之间的转换指令

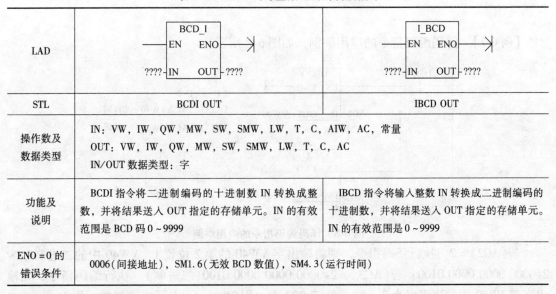

LAD	BCD_I —EN　ENO— ????—IN　OUT—????	I_BCD —EN　ENO— ????—IN　OUT—????
STL	BCDI OUT	IBCD OUT
操作数及数据类型	IN：VW，IW，QW，MW，SW，SMW，LW，T，C，AIW，AC，常量 OUT：VW，IW，QW，MW，SW，SMW，LW，T，C，AC IN/OUT 数据类型：字	
功能及说明	BCDI 指令将二进制编码的十进制数 IN 转换成整数，并将结果送入 OUT 指定的存储单元。IN 的有效范围是 BCD 码 0～9999	IBCD 指令将输入整数 IN 转换成二进制编码的十进制数，并将结果送入 OUT 指定的存储单元。IN 的有效范围是 0～9999
ENO =0 的错误条件	0006（间接地址），SM1.6（无效 BCD 数值），SM4.3（运行时间）	

注意： 1）数据长度为字的 BCD 格式的有效范围为：0～9999（十进制），0000～9999（十六进制）0000 0000 0000 0000～1001 1001 1001 1001（BCD 码）。

2）指令影响特殊标志位 SM1.6（无效 BCD）。

3）在表 6-10 的 LAD 和 STL 指令中，IN 和 OUT 的操作数地址相同。若 IN 和 OUT 操作数地址不是同一个存储器，对应的语句表指令为：

MOV IN OUT
BCDI OUT

5. 译码和编码指令

译码和编码指令的格式和功能见表 6-11。

表 6-11　译码和编码指令的格式和功能

LAD	DECO EN　ENO ????–IN　OUT–????	DNCO EN　ENO ????–IN　OUT–????
STL	DECO IN, OUT	ENCO IN, OUT
操作数及 数据类型	IN：VB, IB, QB, MB, SMB, LB, SB, AC, 常量。数据类型：字节 　OUT：VW, IW, QW, MW, SMW, LW, SW, AQW, T, C, AC。数据类型：字	IN：VW, IW, QW, MW, SMW, LW, SW, AIW, T, C, AC, 常量。数据类型：字 　OUT：VB, IB, QB, MB, SMB, LB, SB, AC。数据类型：字节
功能及 说明	译码指令根据输入字节(IN)的低 4 位表示的输出 字的位号，将输出字的相对应的位，置位为 1，输 出字的其他位均置位为 0	编码指令将输入字(IN)最低有效位(其值为 1)的位号写入输出字节(OUT)的低 4 位中
ENO = 0 的错误条件	0006(间接地址)，SM4.3(运行时间)	

【例 6-7】　译码编码指令的应用举例，如图 6-8 所示。

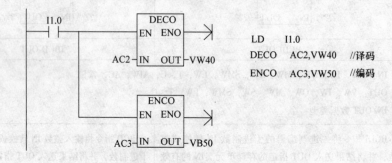

图 6-8　译码编码指令的应用举例

　　若(AC2) = 2，执行译码指令，则将输出字 VW40 的第 2 位置 1，VW40 中的二进制数为
2#0000 0000 0000 0100；若(AC3) = 2#0000 0000 0000 0100(二进制)，执行编码指令，则输
出字节 VB50 中的错误码为 2。注：在 S7-200 中，用 2#×××表示二进制数，用 16#×××
表示十六进制数。

6. 七段显示译码指令

　　七段显示器的 abcdefg 段分别对应于字节的第 0 位～第 6 位，字节的某位为 1 时，其对
应的段亮；输出字节的某位为 0 时，其对应的段暗。将字节的第 7 位补 0，则构成与七段显
示器相对应的 8 位编码，称为七段显示码。数字 0～9、字母 A～F 与七段显示码的对应如图
6-9 所示。

　　七段译码指令 SEG 将输入字节 16#0～F(十六进制)转换成七段显示码。其格式和功能
见表 6-12。

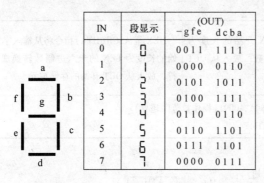

IN	段显示	(OUT) −gfe dcba	IN	段显示	(OUT) −gfe dcba
0		0011 1111	8		0111 1111
1		0000 0110	9		0110 0111
2		0101 1011	A		0111 0111
3		0100 1111	B		0111 1100
4		0110 0110	C		0011 1001
5		0110 1101	D		0101 1110
6		0111 1101	E		0111 1001
7		0000 0111	F		0111 0001

图 6-9　与七段显示码对应的代码

表 6-12　七段显示译码指令的格式及功能

LAD	STL	功能及操作数
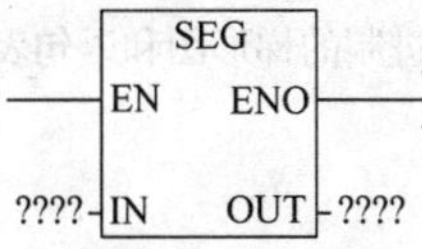 SEG EN　ENO ????-IN　OUT-????	SEG IN, OUT	功能：将输入字节(IN)的低四位确定的 16 进制数(16#0 ~ F)，产生相应的七段显示码，送入输出字节 OUT IN：VB, IB, QB, MB, SB, SMB, LB, AC, 常量 OUT：VB, IB, QB, MB, SMB, LB, AC。 IN/OUT 的数据类型：字节

使 ENO = 0 的错误条件：0006(间接地址)，SM4.3(运行时间)。

【例 6-8】　编写显示数字 0 的七段显示码的程序。参考程序如图 6-10 所示。

a) 梯形图　　　　　　　　　b) 语句表

图 6-10　显示数字 0 的七段显示码的程序

程序运行结果为 AC1 中的十六进制数值为 16#3F(2#0011 1111)。

7. ASCII 码与十六进制数之间的转换指令

ASCII 码与十六进制数之间转换指令的格式和功能见表 6-13。

表 6-13　ASCII 码与十六进制数之间转换指令的格式和功能

LAD	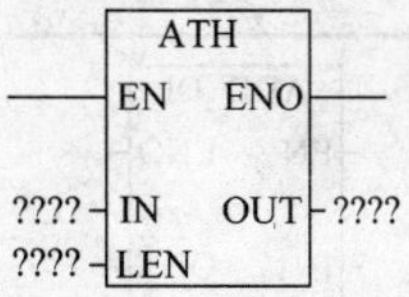 ATH EN　ENO ????-IN　OUT-???? ????-LEN	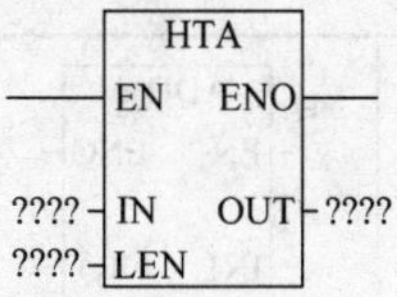 HTA EN　ENO ????-IN　OUT-???? ????-LEN
STL	ATH IN, OUT, LEN	HTA IN, OUT, LEN
操作数及 数据类型	IN/ OUT：VB, IB, QB, MB, SB, SMB, LB。数据类型：字节 LEN：VB, IB, QB, MB, SB, SMB, LB, AC, 常量。数据类型：字节。最大值为 255	

（续）

功能及说明	ASCII 至 HEX(ATH)指令将从 IN 开始的长度为 LEN 的 ASCII 字符转换成十六进制数,放入从 OUT 开始的存储单元	HEX 至 ASCII(HTA)指令将从输入字节(IN)开始的长度为 LEN 的十六进制数转换成 ASCII 字符,放入从 OUT 开始的存储单元
ENO =0 的错误条件	0006(间接地址),SM4.3(运行时间),0091(操作数范围超界) SM1.7(非法 ASCII 数值)(仅限 ATH)	

注意：合法的 ASCII 码对应的十六进制数包括 30H～39H,41H～46H。如果在 ATH 指令的输入中包含非法的 ASCII 码,则终止转换操作,特殊内部标志位 SM1.7 置位为 1。

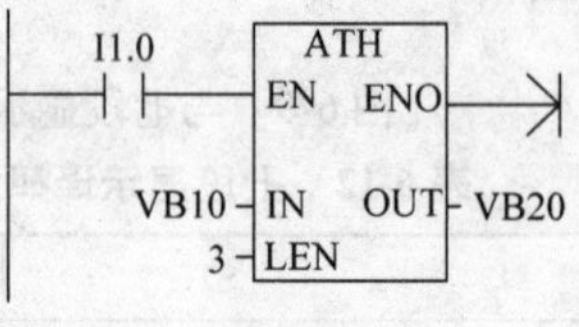

【例 6-9】 将 VB10～VB12 中存放的 3 个 ASCII 码 33、45、41,转换成十六进制数。梯形图和语句表程序如图 6-11 所示。

```
       I1.0        ATH
  ──┤ ├──      EN   ENO ──>         LD    I1.0
                                     ATH   VB10,VB20,3
  VB10 ── IN   OUT ── VB20
     3 ── LEN
```

a) 梯形图　　　　　b) 语句表

图 6-11　ASCII 码转换为十六进制的梯形图和语句表程序

程序运行结果如下：

```
 '3'   'E'   'A'
┌────┬────┬────┐         ┌────┬────┐
│ 33 │ 45 │ 41 │  ATH    │ 3E │ A× │
└────┴────┴────┘         └────┴────┘
 VB10 VB11 VB12           VB20 VB21
```

可见将 VB10～VB12 中存放的 3 个 ASCII 码 33、45、41,转换成十六进制数 3E 和 A×,放在 VB20 和 VB21 中,"×"表示 VB21 的"半字节"即低四位的值未改变。

6.1.5　算术运算指令

算术运算指令包括加、减、乘、除运算和数学函数变换。

1. 整数与双整数加减法指令

整数加法(ADD-I)和减法(SUB-I)指令：使能输入有效时,将两个 16 位符号整数相加或相减,并产生一个 16 位的结果输出到 OUT。

双整数加法(ADD-D)和减法(SUB-D)指令：使能输入有效时,将两个 32 位符号整数相加或相减,并产生一个 32 位结果输出到 OUT。

整数与双整数加减法指令的格式及功能见表 6-14。

表 6-14　整数与双整数加减法指令的格式及功能

LAD	ADD_I ─EN ENO─ ─IN1 OUT─ ─IN2	SUB_I ─EN ENO─ ─IN1 OUT─ ─IN2	ADD_DI ─EN ENO─ ─IN1 OUT─ ─IN2
STL	MOVW IN1, OUT +I IN2, OUT	MOVW IN1, OUT −I IN2, OUT	MOVD IN1, OUT +D IN2, OUT
功能	IN1 + IN2 = OUT	IN1 − IN2 = OUT	IN1 + IN2 = OUT

(continued) The table also contains a fourth column:

	SUB_DI
LAD	SUB_DI ─EN ENO─ ─IN1 OUT─ ─IN2
STL	MOVD IN1, OUT +D IN2, OUT
功能	IN1 − IN2 = OUT

（续）

操作数及数据类型	IN1/IN2：VW，IW，QW，MW，SW，SMW，T，C，AC，LW，AIW，常量，＊VD，＊LD，＊AC 　OUT：VW，IW，QW，MW，SW，SMW，T，C，LW，AC，＊VD，＊LD，＊AC IN/OUT 数据类型：整数	IN1/IN2：VD，ID，QD，MD，SMD，SD，LD，AC，HC，常量，＊VD，＊LD，＊AC 　OUT：VD，ID，QD，MD，SMD，SD，LD，AC，＊VD，＊LD，＊AC IN/OUT 数据类型：双整数
ENO＝0 的错误条件	0006（间接地址），SM4.3（运行时间），SM1.1（溢出）	

说明：

1）当 IN1、IN2 和 OUT 操作数的地址不同时，在 STL 指令中，首先用数据传送指令将 IN1 中的数值送入 OUT，然后再执行加、减运算即：OUT + IN2 = OUT、OUT − IN2 = OUT。为了节省内存，在整数加法的梯形图指令中，可以指定 IN1 或 IN2 = OUT，这样，可以不用数据传送指令。如指定 INI = OUT，则语句表指令为 +I　IN2，OUT；如指定 IN2 = OUT，则语句表指令为 +I　IN1，OUT。在整数减法的梯形图指令中，可以指定 IN1 = OUT，则语句表指令为 −I　IN2，OUT。这个原则适用于所有的算术运算指令，且乘法和加法对应，减法和除法对应。

2）整数与双整数加减法指令影响算术标志位 SM1.0（零标志位）、SM1.1（溢出标志位）和 SM1.2（负数标志位）。

【例 6-10】　求 5000 加 400 的和，5000 在数据存储器 VW200 中，结果放入 AC0。程序如图 6-12 所示。

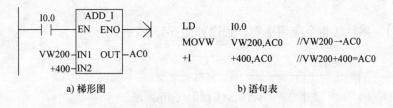

a）梯形图　　　　　b）语句表

图 6-12　整数与双整数加法举例

2. 整数乘除法指令

1）整数乘法指令（MUL-I）：使能输入有效时，将两个 16 位符号整数相乘，并产生一个 16 位的积，从 OUT 指定的存储单元输出。

2）整数除法指令（DIV-I）：使能输入有效时，将两个 16 位符号整数相除，并产生一个 16 位的商，从 OUT 指定的存储单元输出，不保留余数。如果输出结果大于一个字，则溢出位 SM1.1 置位为 1。

3）双整数乘法指令（MUL-D）：使能输入有效时，将两个 32 位符号整数相乘，并产生一个 32 位的乘积，从 OUT 指定的存储单元输出。

4）双整数除法指令（DIV-D）：使能输入有效时，将两个 32 位整数相除，并产生一个 32 位的商，从 OUT 指定的存储单元输出，不保留余数。

5）整数乘法产生双整数指令（MUL）：使能输入有效时，将两个 16 位整数相乘，得出一个 32 位的乘积,从 OUT 指定的存储单元输出。

6) 整数除法产生双整数指令(DIV):使能输入有效时,将两个 16 位整数相除,得出一个 32 位的结果,从 OUT 指定的存储单元输出。其中高 16 位放余数,低 16 位放商。

整数乘除法指令的格式及功能见表 6-15。

整数双整数乘除法指令操作数及数据类型和加减运算的相同。

整数乘法除法产生双整数指令的操作数:

① IN1/IN2:VW、IW、QW、MW、SW、SMW、T、C、LW、AC、AIW、常量、*VD、*LD、*AC。数据类型:整数。

② OUT:VD、ID、QD、MD、SMD、SD、LD、AC、*VD、*LD、*AC。数据类型:双整数。

③ 使 ENO =0 的错误条件:0006(间接地址),SM1.1(溢出),SM1.3(除数为 0)。

④ 对标志位的影响:SM1.0(零标志位),SM1.1(溢出),SM1.2(负数),SM1.3(被 0 除)。

表 6-15 整数乘除法指令的格式及功能

LAD	MUL_I ─EN ENO─ ─IN1 OUT─ ─IN2	DIV_I ─EN ENO─ ─IN1 OUT─ ─IN2	MUL_DI ─EN ENO─ ─IN1 OUT─ ─IN2	DIV_DI ─EN ENO─ ─IN1 OUT─ ─IN2	MUL ─EN ENO─ ─IN1 OUT─ ─IN2	DIV ─EN ENO─ ─IN1 OUT─ ─IN2
STL	MOVW IN1, OUT *I IN2, OUT	MOVW IN1, OUT /I IN2, OUT	MOVD IN1, OUT *D IN2, OUT	MOVD IN1, OUT /D IN2, OUT	MOVW IN1, OUT MUL IN2, OUT	MOVW IN1, OUT DIV IN2, OUT
功能	IN1 * IN2 = OUT	IN1/IN2 = OUT	IN1 * IN2 = OUT	IN1/IN2 = OUT	IN1 * IN2 = OUT	IN1/IN2 = OUT

【例 6-11】 乘除法指令应用举例,程序如图 6-13 所示。

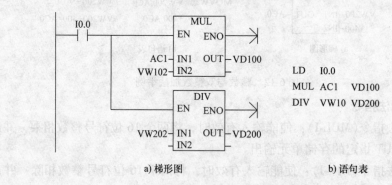

a) 梯形图   b) 语句表

图 6-13 乘除法指令应用举例

注意:因为 VD100 包含 VW100 和 VW102 两个字,VD200 包含 VW200 和 VW202 两个字,所以在语句表指令中不需要使用数据传送指令。

3. 实数加减乘除指令

实数加法(ADD-R)、减法(SUB-R)指令:使能输入有效时,将两个 32 位实数相加或相减,并产生一个 32 位的实数结果,从 OUT 指定的存储单元输出。

实数乘法(MUL-R)、除法(DIV-R)指令:使能输入有效时,将两个 32 位实数相乘

（除），并产生一个 32 位的积（商），从 OUT 指定的存储单元输出。

操作数：

1）IN1/IN2：VD，ID，QD，MD，SMD，SD，LD，AC，常量，＊VD，＊LD，＊AC。

2）OUT：VD，ID，QD，MD，SMD，SD，LD，AC，＊VD，＊LD，＊AC。

3）数据类型：实数。

4）指令格式及功能见表 6-16。

表 6-16 实数加减乘除指令

	ADD_R	SUB_R	MUL_R	DIV_R
LAD	EN ENO IN1 OUT IN2	EN ENO IN1 OUT IN2	EN ENO IN1 OUT IN2	EN ENO IN1 OUT IN2
STL	MOVD IN1，OUT +R IN2，OUT	MOVD IN1，OUT －R IN2，OUT	MOVD IN1，OUT ＊R IN2，OUT	MOVD IN1，OUT /R IN2，OUT
功能	IN1 + IN2 = OUT	IN1 － IN2 = OUT	IN1 ＊ IN2 = OUT	IN1/IN2 = OUT
ENO =0 的 错误条件	0006（间接地址），SM4.3（运行时间）， SM1.1（溢出）		0006（间接地址），SM1.1（溢出），SM4.3（运行时间），SM1.3（除数为 0）	
对标志位 的影响	SM1.0（零），SM1.1（溢出），SM1.2（负数），SM1.3（被 0 除）			

【例 6-12】 实数运算指令的应用，程序如图 6-14 所示。

4. 数学函数变换指令

数学函数变换指令包括平方根、自然对数、指数和三角函数等指令。

1）平方根（SQRT）指令：对 32 位实数（IN）取平方根，并产生一个 32 位实数结果，从 OUT 指定的存储单元输出。

2）自然对数（LN）指令：对 IN 中的数值进行自然对数计算，并将结果置于 OUT 指定的存储单元中。

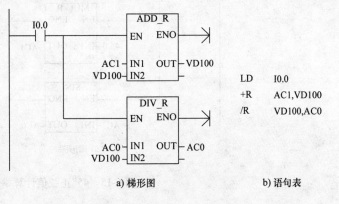

a）梯形图   b）语句表

图 6-14 实数运算指令的应用举例

求以 10 为底数的对数时，用自然对数除以 2.302585（约等于 10 的自然对数）。

3）自然指数（EXP）指令：将 IN 取以 e 为底的指数，并将结果置于 OUT 指定的存储单元中。

将"自然指数"指令与"自然对数"指令相结合，可以实现以任意数为底，任意数为指数的计算。求 y^x，输入以下指令：EXP（x ＊ LN（y））。

例如：求 2^3 = EXP（3 ＊ LN（2）） =8；27 的 3 次方根 = $27^{1/3}$ = EXP（1/3 ＊ LN（27）） =3。

4）三角函数指令：将一个实数的弧度值 IN 分别求 SIN、COS、TAN，得到实数运算结果，从 OUT 指定的存储单元输出。

函数变换指令格式及功能见表 6-17。

表 6-17 函数变换指令格式及功能

LAD	SQRT -EN ENO- -IN OUT-	LN -EN ENO- -IN OUT-	EXP -EN ENO- -IN OUT-	SIN -EN ENO- -IN OUT-	COS -EN ENO- -IN OUT-	TAN -EN ENO- -IN OUT-
STL	SQRT IN, OUT	LN IN, OUT	EXP IN, OUT	SIN IN, OUT	COS IN, OUT	TAN IN, OUT
功能	SQRT(IN) = OUT	LN(IN) = OUT	EXP(IN) = OUT	SIN(IN) = OUT	COS(IN) = OUT	TAN(IN) = OUT
操作数及数据类型	IN: VD, ID, QD, MD, SMD, SD, LD, AC, 常量, * VD, * LD, * AC OUT: VD, ID, QD, MD, SMD, SD, LD, AC, * VD, * LD, * AC 数据类型：实数					

使 ENO = 0 的错误条件：0006(间接地址)，SM1.1(溢出)，SM4.3(运行时间)。

对标志位的影响：SM1.0(零)，SM1.1(溢出)，SM1.2(负数)。

【例 6-13】 求 45°正弦值。

分析：先将 45°转换为弧度：(3.14159/180)×45，再求正弦值。程序如图 6-15 所示。

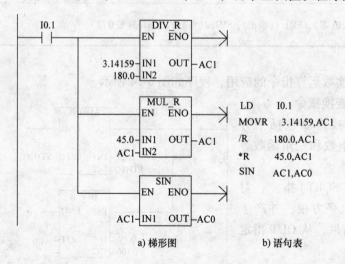

```
LD    I0.1
MOVR  3.14159,AC1
/R    180.0,AC1
*R    45.0,AC1
SIN   AC1,AC0
```

a) 梯形图   b) 语句表

图 6-15 45°正弦值计算举例

6.1.6 逻辑运算指令

逻辑运算是对无符号数按位进行与、或、异或和取反等操作。操作数的长度有 B、W、DW。其指令格式及功能见表 6-18。

1) 逻辑与(WAND)指令：将输入 IN1、IN2 按位相与，得到的逻辑运算结果，放入 OUT 指定的存储单元。

2) 逻辑或(WOR)指令：将输入 IN1、IN2 按位相或，得到的逻辑运算结果，放入 OUT 指定的存储单元。

3) 逻辑异或(WXOR)指令：将输入 IN1、IN2 按位相异或，得到的逻辑运算结果，放入 OUT 指定的存储单元。

4）取反（INV）指令：将输入 IN 按位取反，将结果放入 OUT 指定的存储单元。

表 6-18 逻辑运算指令的格式及功能

LAD	WAND_B EN ENO IN1 OUT IN2 WAND_W EN ENO IN1 OUT IN2 WAND_DW EN ENO IN1 OUT IN2	WOR_B EN ENO IN1 OUT IN2 WOR_W EN ENO IN1 OUT IN2 WOR_DW EN ENO IN1 OUT IN2	WXOR_B EN ENO IN1 OUT IN2 WXOR_W EN ENO IN1 OUT IN2 WXOR_DW EN ENO IN1 OUT IN2	INV_B EN ENO IN OUT INV_W EN ENO IN OUT INV_DW EN ENO IN OUT
STL	ANDB IN1，OUT ANDW IN1，OUT ANDD IN1，OUT	ORB IN1，OUT ORW IN1，OUT ORD IN1，OUT	XORB IN1，OUT XORW IN1，OUT XORD IN1，OUT	INVB OUT INVW OUT INVD OUT
功能	IN1、IN2 按位相与	IN1、IN2 按位相或	IN1、IN2 按位异或	对 IN 取反
操作数 B	IN1/IN2：VB, IB, QB, MB, SB, SMB, LB, AC, 常量, *VD, *AC, *LD OUT：VB, IB, QB, MB, SB, SMB, LB, AC, *VD, *AC, *LD			
操作数 W	IN1/IN2：VW, IW, QW, MW, SW, SMW, T, C, AC, LW, AIW, 常量, *VD, *AC, *LD OUT：VW, IW, QW, MW, SW, SMW, T, C, LW, AC, *VD, *AC, *LD			
操作数 DW	IN1/IN2：VD, ID, QD, MD, SMD, AC, LD, HC, 常量, *VD, *AC, SD, *LD OUT：VD, ID, QD, MD, SMD, LD, AC, *VD, *AC, SD, *LD			

说明：

1）在表 6-18 中，在梯形图指令中设置 IN2 和 OUT 所指定的存储单元相同，这样对应的语句表指令如表中所示。若在梯形图指令中，IN2（或 IN1）和 OUT 所指定的存储单元不同，则在语句表指令中需使用数据传送指令，将其中一个输入端的数据先送入 OUT，再进行逻辑运算。如

MOVB IN1，OUT

ANDB IN2，OUT

2）ENO=0 的错误条件：0006（间接地址），SM4.3（运行时间）。

3）对标志位的影响：SM1.0（零）。

【例 6-14】 逻辑运算编程举例，程序及运算过程如图 6-16 所示。

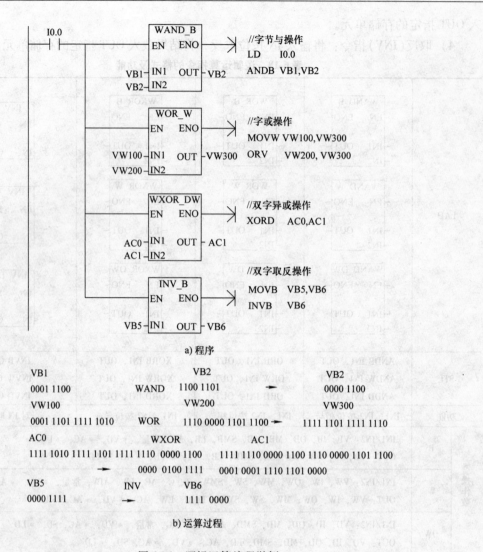

a) 程序

b) 运算过程

图 6-16　逻辑运算编程举例

6.1.7 递增、递减指令

递增、递减指令用于对输入的无符号数字节、符号数字、符号数双字进行加 1 或减 1 的操作。其指令格式及功能见表 6-19。

1. 递增字节(INC-B)/递减字节(DEC-B)指令

递增字节和递减字节指令在输入字节(IN)上加 1 或减 1,并将结果置入 OUT 指定的变量中。递增和递减字节运算不带符号。

2. 递增字(INC-W)/递减字(DEC-W)指令

递增字和递减字指令在输入字(IN)上加 1 或减 1,并将结果置入 OUT。递增和递减字运算带符号。

3. 递增双字(INC-DW)/递减双字(DEC-DW)指令

递增双字和递减双字指令在输入双字(IN)上加 1 或减 1,并将结果置入 OUT。递增和递减双字运算带符号。

表 6-19　递增、递减指令的格式及功能

LAD					
INC_B EN ENO IN OUT DEC_B EN ENO IN OUT		INC_W EN ENO IN OUT DEC_W EN ENO IN OUT		INC_DW EN ENO IN OUT DEC_DW EN ENO IN OUT	
STL	INCB OUT	DECB OUT	INCW OUT	DECW OUT	INCD OUT	DECD OUT
功能	字节加 1	字节减 1	字加 1	字减 1	双字加 1	双字减 1
操作及数据类型	IN：VB、IB、QB、MB、SB、SMB、LB、AC、常量、＊VD、＊LD、＊AC OUT：VB、IB、QB、MB、SB、SMB、LB、AC、＊VD、＊LD、＊AC IN/OUT 数据类型：字节		IN：VW、IW、QW、MW、SW、SMW、AC、AIW、LW、T、C、常量、＊VD、＊LD、＊AC OUT：VW、IW、QW、MW、SW、SMW、LW、AC、T、C、＊VD、LD、＊AC 数据类型：整数		IN：VD、ID、QD、MD、SD、SMD、LD、AC、HC、常量、＊VD、＊LD、＊AC OUT：VD、ID、QD、MD、SD、SMD、LD、AC、＊VD、＊LD、＊AC 数据类型：双整数	

说明：

1）使 ENO ＝0 的错误条件：SM4.3（运行时间），0006（间接地址），SM1.1（溢出）。

2）影响标志位：SM1.0（零），SM1.1（溢出），SM1.2（负数）。

3）在梯形图指令中，IN 和 OUT 可以指定为同一存储单元，这样可以节省内存，在语句表指令中不需使用数据传送指令。

6.1.8　表功能指令

数据表是用来存放字型数据的表格，如图 6-17 所示。表格的第一个字地址即首地址，为表地址，首地址中的数值是表格的最大长度（TL），即最大填表数。表格的第二个字地址中的数值是表的实际长度（EC），指定表格中的实际填表数。每次向表格中增加新数据后，EC 加 1。从第三个字地址开始，存放数据（字）。表格最多可存放 100 个数据（字），不包括指定最大填表数（TL）和实际填表数（EC）的参数。

要建立表格，首先须确定表的最大填表数，如图 6-18 所示。

确定表格的最大填表数后，可用表功能指令在表中存取字型数据。表功能指令包括填表指令、表取数指令、表查找指令和字填充指令。所有的表格读取和表格写入指令必须用边缘触发指令激活。

VW200	0006	TL(最大填表数)
VW202	0002	EC(实际填表数)
VW204	1234	d0 数据0
VW206	5678	d1 数据1
VW208	××××	
VW210	××××	
VW212	××××	
VW214	××××	

图 6-17　数据表

1. 填表指令

表填表（ATT）指令：向表格（TBL）中增加一个字（DATA），如图 6-19 所示。

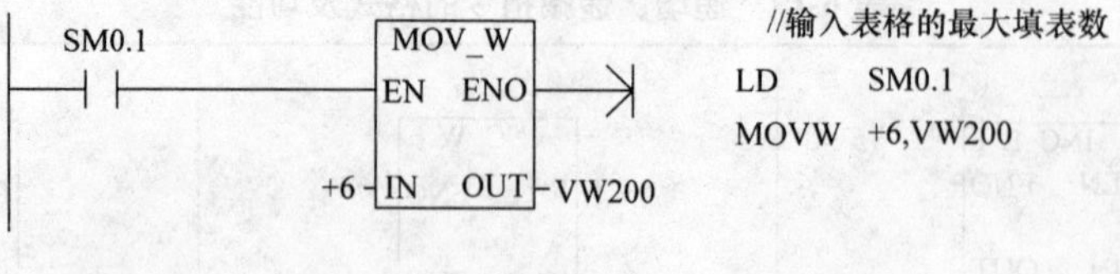

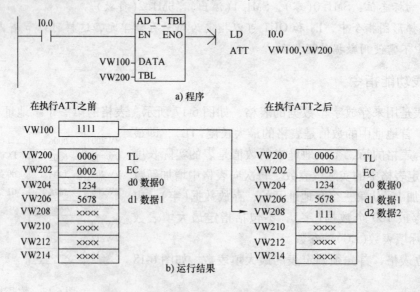

图 6-18 输入表格的最大填表数

说明:

1) DATA 为数据输入端,其操作数为 VW,IW,QW,MW,SW,SMW,LW,T,C,AIW,AC,常量,﹡VD,﹡LD,﹡AC。数据类型为整数。

2) TBL 为表格的首地址,其操作数为:VW,IW,QW,MW,SW,SMW,LW,T,C,﹡VD,﹡LD,﹡AC。数据类型为字。

3) 指令执行后,新填入的数据放在表格中最后一个数据的后面,EC 的值自动加 1。

4) 使 ENO = 0 的错误条件:0006(间接地址),0091(操作数超出范围),SM1.4(表溢出),SM4.3(运行时间)。

5) 填表指令影响特殊标志位:SM1.4(填入表的数据超出表的最大长度,SM1.4 = 1)。

【例 6-15】 填表指令应用举例。将 VW100 中的数据 1111,填入首地址是 VW200 的数据表(见图 6-17)中。其程序及运行结果如图 6-20 所示。

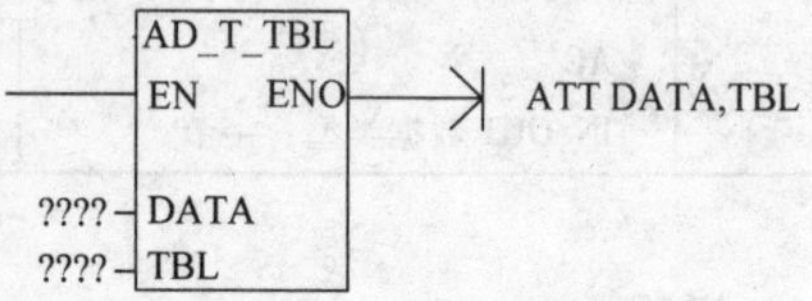

2. 表取数指令

从数据表中取数有先进先出(FIFO)和后进先出(LIFO)两种。执行表取数指令后,实际填表数 EC 值

图 6-19 填表指令的格式

图 6-20 填表指令应用举例程序及运行结果

自动减 1。

先进先出指令(FIFO):移出表格(TBL)中的第一个数(数据 0),并将该数值移至 DATA 指定存储单元,表格中的其他数据依次向上移动一个位置。

后进先出指令(LIFO):将表格(TBL)中的最后一个数据移至输出端 DATA 指定的存储

单元，表格中的其他数据位置不变。

表取数指令格式见表 6-20。

表 6-20　表取数指令格式

LAD	FIFO EN　ENO ????－TBL DATA－????	LIFO EN　ENO ????－TBL DATA－????
STL	FIFO　TBL，DATA	LIFO　TBL，DATA
说明	输入端 TBL 为数据表的首地址，输出端 DATA 为存放取出数值的存储单元	
操作数及 数据类型	TBL：VW，IW，QW，MW，SW，SMW，LW，T，C，＊VD，＊LD，＊AC。数据类型：字 DATA：VW，IW，QW，MW，SW，SMW，LW，AC，T，C，AQW，＊VD，＊LD，＊AC。数据类型：整数。	

使 ENO＝0 的错误条件：0006（间接地址），0091（操作数超出范围），SM1.5（空表），SM4.3（运行时间）。

对特殊标志位的影响：SM1.5（试图从空表中取数，SM1.5＝1）。

【例 6-16】　表取数指令应用举例。从图 6-17 所示的数据表中，用 FIFO、LIFO 指令取数，将取出的数值分别放入 VW300、VW400 中，程序及运行结果如图 6-21 所示。

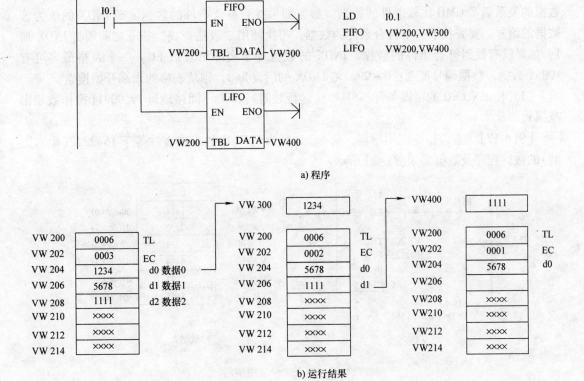

图 6-21　表取数指令应用举例程序及运行结果

3. 表查找指令

表查找(TBL-FIND)指令在表格(TBL)中搜索符合条件的数据在表中的位置(用数据编号表示,编号范围为 0 ~ 99)。其指令格式如图 6-22 所示。

(1) 梯形图中各输入端的介绍

1) TBL:为表格的实际填表数对应的地址(第二个字地址),即高于对应的"增加至表格"、"后入先出"或"先入先出"指令 TBL 操作数的一个字地址(两个字节)。TBL 操作数:VW,IW,QW,MW,SW,SMW,LW,T,C,* VD,* LD,* AC。数据类型:字。

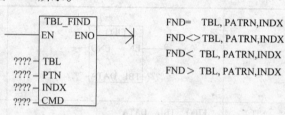

```
FND=  TBL, PATRN,INDX
FND<> TBL, PATRN,INDX
FND<  TBL, PATRN,INDX
FND>  TBL, PATRN,INDX
```

图 6-22　表查找指令的指令格式

2) PTN:是用来描述查表条件时进行比较的数据。PTN 操作数:VW,IW,QW,MW,SW,SMW,AIW,LW,T,C,AC,常量,* VD,* LD,* AC。数据类型:整数。

3) INDX:搜索指针,即从 INDX 所指的数据编号开始查找,并将搜索到的符合条件的数据的编号放入 INDX 所指定的存储器。INDX 操作数:VW,IW,QW,MW,SW,SMW,LW,T,C,AC,* VD,* LD,* AC。数据类型:字。

4) CMD:比较运算符,其操作数为常量 1 ~ 4,分别代表 =、< >、<、>。数据类型:字节。

(2) 功能说明　表查找指令搜索表格时,从 INDX 指定的数据编号开始,寻找与 PTN 数据的关系满足 CMD 比较条件的数据。参数如果找到符合条件的数据,则 INDX 的值为该数据的编号。要查找下一个符合条件的数据,再次使用"表格查找"指令之前须将 INDX 加 1。如果没有找到符合条件的数据,INDX 的数值等于实际填表数 EC。一个表格最多可有 100 个数据,数据编号范围:0 ~ 99。将 INDX 的值设为 0,则从表格的顶端开始搜索。

(3) 使 ENO =0 的错误条件　SM4.3(运行时间),0006(间接地址),0091(操作数超出范围)。

【例 6-17】　查表指令应用举例。从 EC 地址为 VW202 的表中查找等于 16#2222(十六进制)的数。程序及数据表如图 6-23 所示。

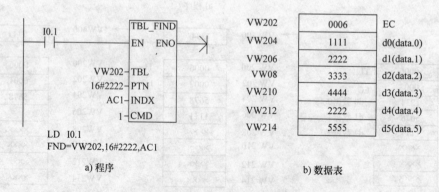

图 6-23　查表指令应用举例

为了从表格的顶端开始搜索,AC1 的初始值 =0,查表指令执行后 AC1 =1,找到符合条件的 d1,继续向下查找,先将 AC1 加 1,再激活表查找指令,从表中符合条件的 d1 的下一个数据开始查找，第二次执行查表指令后，AC1 = 4，找到符合条件的 d4。继续向下查找，将 AC1 再加 1，再激活表查找指令，从表中符合条件的 d4 的下一个数据开始查找，第三次执行表查找指令后，没有找到符合条件的数据，AC1 = 6（实际填表数）。

4. 字填充指令

字填充（FILL）指令用于将输入 IN 存储器中的字值写入输出 OUT 开始 N 个连续的字存储单元中。N 的数据范围：1~255。其指令格式如图 6-24 所示。说明如下：

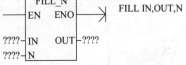

图 6-24　字填充指令格式

1）IN 为字型数据输入端，操作数为 VW，IW，QW，MW，SW，SMW，LW，T，C，AIW，AC，常量，∗VD，∗LD，∗AC。数据类型为整数。

N 的操作数为 VB，IB，QB，MB，SB，SMB，LB，AC，常量，∗VD，∗LD，∗AC。数据类型：字节。

OUT 的操作数为 VW，IW，QW，MW，SW，SMW，LW，T，C，AQW，∗VD，∗LD，∗AC。数据类型：整数。

2）使 ENO = 0 的错误条件：SM4.3（运行时间），0006（间接地址），0091（操作数超出范围）。

【例 6-18】　将 0 填入 VW0~VW18（10 个字）。程序及运行结果如图 6-25 所示。

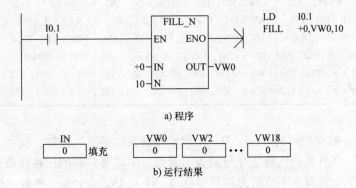

图 6-25　字填充（FILL）指令举例

从图 6-25 中可以看出程序运行结果为将从 VW0 开始的 10 个字（20 个字节）的存储单元清零。

6.1.9　比较指令

比较指令用于比较两个数值或字符串，满足比较关系式给出的条件时，触点闭合。比较指令为实现上、下限控制以及数值条件判断提供了方便。

比较指令有 5 种类型：字节比较、整数（字）比较、双字比较、实数比较和字符串比较。

其中字节比较是无符号的，整数、双字、实数的比较是有符号的。数值比较指令的运算有 = 、>= 、<= 、> 、< 和 < > 等 6 种。而字符串比较指令只有 = 和 < > 两种。

对比较指令可进行"LD"、"A"和"O"编程。比较指令的 LAD（梯形图）和 STL（语句表）形式见表 6-21。

表 6-21　数据比较指令

形　式	方　式				
	字节比较	整数比较	双字比较	实数比较	字符串比较
LAD (以 > 为例)	IN1 —| >B |— IN2	IN1 —| >I |— IN2	IN1 —| >D |— IN2	IN1 —| >R |— IN2	IN1 —| <>S |— IN2
STL	LDB = IN1，IN2 AB = IN1，IN2 OB = IN1，IN2 LDB < > IN1，IN2 AB < > IN1，IN2 OB < > IN1，IN2 LDB < IN1，IN2 AB < IN1，IN2 OB < IN1，IN2 LDB <= IN1，IN2 AB <= IN1，IN2 OB <= IN1，IN2 LDB > IN1，IN2 AB > IN1，IN2 OB > IN1，IN2 LDB > = IN1，IN2 AB > = IN1，IN2 OB > = IN1，IN2	LDW = IN1，IN2 AW = IN1，IN2 OW = IN1，IN2 LDW < > IN1，IN2 AW < > IN1，IN2 OW < > IN1，IN2 LDW < IN1，IN2 AW < IN1，IN2 OW < IN1，IN2 LDW <= IN1，IN2 AW <= IN1，IN2 OW <= IN1，IN2 LDW > IN1，IN2 AW > IN1，IN2 OW > IN1，IN2 LDW > = IN1，IN2 AW >= IN1，IN2 OW >= IN1，IN2	LDD = IN1，IN2 AD = IN1，IN2 OD = IN1，IN2 LDD < > IN1，IN2 AD < > IN1，IN2 OD < > IN1，IN2 LDD < IN1，IN2 AD < IN1，IN2 OD < IN1，IN2 LDD <= IN1，IN2 AD <= IN1，IN2 OD <= IN1，IN2 LDD > IN1，IN2 AD > IN1，IN2 OD > IN1，IN2 LDD > = IN1，IN2 AD >= IN1，IN2 OD >= IN1，IN2	LDR = IN1，IN2 AR = IN1，IN2 OR = IN1，IN2 LDR < > IN1，IN2 AR < > IN1，IN2 OR < > IN1，IN2 LDR < IN1，IN2 AR < IN1，IN2 OR < IN1，IN2 LDR <= IN1，IN2 AR <= IN1，IN2 OR <= IN1，IN2 LDR > IN1，IN2 AR > IN1，IN2 OR > IN1，IN2 LDR > = IN1，IN2 AR >= IN1，IN2 OR >= IN1，IN2	LDS = IN1，IN2 AS = IN1，IN2 OS = IN1，IN2 LDS < > IN1，IN2 AS < > IN1，IN2 OS < > IN1，IN2

在表 6-21 中，触点中间的 B、I、D、R 和 S 分别表示字节、整数、双字、实数和字符串比较。以 LD、A、O 开始的比较指令分别表示开始、串联和并联的比较触点。

字节比较用于比较两个字节型无符号整数值 IN1 和 IN2 的大小，整数比较用于比较两个字节的有符号整数值 IN1 和 IN2 的大小，其范围是 16#8000 ~ 16#7FFF。双字整数比较用于

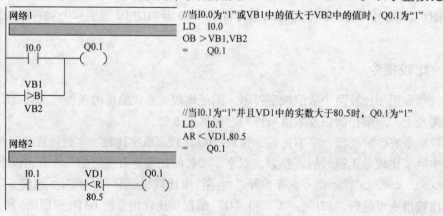

图 6-26　比较指令的应用举例

比较两个有符号双字 IN1 和 IN2 的大小，其范围是 16#80000000 ~ 16#7FFFFFFF。实数比较指令用于比较两个实数 1N1 和 IN2 的大小，是有符号的比较。字符串比较指令用于比较两个字符串的 ASCII 码是否相等。比较指令的应用举例如图 6-26 所示。

6.2 实训项目

6.2.1 项目1 模拟喷泉的控制系统的设计

1. 项目任务

用 PLC 设计一个模拟喷泉的控制系统。用灯 L1 ~ L12 分别代表喷泉的 12 个喷水注，如图 6-27 所示，为模拟喷泉控制系统示意图，控制要求如下：

按下起动按钮后，隔灯闪烁，L1 亮 0.5s 后灭，接着 L2 亮 0.5s 后灭，接着 L3 亮 0.5s 后灭，接着 L4 亮 0.5s 后灭，接着 L5、L9 亮 0.5s 后灭，接着 L6、L10 亮 0.5s 后灭，接着 L7、L11 亮 0.5s 后灭，接着 L8、L12 亮 0.5s 后灭，L1 亮 0.5s 后灭，如此循环下去，直至按下停止按钮。

2. 项目技能点和知识点

（1）技能点

1）能够完成模拟喷泉 PLC 控制系统的设计。

2）能够实现数据传送、移位的编程。

3）能够完成 PLC 控制电路的接线。

4）能对 PLC 的功能指令进行编程和调试。

（2）知识点

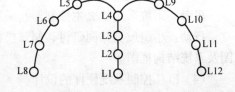

图 6-27 模拟喷泉控制系统示意图

1）掌握 PLC 的循环左、右移位指令格式、功能和编程。

2）掌握数据传送、移位指令的编程。

3）掌握功能指令的灵活应用。

3. 项目实施

（1）知识点、技能点的学习和训练

思考：

1）模拟喷泉控制系统的工作过程是如何实现的？

2）循环移位、寄存器移位指令如何编写？

3）如何操作使用 PLC？如何连接 PLC 外部输入、输出电路？

行动：试试看，能完成以下任务吗？

用数据传送指令编程实现 8 个彩灯同时点亮和熄灭的梯形图，控制要求如下：按下起动按钮 SB1 后 8 个彩灯同时点亮；按下停止按钮 SB2 后 8 个彩灯同时熄灭。I/O 分配。I0.0 为起动信号，I0.1 为停止信号，8 个彩灯分别由 0.0 ~ Q0.7 驱动，参考的梯形图程序如图 6-28 所示。

（2）明确项目工作任务

思考：项目工作任务是什么？（仔细分析项目任务要求）

行动：根据系统控制和操作要求，逐项分解工作任务，完成项目任务分析。分析任务及

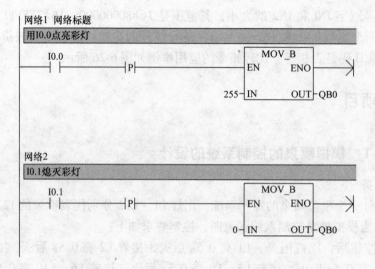

图 6-28 8 个彩灯同时点亮和熄灭的梯形图

所要求达到的技术指标和工艺要求。

（3）确定系统控制方案

思考：系统采用什么主控制器？采用什么控制策略？完成项目需要哪些设备？

行动：小组成员共同研讨，制订模拟喷泉控制系统的总体控制方案，绘制系统工作流程图及系统结构框图。

（4）PLC 控制系统硬件的设计

1）收集相关 PLC 控制器、开关、按钮等设备资料，完善项目设备表，见表 6-22。

表 6-22 项目设备表

名 称	型号或规格	数 量	名 称	型号或规格	数 量
PLC	S7-200	1 台	一般电工工具	螺钉旋具、测电笔、万用表、剥线钳等	1 套
按钮	LA20	2 只	指示灯		12
			导线	1.5mm²	若干

2）输入/输出点的分配。根据被控对象对 PLC 系统的功能要求和所需要输入/输出的点数，选择适当类型的 PLC，并分配输入/输出点，见表 6-23。

表 6-23 I/O 分配表

输入（I）			输出（O）		
元件	功能	信号地址	元件	功能	信号地址
起动 SB1	起动按钮	I0.1	L1	喷泉模拟指示灯	Q0.0
停止 SB2	停止按钮	I0.2	L2	喷泉模拟指示灯	Q0.1
			L3	喷泉模拟指示灯	Q0.2
			L4	喷泉模拟指示灯	Q0.3
			L5、L9	喷泉模拟指示灯	Q0.4

（续）

输入（I）			输出（O）		
元件	功能	信号地址	元件	功能	信号地址
			L6、L10	喷泉模拟指示灯	Q0.5
			L7、L11	喷泉模拟指示灯	Q0.6
			L8、L12	喷泉模拟指示灯	Q0.7

3）绘制出 PLC 控制系统（I/O）电气接线图。

（5）程序设计　根据被控对象的工艺条件和控制要求设计梯形图程序。方法一：利用循环移位指令编写的参考梯形图程序图如图 6-29 所示。方法二：利用寄存器移位指令编写的参考梯形图程序图如图 6-30 所示。分析这两种方法的工作原理和优缺点。

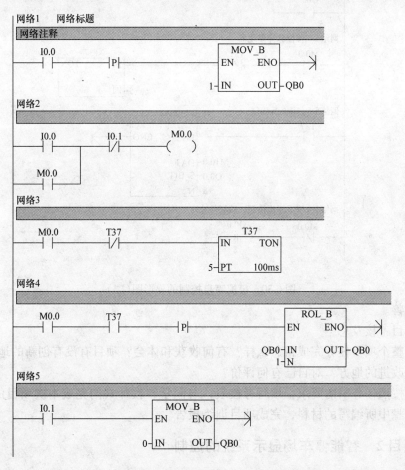

图 6-29　模拟喷泉控制的梯形图（一）

（6）下载程序到 PLC、运行综合调试软硬件　操作步骤如下：

1）进行程序的语法检查无误后，进行软件仿真调试。

2）下载程序文件到 PLC。

3）进行系统的运行并通过 PLC 编程软件进行在线监控联合调试，发现问题进行修改，

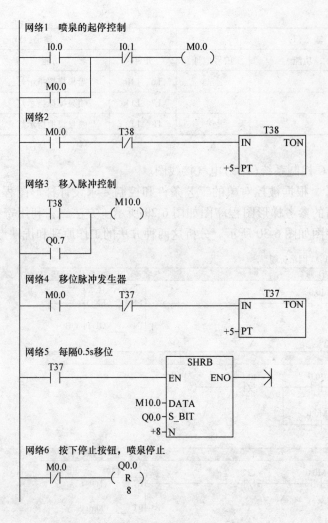

图 6-30　模拟喷泉控制的梯形图(二)

直到系统完善。

(7) 项目考核及总结

思考：整个项目任务完成得怎么样？有何收获和体会？项目有没有创新的地方？有没有需要完善和改进的地方？对自己有何评价？

行动：按照任务书的要求，填写考核表，与同学、教师共同完成本次项目的考核工作。整理上述步骤中所编写的材料，完成项目训练报告。

6.2.2　项目 2　智能停车场显示系统的控制

1. 项目任务

某停车场最多可停 50 辆车，用两位数码管显示停车数量。用出入传感器检测进出车辆数，每进一辆车停车数量增 1，每出一辆车减 1。场内停车数量小于 45 时，入口处绿灯亮，允许入场；等于和大于 45 时，绿灯闪烁，提醒待进车辆司机注意将满场；等于 50 时，红灯亮，禁止车辆入场。试设计控制电路和 PLC 程序。图 6-31 所示为智能停车场显示系统的示意图。

2. 项目技能点和知识点

（1）技能点

1）能够根据控制要求完成智能停车场显示系统的编写。

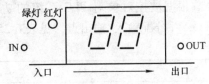

图 6-31　智能停车场显示系统示意图

2）能够实现数据传送、数据比较、数据转换指令的编程。

3）能够完成 PLC 控制电路的接线。

4）能对 PLC 的功能指令进行编程和调试。

（2）知识点

1）掌握数据传送指令的格式、功能及应用。

2）掌握数据比较指令的格式、功能及应用。

3）掌握数据转换指令的格式、功能及应用。

3. 项目实施

（1）知识点、技能点的学习和训练

思考：

1）智能停车场显示系统工作过程是如何实现的？

2）数据传送、数据比较、数据转换指令如何编程？

3）如何分配 I/O，如何连接 PLC 外部输入、输出电路？

行动： 试试看，能完成下面的任务吗？

任务： 使用"数据传送、数据比较"方法编写十字路口交通灯控制系统的程序。

（2）明确项目工作任务

思考： 项目工作任务是什么？（仔细分析项目任务要求）

行动： 根据系统控制和操作要求，逐项分解工作任务，完成项目任务分析。分析任务及所要求达到的技术指标和工艺要求。

（3）确定系统控制方案

思考： 系统采用什么主控制器？采用什么控制策略？完成项目需要哪些设备？

行动： 小组成员共同研讨，制订智能停车场显示系统的总体控制方案，绘制系统工作流程图及系统结构框图。

（4）PLC 控制系统硬件的设计

1）收集相关 PLC 控制器、开关、按钮等设备资料，完善项目设备表，见表 6-24。

表 6-24　项目设备表

名　称	型号或规格	数　量	名　称	型号或规格	数　量
PLC	S7-200	1 台	PLC 扩展模块	EM222	1
数码管		2 只	一般电工工具	螺钉旋具、万用表、剥线钳等	1 套
按钮	LA20	2 只	指示灯		2
检测传感器		2 只	导线	1.5mm^2	若干

2）输入/输出的点分配

根据被控对象对 PLC 系统的功能要求和所需要输入/输出的点数，选择适当类型的 PLC，并分配输入/输出点，见表 6-25。

表 6-25 I/O 分配表

输入(I)			输出(O)		
元件	功能	信号地址	元件	功能	信号地址
传感器 IN	检测进场车辆	I0.0	数码管	个位数显示	Q0.0 ~ Q0.6
传感器 OUT	检测出场车辆	I0.1	数码管	十位数显示	Q2.0 ~ Q2.6
			绿灯	允许信号	Q1.0
			红灯	禁行信号	Q1.1

3）绘制出 PLC 控制系统(I/O)电气接线图。参考(I/O)电气接线图如图 6-32 所示。

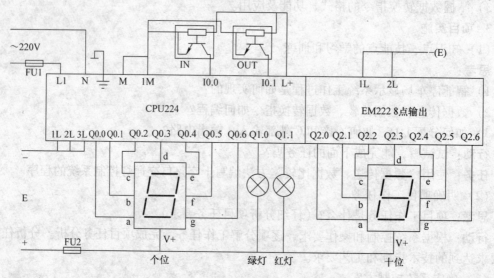

图 6-32　参考 PLC 控制系统(I/O)电气接线图

（5）程序设计　根据被控对象的工艺条件和控制要求设计梯形图程序。参考梯形图程序图如图 6-33 所示。

（6）下载程序到 PLC、运行综合调试软硬件　操作步骤如下：

1）进行程序的语法检查无误后，进行软件仿真调试。

2）下载程序文件到 PLC。

3）进行系统的运行并通过 PLC 编程软件进行在线监控联合调试，发现问题进行修改，直到系统完善。

（7）项目考核及总结

思考：整个项目任务完成得怎么样？有何收获和体会？项目有没有创新的地方？有没有需要完善和改进的地方？对自己有何评价？

行动：按照任务书的要求，填写考核表，与同学、教师共同完成本次项目的考核工作。整理上述步骤中所编写的材料，完成项目训练报告。

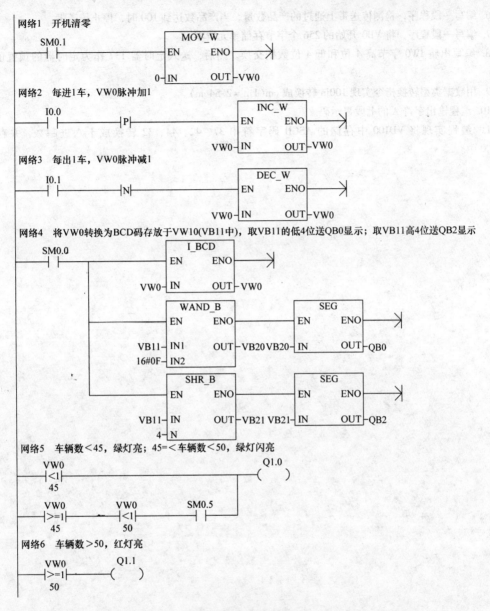

图6-33　智能停车场显示系统参考梯形图程序

思考练习题

1. 比较VW0与VW2中的数，当VW0大于VW2时，使M0.1置位，反之使M0.1复位为0。

2. 请使用移位寄存器指令设计当I0.0动作时，Q0.0～Q.7每隔1s依次输出为1，8s后全部输出。

3. 运用算术指令完成下列算式的运算：

(1) $[(100+200)\times10]/3$

(2) 求 $\sin65°$ 的函数值

4. 用逻辑操作指令编写一段数据处理程序，将累加器AC0与VW100存储单元数据实现逻辑与操作，并将运算结果存入累加器AC0中。

5. 编写一段程序，将VB100开始的50个字的数据传送到VB1000开始的存储区中。

6. 编写一段程序，检测传送带上通过的产品数量，当产品数达到 100 时，停止传送带。

7. 编写一段程序，将 VB0 开始的 256 个字节存储单元清零。

8. 编写出将 IW0 字节高 4 位和低 4 位数据交换。然后，送入定时器 T37 作为定时器的预置值的程序段。

9. 用数据类型转换指令实现 100in 转换成 cm(1in = 2.54cm)。

10. 编程输出字符 A 的七段显示码。

11. 编程实现将 VD100 中存储的 ASCII 码字符串 37、42、44、32 转换成十六进制数，并存储到 VW200 中。

模块 7 PLC 控制系统特殊功能指令的编程和应用

【知识目标】

1. 理解中断、中断事件、中断优先级等概念，了解各类中断事件及中断优先级。
2. 掌握中断指令的格式和功能，掌握中断程序的建立方法。
3. 了解高速计数器的计数方式、工作模式、控制字节、初始值和预置值寄存器以及状态字节等含义。
4. 掌握高速计数器指令的格式和功能，学会使用高速计数器。
5. 了解 PWM 和 PTO 的含义，了解 PTO/PWM 寄存器各位的含义，掌握高速脉冲输出指令的格式和功能。
6. 掌握 PID 指令的格式和功能以及 PID 各参数的含义及设置。
7. 掌握 A-D、D-A 模块的功能、设置和应用。
8. 掌握特殊功能指令在程序设计中的灵活应用。

【能力目标】

1. 进一步掌握程序控制指令的格式和功能，学会用程序控制指令来编写程序。
2. 了解子程序的概念，掌握子程序的建立和调用的方法。
3. 能够使用 PTO/PWM 发生器产生需要的控制脉冲。
4. 能够使用中断指令，掌握中断程序的建立方法。
5. 能够应用 PLC 模拟量扩展模块和变频器。
6. 能够理解 PID 工作原理和 PID 各参数的含义，能够使用 PID 指令编程。
7. 能根据 PLC 的编程手册的功能指令的说明来应用功能指令编程。

7.1 知识链接

7.1.1 立即类指令

立即类指令是指执行指令时不受 S7-200 循环扫描工作方式的影响，而对实际的 I/O 点立即进行读写操作。分为立即读指令和立即输出指令两大类。

立即读指令用于输入 I 触点，立即读指令读取实际输入点的状态时，并不更新该输入点对应的输入映像寄存器的值。如：当实际输入点(位)是 1 时，其对应的立即触点立即接通；当实际输入点(位)是 0 时，其对应的立即触点立即断开。

立即输出指令用于输出 Q 线圈，执行指令时，立即将新值写入实际输出点和对应的输出映像寄存器。

立即类指令与非立即类指令不同在于非立即指令仅将新值读或写入输入/输出映像寄存器。

立即类指令的格式及说明见表 7-1。

表 7-1　立即类指令的格式及说明

LAD	??.? ─┤I├─	??.? ─┤/I├─	??.? ─(I)	??.? ─(SI) ????	??.? ─(RI) ????
STL	LDI　bit AI　bit OI　bit	LDNI　bit ANI　bit ONI　bit	=I　bit	SI　bit,N	RI　bit,N
说明	常开立即触点可以装载、串联、并联	常闭立即触点可以装载、串联、并联	立即输出	立即置位	立即复位
操作数及 数据类型	Bit: I 数据类型: BOOL		Bit: Q 数据类型: BOOL	Bit: Q。数据类型: 布尔 N: VB、IB、QB、MB、SMB、SB、 LB、AC、常量、*VD、*AC、*LD。 数据类型: 字节	

7.1.2　中断指令

S7-200 设置了中断功能,用于实时控制、高速处理、通信和网络等复杂和特殊的控制任务。中断就是终止当前正在运行的程序,去执行为立即响应的信号而编制的中断服务程序,执行完毕再返回原先被终止的程序并继续运行。

1. 中断源

中断源即发出中断请求的事件,又称为中断事件。为了便于识别,系统给每个中断源都分配一个编号,称为中断事件号。S7-200 系列可编程序控制器最多有 34 个中断源,分为三大类:通信中断、输入/输出(I/O)中断和时基中断。

1)通信中断。在自由口通信模式下,用户可通过编程来设置波特率、奇偶校验和通信协议等参数。用户通过通信程序来实现对通信端口控制的事件称为通信中断。

2)I/O 中断。I/O 中断包括外部输入上升/下降沿中断、高速计数器中断和高速脉冲输出中断。S7-200 用输入(I0.0、I0.1、I0.2 或 I0.3)上升/下降沿产生中断。这些输入点用于捕获在发生时必须立即处理的事件。高速计数器中断指对高速计数器运行时产生的事件实时响应,包括当前值等于预设值时产生的中断,计数方向的改变时产生的中断或计数器外部复位产生的中断。脉冲输出中断是指预定数目脉冲输出完成而产生的中断。

3)时基中断。时基中断包括定时中断和定时器 T32/T96 中断。定时中断用于支持一个周期性的活动。周期时间为 1~255ms,时基是 1ms。使用定时中断 0,必须在 SMB34 中写入周期时间;使用定时中断 1,必须在 SMB35 中写入周期时间。将中断程序连接在定时中断事件上,若定时中断被允许,则计时开始,每当达到定时时间时,执行中断程序。定时中断可以用来对模拟量输入进行采样或定期执行 PID 回路。定时器 T32/T96 中断指允许对定时时间间隔产生中断。这类中断只能用时基为 1ms 的定时器 T32/T96 构成。当中断被启用后,当前值等于预置值时，在 S7-200 执行的正常 1ms 定时器更新的过程中，执行连接的中断程序。

2. 中断优先级

中断优先级是指多个中断事件同时发出中断请求时，CPU 对中断事件响应的优先次序。S7-200 规定的中断优先次序由高到低依次是通信中断、I/O 中断和定时中断。每类中断中不同的中断事件又有不同的优先权，见表 7-2。

一个程序中总共可有 128 个中断。S7-200 在各自的优先级组内按照先来先服务的原则为中断提供服务。在任何时刻，只能执行一个中断程序。一旦一个中断程序开始执行，则一直执行至完成。不能被另一个中断程序打断，即使是更高优先级的中断程序。中断程序执行中，新的中断请求按优先级排队等候。中断队列能保存的中断个数有限，若超出，则会产生溢出。中断队列的最多中断个数和溢出标志位见表 7-3。

表 7-2　中断事件及优先级

优先级分组	组内优先级	中断事件号	中断事件说明	中断事件类别
通信中断	0	8	通信口 0：接收字符	通信口 0
	0	9	通信口 0：发送完成	
	0	23	通信口 0：接收信息完成	
	1	24	通信口 1：接收信息完成	通信口 1
	1	25	通信口 1：接收字符	
	1	26	通信口 1：发送完成	
I/O 中断	0	19	PTO 0 脉冲串输出完成中断	脉冲输出
	1	20	PTO 1 脉冲串输出完成中断	
	2	0	I0.0 上升沿中断	外部输入
	3	2	I0.1 上升沿中断	
	4	4	I0.2 上升沿中断	
	5	6	I0.3 上升沿中断	
	6	1	I0.0 下降沿中断	
	7	3	I0.1 下降沿中断	
	8	5	I0.2 下降沿中断	
	9	7	I0.3 下降沿中断	
	10	12	HSC0 当前值 = 预置值中断	高速计数器
	11	27	HSC0 计数方向改变中断	
	12	28	HSC0 外部复位中断	
	13	13	HSC1 当前值 = 预置值中断	
	14	14	HSC1 计数方向改变中断	
	15	15	HSC1 外部复位中断	
	16	16	HSC2 当前值 = 预置值中断	
	17	17	HSC2 计数方向改变中断	
	18	18	HSC2 外部复位中断	

（续）

优先级分组	组内优先级	中断事件号	中断事件说明	中断事件类别
I/O 中断	19	32	HSC3 当前值 = 预置值中断	高速计数器
	20	29	HSC4 当前值 = 预置值中断	
	21	30	HSC4 计数方向改变	
	22	31	HSC4 外部复位	
	23	33	HSC5 当前值 = 预置值中断	
定时中断	0	10	定时中断 0	定时
	1	11	定时中断 1	
	2	21	定时器 T32 CT = PT 中断	定时器
	3	22	定时器 T96 CT = PT 中断	

表 7-3　中断队列的最多中断个数和溢出标志位

队列	CPU 221	CPU 222	CPU 224	CPU 226 和 CPU 226XM	溢出标志位
通信中断队列	4	4	4	8	SM4.0
I/O 中断队列	16	16	16	16	SM4.1
定时中断队列	8	8	8	8	SM4.2

3. 中断指令

中断指令有 4 条，包括开、关中断指令和中断连接、分离指令，其指令格式见表 7-4。

（1）开、关中断指令　开中断(ENI)指令全局性允许所有中断事件。关中断(DISI)指令全局性禁止所有中断事件，中断事件的每次出现均被排队等候，直至使用全局开中断指令重新启用中断。

PLC 转换到 RUN(运行)模式时，中断开始时被禁用，可以通过执行开中断指令，允许所有中断事件。执行关中断指令会禁止处理中断，但是现有中断事件将继续排队等候。

（2）中断连接、分离指令

1）中断连接指令(ATCH)指令将中断事件(EVNT)与中断程序号码(INT)相连接，并启用中断事件。

2）分离中断(DTCH)指令取消某中断事件(EVNT)与所有中断程序之间的连接，并禁用该中断事件。

注意：一个中断事件只能连接一个中断程序，但多个中断事件可以调用一个中断程序。

表 7-4　中断指令格式

LAD	—(ENI)	—(DISI)	ATCH — EN　ENO— ???? —INT ???? —EVNT	DTCH — EN　ENO— ???? —EVNT
STL	ENI	DISI	ATCH INT, EVNT	DTCH EVNT
操作数及数据类型	无	无	INT: 常量　0～127 EVNT: 常量 CPU 224: 0～23; 27～33 INT/EVNT 数据类型: 字节	EVNT: 常量 CPU 224: 0～23; 27～33 数 据类型: 字节

4. 中断程序

（1）中断程序的概念　中断程序是为处理中断事件而事先编好的程序。中断程序不是由程序调用，而是在中断事件发生时由操作系统调用。在中断程序中不能改写其他程序使用的存储器，最好使用局部变量。中断程序应实现特定的任务，应"越短越好"，中断程序由中断程序号开始，以无条件返回指令（CRETI）结束。在中断程序中禁止使用 DISI、ENI、HDEF、LSCR 和 END 指令。

（2）建立中断程序的方法

方法一：从"编辑"菜单→选择插入（Insert）→ 中断（Interrupt）。

方法二：从指令树，用鼠标右键单击"程序块"图标并从弹出的菜单中选择插入（Insert）→ 中断（Interrupt）。

方法三：从"程序编辑器"窗口，从弹出菜单用鼠标右键单击插入（Insert）→ 中断（Interrupt）。

程序编辑器从先前的 POU 显示更改为新中断程序，在程序编辑器的底部会出现一个新标记，代表新的中断程序。

（3）程序举例

【例 7-1】　编写由 I0.1 的上升沿产生的中断事件的初始化程序。

分析：查表 7-2 可知，I0.1 上升沿产生的中断事件号为 2。所以在主程序中用 ATCH 指令将事件号 2 和中断程序 0 连接起来，并全局开中断。程序如图 7-1 所示。

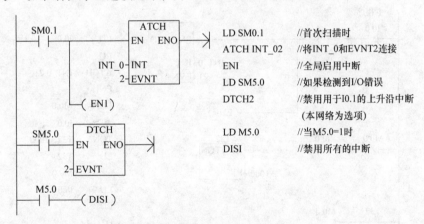

图 7-1　中断事件的初始化程序举例

【例 7-2】　编程完成采样工作，要求每 10ms 采样一次。

分析：完成每 10ms 采样一次，需用定时中断，查表 7-2 可知，定时中断 0 的中断事件号为 10。因此在主程序中将采样周期（10ms）即定时中断的时间间隔写入定时中断 0 的特殊存储器 SMB34，并将中断事件 10 和 INT-0 连接，全局开中断。在中断程序 0 中，将模拟量输入信号读入，程序如图 7-2 所示。

【例 7-3】　利用定时中断功能编制一个程序，实现如下功能：当 I0.0 由 OFF→ON，Q0.0 亮 1s，灭 1s，如此循环反复直至 I0.0 由 ON→OFF，Q0.0 变为 OFF。程序如图 7-3 所示。

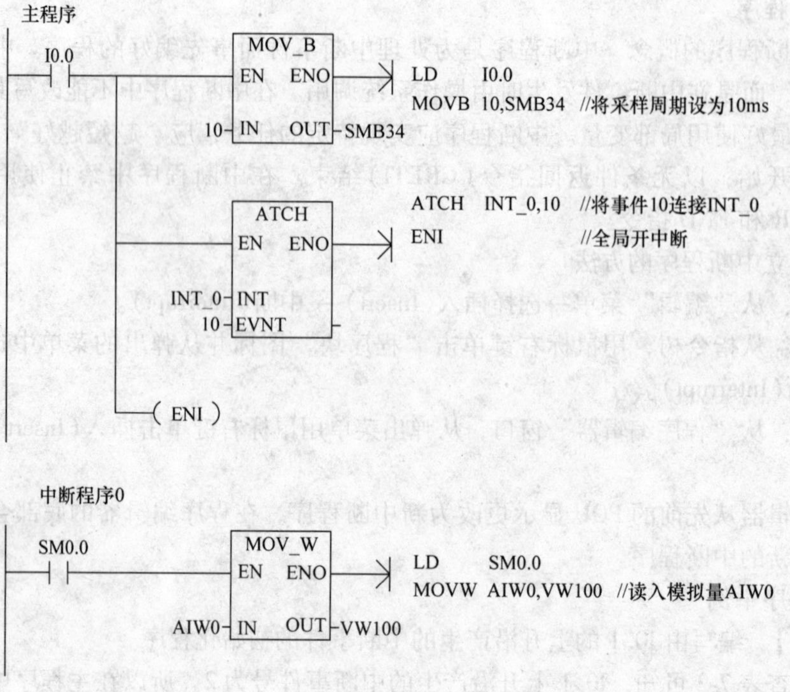

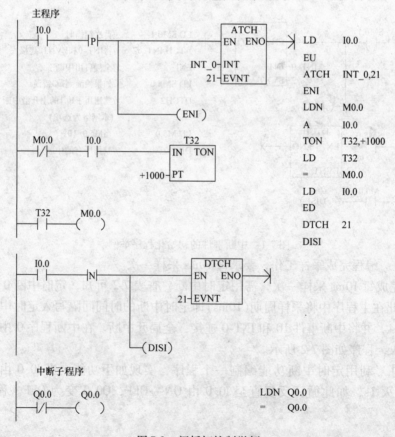

图 7-2 采样编程举例

图 7-3 闪烁灯控制举例

7.1.3　高速计数器与高速脉冲输出

PLC 的普通计数器的计数过程与扫描工作方式有关，CPU 通过每一扫描周期读取一次被测信号的方法来捕捉被测信号的上升沿，被测信号的频率较高时，会丢失计数脉冲，因此普通计数器的工作频率很低，一般仅有几十赫兹。高速计数器可以对普通计数器无能为力的事件进行计数，计数频率取决于 CPU 的类型，CPU22× 系列最高计数频率为 30kHz，用于捕捉比 CPU 扫描速更快的事件，并产生中断，执行中断程序，完成预定的操作。高速计数器最多可设置 12 种不同的操作模式。用高速计数器可实现高速运动的精确控制。高速计数器在现代自动控制的精确定位控制领域有重要的应用价值。高速计数器可连接增量旋转编码器等脉冲产生装置，用于检测位置和速度。

SIMATIC S7-200 CPU22× 系列 PLC 还设有高速脉冲输出，输出频率可达 20kHz，用于 PTO（输出一个频率可调，占空比为 50% 的脉冲）和 PWM（输出占空比可调的脉冲），高速脉冲输出的功能是可对电动机进行速度控制和位置控制以及控制变频器使电动机调速。

1. 高速计数器占用输入端子

CPU224 有 6 个高速计数器，其占用的输入端子见表 7-5。

表 7-5　高速计数器占用的输入端子

高速计数器	使用的输入端子	高速计数器	使用的输入端子
HSC0	I0.0，I0.1，I0.2	HSC3	I0.1
HSC1	I0.6，I0.7，I1.0，I1.1	HSC4	I0.3，I0.4，I0.5
HSC2	I1.2，I1.3，I1.4，I1.5	HSC5	I0.4

各高速计数器不同的输入端有专用的功能，如：时钟脉冲端、方向控制端、复位端、起动端。

注意：同一个输入端不能用于两种不同的功能。但是高速计数器当前模式未使用的输入端均可用于其他用途，如作为中断输入端或作为数字量输入端。例如，如果在模式 2 中使用高速计数器 HSC0，模式 2 使用 I0.0 和 I0.2，则 I0.1 可用于边缘中断或用于 HSC3。

2. 高速脉冲输出占用的输出端子

S7-200 有 PTO、PWM 两台高速脉冲发生器。PTO 脉冲串功能可输出指定个数、指定周期的方波脉冲（占空比 50%）；PWM 功能可输出脉宽变化的脉冲信号，用户可以指定脉冲的周期和脉冲的宽度。若一台发生器指定给数字输出点 Q0.0，另一台发生器则指定给数字输出点 Q0.1。当 PTO、PWM 发生器控制输出时，将禁止输出点 Q0.0、Q0.1 的正常使用；当不使用 PTO、PWM 高速脉冲发生器时，输出点 Q0.0、Q0.1 恢复正常的使用，即由输出映像寄存器决定其输出状态。

7.1.4　高速计数器的工作模式

1. 高速计数器的计数方式

1）单路脉冲输入的内部方向控制加/减计数。即只有一个脉冲输入端，通过高速计数器的控制字节的第 3 位来控制作加计数或者减计数。该位 = 1，加计数；该位 = 0，减计数。内部方向控制的单路加/减计数如图 7-4 所示。

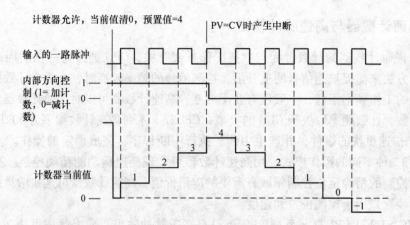

图 7-4　内部方向控制的单路加/减计数

2）单路脉冲输入的外部方向控制加/减计数。即有一个脉冲输入端，有一个方向控制端，方向输入信号等于 1 时，加计数；方向输入信号等于 0 时，减计数。外部方向控制的单路加/减计数如图 7-5 所示。

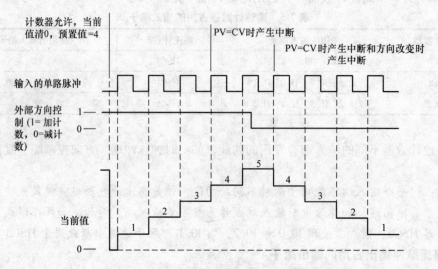

图 7-5　外部方向控制的单路加/减计数

3）两路脉冲输入的单相加/减计数。即有两个脉冲输入端，一个是加计数脉冲，一个是减计数脉冲，计数值为两个输入端脉冲的代数和，如图 7-6 所示。

4）两路脉冲输入的双相正交计数。即有两个脉冲输入端，输入的两路脉冲 A 相、B 相，相位互差 90°（正交），A 相超前 B 相 90°时，加计数；A 相滞后 B 相 90°时，减计数。在这种计数方式下，可选择 1×模式（单倍频，一个时钟脉冲计一个数）和 4×模式（四倍频，一个时钟脉冲计四个数），如图 7-7 和图 7-8 所示。

2. 高速计数器的工作模式

S7-200 CPU 高速计数器可以分别定义为 4 种计数方式：1）单相计数器，内部方向控制；2）单相计数器，外部方向控制；3）双相增/减计数器，双脉冲输入；4）A/B 相正交脉冲输入计数器。

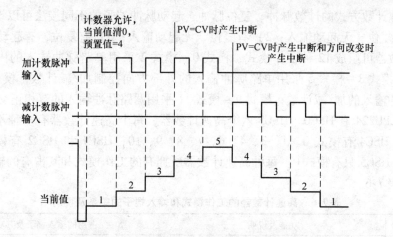

图 7-6　两路脉冲输入的加/减计数

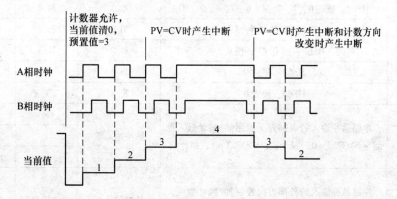

图 7-7　两路脉冲输入的双相正交计数 1×模式

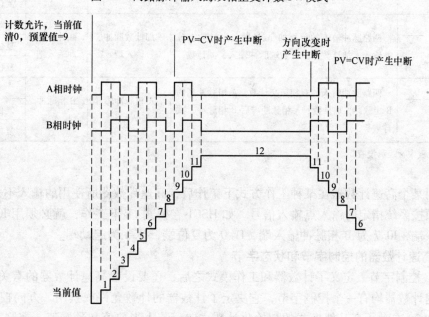

图 7-8　两路脉冲输入的双相正交计数 4×模式

每种高速计数方式的计数脉冲、复位脉冲、起动脉冲端子的不同接法可以设定 3 种工作模式：1) 无复位，无起动输入；2) 有复位，无起动输入；3) 有复位，有起动输入。

高速计数器可组成 12 种工作模式，模式 0 ~ 模式 2 采用单路脉冲输入的内部方向控制加/减计数；模式 3 ~ 模式 5 采用单路脉冲输入的外部方向控制加/减计数；模式 6 ~ 模式 8 采用两路脉冲输入的加/减计数；模式 9 ~ 模式 11 采用两路脉冲输入的双相正交计数。

S7-200 CPU224 有 HSC0 ~ HSC5 六个高速计数器，每个高速计数器有多种不同的工作模式。HSC0 和 HSC4 有模式 0、1、3、4、6、7、8、9、10；HSC1 和 HSC2 有模式 0 ~ 模式 11；HSC3 和 HSC5 只有模式 0。每种高速计数器所拥有的工作模式和其占有的输入端子的数目有关，见表 7-6。

表 7-6　高速计数器的工作模式和输入端子的关系及说明

HSC 编号及其对应的输入端子　　　HSC 模式	功能及说明	占用的输入端子及其功能			
	HSC0：模式 0、1、2、4、6、7、8、9、10	I0.0	I0.1	I0.2	×
	HSC4：模式 0、1、2、4、6、7、8、9、10	I0.3	I0.4	I0.5	×
	HSC1：所有 12 种模式	I0.6	I0.7	I1.0	I1.1
	HSC2：所有 12 种模式	I1.2	I1.3	I1.4	I1.5
	HSC3：模式 0	I0.1	×	×	×
	HSC5：模式 0	I0.4	×	×	×
0	单路脉冲输入的内部方向控制加/减计数。控制字 SM37.3 = 0，减计数；SM37.3 = 1，加计数	脉冲输入端	×	×	×
1			×	复位端	×
2			×	复位端	起动
3	单路脉冲输入的外部方向控制加/减计数。方向控制端 = 0，减计数；方向控制端 = 1，加计数	脉冲输入端	方向控制端	×	×
4				复位端	×
5				复位端	起动
6	两路脉冲输入的单相加/减计数。加计数有脉冲输入，加计数；减计数端脉冲输入，减计数	加计数脉冲输入端	减计数脉冲输入端	×	×
7				复位端	×
8				复位端	起动
9	两路脉冲输入的双相正交计数。A 相脉冲超前 B 相脉冲，加计数；A 相脉冲滞后 B 相脉冲，减计数	A 相脉冲输入端	B 相脉冲输入端	×	×
10				复位端	×
11				复位端	起动

说明：表中 × 表示没有。

选用某个高速计数器在某种工作方式下工作后，高速计数器所使用的输入不是任意选择的，必须按系统指定的输入点输入信号。如 HSC1 在模式 11 下工作，就必须用 I0.6 为 A 相脉冲输入端，I0.7 为 B 相脉冲输入端，I1.0 为复位端，I1.1 为起动端。

3. 高速计数器的控制字节和状态字节

(1) 控制字节　定义了计数器和工作模式之后，还要设置高速计数器的有关控制字节。每个高速计数器均有一个控制字节，它决定了计数器的计数允许或禁用，方向控制(仅限模式 0、1 和 2)或对所有其他模式的初始化计数方向，装入当前值和预置值。控制字节每个控制位的说明见表 7-7。

表 7-7 HSC 的控制字节

HSC0	HSC1	HSC2	HSC3	HSC4	HSC5	说　明
SM37.0	SM47.0	SM57.0		SM147.0		复位有效电平控制：0＝复位信号高电平有效；1＝低电平有效
	SM47.1	SM57.1				起动有效电平控制：0＝起动信号高电平有效；1＝低电平有效
SM37.2	SM47.2	SM57.2		SM147.2		正交计数器计数速率选择：0＝4×计数速率；1＝1×计数速率
SM37.3	SM47.3	SM57.3	SM137.3	SM147.3	SM157.3	计数方向控制位：0＝减计数；1＝加计数
SM37.4	SM47.4	SM57.4	SM137.4	SM147.4	SM157.4	向 HSC 写入计数方向：0＝无更新；1＝更新计数方向
SM37.5	SM47.5	SM57.5	SM137.5	SM147.5	SM157.5	向 HSC 写入新预置值：0＝无更新；1＝更新预置值
SM37.6	SM47.6	SM57.6	SM137.6	SM147.6	SM157.6	向 HSC 写入新当前值：0＝无更新；1＝更新当前值
SM37.7	SM47.7	SM57.7	SM137.7	SM147.7	SM157.7	HSC 允许：0＝禁用 HSC；1＝启用 HSC

（2）状态字节　每个高速计数器都有一个状态字节，状态位表示当前计数方向以及当前值是否大于或等于预置值。每个高速计数器状态字节的状态位见表 7-8。状态字节的 0~4 位不用。监控高速计数器状态的目的是使外部事件产生中断，以完成重要的操作。

表 7-8 高速计数器状态字节的状态位

HSC0	HSC1	HSC2	HSC3	HSC4	HSC5	说　明
SM36.5	SM46.5	SM56.5	SM136.5	SM146.5	SM156.5	当前计数方向状态位：0＝减计数；1＝加计数
SM36.6	SM46.6	SM56.6	SM136.6	SM146.6	SM156.6	当前值等于预设值状态位：0＝不相等；1＝等于
SM36.7	SM46.7	SM56.7	SM136.7	SM146.7	SM156.7	当前值大于预设值状态位：0＝小于或等于；1＝大于

4. 高速计数器指令及其应用举例

（1）高速计数器指令　高速计数器指令有两条：高速计数器定义指令（HDEF）、高速计数器指令（HSC）。其指令格式见表 7-9。

1）高速计数器定义指令（HDEF）用于指定高速计数器（HSC×）的工作模式。工作模式的选择即选择了高速计数器的输入脉冲、计数方向、复位和起动功能。每个高速计数器只能用一条"高速计数器定义"指令。

2）高速计数器指令（HSC）用于根据高速计数器控制位的状态和按照 HDEF 指令指定的工作模式，控制高速计数器。参数 N 指定高速计数器的号码。

表 7-9 高速计数器指令格式

LAD	HDEF EN ENO ????– HSC ????– MODE	HSC EN ENO ????– N
STL	HDEF HSC，MODE	HSC N
功能说明	高速计数器定义指令 HDEF	高速计数器指令 HSC
操作数	HSC：高速计数器的编号，为常量(0~5)。数据类型：字节。 MODE 工作模式，为常量(0~11)。数据类型：字节	N：高速计数器的编号，为常量(0~5)。数据类型：字
ENO = 0 的出错条件	SM4.3(运行时间)，0003(输入点冲突)，0004(中断中的非法指令)，000A(HSC 重复定义)	SM4.3(运行时间)，0001(HSC 在 HDEF 之前)，0005(HSC/PLS 同时操作)

(2) 高速计数器指令的使用

1) 每个高速计数器都有一个 32 位当前值和一个 32 位预置值，当前值和预设值均为带符号的整数值。要设置高速计数器的新当前值和新预置值，必须设置控制字节(表 7-7)，令其第 5 位和第 6 位为 1，允许更新预置值和当前值，新当前值和新预置值写入特殊内部标志位存储区。然后执行 HSC 指令，将新数值传输到高速计数器。当前值和预置值占用的特殊内部标志位存储区见表 7-10。

表 7-10 HSC0~HSC5 当前值和预置值占用的特殊内部标志位存储区

要装入的数值	HSC0	HSC1	HSC2	HSC3	HSC4	HSC5
新的当前值	SMD38	SMD48	SMD58	SMD138	SMD148	SMD158
新的预置值	SMD42	SMD52	SMD62	SMD142	SMD152	SMD162

除控制字节以及新预设值和当前值保持字节外，还可以使用数据类型 HC(高速计数器当前值)加计数器号码(0、1、2、3、4 或 5)读取每台高速计数器的当前值。因此，读取操作可直接读取当前值，但只有用上述 HSC 指令才能执行写入操作。

2) 执行 HDEF 指令之前，必须将高速计数器控制字节的位设置成需要的状态，否则将采用默认设置。默认设置为复位和起动输入高电平有效，正交计数速率选择 4 × 模式。执行 HDEF 指令后，就不能再改变计数器的设置，除非 CPU 进入停止模式。

3) 执行 HSC 指令时，CPU 检查控制字节和有关的当前值和预置值。

(3) 高速计数器指令的初始化 高速计数器指令的初始化的步骤如下：

1) 用首次扫描时接通一个扫描周期的特殊内部存储器 SM0.1 去调用一个子程序，完成初始化操作。因为采用了子程序，在随后的扫描中，不必再调用这个子程序，以减少扫描时间，使程序结构更好。

2) 在初始化的子程序中，根据希望的控制设置控制字(SMB37、SMB47、SMB137、SMB147、SMB157)，如设置 SMB47 = 16#F8，则为：允许计数，写入新当前值，写入新预置值，更新计数方向为加计数，若为正交计数设为 4 ×，复位和起动设置为高电平有效。

3）执行 HDEF 指令，设置 HSC 的编号（0～5），设置工作模式（0～11）。如 HSC 的编号设置为 1，工作模式输入设置为 11，则为既有复位又有起动的正交计数工作模式。

4）用新的当前值写入 32 位当前值寄存器（SMD38，SMD48，SMD58，SMD138，SMD148，SMD158）。如写入 0，则清除当前值，可用指令 MOVD　0，SMD48 实现。

5）用新的预置值写入 32 位预置值寄存器（SMD42，SMD52，SMD62，SMD142，SMD152，SMD162）。如执行指令 MOVD　1000，SMD52，则设置预置值为 1000。若写入预置值为 16#00，则高速计数器处于不工作状态。

6）为了捕捉当前值等于预置值的事件，将条件 CV = PV 中断事件（事件 13）与一个中断程序相联系。

7）为了捕捉计数方向的改变，将方向改变的中断事件（事件 14）与一个中断程序相联系。

8）为了捕捉外部复位，将外部复位中断事件（事件 15）与一个中断程序相联系。

9）执行全局中断允许指令（ENI）允许 HSC 中断。

10）执行 HSC 指令使 S7-200 对高速计数器进行编程。

11）结束子程序。

【例 7-4】　高速计数器的应用举例。

（1）主程序　如图 7-9 所示，用首次扫描时接通一个扫描周期的特殊内部存储器 SM0.1 去调用一个子程序，完成初始化操作。

（2）初始化的子程序　如图 7-10 所示，定义 HSC1 的工作模式为模式 11（两路脉冲输入的双相正交计数，具有复位和起动输入功能），设置 SMB47 = 16#F8（允许计数，更新当前值，更新计数方向为加计数，若为正交计数设为 4 ×，复位和起动设置为高电平有效）。HSC1 的当前值 SMD48 清 0，预置值 SMD52 = 50，当前值 = 预置值，产生中断（中断事件 13），中断事件 13 连接中断程序 INT-0。

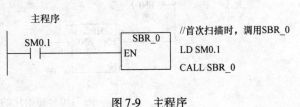

图 7-9　主程序

（3）中断程序 INT-0（如图 7-11 所示）

7.1.5 高速脉冲输出

1. 脉冲输出（PLS）指令

脉冲输出（PLS）指令功能为当使能有效时，检查用于脉冲输出（Q0.0 或 Q0.1）的特殊存储器位（SM），然后执行特殊存储器位定义的脉冲操作；其指令格式见表 7-11。

表 7-11　脉冲输出（PLS）指令格式

LAD	STL	操作数及数据类型
PLS —EN ENO— ????—Q0.X	PLS　Q	Q：常量（0 或 1）数据类型：字

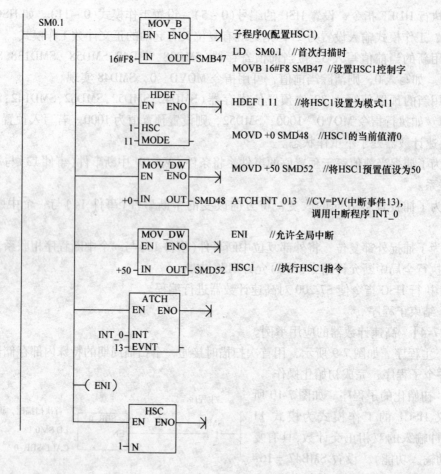

子程序0(配置HSC1)

LD　SM0.1　　//首次扫描时
MOVB 16#F8 SMB47　//设置HSC1控制字

HDEF 1 11　　//将HSC1设置为模式11

MOVD +0 SMD48　//HSC1的当前值清0

MOVD +50 SMD52　//将HSC1预置值设为50

ATCH INT_013　//CV=PV(中断事件13),
　　　　　　　　调用中断程序 INT_0

ENI　　//允许全局中断

HSC1　　//执行HSC1指令

图 7-10　初始化的子程序

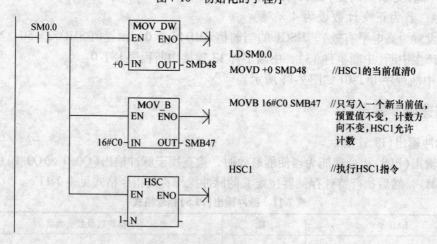

LD SM0.0
MOVD +0 SMD48　　//HSC1的当前值清0

MOVB 16#C0 SMB47　//只写入一个新当前值,
　　　　　　　　　预置值不变,计数方
　　　　　　　　　向不变,HSC1允许
　　　　　　　　　计数

HSC1　　//执行HSC1指令

图 7-11　中断程序 INT-0

2. 用于脉冲输出(Q0.0 或 Q0.1)的特殊存储器

(1) 控制字节和参数的特殊存储器　每个 PTO/PWM 发生器都有:一个控制字节(8 位)、一个脉冲计数值(无符号的 32 位数值)、一个周期时间和脉宽值(无符号的 16 位数值）。这些值都放在特定的特殊存储区（SM），见表 7-12。执行 PLS 指令时，S7-200 读这些特殊存储器位（SM），然后执行特殊存储器位定义的脉冲操作，即对相应的 PTO/PWM 发生器进行编程。

表 7-12　脉冲输出（Q0.0 或 Q0.1）的特殊存储器

Q0.0 和 Q0.1 对 PTO/PWM 输出的控制字节		
Q0.0	Q0.1	说　明
SM67.0	SM77.0	PTO/PWM 刷新周期值 0：不刷新；1：刷新
SM67.1	SM77.1	PWM 刷新脉冲宽度值 0：不刷新；1：刷新
SM67.2	SM77.2	PTO 刷新脉冲计数值　0：不刷新；1：刷新
SM67.3	SM77.3	PTO/PWM 时基选择　　0：1μs；　　1：1ms
SM67.4	SM77.4	PWM 更新方法　　　　0：异步更新；1：同步更新
SM67.5	SM77.5	PTO 操作　　　　　　0：单段操作；1：多段操作
SM67.6	SM77.6	PTO/PWM 模式选择　　0：选择 PTO；1：选择 PWM
SM67.7	SM77.7	PTO/PWM 允许　　　　0：禁止；　　1：允许
Q0.0 和 Q0.1 对 PTO/PWM 输出的周期值		
Q0.0	Q0.1	说　明
SMW68	SMW78	PTO/PWM 周期时间值（范围：2～65535）
Q0.0 和 Q0.1 对 PTO/PWM 输出的脉宽值		
Q0.0	Q0.1	说　明
SMW70	SMW80	PWM 脉冲宽度值（范围：0～65535）
Q0.0 和 Q0.1 对 PTO 脉冲输出的计数值		
Q0.0	Q0.1	说明
SMD72	SMD82	PTO 脉冲计数值（范围：1～4294967295）
Q0.0 和 Q0.1 对 PTO 脉冲输出的多段操作		
Q0.0	Q0.1	说　明
SMB166	SMB176	段号（仅用于多段 PTO 操作），多段流水线 PTO 运行中的段的编号
SMW168	SMW178	包络表起始位置，用距离 V0 的字节偏移量表示（仅用于多段 PTO 操作）
Q0.0 和 Q0.1 的状态位		
Q0.0	Q0.1	说　明
SM66.4	SM76.4	PTO 包络由于增量计算错误异常终止　0：无错；1：异常终止
SM66.5	SM76.5	PTO 包络由于用户命令异常终止　　0：无错；1：异常终止
SM66.6	SM76.6	PTO 流水线溢出　　　　　　0：无溢出；1：溢出
SM66.7	SM76.7	PTO 空闲　　　　　　　0：运行中；1：PTO 空闲

【例 7-5】　设置控制字节。用 Q0.0 作为高速脉冲输出，对应的控制字节为 SMB67，如果希望定义的输出脉冲操作为 PTO 操作，允许脉冲输出，多段 PTO 脉冲串输出，时基为 ms，设定周期值和脉冲数，则应向 SMB67 写入 2#10101101，即 16#AD。

通过修改脉冲输出（Q0.0 或 Q0.1）的特殊存储器 SM 区（包括控制字节），即更改 PTO

或 PWM 的输出波形,然后再执行 PLS 指令。

注意:所有控制位、周期、脉冲宽度和脉冲计数值的默认值均为零。向控制字节 (SM67.7 或 SM77.7)的 PTO/PWM 允许位写入零,然后执行 PLS 指令,将禁止 PTO 或 PWM 波形的生成。

(2)状态字节的特殊存储器　除了控制信息外,还有用于 PTO 功能的状态位,见表 7-12。程序运行时,根据运行状态使某些位自动置位。可以通过程序来读取相关位的状态, 以此状态作为判断条件,实现相应的操作。

3. 对输出的影响

PTO/PWM 生成器和输出映像寄存器共用 Q0.0 和 Q0.1。在 Q0.0 或 Q0.1 使用 PTO 或 PWM 功能时,PTO/PWM 发生器控制输出,并禁止输出点的正常使用,输出波形不受输出 映像寄存器状态、输出强制、执行立即输出指令的影响;在 Q0.0 或 Q0.1 位置没有使用 PTO 或 PWM 功能时,输出映像寄存器控制输出,所以输出映像寄存器决定输出波形的初始 和结束状态,即决定脉冲输出波形从高电平或低电平开始和结束,使输出波形有短暂的不连 续,为了减小这种不连续有害影响,应注意:

1)可在起用 PTO 或 PWM 操作之前,将用于 Q0.0 和 Q0.1 的输出映像寄存器设为 0。

2)PTO/PWM 输出必须至少有 10% 的额定负载,才能完成从关闭至打开以及从打开至 关闭的顺利转换,即提供陡直的上升沿和下降沿。

4. PTO 的使用

PTO 是可以指定脉冲数和周期的占空比为 50% 的高速脉冲串的输出。状态字节中的最 高位(空闲位)用来指示脉冲串输出是否完成。可在脉冲串完成时起动中断程序,若使用多 段操作,则在包络表完成时起动中断程序。

(1)周期和脉冲数　周期范围从 50 ~ 65 535 μs 或从 2 ~ 65 535 ms,为 16 位无符号数, 时基有 μs 和 ms 两种,通过控制字节的第 3 位选择。

注意:如果周期小于 2 个时间单位,则周期的默认值为 2 个时间单位。周期设定奇数 μs 或 ms(例如 75 ms),会引起波形失真。

脉冲计数范围为 1 ~ 4 294 967 295,为 32 位无符号数,如设定脉冲计数为 0,则系统默 认脉冲计数值为 1。

(2)PTO 的种类及特点　PTO 功能可输出多个脉冲串,现用脉冲串输出完成时,新的 脉冲串输出立即开始。这样就保证了输出脉冲串的连续性。PTO 功能允许多个脉冲串排队, 从而形成流水线。流水线分为两种:单段流水线和多段流水线。

单段流水线是指流水线中每次只能存储一个脉冲串的控制参数,初始 PTO 段一旦起动, 必须按照对第二个波形的要求立即刷新 SM,并再次执行 PLS 指令,第一个脉冲串完成,第 二个波形输出立即开始,重复此一步骤可以实现多个脉冲串的输出。

单段流水线中的各段脉冲串可以采用不同的时间基准,但有可能造脉冲串之间的不平稳 过渡。输出多个高速脉冲时,编程复杂。

多段流水线是指在变量存储区 V 建立一个包络表。包络表存放每个脉冲串的参数,执 行 PLS 指令时,S7 - 200 PLC 自动按包络表中的顺序及参数进行脉冲串输出。包络表中每 段脉冲串的参数占用 8 个字节,由一个 16 位周期值(2 字节)、一个 16 位周期增量值 Δ(2 字 节)和一个 32 位脉冲计数值(4 字节)组成。包络表的格式见表 7-13。

表 7-13　包络表的格式

从包络表起始地址的字节偏移	段	说　　明
VB_n		段数（1～255）；数值 0 产生非致命错误，无 PTO 输出
VB_{n+1}		初始周期（2～65 535 个时基单位）
VB_{n+3}	段 1	每个脉冲的周期增量 Δ（符号整数：-32768～32767 个时基单位）
VB_{n+5}		脉冲数（1～4294967295）
VB_{n+9}		初始周期（2～65535 个时基单位）
VB_{n+11}	段 2	每个脉冲的周期增量 Δ（符号整数：-32 768～32 767 个时基单位）
VB_{n+13}		脉冲数（1～4 294 967 295）
VB_{n+17}		初始周期（2～65 535 个时基单位）
VB_{n+19}	段 3	每个脉冲的周期增量值 Δ（符号整数：-32 768～32 767 个时基单位）
VB_{n+21}		脉冲数（1～4 294 967 295）

注意：周期增量值 Δ 为整数微秒或毫秒。

多段流水线的特点是编程简单，能够通过指定脉冲的数量自动增加或减少周期，周期增量值 Δ 为正值会增加周期，周期增量值 Δ 为负值会减少周期，若 Δ 为零，则周期不变。在包络表中的所有的脉冲串必须采用同一时基，在多段流水线执行时，包络表的各段参数不能改变。多段流水线常用于步进电动机的控制。

【例 7-6】　根据控制要求列出 PTO 包络表。步进电动机的控制要求如图 7-12 所示。从 A 点到 B 点为加速过程，从 B 到 C 为恒速运行，从 C 到 D 为减速过程。

在本例中：流水线可以分为 3 段，需建立 3 段脉冲的包络表。起始和终止脉冲频率为 2 kHz，最大脉冲频率为 10 kHz，所以起始和终止周期为 500 μs，与最大频率的周期为 100 μs。1 段：加速运行，应在约 200 个脉冲时达到最大脉冲频率；

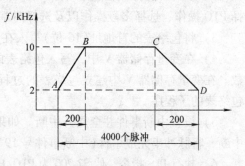

图 7-12　步进电动机的控制要求

2 段：恒速运行，约（4000 - 200 - 200）= 3600 个脉冲；3 段：减速运行，应在约 200 个脉冲时完成。

某一段每个脉冲周期增量值 Δ 用以下式确定：

周期增量值 Δ =（该段结束时的周期时间 - 该段初始的周期时间）/该段的脉冲数

用该式，计算出 1 段的周期增量值 Δ 为 -2μs，2 段的周期增量值 Δ 为 0，3 段的周期增量值 Δ 为 2 μs。假设包络表位于从 VB200 开始的 V 存储区中，则包络表见表 7-14。

表 7-14　例 7-6 包络表

V 变量存储器地址	段号	参数值	说明
VB200		3	段数
VB201		500μs	初始周期
VB203	段 1	−2μs	每个脉冲的周期增量 Δ
VB205		200	脉冲数
VB209		100μs	初始周期
VB211	段 2	0	每个脉冲的周期增量 Δ
VB213		3600	脉冲数
VB217		100μs	初始周期
VB219	段 3	2 μs	每个脉冲的周期增量 Δ
VB221		200	脉冲数

在程序中用指令可将表中的数据送入 V 变量存储区中。

(3) 多段流水线 PTO 初始化和操作步骤　用一个子程序实现 PTO 初始化,首次扫描(SM0.1)时从主程序调用初始化子程序,执行初始化操作。以后的扫描不再调用该子程序,这样减少了扫描时间,程序结构更好。

初始化操作步骤如下:

1) 首次扫描(SM0.1)时将输出 Q0.0 或 Q0.1 复位(置 0),并调用完成初始化操作的子程序。

2) 在初始化子程序中,根据控制要求设置控制字并写入 SMB67 或 SMB77 特殊存储器。如写入 16#A0(选择微秒递增)或 16#A8(选择毫秒递增),两个数值表示允许 PTO 功能、选择 PTO 操作、选择多段操作以及选择时基(微秒或毫秒)。

3) 将包络表的首地址(16 位)写入在 SMW168(或 SMW178)。

4) 在变量存储器 V 中,写入包络表的各参数值。一定要在包络表的起始字节中写入段数。在变量存储器 V 中建立包络表的过程也可以在一个子程序中完成,在此只须调用设置包络表的子程序。

5) 设置中断事件并全局开中断。如果想在 PTO 完成后,立即执行相关功能,则须设置中断,将脉冲串完成事件(中断事件号 19)连接一中断程序。

6) 执行 PLS 指令,使 S7-200 为 PTO/PWM 发生器编程,高速脉冲串由 Q0.0 或 Q0.1 输出。

7) 退出子程序。

【例 7-7】　PTO 指令应用实例。编程实现例 7-6 中的步进电动机的控制。

分析:编程前首先选择高速脉冲发生器为 Q0.0,并确定 PTO 为 3 段流水线。设置控制字节 SMB67 为 16#A0 表示允许 PTO 功能、选择 PTO 操作、选择多段操作以及选择时基为微秒,不允许更新周期和脉冲数。建立 3 段的包络表(见表 7-14),并将包络表的首地址装入 SMW168。PTO 完成调用中断程序,使 Q1.0 接通。PTO 完成的中断事件号为 19。用中断调用指令 ATCH 将中断事件 19 与中断程序 INT-0 连接,并全局开中断。执行 PLS 指令,退出子程序。本例题的主程序、初始化子程序和中断程序如图 7-13 所示。

主程序
LD SM0.1 //首次扫描时，将Q0.0复位
R Q0.01
CALL SBR_0 //调用子程序0

子程序0
//写入PTO包络表
LD SM0.0
MOVB 3 VB200 //将包络表段数设为3
　//段1:
MOVW +500 VW201 //段1的初始循环时间
　　　　　　　　　　　设为500μs

MOVW −2 VW203 //段1的Δ设为−2μs

MOVD +200 VD205 //段1的脉冲数设为200

　//段2:
MOVW +100 VW209 //段2的初始周期
　　　　　　　　　　设为100μs

MOVW +0 VW211 //段2的Δ设为0μs

MOVD +3600 VD213 //段2中的脉冲数
　　　　　　　　　　设为3600

　//段3:

MOVW +100 VW217 //段3的初始周期
　　　　　　　　　　设为100μs

MOVW +1 VW219 //段3的Δ设为1μs

MOVD +200 VD221 段3中的脉冲数设为200

图7-13　例7-7 主程序、初始化子程序和中断程序

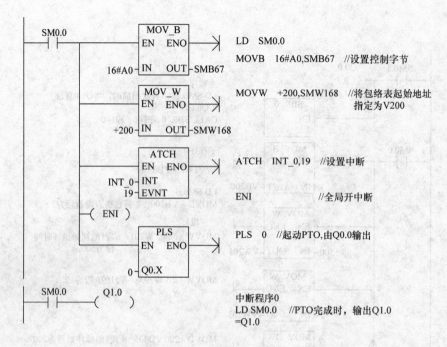

图 7-13　例 7-7 主程序、初始化子程序和中断程序(续)

5. PWM 的使用

PWM 是脉宽可调的高速脉冲输出，通过控制脉宽和脉冲的周期，可实现相应控制任务。

(1) 周期和脉宽　周期和脉宽时基为：微秒或毫秒，均为 16 位无符号数。

周期的范围从 50 ~ 65 535μs，或从 2 ~ 65 535ms。若周期 < 2 个时基，则系统默认为两个时基。

脉宽范围从 0 ~ 65 535μs 或从 0 ~ 65 535ms。若脉宽大于等于周期，占空比为 100%，输出连续接通；若脉宽等于 0，占空比为 0%，则输出断开。

(2) 更新方式　有两种改变 PWM 波形的方法：同步更新和异步更新。

同步更新：不需改变时基时，可以用同步更新。执行同步更新时，波形的变化发生在周期的边缘，形成平滑转换。

异步更新：需要改变 PWM 的时基时，则应使用异步更新。异步更新使高速脉冲输出功能被瞬时禁用，与 PWM 波形不同步。这样可能造成控制设备振动。

常见的 PWM 操作是脉冲宽度不同，但周期保持不变，即不要求时基改变。因此先选择适合于所有周期的时基，尽量使用同步更新。

(3) PWM 初始化和操作步骤

1) 用首次扫描位(SM0.1)使输出位复位为 0，并调用初始化子程序。这样可减少扫描时间，程序结构更合理。

2) 在初始化子程序中设置控制字节。如将 16#D3(时基微秒)或 16#DB(时基毫秒)写入 SMB67 或 SMB77，控制功能为允许 PTO/PWM 功能、选择 PWM 操作、设置更新脉冲宽度和周期数值以及选择时基(微秒或毫秒)。

3) 在 SMW68 或 SMW78 中写入一个字长的周期值。

4) 在 SMW70 或 SMW80 中写入一个字长的脉宽值。

5）执行 PLS 指令，使 S7-200 为 PWM 发生器编程，并由 Q0.0 或 Q0.1 输出。

6）可为下一输出脉冲预设控制字。在 SMB67 或 SMB77 中写入 16#D2（微秒）或 16#DA（毫秒）控制字节中将禁止改变周期值，允许改变脉宽。以后只要装入一个新的脉宽值，不用改变控制字节，直接执行 PLS 指令就可改变脉宽值。

7）退出子程序。

【例 7-8】　PWM 应用举例。设计程序，从 PLC 的 Q0.0 输出高速脉冲。该串脉冲脉宽的初始值为 0.1s，周期固定为 1s，其脉宽每周期递增 0.1s，当脉宽达到设定的 0.9s 时，脉宽改为每周期递减 0.1s，直到脉宽减为 0。以上过程重复执行。

分析：因为每个周期都有操作，所以须把 Q0.0 接到 I0.0，采用输入中断的方法完成控制任务，并且编写两个中断程序，一个中断程序实现脉宽递增，一个中断程序实现脉宽递减，并设置标志位，在初始化操作时使其置位，执行脉宽递增中断程序，当脉宽达到 0.9s 时，使其复位，执行脉宽递减中断程序。在子程序中完成 PWM 的初始化操作，选用输出端为 Q0.0，控制字节为 SMB67，控制字节设定为 16#DA（允许 PWM 输出，Q0.0 为 PWM 方式，同步更新，时基为 ms，允许更新脉宽，不允许更新周期）。程序如图 7-14 所示。

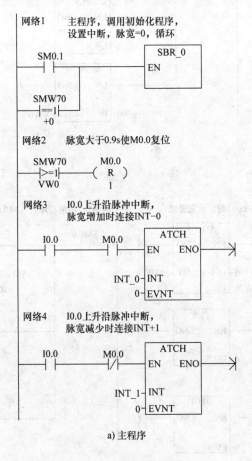

a) 主程序

图 7-14　PWM 应用举例

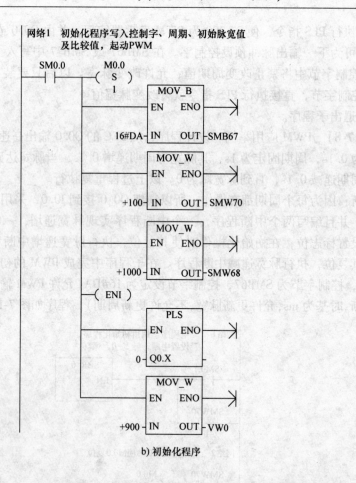

b) 初始化程序

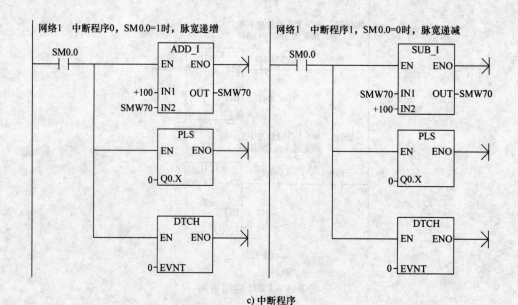

c) 中断程序

图 7-14　PWM 应用举例(续)

7.1.6　PID 控制

1. PID 算法

在工业生产过程控制中，模拟信号 PID（由比例、积分、微分构成的闭合回路）调节是常见的一种控制方法。运行 PID 控制指令，S7-200 将根据参数表中的输入测量值、控制设定值及 PID 参数，进行 PID 运算，求得输出控制值。参数表中有 9 个参数，全部为 32 位的实数，共占用 36 个字节。PID 控制回路的参数表见表 7-15。

表 7-15　PID 控制回路的参数表

地址偏移量	参数	数据格式	参数类型	说明
0	过程变量当前值 PV_n	双字，实数	输入	必须在 $0.0 \sim 1.0$ 范围内。
4	给定值 SP_n	双字，实数	输入	必须在 $0.0 \sim 1.0$ 范围内
8	输出值 M_n	双字，实数	输入/输出	在 $0.0 \sim 1.0$ 范围内
12	增益 K_c	双字，实数	输入	比例常量，可为正数或负数
16	采样时间 T_s	双字，实数	输入	以秒为单位，必须为正数
20	积分时间 T_i	双字，实数	输入	以分钟为单位，必须为正数。
24	微分时间 T_d	双字，实数	输入	以分钟为单位，必须为正数。
28	上一次的积分值 M_x	双字，实数	输入/输出	在 $0.0 \sim 1.0$ 之间（根据 PID 运算结果更新）
32	上一次过程变量 PV_{n-1}	双字，实数	输入/输出	最近一次 PID 运算值

典型的 PID 算法包括三项：比例项、积分项和微分项。即：输出 = 比例项 + 积分项 + 微分项。计算机在周期性地采样并离散化后进行 PID 运算，算法如下：

$$M_n = K_c(SP_n - PV_n) + K_c(T_s/T_i)(SP_n - PV_n) + M_x + K_c(T_d/T_s)(PV_{n-1} - PV_n)$$

其中各参数的含义已在表 7-15 中描述。

比例项 $K_c(SP_n - PV_n)$：能及时地产生与偏差 $(SP_n - PV_n)$ 成正比的调节作用，比例系数 K_c 越大，比例调节作用越强，系统的稳态精度越高，但 K_c 过大会使系统的输出量振荡加剧，稳定性降低。

积分项 $K_c(T_s/T_i)(SP_n - PV_n) + M_x$：与偏差有关，只要偏差不为 0，PID 控制的输出就会因积分作用而不断变化，直到偏差消失，系统处于稳定状态，所以积分的作用是消除稳态误差，提高控制精度，但积分的动作缓慢，给系统的动态稳定带来不良影响，很少单独使用。从式中可以看出：积分时间常数增大，积分作用减弱，消除稳态误差的速度减慢。

微分项 $K_c(T_d/T_s)(PV_{n-1} - PV_n)$：根据误差变化的速度（既误差的微分）进行调节，具有超前和预测的特点。微分时间常数 T_d 增大时，超调量减少，动态性能得到改善，如 T_d 过大，系统输出量在接近稳态时可能上升缓慢。

2. PID 控制回路选项

在很多控制系统中，有时只采用一种或两种控制回路。例如，可能只要求比例控制回路或比例和积分控制回路。通过设置常量参数值可选择所需的控制回路。

1）如果不需要积分回路(即在 PID 计算中无"I")，则应将积分时间 T_i 设为无限大。由于积分项 M_x 的初始值，虽然没有积分运算，积分项的数值也可能不为零。

2）如果不需要微分运算(即在 PID 计算中无"D")，则应将微分时间 T_d 设定为 0.0。

3）如果不需要比例运算(即在 PID 计算中无"P")，但需要 I 或 ID 控制，则应将增益值 K_c 指定为 0.0。因为 K_c 是计算积分和微分项公式中的系数，将循环增益设为 0.0 会导致在积分和微分项计算中使用的循环增益值为 1.0。

3. 回路输入量的转换和标准化

每个回路的给定值和过程变量都是实际数值，其大小、范围和工程单位可能不同。在 PLC 进行 PID 控制之前，必须将其转换成标准化浮点表示法。步骤如下：

1）将 16 位整数转换成 32 位浮点数或实数。下列指令说明如何将整数数值转换成实数。

XORD AC0，AC0　//将 AC0 清 0

ITDAIW0，AC0//将输入数值转换成双字

DTR AC0，AC0//将 32 位整数转换成实数

2）将实数转换成 0.0 ~ 1.0 之间的标准化数值。用下式：

实际数值的标准化数值 = 实际数值的非标准化数值或原始实数/取值范围 + 偏移量

其中：取值范围 = 最大可能数值 - 最小可能数值 = 32 000(单极数值)或 64 000(双极数值)。偏移量：对单极数值取 0.0，对双极数值取 0.5。单极(0 ~ 32 000)，双极(-32 000 ~ 32 000)。

如将上述 AC0 中的双极数值(间距为 64 000)标准化：

/R 64000.0，AC0 //使累加器中的数值标准化

+R 0.5，AC0 　　//加偏移量 0.5

MOVR AC0，VD100//将标准化数值写入 PID 回路参数表中。

4. PID 回路输出转换为成比例的整数

程序执行后，PID 回路输出 0.0 ~ 1.0 之间的标准化实数数值，必须被转换成 16 位成比例整数数值，才能驱动模拟输出。

PID 回路输出成比例实数数值 = (PID 回路输出标准化实数值 - 偏移量) × 取值范围。

程序如下：

MOVR VD108，AC0 　　//将 PID 回路输出送入 AC0。

-R 0.5，AC0 　　//双极数值减偏移量 0.5

*R 64000.0，AC0 　　//AC0 的值乘以取值范围，变为成比例实数数值

ROUND AC0，AC0 　　//将实数四舍五入取整，变为 32 位整数

DTI AC0，AC0 　　//32 位整数转换成 16 位整数

MOVW AC0，AQW0 　　//16 位整数写入 AQW0

5. PID 指令

PID 指令：使能有效时，根据回路参数表(TBL)中的输入测量值、控制设定值及 PID 参数进行 PID 计算，其格式见表 7-16。

说明：

1）程序中可使用 8 条 PID 指令，分别编号 0 ~ 7，不能重复使用。

2）使 ENO = 0 的错误条件：0006(间接地址)，SM1.1(溢出，参数表起始地址或指令中

指定的 PID 回路指令号码操作数超出范围)。

3) PID 指令不对参数表输入值进行范围检查。必须保证过程变量当前值、给定值、输出值、上一次积分值、上一次过程变量值在 0.0 ~ 1.0 之间。

表 7-16　PID 指令格式

LAD	STL	说明
PID EN　ENO ????-TBL ????-LOOP	PID TBL, LOOP	TBL：参数表起始地址 VB。数据类型：字节 LOOP：回路号，常量(0 ~ 7)。数据类型：字节

7.1.7　PID 控制功能的应用

1. 控制任务

一恒压供水水箱，通过变频器驱动的水泵供水，维持水位在满水位的 70%。过程变量 PV_n 为水箱的水位(由水位检测计提供)，设定值为 70%，PID 输出控制变频器，即控制水箱注水调速电动机的转速。要求开机后，先手动控制电动机，水位上升到 70% 时，转换到 PID 自动调节。

2. PID 回路参数表

恒压供水 PID 控制参数表 7-17。

表 7-17　恒压供水 PID 控制参数表

地址	参　　数	数　　值
VB100	过程变量当前值 PV_n	水位检测计提供的模拟量经 A-D 转换后的标准化数值
VB104	给定值 SP_n	0.7
VB108	输出值 M_n	PID 回路的输出值(标准化数值)
VB112	增益 K_c	0.3
VB116	采样时间 T_s	0.1s
VB120	积分时间 T_i	30min
VB124	微分时间 T_d	0(关闭微分作用)
VB128	上一次积分值 M_x	根据 PID 运算结果更新
VB132	上一次过程变量 PV_{n-1}	最近一次 PID 的变量值

3. 程序分析

(1) I/O 分配　手动/自动切换开关 I0.0；模拟量输入 AIW0；模拟量输出 AQW0。

(2) 程序结构　由主程序、子程序和中断程序构成。主程序用来调用初始化子程序，子程序用来建立 PID 回路初始参数表和设置中断，由于定时采样，所以采用定时中断(中断事件号为 10),设置周期时间和采样时间相同(0.1s),并写入 SMB34。中断程序用于执行 PID 运算,I0.0 = 1 时,执行 PID 运算,本例标准化时采用单极性(取值范围为 32000)。

4. 语句表程序

(1) 主程序

```
LD      SM0.1
CALL    SBR_0
```

(2) 子程序(建立 PID 回路参数表,设置中断以执行 PID 指令)

```
LD      SM0.0
MOVR    0.7, VD104      //写入给定值(注满 70%)
MOVR    0.3, VD112      //写入回路增益(0.25)
MOVR    0.1, VD116      //写入采样时间(0.1s)
MOVR    30.0, VD120     //写入积分时间(30min)
MOVR    0.0, VD124      //设置无微分运算
MOVB    100, SMB34      //写入定时中断的周期(100ms)
ATCH    INT_0, 10       //将 INT-0(执行 PID)和定时中断连接
ENI                     //全局开中断
```

(3) 中断程序(执行 PID 指令)

```
LD      SM0.0
ITD     AIW0, AC0       //将整数转换为双整数
DTR     AC0, AC0        //将双整数转换为实数
/R      32000.0, AC0    //标准化数值
MOVR    AC0, VD100      //将标准化 PV 写入回路参数表
LD      I0.0
PID     VB100, 0        //PID 指令设置参数表起始地址为 VB100,
LD      SM0.0
MOVR    VD108, AC0      //将 PID 回路输出移至累加器
*R      32000.0, AC0    //实际化数值
ROUND   AC0, AC0        //将实际化后的数值取整
DTI     AC0, AC0        //将双整数转换为整数
MOVW    AC0, AQW0       //将数值写入模拟输出
```

5. 梯形图程序

梯形图程序如图 7-15 所示。

7.1.8　时钟指令

利用时钟指令可以实现调用系统实时时钟或根据需要设定时钟,这对控制系统运行的监视、运行记录及与实时时间有关的控制等十分方便。时钟指令有两条:读实时时钟和设定实时时钟,其指令格式及功能如表 7-18。

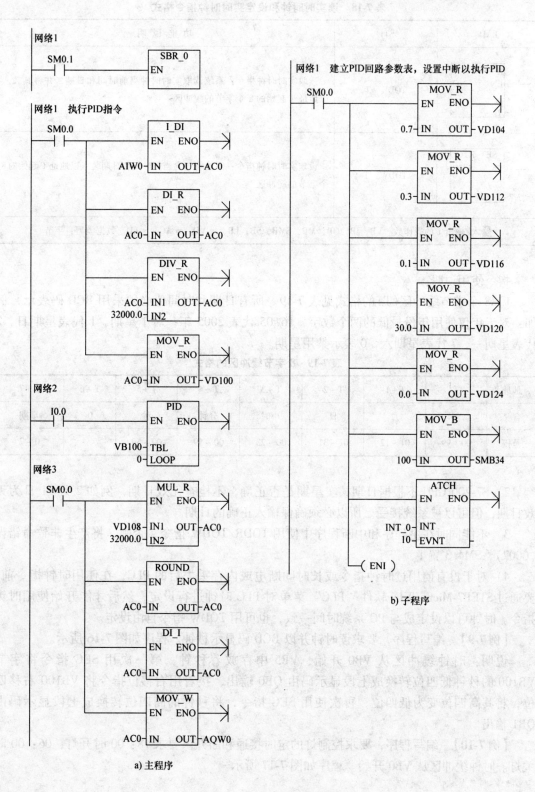

图 7-15   恒压供水 PID 控制

表 7-18　读实时时钟和设定实时时钟指令格式

LAD	STL	功　能　说　明
READ_RTC EN　ENO ????- T	TODR　T	读取实时时钟指令：系统读取实时时钟当前时间和日期，并将其载入以地址 T 起始的 8 个字节的缓冲区
SET_RTC EN　ENO ????- T	TODW　T	设定实时时钟指令：系统将包含当前时间和日期装入以地址 T 起始的 8 个字节的缓冲区

输入/输出 T 的操作数：VB, IB, QB, MB, SMB, SB, LB, *VD, *AC, *LD。数据类型：字节

指令使用说明：

1) 8 个字节缓冲区(T)的格式见表 7-19。所有日期和时间值必须采用 BCD 码表示，例如：对于年仅使用年份最低的两个数字，16#05 代表 2005 年；对于星期，1 代表星期日，2 代表星期一，7 代表星期六，0 表示禁用星期。

表 7-19　8 字节缓冲区的格式

地址	T	T+1	T+2	T+3	T+4	T+5	T+6	T+7
含义	年	月	日	小时	分钟	秒	0	星期
范围	00~99	01~12	01~31	00~23	00~59	00~59		0~7

2) S7-200 CPU 不根据日期核实星期是否正确，不检查无效日期，例如 2 月 31 日为无效日期，但可以被系统接受。所以必须确保输入正确的日期。

3) 不能同时在主程序和中断程序中使用 TODR/TODW 指令，否则，将产生非致命错误(0007)，SM4.3 置 1。

4) 对于没有使用过时钟指令或长时间断电或内存丢失后的 PLC，在使用时钟指令前，要通过 STEP7-Micro/WIN 软件"PLC"菜单对 PLC 时钟进行设定，然后才能开始使用时钟指令。时钟可以设定成与 PC 系统时间一致，也可用 TODW 指令自由设定。

【例 7-9】　编写程序，要求读时钟并以 BCD 码显示秒钟。程序如图 7-16 所示。

说明：时钟缓冲区从 VB0 开始，VB5 中存放着秒钟，第一次用 SEG 指令将字节 VB100 的秒钟低四位转换成七段显示码由 QB0 输出，接着用右移位指令将 VB100 右移四位，将其高四位变为低四位，再次使用 SEG 指令，将秒钟的高四位转换成七段显示码由 QB1 输出。

【例 7-10】　编写程序，要求控制灯的定时接通和断开。要求 18：00 时开灯，06：00 时关灯。时钟缓冲区从 VB0 开始。程序如图 7-17 所示。

```
LD     SM0.1
TODR   VB0

MOVB   VB5, VB100

SEG    VB100, QB0

SRB    VB100, 4

SEG    VB100, QB1
```

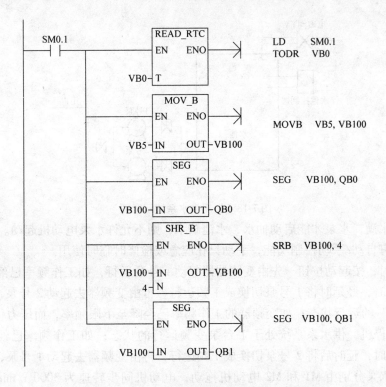

图 7-16　例 7-9 读时钟并以 BCD 码显示秒钟

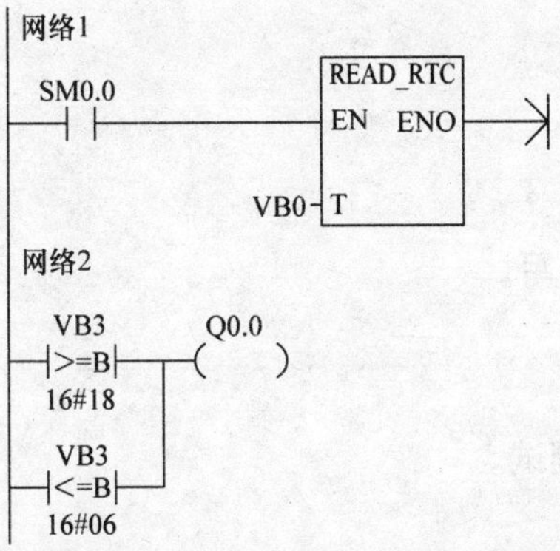

```
网络1      读实时时钟，“小时”在VB3
LD         SM0.0
TODR       VB0
网络2      18点之后，6点之前开灯，时间用BCD码
LDB>=      VB3, 16#18
OB<=       VB3, 16#06
=          Q0.0
```

图 7-17　例 7-10 控制灯的定时接通和断开程序

7.2　实训项目　基于 PLC 和变频器的恒压供水系统的设计

1. 项目任务

设计一个 PID 控制的恒压供水系统。

图 7-18 所示为两台水泵供水的恒压供水系统示意图，在水池中，只要水位低于高水位，则通过电磁阀 YV 自动往水池注水，水池水满时电磁阀 YV 关闭；同时水池的高/低水位信号可通过继电器触点直接送给 PLC，水池水满时继电器触点闭合，缺水时触点断开。

控制要求：

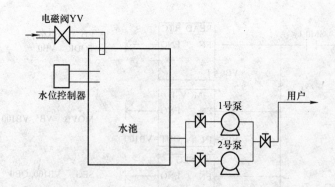

图 7-18 恒压供水系统示意图

1) 水池水满,水泵才能启动抽水,水池缺水,则不允许水泵电动机起动。

2) 系统有自动/手动控制功能,手动只在应急或检修时临时使用。

3) 自动时,按起动按钮,先由变频器器起动 1 号泵运行,如工作频率已经达到 50 Hz,而压力仍不足时,经延时将 1 号泵切换成工频运行,再由变频器去起动 2 号泵,供水系统处于"1 工 1 变"的运行状态;如变频器的工作频率已经降至下限频率,而压力仍偏高时,经延时使 1 号泵停机,供水系统处于 1 台泵变频运行的状态;如工作频率已经达到 50 Hz,而压力仍不足时,延时后将 2 号泵切换成工频运行,再由变频器去起动 1 号泵,如此循环。

4) 两台水泵分别由 M1 和 M2 电动机拖动,电动机同步转速为 3000 r/min,由 KM1 ~ KM4 控制。

5) PLC 采用 PID 调节指令。

设计控制电路和 PLC 程序。

2. 项目技能点和知识点

(1) 技能点

1) 能够根据控制要求完成恒压供水程序的编写。

2) 能够实现 A-D、D-A 数据的变换和处理。

3) 能够实现模拟量模块的使用。

4) 能对 PLC 的 PID 等功能指令进行编程和调试。

(2) 知识点

1) 掌握模拟量输入/输出模块的校验及应用。

2) 掌握 PID 指令的格式、功能及应用。

3) 掌握 PID 运算的工作原理、参数的含义和整定方法。

4) 理解恒压供水的工作原理。

3. 项目实施

(1) **任务分析** 根据控制要求,要实现恒压供水,必需采集管网的水压力,经 PLC 的 PID 运算后输出控制变频器带动水泵电动机运行,故要用到模拟量输入模块(EM231)、模拟量输出模块(EM232),通过 PLC 程序实现两台泵的切换,为了使系统稳定,在梯形图中要采用 PID 指令。

(2) 知识点、技能点的学习和训练

1) 知识点的学习

① A-D、D-A 概述

在工业控制中，某些输入量（如压力、温度、流量、转速等）是模拟量，某些执行机构（如电动调节阀、变频器等）要求 PLC 输出模拟信号。

模拟量首先被传感器和变送器转换为标准量程的电流或电压，例如直流 4～20 mA，1～5 V 或 0～10 V 等。PLC 用 A-D 转换器将它们转换成数字量。带正负号的电流或电压在 A-D 转换后用二进制补码表示。D-A 转换器将 PLC 的数字输出量转换为模拟电压或电流，再去控制执行机构。模拟量 I/O 模块的主要任务就是实现 A-D 转换（模拟量输入）和 D-A 转换（模拟量输出），如图 7-19 所示。

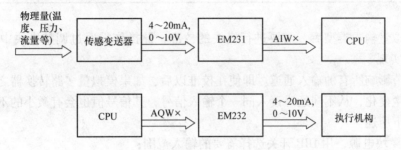

图 7-19 模拟量、数字量转化示意图

S7-200 CPU 单元可以扩展 A-D、D-A 模块，从而可实现模拟量的输入和输出。

② 模拟量输入模块 EM231

a）模拟量输入寻址。通过 A-D 模块，S7-200 CPU 可以将外部的模拟量（电流或电压）转换成一个字长（16 位）的数字量（0～32 000）。可以用区域标识符（AI）、数据长度（W）和模拟通道的起始地址读取这些量，其格式为 AIW ［起始字节地址］。

因为模拟输入量为一个字长，且从偶数字节开始存放，所以必须从偶数字节地址读取这些值，如 AIW0、AIW2、AIW4 等。模拟量输入值为只读数据。

b）模拟量输入模块的配置和校准。图 7-20 所示是 EM231 的端子及 DIP 开关示意图。

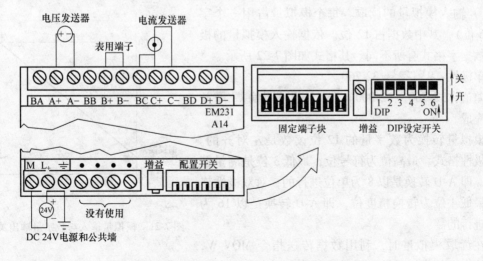

图 7-20 EM231 的端子及 DIP 开关示意图

使用 EM 231 或 EM 235 输入模拟量时，首先要进行模块的配置和校准。通过调整模块

中的 DIP 开关,可以设定输入模拟量的种类(电流、电压)以及模拟量的输入范围、极性,见表 7-20。

表 7-20　EM231 选择模拟量输入范围的开关表

SW1	SW2	SW3	满量程输入	分辨率	双极性			满量程输入	分辨率
	OFF	ON	0～10V	2.5mV	SW1	SW2	SW3		
ON	ON	OFF	0～5V	1.25mV		OFF	ON	±5V	2.5mV
			0～20mA	5μA		ON	OFF	±2.5V	1.25mV

　　设定模拟量输入类型后,需要进行模块的校准,此操作需通过调整模块中的"增益调整"电位器实现。

　　校准调节影响所有的输入通道。即使在校准以后,如果模拟量多路转换器之前的输入电路元件值发生变化,从不同通道读入同一个输入信号,其信号值也会有微小的不同。校准输入的步骤如下所述。

　　a. 切断模块电源,用 DIP 开关选择需要的输入范围;

　　b. 接通 CPU 和模块电源,使模块稳定 15 min;

　　c. 用一个变送器、一个电压源或电流源,将零值信号加到模块的一个输入端;

　　d. 读取该输入通道在 CPU 中的测量值;

　　e. 调节模块上的 OFFSET(偏置)电位器,直到读数为零或需要的数字值;

　　f. 将一个工程量的最大值(或满刻度模拟量信号)接到某一个输入端子,调节模块上的 GAIN(增益)电位器,直到读数为 32 000 或需要的数字值;

　　g. 必要时重复上述校准偏置和增益的过程;

　　如输入电压范围是 0～10 V 的模拟量信号,则对应的数字量结果应为 0～32 000;电压为 0 V 时,数字量不一定是 0,可能有一个偏置值,如图 7-21 所示。

　　c) 输入模拟量的读取。每个模拟量占用一个字长(16 位),其中数据占 12 位。依据输入模拟量的极性,数据字格式有所不同。其格式如图 7-22 所示。

　　单极性:$2^{15} - 2^3 = 32\ 760$。

　　差值:$32\ 760 - 32\ 000 = 760$,通过调偏差/增益系统完成。

　　模拟量转换为数字量的 12 位读数是左对齐的。对单极性格式,最高位为符号位,最低 3 位是测量精度位,即 A-D 转换是以 8 为单位进行的;对双极性格式,最低 4 位为转换精度位,即 A-D 转换是以 16 为单位进行的。

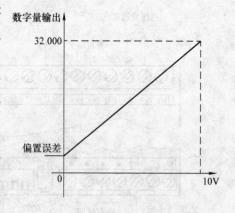

图 7-21　模拟量输入与数字量输出关系

　　在读取模拟量时,利用数据传送指令 MOV-W,可以从指定的模拟量输入通道将其读取到内存中,然后根据极性,利用移位指令或整数除法指令将其规格化,以便于处理数据值部分。

MSB															LSB
15	14	13	12	11	10	9	8	7	6	5	4	3	2	1	0
0	12位数据											0	0	0	

a) 单极性

MSB															LSB
15	14	13	12	11	10	9	8	7	6	5	4	3	2	1	0
12位数据												0	0	0	0

b) 双极性

图 7-22　模拟量输入数据格式

③ 模拟量输出模块 EM232

a）模拟量输出寻址。图 7-23 所示为模拟量输出 EM232 端子及内部结构，通过 D-A 模块，S7-200 CPU 把一个字长（16 位）的数字量（0～32 000）按比例转换成电流或电压。用区域标识符（AQ）、数据长度（W）和模拟通道的起始地址存储这些量。其格式为 AQW[起始字节地址]。

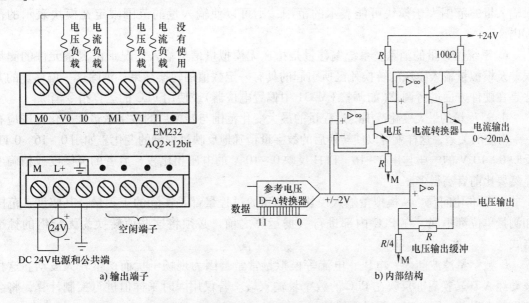

图 7-23　模拟量输出 EM232 端子及内部结构

b）模拟量的输出。模拟量的输出范围为 -10～10 V 和 0～20 mA（由接线方式决定），对应的数字量分别为 -32 000～32 000 和 0～32 000。

图 7-24 所示模拟量数据输出值是左对齐的，最高有效位是符号位，0 表示正值。最低 4 位是 4 个连续的 0，在转换为模拟量输出值时将自动屏蔽，而不会影响输出信号值。

④ 模拟量数据的处理

a）模拟量输入信号的整定。通过模拟量输入模块转换后的数字信号直接存储在 S7-200 系列 PLC 的模拟量输入存储器 AIW 中。这种数字量与被转换的结果之间有一定的函数对应关系，但在数值上并不相等，必须经过某种转换才能使用。这种将模拟量输入模块转换后的数字信号在 PLC 内部按一定函数关系进行转换的过程称为模拟量输入信号的整定。

模拟量输入信号的整定通常需要考虑以下几个问题：

a. 模拟量输入值的数字量表示方法。模拟量输入值的数字量表示方法即模拟量输入模

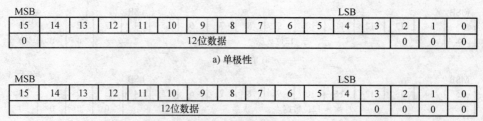

图 7-24　模拟量数据输出

块数据的位数是多少？是否从数据字的第 0 位开始？若不是，应进行移位操作使数据的最低位排列在数据字的第 0 位上，以保证数据的准确性。如 EM231 模拟量输入模块，在单极性信号输入时，模拟量的数据值是从第 3 位开始的，因此数据整定的任务是把该数据字右移 3 位。

　　b. 模拟量输入值的数字量表示范围。该范围由模拟量输入模块的转换精度决定的。如果输入量的范围大于模块可能表示的范围，则可以使输入量的范围限定在模块表示的范围内。

　　c. 系统偏移量的消除。系统偏移量是指在无模拟量信号输入情况下由测量元件的测量误差及模拟量输入模块的转换死区所引起的具有一定数值的转换结果。消除这一偏移量的方法是在硬件方面进行调整(如调整 EM231 中偏置电位器)或使用 PLC 的运算指令消除。

　　d. 过程量的最大变化范围。过程量的最大变化范围与转换后的数字量最大变化范围应有一一对应的关系，这样就可以使转换后的数字量精确地反映过程量的变化。如用 0 ~ 16 0 FH 反映 0 ~ 10 V 的电压与用 0 ~ 16 FFH 反映 0 ~ 10 V 的电压相比较，后者的灵敏度或精确度显然要比前者高得多。

　　e. 标准化问题。从模拟量输入模块采集到的过程量都是实际的工程量，其幅度、范围和测量单位都不同，在 PLC 内部进行数据运算之前，必须将这些值转换为无量纲的标准格式。

　　f. 数字量滤波问题。电压、电流等模拟量常常会因为现场干扰而产生较大波动。这种波动经 A-D 转换后亦反映在 PLC 的数字量输入端。若仅用瞬时采样值进行控制计算，将会产生较大误差，因此有必要进行滤波。

　　工程上的数字滤波方法有平均值滤波、去极值平均滤波以及惯性滤波法等。

　　b) 模拟量输出信号的整定。在 PLC 内部进行模拟量输入信号处理时，通常把模拟量输入模块转换后的数字量转换为标准工程量，经过工程实际需要的运算处理后，可得出上下限报警信号及控制信息。

　　报警信息经过逻辑控制程序可直接通过 PLC 的数字量输出点输出，而控制信息需要暂存到模拟量存储器 AQW × 中，经模拟量输出模块转换为连续的电压或电流信号输出到控制系统的执行部件，以便进行调节。模拟量输出信号的整定就是要将 PLC 的运算结果按照一定的函数关系转换为模拟量输出寄存器中的数字值，以备模拟量输出模块转换为现场需要的输出电压或电流。

　　已知在某温度控制系统中由 PLC 控制温度的升降。当 PLC 的模拟量输出模块输出 10 V 电压时，要求系统温度达到 500℃，现 PLC 的运算结果为 200℃，则应向模拟量输出存储器

AQW×写入的数字量为多少？这就是一个模拟量输出信号的整定问题。

　　显然，解决这一问题的关键是要了解模拟量输出模块中的数字量与模拟量之间的对应关系，这一关系通常为线性关系。如 EM232 模拟量输出模块输出的 0 ~ 10 V 电压信号对应的内部数字量为 0 ~ 32 000。上述运算结果 200℃ 所对应的数字量可用简单的算术运算程序得出。

　　【例 7-11】　如某管道水的压力是(0 ~ 1 MPa)，通过变送器转化成(4 ~ 20 mA)输出，经过 EM231 的 A-D 转换，0 ~ 20 mA 对应数字量范围是(0 ~ 32 000)，当压力大于 0.8 Mpa 时指示灯亮。

　　解：工程量与模拟量、模拟量与数字量的对应关系如图 7-25 所示。

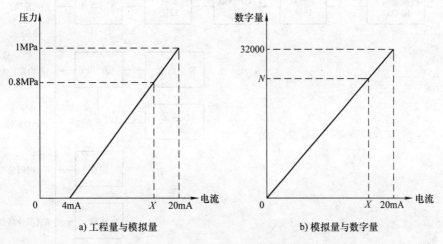

图 7-25　工程量与模拟量、模拟量与数字量的对应关系
a) 工程与模拟量　b) 模拟量与数字量

0.8 Mpa 时的电流值为

$$X = \{(20 - 4) \times (0.8 - 0)/(1 - 0)\} + 4$$

可得 0.8 Mpa 时的信号量是：$X = 16.8$ mA；

对应的数字量是：

$$N = \{(32\,000 - 0) \times (16.8 - 0)/(20 - 0)\} + 0$$

可得 0.8 Mpa 时的数字量是：$N = 26\,880$；

程序如图 7-26 所示。

⑤ 输入/输出量的处理

a) 输入回路归一化处理：AIW×→16位整数→32位整数→32位实数→标准化 (0.0 ~ 1.0)。

将实数转换成 0.0 ~ 1.0 的标准化数值，送回路参数表地址偏移量为 0 的存储区，用下式计算：

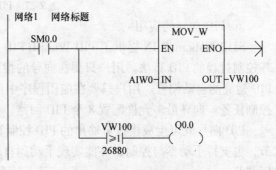

图 7-26　PLC 程序

实际数值的标准化数值 = 实际数值的非标准化实数/取值范围 + 偏移量

式中，取值范围：单极性为 32 000，双极性为 64 000。偏移量：单极性为 0，双极性为 0.5。

b) 输出回路处理：标准化(0.0～1.0)→32 位整数→16 位整数→AQW ×。

PID 的运算结果是一个在 0.0～1.0 范围内标准化实数格式的数据，必须转换为 16 位的按工程标定的值才能用于驱动实际机械(如变频器等)，用下式计算：

$$输出实数数值 = (PID 回路输出标准化实数值 - 偏移量) × 取值范围$$

式中，取值范围：单极性为 32 000，双极性为 64 000。偏移量：单极性为 0，双极性为 0.5。

c) PID 的运算框图。由上述可知，PID 运算前要对输入回路进行归一化处理，运算后再对输出回路进行逆处理，其运算框图如图 7-27 所示，以利于理清编程思路。

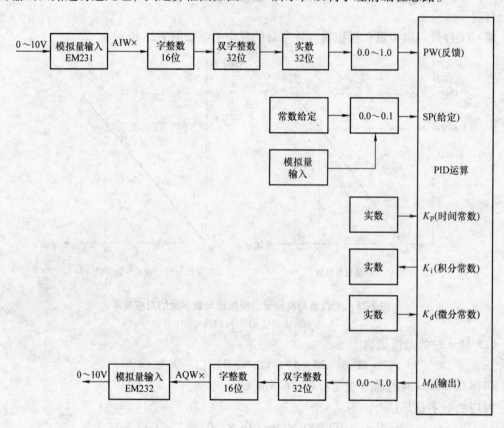

图 7-27　PID 运算框图

⑥ PID 向导的应用

STEP7-Micro/WIN 提供了 PID Wizard(PID 指令向导)，可以帮助用户方便地生成一个闭环控制过程的 PID 算法。用户只要在向导的指导下填写相应的参数，就可以方便快捷地完成 PID 运算的自动编程。用户只要在应用程序中调用 PID 向导生成的子程序，就可以完成 PID 控制任务。向导最多允许配置 8 个 PID 回路。

PID 向导既可生成模拟量输出的 PID 控制算法，也支持开关量输出；既支持连续自动调节，也支持手动参与控制，并能实现手动到自动的无扰切换。除此之外，它还支持 PID 反作用调节。

PID 功能块只接受 0.0～1.0 之间的实数作为反馈、给定与控制输出的有效数值。如果是直接使用 PID 功能块编程，则必须保证数据在这个范围之内，否则就会出错。其他如增益、采样时间、积分时间和微分时间都是实数。但 PID 向导已经把外围实际的物理量与 PID

功能块需要的输入/输出数据之间进行了转换，不再需要用户自己编程就可进行输入/输出的转换与标准化处理。

2）思考：

① 模拟量输入、输出模块 EM 231 和 EM 232 如何使用？

② 模拟量输入、输出信号如何处理？

③ PID 指令如何应用？ PID 参数的含义是什么？ 如何整定？

④ 如何分配 I/O，如何连接 PLC 外部输入、输出电路？

3）行动：试试看，能完成以下任务吗？

① 任务一：完成模拟量输入、输出模块 EM 231 和 EM 232 与 PLC 的接线。

② 任务二：使用以 PID 向导完成 PID 指令的编程。

（3）确定系统控制方案

思考：系统采用什么主控制器？采用什么控制策略？完成项目需要哪些设备？

行动：小组成员共同研讨，制订基于 PLC 和变频器的恒压供水系统的设计总体控制方案，绘制系统工作流程图及系统结构框图。

（4）PLC 控制系统硬件的设计

1）收集相关 PLC 控制器、开关、按钮等设备资料，完善项目设备表，见表 7-21。

表 7-21　项目设备表

名称	型号或规格	数量	名称	型号或规格	数量
PLC	S7-200	1 台	一般电工工具	螺钉旋具、测电笔、万用表、剥线钳等	1 套
模拟量输入模块	EM231	1 台	继电器		5 只
模拟量输出模块	EM232	1 台	水泵		2 台
按钮	LA20	6 只	变频器		1 台
开关		1 只	导线	1.5mm^2	若干

2）输入/输出点的分配。根据被控对象对 PLC 系统的功能要求和所需要输入/输出的点数，选择适当类型的 PLC。分配输入/输出的点，见表 7-22。

表 7-22　I/O 分配表

输　入（I）			输　出（O）		
元件	功能	信号地址	元件	功能	信号地址
SA	手动/自动开关	手动未用 PLC 输入	KM1	水泵 M1 工频运行接触器	Q0.0
SB1	水泵 M1 手动起动		KM2	水泵 M1 变频运行接触器	Q0.1
SB2	水泵 M1 手动停止		KM3	水泵 M2 工频运行接触器	Q0.2
SB3	水泵 M2 手动起动		KM4	水泵 M2 变频运行接触器	Q0.3
SB4	水泵 M2 手动停止		KA	变频器运行继电器	Q0.4
SB5	水泵自动时起动按钮	I0.0			
SB6	水泵自动时停止按钮	I0.1			
J	水位触点	I0.2			

3）绘制出电气控制系统原理图。

电气控制系统原理图包括主电路、控制电路及 PLC 外围接线图。

① 主电路图。图 7-28 所示为电控系统主电路图。两台电动机分别为 M1 和 M2，接触器 KM1 和 KM3 分别控制 M1 和 M2 的工频运行；接触器 KM2 和 KM4 分别控制 M1 和 M2 的变频运行。

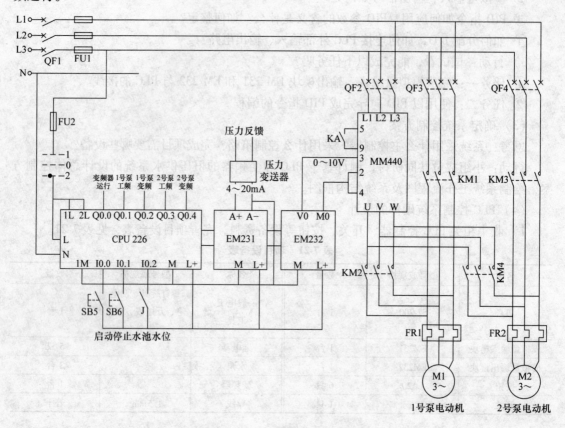

图 7-28　电控系统主电路

② 控制电路图。图 7-29 所示为电控系统控制电路图。图中 SA 为手动/自动转换开关，SA 在 1 的位置为手动控制状态；2 的位置为自动控制状态。手动运行时，可用按钮 SB1 ~ SB4 控制两台泵的起/停；自动运行时，系统在 PLC 程序控制下运行。通过一个中间继电器 KA 的触头对变频器运行进行控制。图中的 Q0.0 ~ Q0.4 为 PLC 的输出继电器触头。

（5）程序设计

1）主程序的流程图设计。主程序流程图如图 7-30 的所示。

2）主程序梯形图的设计。主程序流程图对应的梯形图如图 7-31 所示。

3）子程序的设计。子程序如图 7-32 所示。

4）中断程序的设计。中断程序如图 7-33 所示。

（6）下载程序到 PLC、运行综合调试软硬件　操作步骤如下：

1）进行程序的语法检查无误后，进行软件仿真调试。

2）下载程序文件到 PLC。

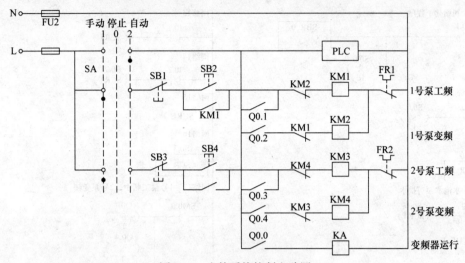

图 7-29 电控系统控制电路图

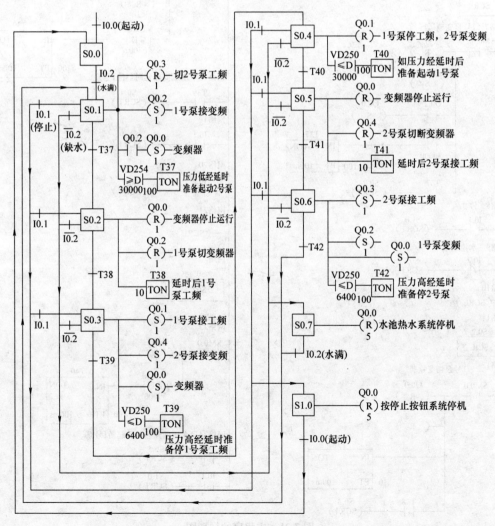

图 7-30 主程序的流程图

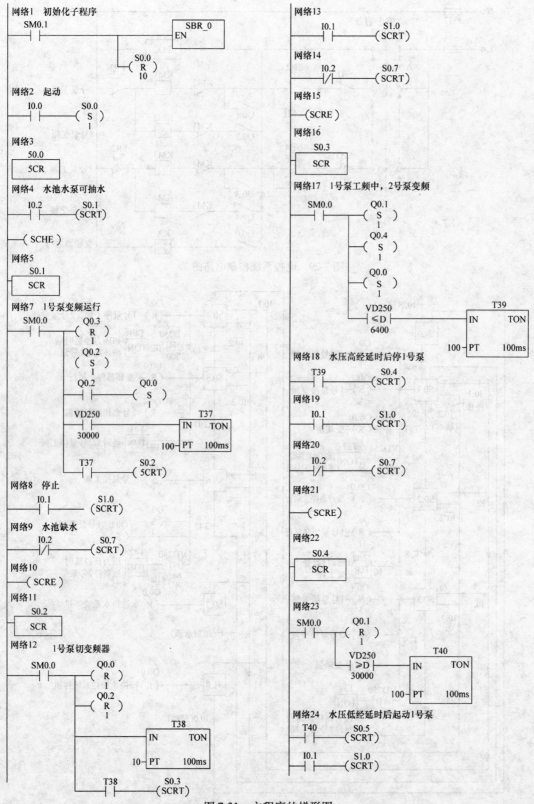

图 7-31 主程序的梯形图

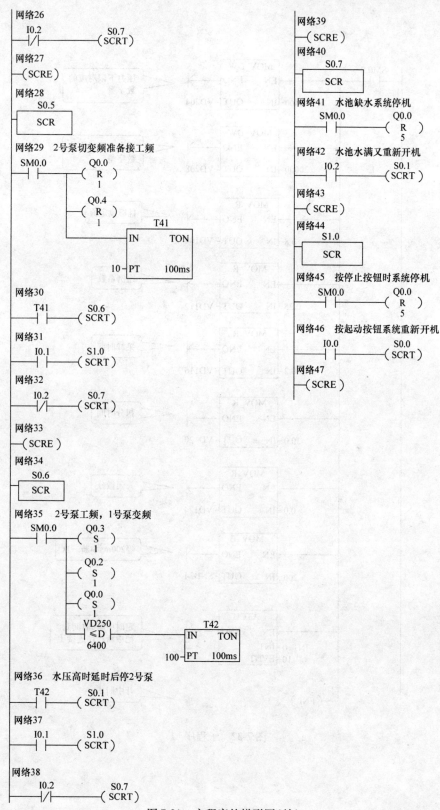

网络26
I0.2 S0.7
──┤/├── (SCRT)

网络27
──(SCRE)

网络28
S0.5
┌─────┐
│ SCR │
└─────┘

网络29 2号泵切变频准备接工频
SM0.0 Q0.0
──┤├── (R)
1
Q0.4
(R)
1
T41
IN TON
10─PT 100ms

网络30
T41 S0.6
──┤├── (SCRT)

网络31
I0.1 S1.0
──┤├── (SCRT)

网络32
I0.2 S0.7
──┤/├── (SCRT)

网络33
──(SCRE)

网络34
S0.6
┌─────┐
│ SCR │
└─────┘

网络35 2号泵工频，1号泵变频
SM0.0 Q0.3
──┤├── (S)
1
Q0.2
(S)
1
Q0.0
(S)
1
VD250 T42
≤D IN TON
6400 100─PT 100ms

网络36 水压高时延时后停2号泵
T42 S0.1
──┤├── (SCRT)

网络37
I0.1 S1.0
──┤├── (SCRT)

网络38
I0.2 S0.7
──┤/├── (SCRT)

网络39
──(SCRE)

网络40
S0.7
┌─────┐
│ SCR │
└─────┘

网络41 水池缺水系统停机
SM0.0 Q0.0
──┤├── (R)
5

网络42 水池水满又重新开机
I0.2 S0.1
──┤├── (SCRT)

网络43
──(SCRE)

网络44
S1.0
┌─────┐
│ SCR │
└─────┘

网络45 按停止按钮时系统停机
SM0.0 Q0.0
──┤├── (R)
5

网络46 按起动按钮系统重新开机
I0.0 S0.0
──┤├── (SCRT)

网络47
──(SCRE)

图 7-31 主程序的梯形图(续)

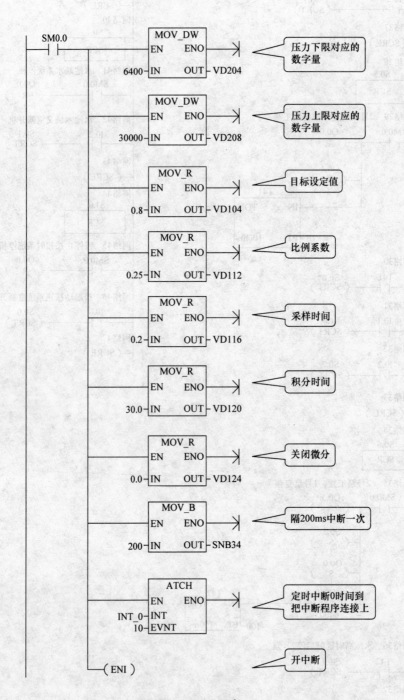

图 7-32　子程序

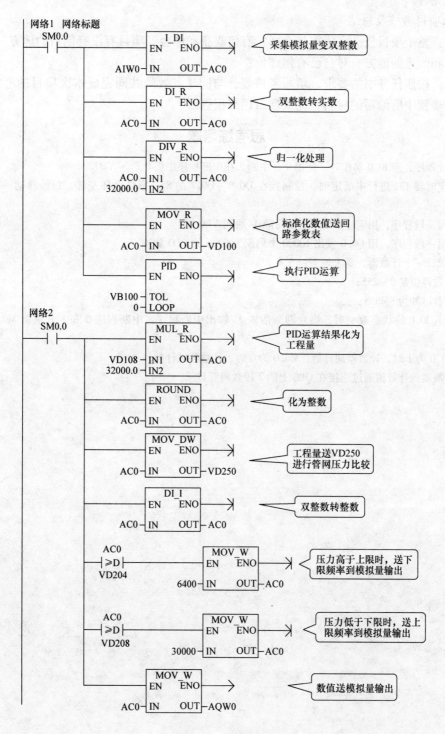

图 7-33 中断程序

　　3）进行系统的运行并通过 PLC 编程软件进行在线监控联合调试，发现问题进行修改，直到系统完善。

　　(7) 项目考核及总结

　　思考：整个项目任务完成得怎么样？有何收获和体会？项目有没有创新的地方？有没有需要完善和改进的地方？对自己有何评价？

　　行动：按照任务书的要求，填写考核表，与同学、教师共同完成本次项目的考核工作。整理上述步骤中所编写的材料，完成项目训练报告。

思考练习题

　　1. 设计程序，当 I0.0 动作时，使用 0 号中断，在中断程序中将 0 送入 VB0。

　　2. 用定时器 T32 进行中断定时，控制接在 Q0.0 ~ Q0.7 的 8 个彩灯循环左移，每秒移动一次，设计程序。

　　3. 编写一段程序，用定时中断 0 实现每隔 4s 时间 VB0 加 1。

　　4. 编写一段程序，用 Q0.0 发出 10000 个周期为 50μs 的 PTO 脉冲。

　　5. 试设计一个计数器，要求如下：

　　1) 计数范围是 0 ~ 255；

　　2) 计数脉冲为 SM0.5；

　　3) 输入 I0.0 的状态改变时，则立即激活输入/输出中断程序。中断程序 0 和 1 分别将 M0.0 置成 1 或 0；

　　4) M0.0 为 1 时，计数器加计数；M0.0 为 0 时，计数器减计数；

　　5) 计数器的计数值通过连接在 QB0 上的 7 段数码管显示。

模块 8 PLC 的通信及综合应用

【知识目标】

1. 理解 S7-200 PLC 的网络读写指令的格式、功能及编程。
2. 理解通信用特殊存储器的功能。
3. 掌握 PPI 协议的格式。
4. 掌握 MPI 协议的格式。
5. 了解 PROFIBUS 网络和 IT 网络的格式和应用。
6. 掌握 USS 协议指令的格式和功能。
7. 掌握 PLC 通信技术的灵活应用。

【能力目标】

1. 理解自由端口通信格式和功能，能够使用自由端口通信发送/接收指令。
2. 理解通信用特殊存储器的功能。
3. 能够灵活应用 PPI 通信和 MPI 通信技术。
4. 能够理解 PROFIBUS 网络和 IT 网络工作原理。
5. 能够应用 PLC 和变频器进行通信。
6. 能够理解 PLC 各通信协议的含义，能够使用通信指令编程。

8.1 知识链接

8.1.1 S7-200 系列 PLC 的自由端口通信

随着计算机网络技术的发展，现代企业的自动化程度越来越高。在大型控制系统中，由于控制任务复杂，点数过多，各任务间的数字量、模拟量相互交叉，因而出现了仅靠增强单机的控制功能及点数已难以胜任的现象。所以，各 PLC 生产厂家为了适应复杂生产的需要，也为了便于对 PLC 进行监控，均开发了各自的 PLC 通信技术及 PLC 通信网络。

PLC 的通信就是指 PLC 与计算机之间、PLC 与 PLC 之间、PLC 与其他智能设备之间的数据通信问题。

1. 自由端口通信模式

S7-200 系列 PLC 的串行通信口可以由用户程序来控制，这种由用户程序控制的通信方式称为自由端口通信模式。利用自由端口模式，可以实现用户定义的通信协议，可以同多种智能设备进行通信。当选择自由端口通信模式时，用户程序可通过发送/接收中断、发送/接收指令来控制串行通信口的操作。通信所使用的波特率、奇偶校验以及数据位数等由特殊存储器位 SMB30（对应端口 0）和 SMB130（对应端口 1）来设定。特殊存储器位 SMB30 和 SMB130

的具体内容见表 8-1。

表 8-1　通信用特殊存储器位 SMB30 和 SMB130 的具体内容

端口 0	端口 1	内　　容
SMB30 格式	SMB130 格式	7　　　　　　　　　　　　　　　　　　　　　　　0 | p | p | d | B | b | b | m | m | 自由端口模式控制字
SM30.7 SM30.6	SM130.7 SM130.6	pp: 奇偶校验选择 00: 无奇偶校验；01: 偶校验 10: 无奇偶校验；11: 奇校验
SM30.5	SM130.5	d: 每个字符的数据位 d = 0: 每个字符 8 位有效数据 d = 1: 每个字符 7 位有效数据
SM30.4 SM30.3 SM30.2	SM130.4 SM130.3 SM130.2	bbb: 波特率 000: 38400bit/s；001: 19200bit/s；010: 9600bit/s； 011: 4800bit/s；100: 2400bit/s；101: 1200bit/s； 110: 600bit/s；111: 300bit/s
SM30.0 SM30.1	SM130.0 SM130.1	mm: 协议选择 00: 点对点接口协议(PPI 从机模式)；01: 自由端口协议 10: PPI/主机模式；11: 保留(默认为 PPI/从机模式)

为了方便地设置自由口通信模式，可参照表 8-2 直接选取 SMB30(或 SMB130)的值。

表 8-2　SM30 通信功能控制字节值与自由端口通信模式特性选项参照表

波特率/bit/s		38.4K CPU224	19.2K	9.6K	4.8K	2.4K	1.2K	600	300	说明
8 位 字符	无校验	01H 81H	05H 85H	09H 89H	0DH 8DH	11H 91H	15H 95H	19H 99H	1DH 9DH	两组数 任取
	偶校验	41H	45H	49H	4DH	51H	55H	59H	5DH	
	奇校验	C1H	C5H	C9H	CDH	D1H	D5H	D9H	DDH	
波特率/bit/s		38.4K CPU224	19.2K	9.6K	4.8K	2.4K	1.2K	600	300	说明
7 位 字符	无校验	21H A1H	25H A5H	29H A9H	2DH ADH	31H B1H	35H B5H	39H B9H	3DH BDH	两组数 任取
	偶校验	61H	65H	69H	6DH	71H	75H	79H	7DH	
	奇校验	E1H	E5H	E9H	EDH	F1H	F5H	F9H	FDH	

　　在对 SMB30 赋值之后，通信模式就被确定。要发送数据则使用 XMT 指令；要接收数据则可在相应的中断程序中直接从特殊存储区中的 SMB2(自由端口通信模式的接收寄存)读取。若是采用有奇偶校验的自由端口通信模式，还需在接收数据之前检查特殊存储区中的

SMB3.0(自由端口通信模式奇偶校验错误标志位,置位时表示出错)。

注意:只有 PLC 处于 RUN 模式时,才能进行自由端口通信。处于自由端口通信模式时,不能与可编程设备通信,比如编程器、计算机等。若要修改 PLC 程序,则需将 PLC 处于 STOP 方式。此时,所有的自由端口通信被禁止,通信协议自动切换到 PPI 通信模式。

2. 自由端口通信发送/接收指令

(1) 发送/接收数据指令的格式与功能(见表 8-3)

表 8-3 发送/接收数据指令的格式与功能

梯形图(LAD)	语句表(STL)		功 能
	操作码	操作数	
发送数据指令 XMT —EN —TBL —PORT	XMT	TBL, PORT	把 TBL 指定的数据缓冲区的内容通过 PORT 指定的串行口发送出去
接收数据指令 PCV —EN —TBL —PORT	RCV	TBL, PORT	通过 PORT 指定的串行通信口把接收到的信息存入 TBL 指定的数据缓冲区

说明:

1) TBL 指定接收/发送数据缓冲区的首地址。可寻址的寄存器地址为 VB、IB、QB、MB、SMB、SB、*VD、*AC;

2) TBL 数据缓冲区中的第一个字节用于设定应发送/应接收的字节数,缓冲区的大小在 255 个字符以内。

3) PORT 指定通信端口,可取 0 或 1。

4) 对发送 XMT 指令:

① 在缓冲区内的最后一个字符发送后会产生中断事件 9(通信端口 0)或中断事件 26(通信端口 1),利用这一事件可进行相应的操作。

② SM4.5(通信端口 0)或 SM4.6(通信端口 1)用于监视通信口的发送空闲状态,当发送空闲时,SM4.5 或 SM4.6 将置 1。利用该位,可在通信口处空闲状态时发送数据。

5) 对接收 RCV 指令:

① 可利用字符中断控制接收数据。每接收完成 1 个字符,通信端口 0 就产生一个中断事件 8(或通信端口 1 产生一个中断事件 25)。接收到的字符会自动存放在特殊存储器 SMB2 中。利用接收字符完成中断事件 8(或 25),可方便地将存储在 SMB2 中的字符及时取出。

② 可利用接收结束中断控制接收数据。当由 TABLE 指定的多个字符接收完成时,将产生接收结束中断事件 23(通信端口 0)或接收结束中断事件 24(通信端口 1),利用这个中断事件可在接收到最后一个字符后,通过中断子程序迅速处理接收到缓冲区的字符。

③ 接收信息特殊存储器字节 SMB86 ~ SMB94(SMB186 ~ SMB194)。PLC 在进行数据接收通信时，通过 SMB87(或 SMB187)来控制接收信息；通过 SMB86(或 SMB186)来监控接收信息。其具体字节含义见表 8-4。

表 8-4　通信用特殊存储器字节 SMB86(SMB186) ~ SMB94(SMB194)的含义

端口0	端口1	字节含义
SMB86	SMB186	接收信息状态字节　7 　　　　　　　　　0 　N　R　E　0　0　T　C　P N = 1：用户的禁止命令，使接收信息停止；R = 1：因输入参数错误或缺少起始条件引起的接收信息结束；E = 1：接收到结束字符；T = 1：因超时引起的接收信息停止；C = 1：因字符数超长引起的接收信息停止；P = 1：因奇偶校验错误引起的接收信息停止
SMB87	SMB187	接收信息控制字节　7　　　　　　　　　　　　　0 　EN　SC　EC　IL　C/M　TMR　BK　0 EN = 0：禁止接收信息的功能，EN = 1：允许接收信息的功能；每当执行 RCV 指令时，检查允许接收信息位 SC：是否用 SMB88 或 SMB188 的值检测起始信息。0 = 忽略，1 = 使用 EC：是否用 SMB89 或 SMB189 的值检测结束信息。0 = 忽略，1 = 使用 IL：是否用 SMW90 或 SMW190 的值检测空闲状态。0 = 忽略，1 = 使用 C/M：定时器定时性质。0 = 内部字符定时器，1 = 信息定时器 TMR：是否使用 SMW92 或 SMW192 的值终止接收。0 = 忽略，1 = 使用 BK：是否使用中断条件来检测起始信息。0 = 忽略，1 = 使用
SMB88	SMB188	信息的开始字符
SMB89	SMB189	信息的结束字符
SMB90 SMB91	SMB190 SMB191	空闲线时间段。按毫秒设定。空闲线时间溢出后接收的第一个字符是新信息的开始字符。SMB90(或 SMB190)是最高有效字节，而 SMB91(或 SMB191)是最低有效字节
SMB92 SMB93	SMB192 SMB193	字符间/信息间定时器超时。按毫秒设定。如果超过这个时间段，则终止接收信息。SMB92(或 SMB192)是最高有效字节，而 SMB93(或 SMB193)是最低有效字节
SMB94	SMB194	要接收的最大字符数(1 ~ 255 字节)。注：不论何情况，这个范围必须设置到所希望的最大缓冲区大小

(2) 发送/接收指令编程举例

【例 8-1】　当输入信号 I0.0 上升沿出现时，将数据缓冲区 VB200 中的数据信息发送到打印机或显示器。

编程要点是首先利用首次扫描脉冲，进行自由端口通信协议的设置，即初始化自由端口；然后在发送空闲时执行发送命令。对应的梯形图程序如用 8-1 所示。

【例 8-2】　用本地 CPU224 的输入信号 I0.0 上升沿控制接收来自远程 CPU224 的 20 个字符，接收完成后，又将信息发送回远程 PLC；当发送任务完成后用本地 CPU224 的输出信号 Q0.1 进行提示。

设置通信参数 SMB30 = 9，即无奇偶检验、有效数据位 8 位、波特率 9600bit/s、自由端

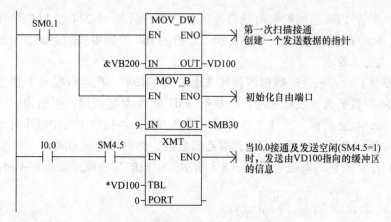

图 8-1 发送数据梯形图程序

口通信模式；不设超时时间，接收和发送使用同一个数据缓冲区，首地址为 VB200。对应的梯形图程序如图 8-2 所示。

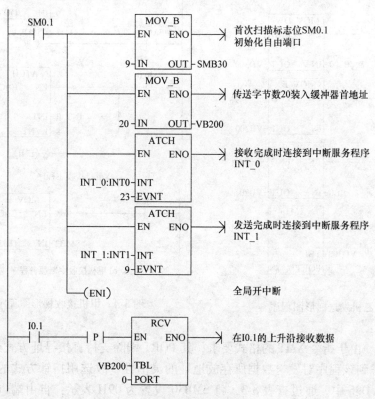

a) 接收指令编程主程序

b) 接收完成中断服务程序 0   c) 发送完成中断服务程序 1

图 8-2 接收指令编程举例

【例 8-3】　两个 PLC 之间的自由端口通信。已知有两台 S7-224 型 PLC 甲和乙。要求甲机和乙机采用可编程通信模式进行数据交换。乙机的 IB0 控制甲机的 QB0。对发送和接收的时间配合关系无特殊要求。

1）编程要领。设乙机发送数据缓冲区首地址为 VB200，在运行模式下建立自由端口通信协议，将 IB0 的数据送至数据缓冲区，执行 XMT 指令发送数据；甲机通过 SMB2 接收乙机发送过来数据，在运行模式下建立自由端口通信协议，将接收字符中断事件 8 连接到中断子程序 0，在中断服务程序中从 SMB2 读取乙机数据，然后再送至 QB0。

2）控制程序。乙机的发送程序如图 8-3 所示，甲机的接收程序如图 8-4 所示。

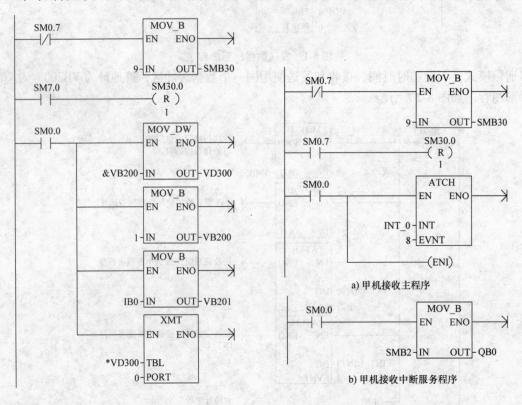

图 8-3　乙机发送梯形图程序　　　　图 8-4　甲机接收梯形图程序

3）程序说明：

① 发送程序。由于指令 XMT 的格式要求，其 PORT 端除支持直接寻址方式外，还可支持间接寻址。考虑到该程序对发送数据所存放地址的灵活性，故选用指针方式的间接寻址。指针的内容放在 VD96 中。通过查表 8-3，将 SMB30 设置为 09H 表示：自由端口通信模式，每字符 8 位，无奇偶校验，波特率为 9600bit/s 等特性。一直将 IB0 的内容送往发送缓冲区表 VB101 中，这样可保证乙机的 IB0 对甲机的 QB0 的控制作用一直有效。

② 接收程序。同发送程序，先进行通信方式的设定，在主程序中将接收中断(事件号 8)与中断服务程序 0 相连接，之后全局开中断。在中断服务程序中只是简单地读取接收缓冲寄存器 SMB2 的内容送至甲机的 QB0 即可，这样符合中断程序编制得越短越好的原则。

8.1.2　S7-200 系列 PLC 的网络通信

1. S7-200 系列 PLC 的网络连接形式

（1）点对点通信网络　在这种连接形式中，采用一根 PC/PPI 电缆，将计算机与 PLC 连接在一个网络中，PLC 之间的连接则通过网络连接器来完成，如图 8-5 所示。这种网络使用 PPI 协议进行通信。

PPI 协议是一个主/从协议。这是一种基于字符的协议，共使用字符 11 位：1 位起始位，8 位数据位，1 位奇偶校验位，1 位结束位。通信帧依赖于特定起始位字符和结束字符、源和目的站地址、帧长以及全部数据和校验字符。这个协议支持一主机多从机连接和多主机多从机连接方式。在这个协议中，主站给从站发送申请，从站进行响应。从站不初始化信息，但是当主站发出申请或查询时，从站才响应。网络上的所有 S7-200CPU 都作为从站。

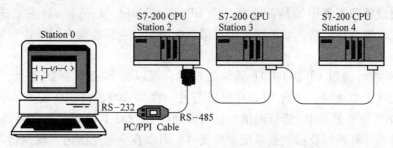

图 8-5　一台电脑与多台 PLC 相连

如果在程序中允许 PPI 主站模式，一些 S7-200CPU 在 RUN 模式下可以作为主站。一旦允许主站模式，就可以利用网络读和网络写指令读写其他 CPU。当 S7-200CPU 作为 PPI 主站时，它还可以作为从站响应来自其他主站的申请。对于任何一个从站有多少个主站和它通信，PPI 没有限制，但是在网络中最多只能有 32 个主站。

（2）多点网络　在计算机或编程设备中插入一块 MPI（多点接口卡）卡或 CP（通信处理卡）卡，由于该卡本身具有 RS-232/RS-485 信号电平转换器，因此可以将计算机或编程设备直接通过 RS-485 电缆与 S7-200 系列 PLC 进行相连，如图 8-6 所示。这种网络使用 MPI 协议通信。

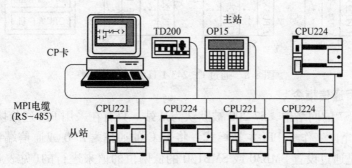

图 8-6　多点网络示意图

MPI 协议可以是主/主协议或主/从协议。协议如何操作有赖于设备类型。如果设备是 S7-300CPU，那么就建立主/主连接。因为所有的 S7-300CPU 都是网络主站。如果是 S7-

200CPU,那么就建立主/从连接,因为 S7-200CPU 是从站。MPI 总是在两个相互通信的设备之间建立连接。主站为了应用可以短时间建立一个连接,或无限地保持连接的断开。

(3) PROFIBUS 网络 S7-200 系列 PLC 通过 EM277 PROFIBUS-DP 模块可以方便地与 PROFIBUS 现场总线进行连接,进而实现低档设备的网络运行,如图 8-7 所示。

PROFIBUS 协议设计用于分布式 I/O 设备(远程 I/O)的高速通信。在 S7-200 中,CPU222、CPU224 和 CPU226 都可以通过 EM277 PROFIBUS-DP 扩展模板支持 PROFIBUS-DP 网络协议。

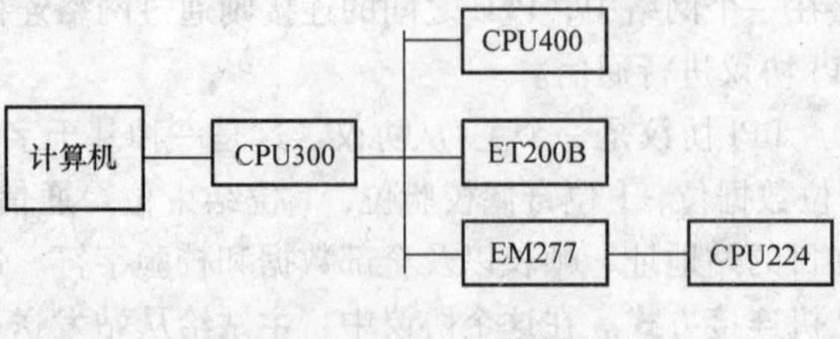

PROFIBUS 网络通常由一个主站和几个 I/O 从站构成。主站初始化网络并核对

图 8-7 PROFIBUS – DP 多主站网络

网络上的从站设备和配置中的是否匹配。当 DP(Distributed Peripheral)主站成功地组态一个从站时,它就拥有该从站,如果网络中有第二个主站,它只能很有限地访问第一个主站的从站。

(4) IT 网络 通过 CP-243-1 IT 通信处理器,可以将 S7-200 系统连接到工业以太网(IE)中。通过工业以太网,一台 S7-200 可以与另一台 S7-200、S7-300 或 S7-400PLC 进行通信,也可与 OPC 服务器及 PC 进行通信。还可以通过 CP-243-1 IT 通信处理器的 IT 功能,非常容易地与其他计算机以及控制器系统交换文件,可以在全球范围内实现控制器和当今办公环境中所使用的普通计算机之间的连接。这种连接的系统示意图如图 8-8 所示。

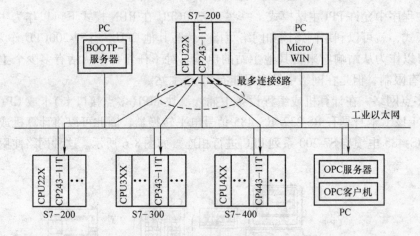

图 8-8 通过 CP-243-1 IT 组成的 IT 网

2. 网络读/写通信指令

在 SIMATIC S7 的网络中,S7-200 被默认为从站。只有在采用 PPI 通信协议时,有些 S7-200 系列的 PLC 允许工作于 PPI 主站模式。将 PLC 的通信端口 0 或通信端口 1 设定工作于 PPI 主站模式,是通过设置 SMB30 或 SMB130 的低两位的值来进行的(见表 8-1)。所以只要将 SMB30 或 SMB130 的低两位取值 2#10,就将 PLC 的通信端口 0 或通信端口 1 设定工作于 PPI 主站模式,就可以执行网络读写指令了。

(1) 网络读指令的格式与功能(见表 8-5)

表 8-5　网络读指令的格式与功能

梯形图（LAD）		语句表（STL）		功　能
		操作码	操作数	
网络 读指令	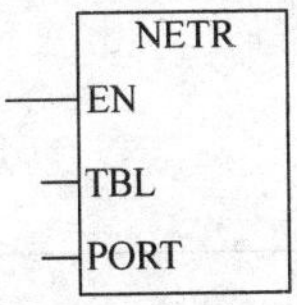 NETR EN TBL PORT	NETR	TBL, PORT	通过 PORT 指定的通信口，根据 TBL 指定的表中的定义读取远程装置的数据
网络 写指令	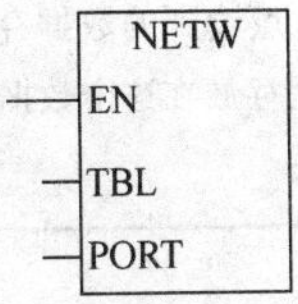 NETW EN TBL PORT	NETW	TBL, PORT	通过 PORT 指定的通信口，根据 TBL 指定的表中的定义将数据写入远程设备中去

说明：

1）TBL 指定被读/写的网络通信数据表，其寻址的寄存器为 VB、MB、* VD、* AC，其表的格式见表 8-5。

2）PORT 指定通信端口 0 或 1。

3）NETR（NETW）指令可从远程站最多读（写）入 16 字节的信息，同时可最多激活 8 条 NETR 和 NETW 指令。例如，在一个 S7-200 系列 PLC 中可以有 4 条 NETR 和 4 条 NETW 指令，或 6 条 NETR 指令和 2 条 NETW 指令。

（2）网络通信数据表的格式　在执行网络读写指令时，PPI 主站与从站之间传送数据的网络通信数据表（TBL）的格式见表 8-6。

表 8-6　PPI 主站与从站之间传送数据的网络通信数据表格式

字节偏移地址	字节名称	描　述
0	状态字节	7 ⟶ 0 D　A　E　O　E1　E2　E3　E4 D：操作完成位。D = 0：未完成；D = 1：完成 A：操作排队有效位。A = 0：无效；A = 1：有效 E：错误标志位。E = 0：无错误；E = 1：有错误 E1、E2、E3、E4 为错误编码。如果执行指令后，E = 1，则 E1、E2、E3、E4 返回一个错误编码，编码及说明见表 8-7
1	远程设备地址	被访问的 PLC 从站地址

(续)

字节偏移地址	字节名称	描述
2	远程设备的数据指针	被访问数据的间接指针
3		指针可以指向 I、Q、M 和 V 数据区
4		
5		
6	数据	远程站点上被访问数据的字节数
7	数据字节 0 数据字节 1……	收或发送数据区:对 NETR,执行 NETR 后,从远程站点读到的数据存放在这个数据区中;对 NETW,执行 NETW 前,要发送到远程站点的数据存放在这个数据区
8		
…		
22		

表 8-7　网络通信指令错误编码表

E1E2E3E4	错 误 码	含 义
0000	0	无错误
0001	1	时间溢出错误:远程站无响应
0010	2	接收错误:校验错误,或检查时出错
0011	3	离线错误:站号重复或硬件损坏
0100	4	队列溢出出错:激活超过 8 个 NETR/NETW 框
0101	5	违反协议:没有在 SMB30 中使能 PPI,却要执行 NETR/NETW 指令
0110	6	非法参数:NETR/NETW 的表中含有非法的或无效的值
0111	7	没有资源:远程站忙
1000	8	Layer7 错误:应用协议冲突
1001	9	信息错误:错误的数据地址或数据长度不正确
1010 ~ 1111	A ~ F	未用,为将来的使用保留

(3) 网络读/写指令编程举例　要求 A 机用网络读指令读取 B 机的 IB0 的值后,将它写入本机的 QB0,A 机同时用网络写指令将它的 IB0 的值写入 B 机的 QB0 中。在这一网络通信过程中,B 机是被动的,它不需要编写通信程序。所以只要求设计 A 机的通信程序。假定 A 机的网络地址是 2,B 机的网络地址是 3,对应的网络通信数据表见表 8-8,对应的梯形图程序如图 8-9 所示。

表 8-8　网络通信数据表

字节意义	状态字节	远程站地址	远程站数据区指针	读写的数据长度	数据字节
NETR 缓冲区	VB200	VB201	VD202	VB206	VB207
NETW 缓冲区	VB210	VB211	VD212	VB216	VB217

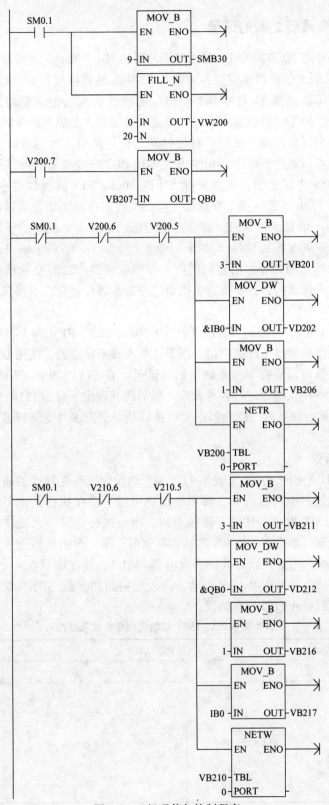

图 8-9　A 机通信与控制程序

8.1.3　PLC 与变频器之间的通信

USS 通信协议专用于 S7-200 PLC 和西门子公司的 Micro Master 变频器之间的通信。通信网络由 S7-200 PLC 的通信接口和变频器内置的 RS-485 通信接口及双绞线组成,且一台 S7-200 PLC CPU 最多可以监控 31 台变频器。PLC 通过通信来监控变频器,接线量少,占用 PLC 的 I/O 点数少,传送的信息量大,还可以通过通信修改变频器的参数及其他信息,实现多台变频器的联动和同步控制。这是一种硬件费用低,使用方便的通信方式。使用 USS 通信协议,用户程序可以通过子程序调用的方式实现 PLC 与变频器之间的通信,编程的工作量很小。在使用 USS 协议之前,需要先在 STEP7-Micro/WIN 编程软件中安装 "STEP7-Micro/WIN 32 指令库"。USS 协议指令在此指令库的文件夹中,而指令库提供了 8 条指令来支持 USS 协议,调用一条 USS 指令时,将会自动增加一个或多个相关的子程序。调用的方法是打开 STEP7-Micro/WIN 编程软件,在指令树的 "指令/库/USS Protocol" 文件夹中,将会出现用于 USS 协议通信的指令,用它们便可来控制变频器和读写变频器参数。用户不需要关注这些子程序的内部结构,只要将有关指令的外部参数设置好,直接在用户程序中调用它们即可。

USS 协议指令主要包括 USS_INIT、USS_CTRL、USS_RPM 和 USS_WPM 四种。PLC 与变频器之间的通信在西门子产品中是分以下几个步骤来完成的:使用 USS_INIT 指令初始化变频器,确定通信口、波特率、变频器的地址号。在 STEP7-Micro/WIN 编程软件上对变频器的控制通过 USS 协议指令进行各种设定,然后将其设定下载到 PLC,最后连接变频器与 PLC。当 PLC 进入运行状态后,就会根据 USS 协议指令的要求与变频器进行通信,实现对变频器的控制。

1. USS 协议指令

(1) USS_INIT 初始化指令(见表 8-9)　用于初始化或改变 USS 的通信参数,只激活一次即可,也就是只需一个扫描周期、调用一次就可以了。在执行其他 USS 协议指令之前,必须先执行 USS_INIT 指令,且没有错误返回。指令执行完后,完成位(Done)立即置位,然后才能继续执行下一条指令。当 EN 端输入有效时,每一次扫描都会执行指令,这是不可以的。而应通过一个边沿触发指令或特殊继电器 SM0.1,使此端只在一个扫描周期内有效,激活指令就可以了。一旦 USS 协议已启动,在改变初始化参数之前,必须通过执行一个新的 USS_INIT 指令以终止旧的 USS 协议。

表 8-9　USS_INIT 初始化指令格式及功能

梯形图(LAD)	语句表(STL)		功　能
	操　作　码	操　作　数	
USS_INIT —EN　Done— —Mode　Error— —Baud —Active	CALL USS_INIT	Mode, Baud, Active, Error	用于允许和初始化或禁止 Micro Master 变频器通信

USS-INIT 指令的各输入输出端子名称、功能及寻址的寄存器见表 8-10。

表 8-10　USS _ INIT 初始化指令的输入输出端子说明

符号	端子名称	作　用	可寻址寄存器
EN	使能端	USS _ INIT 指令被执行，USS 协议被起动	
Mode	通信协议选择端	为 1 时，将 PLC 的端口 0 分配给 USS 协议，并允许该协议	VB, IB, QB, MB, SB, SMB, LB, AC, *VD, *AC, *LD, 常数
		为 0 时，将 PLC 的端口 0 分配给 PPI 协议，并禁止 USS 协议	
Baud	通信速率设置端	可选择的波特率为 1200、2400、4800、9600 或 19200	VW, QW, IW, MW, SW, SMW, LW, T, C, AIW, AC, *VD, *AC, *LD, 常数
Active	变频器激活端	用于激活需要通信的变频器，双字寄存器的位表示被激活的变频器的地址（范围 0 ~ 31）	VD, ID, QD, MD, SD, SMD, LD, AC, *VD, *AC, *LD, 常数
Done	完成 USS 协议设置标志端	当 USS _ INIT 指令顺利执行完成时，Done 输出接通，否则出错	I, Q, M, S, SM, T, C, V, L
Error	USS 协议执行出错指示端	当 USS _ NIT 指令执行出错时，Error 输出错误代码。其可能的错误类型见表 8-11	VB, IB, QB, MB, SB, SMB, LB, AC, *VD, *AC, *LD

表 8-11　执行 USS 协议可能出现的错误

出错代码	说　明	出错代码	说　明
0	没有出错	11	变频器响应的第一字符不正确
1	变频器不能响应	12	变频器响应的长度字符不正确
2	检测到变频器响应中包含加和校验错误	13	变频器错误响应
3	检测到变频器响应中包含奇偶校验错误	14	提供的 DB-PTR 地址不正确
4	由用户程序干扰引起的错误	15	提供的参数号不正确
5	企图执行非法命令	16	所选择的协议无效
6	提供非法的变频器地址	17	USS 激活；不允许更改
7	没有为 USS 协议设置通信口	18	指定了非法的波特率
8	通信口正忙于处理指令	19	没有通信；变频器没有激活
9	输入的变频器速率超出范围	20	在变频器中响应中的参数和数值有错
10	变频器响应的长度不正确		

（2）USS _ CTRL 驱动变频器指令（见表 8-12）　USS _ CRTL 指令，是变频器控制指令，用于控制 Micro Master 变频器。USS _ CTRL 指令将用户命令放在一个通信缓冲区内，如果由"Drive"指定的变频器被 USS _ INIT 指令中的"Active"参数选中，则缓冲区中的命令将被

发送到该变频器。每个变频器只应有一个 USS_CTRL 指令,且使用 USS_CTRL 指令的变频器应确保已被激活。

表 8-12 USS_CTRL 驱动变频器指令格式及功能

梯形图(LAD)	语句表(STL)		功　能
	操 作 码	操 作 数	
USS_CTRL EN　　Resp_R RUN　　Error OFF2　　Status OFF3　　Speed F_ACK　Run_EN DIR　　D_Dir Drive　Inhibit Type　　Fault Speed_SP	CALL USS-CTRL	RUN, OFF2, OFF3, F_ACK, DIR, Drive, Speed_SP, Resp_R, Error, Status, Speed, Run_EN, D_Dir, Inhibit, Fault	USS_CRTL 指令用于控制被激活的 MicroMaster 变频器。USS_CRTL 指令把选择的命令放在一个通信缓冲区内,经通信缓冲区发送到由 DRIVE 参数指定的变频器,如果该变频器已由 USS-INIT 指令的 AC-TIVE 参数选中,则变频器将按选中的命令运行。

USS_CTRL 指令的各输入输出端子名称、功能及寻址的寄存器见表 8-13。

表 8-13 USS_CTRL 驱动变频器指令指令中各输入输出端子名称、功能及寻址的寄存器

符号	端子名称	状态	作用	可寻址寄存器
EN	使能端	1	USS_CRTL 指令被启动。EN 断开时,禁止 USS_CRTL 指令	
RUN	运行/停止控制端	位	当 RUN 接通时,Micro Master 变频器开始以规定的速度和方向运转	I, Q, M, S, SM, T, C, V, L
			当 RUN 断开时,Micro Master 变频器开始输出频率下降,直至为 0	
OFF2	减速停止控制端	位		I, Q, M, S, SM, T, C, V, L
OFF3	快速停止控制端	位		I, Q, M, S, SM, T, C, V, L
F_ACK	故障确认端	位	当 F-ACK 从低变高时,变频器清除故障(Fault)	I, Q, M, S, SM, T, C, V, L
DIR	方向控制端	位	变频器顺时针方向运行 变频器逆时针方向运行	I, Q, M, S, SM, T, C, V, L
Drive	地址输入端	字节	变频器的地址可在 0~31 范围内选择	IB, VB, QB, MB, SB, SMB, LB, AC, *VD, *AC, *LD, 常数
Type	类型选择	字节	将 MicroMaster 3(或更早版本)驱动器的类型设为 0;将 MicroMaster 4 驱动器的类型设为 1	VB, IB, QB, MB, SB, SMB, LB, AC, 常量, *VD, *AC, *LD

（续）

符号	端子名称	状态	作用	可寻址寄存器
Speed_SP	速度设定端	实数	以全速百分值（−200%~+200%）设定变频器的速度，若值为负则变频器反向旋转	VD, ID, QD, MD, SD, SMD, LD, AC, *AC, *VD, *LD, 常数
Resp_R	变频器响应确认端	位	当 CPU 从变频器接收到一个响应，Resp_R 接通一次，并更新所有数据	I, Q, M, S, SM, T, C, V, L
Error	出错状态字	字节	显示执行 USS_CRTL 指令的出错情况	IB, VB, QB, MB, SB, SMB, LB, AC, *VD, *AC, *LD
Status	工作状态指示端	字	其显示的变频器工作状态如图 8-10 所示	VW, T, C, IW, QW, SW, MW, SMW, LW, AC, AQW, *AC, *VD, *LD
Speed	速度指示端	实数	存储全速度百分值的变频器速度（−200%~200%）	VD, ID, QD, MD, SD, SMD, LD, AC, *AC, *VD, *LD
Run_EN	运行状态指示端	位	变频器正在运行为 1，已经停止为 0	I, Q, M, S, SM, T, C, V, L
D_Dir	旋转方向指示端	位	变频器顺时针旋转为 1，逆时针旋转为 0	I, Q, M, S, SM, T, C, V, L
Inhibit	禁止位状态指示端	位	变频器被禁止时为 1，不禁止为 0	I, Q, M, S, SM, T, C, V, L
Fault	故障状态指示端	位	变频器故障为 1，无故障为 0	I, Q, M, S, SM, T, C, V, L

（3）USS_RPM_x(USS_WPM_x)读取(写入)变频器参数指令(见表8-14)　读取变频器参数的指令包括 USS_RPM_W，USS_RPM_D，USS_RPM_R，三条指令分别用于读取变频器的一个无符号字、一个无符号双字和一个实数类型的参数。当 MicroMaster 变频器对接收的命令进行应答或报错时，USS_RPM_x 指令的处理结束，在这一过程等待应答时，逻辑扫描继续执行。要使能对一个请求的传送，EN 位必须接通并且保持为 1 直至 Done 置1，即意味着过程结束。例如，当 XMT_REQ 输入接通时，每一循环扫描向 MicroMaster 变频器传送一个 USS_RPM_x 请求。因此，应使用脉冲边沿检测指令作为 XMT_REQ 的输入，这样，每当 EN 输入有一个正的跳变时，只发送一个请求。

写变频器参数的指令包括 USS_WPM_WUSS_WPM_D 和 USS_WPM_R 三条指令，分别用于向指定变频器写入一个无符号字，一个无符号双字和一个实数类型的参数。当变频器对接收的命令进行应答或报错时，USS_WPM_x 指令的处理结束，在这一过程等待应答时，逻辑扫描继续执行。要使能对一个请求的传送，EN 位必须接通并且保持为 1 直至 Done 置1，这意味着指示过程结束。

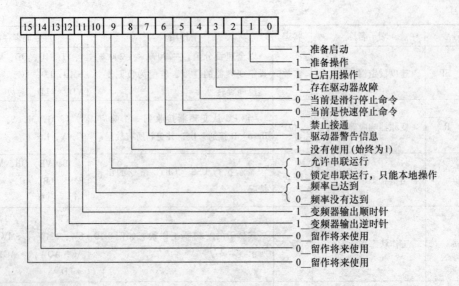

图 8-10　变频器工作状态指示含义

表 8-14　USS_RPM_x(USS_WPM_x)读取(写入)变频器参数指令格式及功能

梯形图(LAD)	语句表(STL)		功　能
	操 作 码	操 作 数	
USS_RPM_x EN XMT_REQ Drive Param　　Done Index　　Error DB_Ptr　Value	CALL USS_RPM_W CALL USS_RPM_D CALL USS_RPM_R	XMT_REQ, Drive, Param, Index, DB_Ptr, Done, Error, Value	USS_RPM_x 指令读取变频器的参数,当变频器确认接收到命令时或发送一个出错状况时,则完成 USS_RPM_x 指令处理,在该处理等待响应时,逻辑扫描仍继续进行
USS_WPM_x EN XMT_REQ EEPROM Drive Param Index Value　　Done DB_Ptr　Error	CALL USS_WPM_W CALL USS_WPM_D CALL USS_WPM_R	XMT_REQ, EEPROM, Drive, Param, Index, Value, DB_Ptr, Done, Error	USS-WPM_x 指令将变频器参数写入到指定的位置,当变频器确认接收到命令时或发送一个出错状况时,则完成 USS-WPM_x 指令处理,在该处理等待响应时,逻辑扫描仍继续进行

　　USS_RPM_x(USS_WPM_x)指令格式及功能中各输入输出端子名称、功能及寻址的寄存器见表 8-15。

表 8-15　USS_RPM_x(USS_WPM_x)指令中各输入输出端子名称、功能及寻址的寄存器

符号	端子名称	状态	作　用	可寻址寄存器
EN	指令允许端	1	用于起动发送请求，其接通时间必须保持到 DONE 位被置位为止	
XMT_REQ	发送请求端	位	在 EN 输入的上升沿到来时，USS_RPM_x(USS_WPM_x)的请求被发送到变频器	I, Q, M, S, SM, T, C, V, L, 能流
EEPROM	写入启用端	位	当驱动器打开时，EEPROM 输入启用对驱动器的 RAM 和 EEPROM 的写入，当驱动器关闭时，仅启用对 RAM 的写入	I, Q, M, S, SM, T, C, V, L, 能流
Drive	地址输入端	字节	USS_RPM_x(USS_WPM_x)命令将发送到这个地址的变频器。每个变频器的有效地址为 0~31	VB, IB, QB, MB, SB, SMB, LB, AC, *VD, *AC, *LD, 常数
Param	参数号输入端	字	用于指定变频器的参数号，以便读写该项参数值	VW, T, C, IW, QW, SW, MW, SMW, LW, AC, AQW, *AC, *VD, *LD, 常数
Index	索引地址	字	需要读取参数的索引值	VW, IW, QW, MW, SW, SMW, LW, T, C, AC, AIW, 常量, *VD, *AC, *LD 字
DB_ptr	缓冲区初始地址设定端	双字	缓冲区的大小为 16 字节，USS_RPM_x(USS_WPM_x)指令使用这个缓冲区以存储向变频器所发送命令的结果	&VB
DONE	指令执行结束标志端	位	USS_RPM_x(USS_WPM_x)指令完成时，DONE 输出接通	I, Q, M, S, SM, T, C, V, L
Error	出错状态字	字节	输出执行 USS_RPM_x(USS_WPM_x)指令出错时的信息其输出的代码含义见表 8-11	VB, IB, QB, MB, SB, SMB, LB, AC, *VD, *AC, *AC, *LD
Value	参数值存取端	字	对 USS_RPM_x 指令为从变频器读取的参数值，对 USS_WPM_x 指令为写入到变频器的参数值	VW, T, C, IW, QW, SW, MW, SMW, LW, AC, AQW, *AC, *VD, *LD, 常数

2. 变频器的设置

在将变频器与 PLC 连接之前，需用变频器的小键盘对变频器的参数进行设置。具体操

作内容如下:

1) 将变频器复位到工厂设定值, 即将 P944 设置为 1。

2) 将 P009 设置为 3, 允许读/写所有参数。

3) 使用 P081、P082、P083、P084、P085 设定电动机的额定值。

4) 将变频器设定为远程工作方式, 使 P910 = 1。

5) 设定 RS-485 串行接口的波特率。可使 P092 选择 3、4、5、6、7, 它们对应的波特率分别为: 3 ~ 1200bit/s; 4 ~ 2400bit/s; 5 ~ 4800bit/s; 6 ~ 9600bit/s; 7 ~ 19200bit/s。

6) 设置变频器的站地址, 使 P091 = 0 ~ 31。

7) 增速时间设定。可使 P002 = 0 ~ 650.00。它是以秒表示的电动机加速到最大频率所需的时间。

8) 斜坡减速时间设定。可使 P003 = 0 ~ 650.00。它是指以秒表示的电动机减速到完全停止所需时间。

9) 串行通信超时设定。用于设定两个输入数据报文之间的最大允许时间间隔。当收到了有效数据报文后开始计时, 如果在规定的时间间隔内没有收到其他的数据报文, 变频器将跳闸, 并显示故障代码 F008。可使 P093 在 0 ~ 240 之间选择。

10) 串行链路额定系统设定点的设置。该点定义了相当于 100% 的变频器给定值。典型情况是 50Hz 或 60Hz。可使 P094 在 0 ~ 400.00 之间选择。

11) 设定 USS 的兼容性。使 P095 为 1 或 0。当 P095 = 1 时代表分辨率为 0.01Hz; 当 P095 = 0 时代表分辨率为 0.1Hz。

12) EEPROM 存储器控制设置。设定 P971 为 0 或 1。当 P971 = 0 时, 断电时不保留参数设定值; 当 P971 = 1 时, 断电期间仍保持更改的参数设定值。

3. USS 协议指令应用举例

假定采用 PLC 的输入/输出触点及变量存储器见表 8-16, 则据 USS 协议指令编写的 PLC 控制变频器的梯形图程序如图 8-11 所示。

表 8-16　PLC 内部资源使用情况

输入/输出	用　途	输入/输出	用　途
I0.0	为 1 时启动 0 号变频器运行	M0.0	当 CPU 接收到变频器的响应后该位接通一次
I0.1	为 1 时 0 号变频器以减速停车方式停车	M0.1	执行 USS_RPM_W 指令完成时为 1
I0.2	为 1 时 0 号变频器以快速停车方式停车	M0.2	执行 USS_WPM_R 指令完成时为 1
I0.3	为 1 时清除 0 号变频器故障状态指示(Q0.4)	VB1	执行 USS_INIT 指令出错时显示其错误代码
I0.4	为 1 时 0 号变频器顺时针旋转	VB2	执行 USS_CRTL 指令出错时显示其错误代码
I0.5	读取操作命令	VB10	执行 USS_RPM_W 指令出错时显示其错误代码
I0.6	写出操作命令	VB14	执行 USS_WPM_R 指令出错时显示其错误代码
Q0.0	为 1 完成 USS 协议设置	VB20	读取变频器参数的存储初始地址
Q0.1	为 1 表示运行, 否则停止	VB40	写变频器参数的存储初始地址
Q0.2	为 1 表示正向运行, 为 0 则反向运行	VW4	0 号变频器的工作状态显示
Q0.3	0 号变频器被禁止时为 1, 不禁止时为 0	VW12	存储由 0 号变频器读取的参数
Q0.4	0 号变频器故障时为 1, 无故障时为 0	VD60	存储全速度百分值的变频器速度

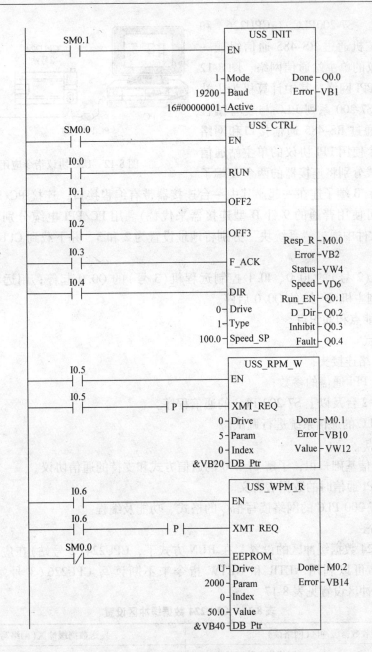

图 8-11　USS 协议指令应用举例

8.2　实训项目

8.2.1　项目 1　两台 PLC 的主从通信系统的设计

1. 项目任务

实现两台 PLC 主从通信系统的设计。

控制要求如下：

1) 两台 S7-200PLC （CPU226 和 CPU224)与上位机通过 RS-485 通信组成一个使用 PPI 协议的单主站通信网络，图 8-12 所示为它们的 PPI 网络，其中计算机为主站（站 0)，两台 S7-200 系列 PLC 与装有编程软件的计算机通过 RS-485 通信接口和网络连接器组成一个使用 PPI 协议的单主站通信网络。用双绞线分别将连接器的两个 A 端子连在一起，两个 B 端子连在一起。其中一台连接器带有编程接口，连接 PC/PPI 电缆(若无网络连接器则可使用普通的 9 针 D 型连接器来代替)。用 PC/PPI 电缆分别单独连接各台 PLC，在编程软件中通过"系统块"分别将地址设置为 2 和 3，并下载到 CPU，完成硬件的连接与设置。

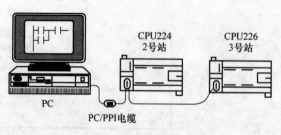

图 8-12　USS 协议指令应用举例

2) 用主机(2 号)的 I0.0、I0.1 控制远程机(3 号)的 Q0.0 起停；用远程机(3 号)的 I0.0、I0.1 控制主机(2 号)的 Q0.0 启停。

2. 项目技能点和知识点

(1) 技能点

1) 会做网络连接头；

2) 会设置 PPI 通信的参数；

3) 能编写 2 台及以上 S7-200 PLC 的通信程序。

4) 能对 PLC 的通信系统进行调试。

(2) 知识点

1) 掌握通信基础知识，了解 S7-200 的通信方式和支持的通信协议。

2) 理解 PPI 通信时的数据表含义。

3) 理解 S7-200 PLC 的网络读写指令的格式、功能及编程。

3. 项目实施

(1) CPU224 数据缓冲区的设置　在 RUN 方式下，CPU224(2 号站)在应用程序中允许 PPI 主站模式，可以利用 NETR 和 NETW 指令来不断读写 CPU226（3 号站)中的数据。CPU224 数据缓冲区设置见表 8-17。

表 8-17　CPU224 数据缓冲区设置

接收数据缓冲区(网络读)		发送数据缓冲区(网络写)	
VB100	网络指令执行状态	VB110	网络指令执行状态
VB101	3，远程站地址	VB111	3，远程站地址
VD102	&IB0；远程站数据区首地址	VD112	&QB0，远程站数据区首地址
VB106	1，数据长度	VB116	1，数据长度
VB107	数据字节	VB117	数据字节

(2) 主站的梯形图的设计　主站对应的梯形图如图 8-13 所示。

网络读指令可以这样理解：IB0(从站)状态→VB107→QB0(主站)。

网络写指令可以这样理解：IB0(主站)状态→VB117→QB0(从站)。

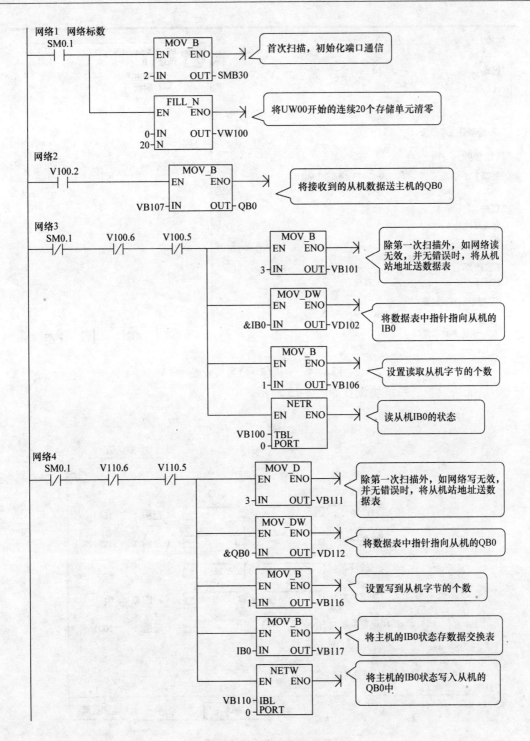

图 8-13 主站的梯形图

（3）主机从机通信设置

1）主机（2 号）设置

① 通信设置。主机（2 号）通信设置如图 8-14 所示。

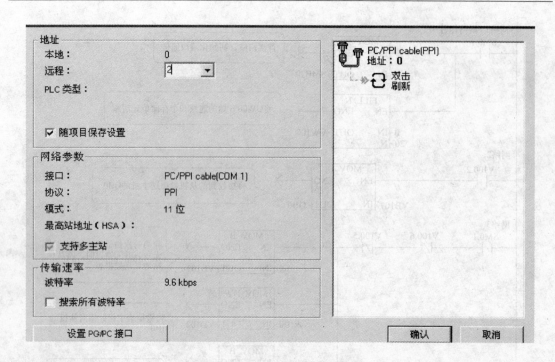

图 8-14　主机(2 号)通信设置

② 系统块设置。系统块设置如图 8-15 所示。

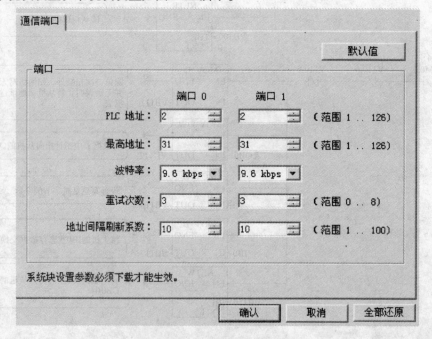

图 8-15　主机系统块设置

2) 从机(3 号)系统块设置

① 通信设置。从机(3 号)通信设置如图 8-16 所示。

② 系统块设置。从机系统块设置如图 8-17 所示。

(4) 网络读写命令使用向导

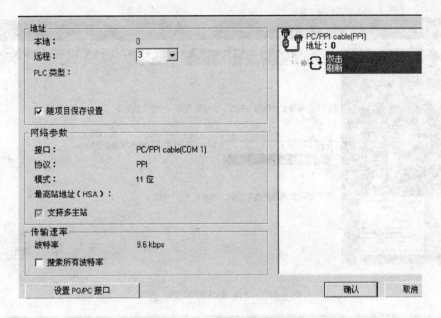

图 8-16　从机(3 号)通信设置

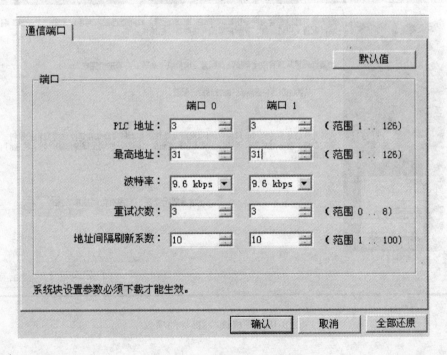

图 8-17　从机系统块设置

1）在 SETP7-Micro/WIN 软件中单击工具→指令向导命令，弹出"指令向导"的对话框，在"配置多项网络读写指令的操作"左侧的下拉列表中选择 NETR/NETW 选项，如图 8-18 所示。

2）因为程序中有读和写两个操作，所以网络读/写操作的项数值为 2，设置好后，单击"下一步"按钮，如图 8-19 所示。

3）选择 PLC 的通信端口，向导会自动生成子程序，子程序名用 NET-EXE，如图 8-20

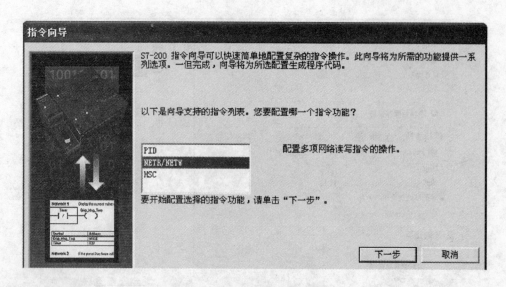

图 8-18　选择 NETR/NETW 选项

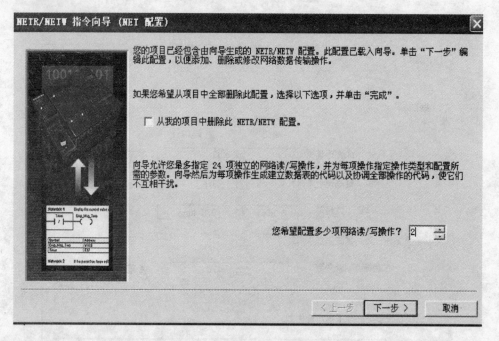

图 8-19　网络读/写操作的项数

所示。

4）配置网络读指令，远程地址是 3，从远程 PLC 的 VB0 读数据，存在本地的 VB0 处。单击"下一步操作项"，如图 8-21 所示。

5）配置网络写指令，把本地 PLC 的 VB10 数据写入远程 PLC 的 VB10 处，如图 8-22 所示。

6）生成的子程序要使用一定数量的、连续的存储区，本项目中提示要用 18 个字节的存储区，向导只要求设定连续存储区的起始位置即可，但是一定要注意，存储区必须是其他程序中没有使用的，否则程序无法正常运行。设定好存储区起始位置后，如图 8-23 所示，

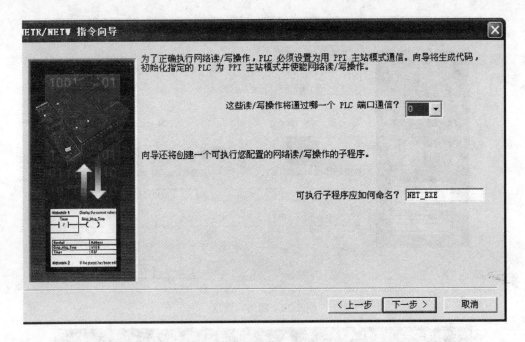

图 8-20　选择通信端口

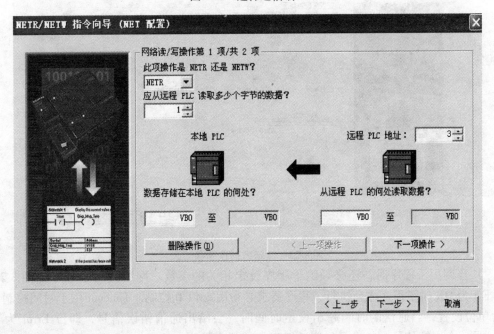

图 8-21　网络读数据

单击"下一步"按钮。

7）在图 8-24 所示的对话框中，可以为此向导单独起一个名字，使其与其他的网络读写命令向导区分开。如果要监视此子程序中读写网络命令执行的情况，请记住"全局符号表"的名称。

8）单击"完成"按钮退出向导，系统将产生图 8-25 所示的提示，单击"是"按钮即可。此时程序中会自动产生一个子程序，此项目中子程序的名称为 NET＿EXE。

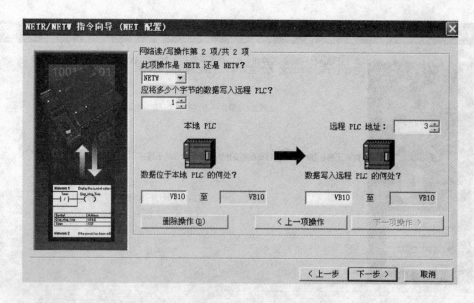

图 8-22　网络写数据

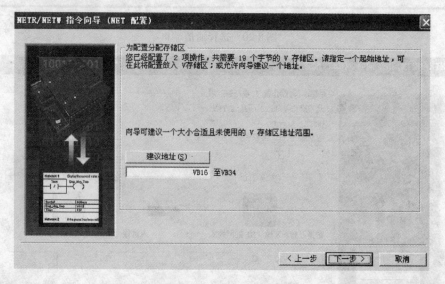

图 8-23　设定数据连续存储区

9）当调用子程序时，还必须给子程序设定相关的参数。网络读写子程序如图 8-26 所示，EN 为 ON 时子程序才会执行，程序要求必须用 SM0.0 控制。Timeout 用于时间控制，以秒为单位设置，当通信的时间超出设定时间时，会给出通信错误信号，即位 Error 为 ON。Cycle 是一个周期信号，如果子程序运行正常，就会发出一个 ON（1）和 OFF（0）之间跳变的信号。Error 为出错标志，当通信出错或超时时，此信号为 ON（1）。

（5）程序设计　主机程序如图 8-27 所示，从机程序如图 8-28 所示。

（6）项目考核及总结

思考： 整个项目任务完成得怎么样？有何收获和体会？项目有没有创新的地方？有没有需要完善和改进的地方？对自己有何评价？

行动： 按照任务书的要求，填写考核表，与同学、教师共同完成本次项目的考核工作。

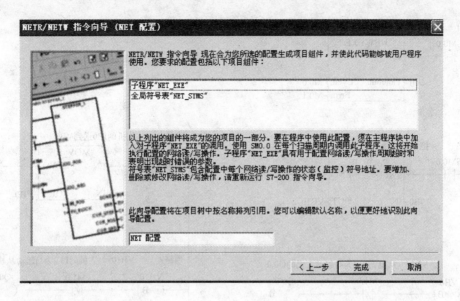

图 8-24 向导名称

图 8-25 退出向导

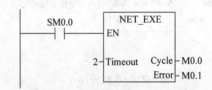

图 8-26 子程序设定通信的参数

整理上述步骤中所编写的材料，完成项目训练报告。

8.2.2 项目 2 基于 USS 协议的 PLC 与变频器的通信

1. 项目任务

S7-226 PLC 和西门子变频器 MM440 采用 USS 通信协议，控制电动机实现正反转，起动时频率设定为 15Hz，运行过程中可通过 PLC 设定频率为 25Hz 或 50Hz，停车时有自由停车和快速停车，并且有故障恢复等功能。

2. 项目技能点和知识点

（1）技能点

1）能通过 PLC 设计梯形图用 USS 协议与变频器通信。

2）会制作 D 型 9 针阳性插头的通信电缆并能正确连接变频器。

（2）知识点

1）理解 USS 协议；

2）掌握 USS 协议中读/写程序的编写；

3）理解变频器参数设置。

3. 项目实施

（1）通信电缆的连接 用一根带 D 型 9 针阳性插头的通信电缆接在 PLC（S7-200 PLC

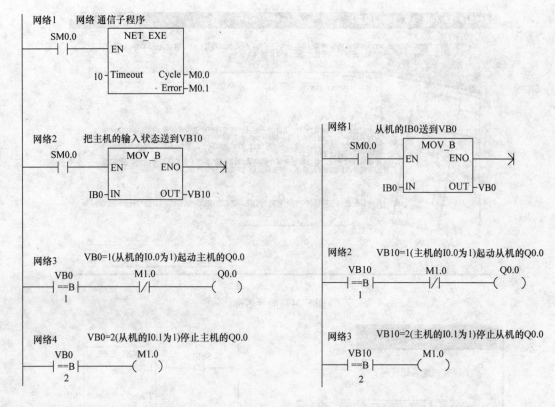

图 8-27　主机程序　　　　　　　　　　图 8-28　从机程序

CPU226)的 0 号通信口, 9 针并没有都用上, 只接其中的 3 针, 它们是 1(地)、3(B)、8(A), 电缆的另一端是无插头的, 以便接到变频器 MM440 的 2、29、30 端子上, 因这边是内置式的 RS-485 接口, 在外面能看到的只是端子。两端的对应关系是: 2—1、29—3、30—8; 连接方式如图 8-29 所示。

(2) PLC、变频器和电动机的接线(如图 8-30 所示)

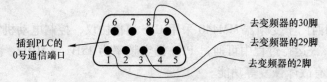

图 8-29　D 型 9 针阳性插头与变频器的通信

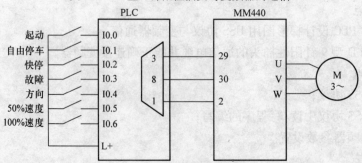

图 8-30　PLC、变频器和电动机的接线

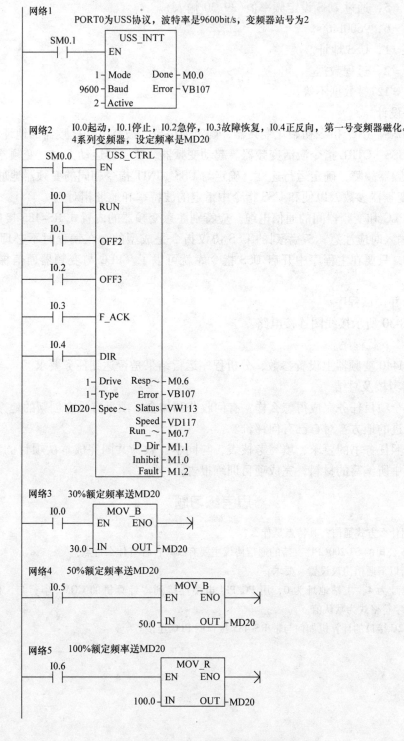

网络1　　PORT0为USS协议，波特率是9600bit/s，变频器站号为2

网络2　　I0.0起动，I0.1停止，I0.2急停，I0.3故障恢复，I0.4正反向，第一号变频器磁化。
　　　　　4系列变频器，设定频率是MD20

网络3　　30%额定频率送MD20

网络4　　50%额定频率送MD20

网络5　　100%额定频率送MD20

图 8-31　PLC 与变频器通信梯形图程序

（3）变频器的参数设置

1）P0005 =21，显示变频器实际频率。

2）P0700 =5，COM 链路 USS 设置。

3)P1000 = 5,通过 USS 设定频率值(29、30 输入)。

4)P2010 = 6,9600bit/s。

5)P2011 = 1,USS 地址。

6)P2012 = 2,过程数据。

7)P2013 = 127,数据不等长。

(4)程序设计

1)使用 USS_INIT 指令初始化变频器,确定通信口、波特率和变频器的地址号。

2)使用 USS_CTRL 指令激活变频器。起动变频器,变频器运动方向,变频器减速停止方式,清除变频器故障,确定运行速度,确定与 USS_INIT 指令相同的变频器地址号。

3)配置变频器参数,以便和 USS 指令中指定的波特率和地址相对应。

4)连接 PLC 和变频器间的通信电缆。应特别注意变频器的内置式 RS-485 接口。

5)程序输入时应注意,S7 系列的 USS 协议指令是成型的,在编程时不必理会 USS 的子程序和中断,只要在主程序中开启 USS 指令库就可以了。PLC 与变频器通信梯形图如图 8-31 所示。

(5)运行并调试程序

1)按图 8-30 所示接线图连接电路。

2)向 PLC 下载程序。

3)在 MM440 变频器上设置参数,分析程序运行结果是否达到任务要求。

(6)项目考核及总结

思考:整个项目任务完成得怎么样?有何收获和体会?项目有没有创新的地方?有没有需要完善和改进的地方?对自己有何评价?

行动:按照任务书的要求,填写考核表,与同学、教师共同完成本次项目的考核工作。整理上述步骤中所编写的材料,完成项目训练报告。

思考练习题

1. PLC 采用什么方式通信?其特点是什么?

2. SIEMENS 公司的 S7-200CPU 支持的通信协议主要有哪些?各有什么特点?

3. 如何进行以下通信协议设置,要求:

从站设备地址为 4,主站地址为 0,用 PC/PPI 电缆连接到本计算机的 COM2 串行口,传送速度为 9.6kbit/s,转送字符格式为默认值。

4. 带 RS-232C 接口的计算机如何与带 RS-485 接口的 PLC 连接?

附　录

附录 A　S7-200 系列 PLC 相关参数

1. CPU 技术规范

技术规范	CPU221	CPU222	CPU224	CPU224XP	CPU226
存储器特性					
存储器用户程序大小					
● 运行模式下编辑	4096 字节	4096 字节	8192 字节	12288 字节	16384 字节
● 非运行模式下编辑	4096 字节	4096 字节	12288 字节	16384 字节	24576 字节
用户数据	2048 字节	2048 字节	8192 字节	10240 字节	10240 字节
掉电保持(超级电容)	50 小时/典型值(40℃时最少 8 小时)	50 小时/典型值(40℃时最少 8 小时)	100 小时/典型值(40℃时最少 70 小时)	100 小时/典型值(40℃时最少 70 小时)	100 小时/典型值(40℃时最少 70 小时)
(可选电池)	200 天/典型值	200 天/典型值	200 天/典型值	200 天/典型值	200 天/典型值
本机 I/O 特性					
本机数字量 I/O	6 输入/4 输出	8 输入/6 输出	14 输入/10 输出	14 输入/10 输出	24 输入/16 输出
本机模拟量 I/O	无	无	无	2 输入/1 输出	无
数字 I/O 映像区	256(128 输入/128 输出)				
模拟 I/O 映像区	无	32(16 输入/16 输出)	64(32 输入/32 输出)		
允许最大的扩展 I/O 模块	无	2 个模块	7 个模块	7 个模块	7 个模块
允许最大的智能模块	无	2 个模块	7 个模块	7 个模块	7 个模块
脉冲捕捉输入	6	8	14	14	24
高速计数器总数	总共 4 个计数器	总共 4 个计数器	总共 6 个计数器	总共 6 个计数器	总共 6 个计数器
● 单相计数器	4 个 30kHz	4 个 30kHz	6 个 30kHz	4 个 30kHz 2 个 200kHz	6 个 30kHz
● 两相计数器	2 个 20kHz	2 个 20kHz	4 个 20kHz	3 个 20kHz 1 个 100kHz	4 个 20kHz

（续）

技术规范	CPU221	CPU222	CPU224	CPU224XP	CPU226
脉冲输出	2 个 20kHz（仅限于 DC 输出）	2 个 20kHz（仅限于 DC 输出）	2 个 20kHz（仅限于 DC 输出）	2 个 100kHz（仅限于 DC 输出）	2 个 20kHz（仅限于 DC 输出）
常规特性					
定时器总数	256 定时器；4 个定时器(1ms)；16 定时器(10ms)；236 定时器(100ms)				
计数器总数	256（由超级电容或电池备份）				
内部存储器位掉电保存	256（由超级电容或电池备份） 112（存储在 EEPROM）				
时间中断	2 个 1ms 分辨率				
边沿中断	4 个上升沿和/或 4 个下降沿				
模拟电位器 1 个 8 位分辨率	1 个 8 位分辨率	1 个 8 位分辨率	2 个 8 位分辨率	2 个 8 位分辨率	2 个 8 位分辨率
布尔量运算执行时间	0.22μs 每条指令				
实时时钟	可选卡件	可选卡件	内置	内置	内置
卡件选项	存储器、电池和实时时钟	存储器、电池和实时时钟	存储卡和电池卡	存储卡和电池卡	存储卡和电池卡
集成的通信功能					
接口	1 个 RS-485 接口	1 个 RS-485 接口	1 个 RS-485 接口	2 个 RS-485 口	2 个 RS-485 口
PPI，DP/T 波特率	9.6kbit/s、19.2kbit/s、187.5kbit/s				
自由口波特率	1.2~115.2kbit/s				
每段最大电缆长度	使用隔离的中继器：187.5kbit/s 可达 1000m，38.4kbit/s 可达 1200m 未使用隔离中继器：50m				
最大站点数	每段 32 个站，每个网络 126 个站				
最大主站数	32				
点到点（PPI 主站模式）	是(NETR/NETW)				
MPI 连接	共 4 个，2 个保留(1 个给 PG,1 个给 OP)				

2. CPU 电源规范

电源特性		
输入电源	DC	AC
输入电压	DC20.4~28.8V	AC85~264V(47~63Hz)

（续）

输入电流	仅 CPU，DC24V	最大负载 DC24V	仅 CPU	最大负载
● CPU221	80mA	450mA	AC30/15mA，120/240V	AC120/240V 时 120/60mA
● CPU222	85mA	500mA	AC40/20mA，120/240V	AC120/240V 时 140/70mA
● CPU224	110mA	700mA	AC60/30mA，120/240V	AC120/240V 时 200/100mA
● CPU224XP	120mA	900mA	AC70/35mA，120/240V	AC120/240V 时 220/100mA
● CPU226	150mA	1050mA	AC80/40mA，120/240V	AC120/240V 时 320/160mA
冲击电流	DC12A，28.8V 时		AC20A，264V 时	
隔离（现场与逻辑）	不隔离		AC1500V	
保持时间（掉电）	10ms，DC24V 时		20/80ms，AC120/240V 时	
熔断器（不可替换）	3A，250V 时慢速熔断		2A，250V 时慢速熔断	

DC24V 传感器电源

传感器电压	L + 减 5V	DC20.4 ~ 28.8V
电流限定	1.5A 峰值，热量限制无破坏性	
纹波噪声	来自输入电源	小于1V 峰分值
隔离（传感器与逻辑）	非隔离	

3. CPU 数字量输入规范

数字量输入特性	DC24V 输入（CPU221、CPU222、CPU224、CPU226）	DC24V 输入（CPU224XP）
输入类型	漏型/源型（IEC 类型 1 漏型）	漏型/源型（IEC 类型 1 漏型，I0.3 ~ I0.5 除外）
额定电压	DC24V，4mA 典型值	DC24V，4mA 典型值
最大持续允许电压	DC30V	
浪涌电压	DC35V，0.5s	
逻辑 1 信号（最小）	DC15V，2.5mA	DC15V，2.5mA（I0.0 ~ I0.2 和 I0.6 ~ I1.5） DC4V，8mA（I0.3 ~ I0.5）
逻辑 0 信号（最大）	DC5V，1mA	DC5V，1mA（I0.0 ~ I0.2 和 I0.6 ~ I1.5） DC1V，1mA（I0.3 ~ I0.5）
输入延迟	0.2 ~ 12.8ms 可选	
连接 2 线接近开关传感器（Bero）允许的漏电流（最大）	1mA	

（续）

隔离(现场与逻辑) 光电隔离 隔离组	是 AC500V，1 分钟		
高速计数器(HSC) ● HSC 输入 ● 所有 HSC ● 所有 HSC ● HC4 和 HC5 只在 CPU224XP 上	逻辑 1 电平 DC15 ~ 30V DC15 ~ 26V DC > 4V	单相 20kHz 30kHz 200kHz	两相 10kHz 20kHz 100kHz
同时接通的输入	所有		所有 只有 CPU224XP AC/DC/继电器： 所有的都是 55℃，带最大 DC26V 的输入 所有的都是 50℃，带最大 DC30V 的输入
电缆长度(最大) ● 屏蔽 ● 未屏蔽	普通输入 500m，HSC 输入 50m 普通输入 300m		

4. CPU 数字量输出规范

数字量输出规范	DC24V 输出 (CPU221、CPU224 222CPU226)	DC24V 输出(CPU224XP)	继电器
输出类型	固态 MOSFET(信号源)		干触点
额定电压	DC24V	DC24V	DC24V 或 AC250V
电压范围	DC20.4 ~ 28.8V	DC5 ~ 28.8V(Q0.0 ~ Q0.4) DC20.4 ~ 28.8V(Q0.5 ~ Q1.1)	DC5 ~ 30V 或 AC5 ~ 250V
浪涌电流(最大)	8A，100ms		5A，4s，10% 占空比
逻辑 1(最小)	DC20V，最大 电流	最大电流时，L + 减 0.4V	—
逻辑 0(最大)	DC0.1V，10kΩ 负载		—
每点额定电流(最大)	0.75A		2.0A
每个公共端的额定电流 (最大)	6A	3.75A	10A
漏电流(最大)	10μA		
灯负载(最大)	5W		DC30W；AC200W
感性嵌位电压	L + 减 48VDC，1W 功耗		
接通电阻(接点)	0.3Ω 典型(最大 0.6Ω)		0.2Ω(新的时候的最大值)
隔离 ● 光电隔离(现场到逻辑) ● 逻辑到接点 ● 电阻(逻辑到接点) ● 隔离组	AC500V，1 分钟 — —		AC1500V，1 分钟 100MΩ

（续）

延时(最大) 从关断到接通(μs)	2μs（Q0.0 和 Q0.1），15μs（其 他）	0.5μs（Q0.0 和 Q0.1），15μs（其 他）	—
延时(最大) 从接通到关断(μs)	10μs（Q0.0 和 Q0.1），130μs（其 他）	1.5μs（Q0.0 和 Q0.1），130μs（其 他）	—
延时(最大)切换	—	—	10ms
脉冲频率(最大)	20kHz（Q0.0 和 Q0.1）	100kHz（Q0.0 和 Q0.1）	1Hz
机械寿命周期	—	—	10000000(无负载)
触点寿命	—	—	100000(额定负载)
同时接通的输出	所有的都在 55℃（水平），所有的都在 45℃（垂直）		
两个输出并联	是，只有输出在同一个组内		否
电缆长度(最大) ● 屏蔽 ● 非屏蔽	500m 150m		

- 当一个机械触头接通 S7—200 CPU 或任意扩展模块的供电时，它发送一个大约 50ms 的 "1" 信号到数字输出，应考虑这一点，尤其是在使用触点响应短脉冲的设备时。
- 依据于所用的脉冲接收器和电缆，附加的外部负载电阻（至少是额定电流的 10%）可以改善脉冲信号的质量并提高噪声防护能力。
- 带灯负载的继电器使用寿命将降低 75%，除非采取措施将接通浪涌电流值降低到输出的浪涌电流额定值以下。
- 灯负载的功率额定值是用于额定电压的。依据正被切换的电压，按比例降低功率额定值（例如 AC120V，100W）

5. CPU224XP 模拟量输入规范

常规	模拟量输入(CPU224XP)	隔离	无
输入数量	2点	精度	
模拟量输入字节	单端	● 最差情况，0~55℃	±2.5% 满量程
电压范围	±10V	● 典型，25℃	±1.0% 满量程
数据字格式，满量程范围	−32 000 ~ +32 000	重复性	±0.05% 满量程
DC 输入阻抗	>100kΩ	模拟到数字转换时间	125ms
最大输入电压	DC30V	转换类型	SigmaDelta
分辨率	11 位，加 1 符号位	步响应	最大 250ms
LSB 值	4.88mV	噪声抑制	典型为 −20dB，50Hz

6. CPU224XP 模拟量输出规范

常　　规	模拟量输出(CPU224XP)	精度	
输出数量	1 点	最差情况, 0~55℃	
信号范围		● 电压输出	±2% 满量程
● 电压	0~10V(有限电源)	● 电流输出	±3% 满量程
● 电流	0~20mA(有限电源)	典型, 25℃	
数据字格式, 满量程范围	0~+32 767	● 电压输出	±1% 满量程
数据字格式, 满量程范围	0~+32 000	● 电流输出	±1% 满量程
分辨率, 满量程	12 位	设置时间	
LSB 值		● 电压输出	<50μs
● 电压	2.44mV	● 电流输出	<100μs
● 电流	4.88μA	最大输出驱动	
		● 电压输出	≥5000Ω 最小
隔离	无	● 电流输出	≤500Ω 最大

附录 B　S7-200 特殊内存(SM)位

　　特殊内存位提供各种状态和控制功能, 也作为一种在 S7-200 和用户程序之间交换信息的方式。特殊内存位可以被用作位、字节、字或双字。

　1. SMB0: 状态位。

　2. SMB1: 状态位。

　3. SMB2: 自由端口接收字符。

　4. SMB3: 自由端口奇偶校验错误。

　5. SMB4: 队列溢出。

　6. SMB5: I/O 状态。

　7. SMB6: CPU 标识寄存器。

　8. SMB7: 保留。

　9. SMB8~SMB21: I/O 模块标识号和错误寄存器。

　10. SMW22~SMW26: 扫描时间。

　11. SMB28~SMB29: 模拟调整。

　12. SMB30~SMB130: 自由端口控制寄存器。

　13. SMB31~SMW32: 永久性内存(EEPROM)写控制。

　14. SMB34~SMB35: 用于定时中断的时间间隔寄存器。

　15. SMB36~SMB65: HSC0、HSC1 和 HSC2 寄存器。

　16. SMB66~SMB85: PTO/PWM 寄存器。

　17. SMB86~SMB94, SMB186 到 SMB194: 接收信息控制。

　18. SMW98: 扩展 I/O 总线出错。

　19. SMB130: 自由端口控制寄存器(参见 SMB30)。

　20. SMB131~SMB165: HSC3、HSC4 和 HSC5 寄存器。

21. SMB166 ~ SMB185：PTO0、PTO1 配置文件定义表。

22. SMB186 ~ SMB194：接收讯息控制（参见 SMB86 ~ SMB94）。

23. SMB200 ~ SMB549：智能模块状态。

SMB0：状态位。SMB0 包含 8 个状态位，它们在每个扫描循环的结束由 S7-200 更新。特殊内存字节 SMB0（SM0.0 ~ SM0.7）。SM 位说明（只读）：

- SM0.0：此位始终接通。
- SM0.1：此位在首次扫描周期接通。一个用途是调用初始化例行程序。
- SM0.2：如果保留性数据丢失，此位在一个扫描循环内变为接通。此位可以用作错误内存位或用作调用特殊起动顺序的机制。
- SM0.3：当从上电条件进入 RUN（运行）模式时，此位变为一个扫描循环而接通。此位可以用作在开始操作前提供机器预热时间。
- SM0.4：此位提供时钟脉冲，对于 1min 的工作循环时间，30s 接通，30s 断开。它提供容易使用的延迟，或者 1min 时钟脉冲。
- SM0.5：此位提供时钟脉冲，对于 1s 的工作循环时间，0.5s 接通，0.5s 断开。它提供容易使用的延迟，或者 1s 时钟脉冲。
- SM0.6：此位是扫描循环时钟，在一个扫描循环接通，然后在下一个扫描循环断开。此位可以用作扫描计数器输入。
- SM0.7：此位反映了模式开关的位置。断开是 TERM（终端）位置，接通是 RUN（运行）位置。如果当开关在 RUN（运行）位置时使用此位启用自由端口模式，与编程设备的正常通信可以通过切换到 TERM（终端）位置来启用。

SMB1：状态位。SMB1 包含各种电位出错指示器。这些位在执行时间由指令置位和重设。特殊内存字节 SMB1（SM1.0 ~ SM1.7）。SM 位说明（只读）

- SM1.0：当操作结果为零时，此位通过执行某些指令而接通。
- SM1.1：当引起溢出或当检测到非法的数字值时，此位通过执行某些指令而接通。
- SM1.2：当通过算术运算产生负结果时，此位接通。
- SM1.3：当尝试除以零时，此位接通。
- SM1.4：当"添加到表格"指令试图填满表格时，此位接通。
- SM1.5：当 LIFO 或 FIFO 指令尝试从空表读时，此位接通。
- SM1.6：当进行尝试转换非 BCD 码数值到二进制时，此位接通。
- SM1.7：当 ASCII 数值无法转换为有效的十六进制数值时，此位接通。

SMB2：自由端口接收字符。SMB2 是自由端口接收字符缓冲区。在自由端口模式下接收的每个字符放在此位置中，以从梯形程序方便地存取。

提示：SMB2 和 SMB3 在端口 0 和端口 1 之间共享。当接收端口 0 上的字符导致执行附加在那个事件（中断事件 8）的中断例行程序时，SMB2 包含端口 0 上接收的字符，而 SMB3 包含该字符的奇偶校验状态。当接收端口 1 上的字符导致执行附加在那个事件（中断事件 25）的中断例行程序时，SMB2 包含端口 1 上接收的字符，而 SMB3 包含该字符的奇偶校验状态。

特殊内存字节 SMB2。SM 字节说明（只读）

- SMB2 此字节包含在自由端口通信期间从端口 0 或端口 1 接收的每个字符。

　　SMB3：自由端口奇偶校验错误。SMB3 用于自由端口模式并包含奇偶校验错误位，当在接收的字符上检测到奇偶校验出错时该位就被置位。当检测到奇偶校验出错时，SM3.0 接通。使用此位放弃信息。

　　特殊内存字节 SMB3(SM3.0 ~ SM3.7)。SM 位说明(只读)：
- SM3.0 来自端口 0 或端口 1 的奇偶校验错误(0 = 无错;1 = 检测到错误)
- SM3.1 到 SM3.7 保留

　　SMB4：队列溢出。SMB4 包含中断队列溢出位，一个状态指示器显示中断是启用还是禁用，以及发送器闲置内存位。队列溢出位指示中断发生率大于可以被处理的，或中断用全局中断禁用指令禁用。

　　特殊内存字节 SMB4(SM4.0 ~ SM4.7)。SM 位说明(只读)：
- SM4.0：当通信中断队列溢出时，此位接通。
- SM4.1：当输入中断队列溢出时，此位接通。
- SM4.2：当定时中断队列溢出时，此位接通。
- SM4.3：当检测到运行系统程序问题时，此位接通。
- SM4.4：此位反映全局中断启用状态。当中断启用时，它接通。
- SM4.5：当发送器闲置时(端口 0)，此位接通。
- SM4.6：当发送器闲置时(端口 1)，此位接通。
- SM4.7：当有东西被强制时，此位接通。

　　在中断例行程序中只使用状态位 SM4.0、SM4.1 和 SM4.2。当队列被清空时，这些状态位重设，并且控制返回到主程序。

　　SMB5：I/O 状态。SMB5 包含关于在 I/O 系统中检出的出错条件的状态位。这些位提供检测出的 I/O 错误总览。

　　特殊内存字节 SMB5(SM5.0 ~ SM5.7)。SM 位说明(只读)：
- SM5.0：如果显示任何 I/O 错误，此位接通。
- SM5.1：如果太多的数字 I/O 点连接到 I/O 总线，此位接通。
- SM5.2：如果太多的模拟 I/O 点连接到 I/O 总线，此位接通。
- SM5.3：如果太多的智能 I/O 模块连接到 I/O 总线，此位接通。
- SM5.4 ~ SM5.7 保留。

　　SMB6：CPU 标识寄存器。SMB6 是 S7-200 CPU 的标识寄存器。SM6.4 ~ SM6.7 识别 S7-200 CPU 的型号。SM6.0 ~ SM6.3 保留作为将来使用。

　　特殊内存字节 SMB6。SM 位说明(只读)：

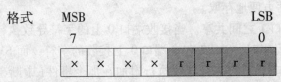

- SM6.0 ~ SM6.3 保留。
- SM6.4 ~ SM6.7　× × × × = 0000 = CPU 222
　　　　　　　　　　　 0010 = CPU 224
　　　　　　　　　　　 0110 = CPU 221

$$1001 = CPU\ 226/CPU\ 226XM$$

SMB7：保留。SMB7 保留作为将来使用。

SMB8 ~ SMB21：I/O 模块标识号和错误寄存器。SMB8 ~ SMB21 以字节对组织用于扩充模块 0 ~ 6。每个对的偶数字节是模块标识寄存器。这些字节识别模块类型、I/O 类型以及输入和输出的数目。每个对的奇数字节是模块错误寄存器。这些字节提供在 I/O 检测出的该模块的任何错误的指示。

特殊内存字节 SMB8 ~ SMB21。SM 字节说明(只读)：

偶数字节：模块标识寄存器　　　　　　　奇数字节：模块出错寄存器

MSB							LSB		MSB							LSB
7							0		7							0
m	t	t	a	i	i	q	q		c	0	0	b	r	p	f	t

m:	模块显示	0 = 显示	c:	配置出错	0 = 无错
		1 = 不显示	b:	总线故障或奇偶校验出错	1 = 出错
tt:	模块类型		r:	超出范围出错	
	00　非智能 I/O 模块		p:	无任何用户电源出错	
	01　智能模块		f:	熔断丝出错	
	10　保留		t:	接线盒松动出错	
	11　保留				
a:	I/O 类型	0 = 离散			
		1 = 模拟			

ii: 输入

　　00　无输入

　　01　2AI 或 8DI

　　10　4AI 或 16DI

　　11　8AI 或 32DI

qq: 输出

　　00　无输出

　　01　2AQ 或 8DQ

　　10　4AQ 或 16DQ

　　11　8AQ 或 32DQ

- SMB8：模块 0 标识寄存器。
- SMB9：模块 0 错误寄存器。
- SMB10：模块 1 标识寄存器。
- SMB11：模块 1 错误寄存器。
- SMB12：模块 2 标示寄存器。
- SMB13：模块 2 错误寄存器。
- SMB14：模块 3 标示寄存器。
- SMB15：模块 3 错误寄存器。

- SMB16：模块 4 标示寄存器。
- SMB17：模块 4 错误寄存器。
- SMB18：模块 5 标示寄存器。
- SMB19：模块 5 错误寄存器。
- SMB20：模块 6 标示寄存器。
- SMB21：模块 6 错误寄存器。

SMW22 ~ SMW26：扫描时间。SMW22、SMW24 和 SMW26 提供扫描时间信息：最小扫描时间、最大扫描时间和最后扫描时间(以毫秒为单位)。

特殊内存字 SMW22 ~ SMW26。SM 字说明(只读)：

- SMW22：最后扫描循环的扫描时间(以毫秒为单位)
- SMW24：从进入 RUN(运行)模式开始记录的最小扫描时间(以毫秒为单位)
- SMW26：从进入 RUN(运行)模式开始记录的最大扫描时间(以毫秒为单位)

SMB28 和 SMB29：模拟调整。SMB28 保持表示模拟调整 0 位置的数字值。SMB29 保持表示模拟调整 1 位置的数字值。

特殊内存字节 SMB28 和 SMB29。SM 字节说明(只读)：

- SMB28：此字节存储以模拟调整 0 输入的数值。在每次停止/运行扫描中，此数值更新一次。
- SMB29：此字节存储以模拟调整 1 输入的数值。在每次停止/运行扫描中，此数值更新一次。

SMB30 和 SMB130：自由端口控制寄存器。SMB30 控制端口 0 的自由端口通信；SMB130 控制端口 1 的自由端口通信。可以读和写入 SMB30 和 SMB130。这些字节为自由端口操作配置各自的通信端口，并提供自由端口或系统协议支持的选择。

特殊内存字节：

端口 0	端口 1	说　　明
SMB30 的格式	SMB130 的格式	自由端口模式控制字节 MSB　　　　　　　　　　　　LSB 7　　　　　　　　　　　　　　0 | p | p | d | b | b | b | m | m |
SM30.0 和 SM30.1	SM130.0 和 SM130.1	mm：协议选项　　　00 = 点至点接口协议(PPI/从模式) 　　　　　　　　　　01 = 自由端口协议 　　　　　　　　　　10 = PPI/主模式 　　　　　　　　　　11 = 保留(默认到 PPI/从模式) 注意：当选择代码 mm = 10(PPI 主设备)，S7-200 将成为网络上的主设备，允许 NETR 和 NETW 指令执行，在 PPI 模式中位 2 ~ 7 忽略
SM30.2 ~ SM30.4	SM130.2 ~ SM130.4	bbb：自由端口波特率　　000 = 38 400bit/s　　100 = 2 400bit/s 　　　　　　　　　　　001 = 19 200bit/s　　101 = 1 200bit/s 　　　　　　　　　　　010 = 9 600bit/s　　110 = 115 200bit/s 　　　　　　　　　　　011 = 4 800bit/s　　111 = 57 600bit/s

（续）

端口 0	端口 1	说　　明		
SM30.5	SM130.5	d：每个字符的数据位	0 = 每个字符 8 位	
			1 = 每个字符 7 位	
SM30.6 和	SM130.6 和	pp. 奇偶校验选择	00 = 无奇偶校验	10 = 偶数校验
SM30.7	SM130.7		01 = 偶数校验	11 = 奇数校验

SMB31 和 SMW32：永久性内存（EEPROM）写控制。可以在用户程序的控制下，将存储在 V 内存中数值保存到永久性内存（EEPROM）。为此，载入要保存在 SMW32 中位置的地址。然后，用保存数值的命令载入 SMB31。一旦载入保存数值的命令，就不改变 V 内存中的数值，直到 S7-200 重设 SM31.7，指示保存操作完成。在每次扫描结束，S7-200 检查是否保存数值到永久性内存的命令发出。如果命令发出，指定的数值保存到永久性内存。SMB31 定义要保存到永久性内存的数据大小，以及提供启动保存操作的命令。SMW32 为要保存到永久性内存的数据存储 V 内存中的起始地址。

特殊内存字节 SMB31 和特殊内存字 SMW32。SM 字节说明：

格式	SMB31： 软件命令	MSB 7							LSB 0
		c	0	0	0	0	0	s	s

SMW32：V 内存地址
MSB 15 ··················· LSB 0
V 内存地址

- SM31.0　　ss：数据大　　00 = 字节　　10 = 字
- SM31.1　　　　　　　　 01 = 字节　　11 = 双字
- SM31.7　　c：保存到 EEPROM　　0 = 对要执行的保存操作无请求
　　　　　　　　　　　　　　　　　1 = 保存数据的用户程序请求
　　　　　在每个保存操作之后，S7-200 重设此位

- SMW32：用于要保存数据的 V 内存地址存储在 SMW32。此数值作为从 V0 的偏移量输入。当执行保存操作时，在此 V 内存地址中的数值被保存到永久性内存（EEPROM）中相应的 V 内存位置。

SMB34 和 SMB35：用于定时中断的时间间隔寄存器。SMB34 指定定时中断 0 的时间间隔，而 SMB35 指定定时中断 1 的时间间隔。可以从 1～255ms 指定时间间隔（以 1ms 递增）。时间间隔数值由 S7-200 在相应的定时中断事件附加到中断例行程序时捕获。要改变时间间隔，必须再附加定时中断事件到同样的或不同的中断例行程序。可以通过分离事件终止定时中断事件。

特殊内存字节 SMB34 和 SMB35。SM 字节说明：

- SMB34：此字节为定时中断 0 指定时间间隔（以 1ms 递增，从 1～255ms）。
- SMB35：此字节为定时中断 1 指定时间间隔（以 1ms 递增，从 1～255ms）。

SMB36 ~ SMB65：HSC0、HSC1 和 HSC2 寄存器。SMB36 到 SM65 用于监控和控制高速计数器 HSC0、HSC1 和 HSC2 的运行。

特殊内存字节 SMB36 ~ SMD62。SM 字节说明：

- SM36.0：到 SM36.4 保留。
- SM36.5：HSC0 当前计数方向状态位：1 = 向上计数。
- SM36.6：HSC0 当前值等于预设值状态位：1 = 相等。
- SM36.7：HSC0 当前值大于预设值状态位：1 = 大于。
- SM37.0："重设"的激活级别控制位：0 = 重设为现用高，1 = 重设为现用低。
- SM37.1：保留。
- SM37.2：求积计数器的计数率选择：0 = 4 × 计数率；1 = 1 × 计数率。
- SM37.3：HSC0 方向控制位：1 = 向上计数。
- SM37.4：HSC0 更新方向：1 = 更新方向。
- SM37.5：HSC0 更新预设值：1 = 写新预设值到 HSC0 预置。
- SM37.6：HSC0 更新当前值：1 = 写新当前值到 HSC0 当前。
- SM37.7：HSC0 启用位：1 = 启用。
- SMD38：HSC0 新当前值。
- SMD42：HSC0 新预设值。
- SM46.0 ~ SM46.4 保留。
- SM46.5：HSC1 当前计数方向状态位：1 = 向上计数。
- SM46.6：HSC1 当前值等于预设值状态位：1 = 相等。
- SM46.7：HSC1 当前值大于预设值状态位：1 = 大于。
- SM47.0：HSC1 重设的激活级别控制位：0 = 现用高，1 = 现用低。
- SM47.1：HSC1 启动的激活级别控制位：0 = 现用高，1 = 现用低。
- SM47.2 HSC1 求积计数率选择：0 = 4 × 率，1 = 1 × 率。
- SM47.3：HSC1 方向控制位：1 = 向上计数。
- SM47.4：HSC1 更新方向：1 = 更新方向。
- SM47.5：HSC1 更新预设值：1 = 写新预设值到 HSC1 预置。
- SM47.6：HSC1 更新当前值：1 = 写新当前值到 HSC1 当前。
- SM47.7：HSC1 启用位：1 = 启用。
- SMD48：HSC1 新当前值。
- SMD52：HSC1 新预设值。
- SM56.0 ~ SM56.4：保留。
- SM56.5：HSC2 当前计数方向状态位：1 = 向上计数。
- SM56.6：HSC2 当前值等于预设值状态位：1 = 相等。
- SM56.7：HSC2 当前值大于预设值状态位：1 = 大于。
- SM57.0：HSC2 重设的激活级别控制位：0 = 现用高，1 = 现用低。
- SM57.1：HSC2 起动的激活级别控制位：0 = 现用高，1 = 现用低。
- SM57.2：HSC2 求积计数率选择：0 = 4 × 率，1 = 1 × 率。
- SM57.3：HSC2 方向控制位：1 = 向上计数。

- SM57.4：HSC2 更新方向：1 = 更新方向。
- SM57.5：HSC2 更新预设值：1 = 写新预设值到 HSC2 预置。
- SM57.6：HSC2 更新当前值：1 = 写新当前值到 HSC2 当前。
- SM57.7：HSC2 启用位：1 = 启用。
- SMD58：HSC2 新当前值。
- SMD62：HSC2 新预设值。

SMB66 ~ SMB85：PTO/PWM 寄存器。SMB66 ~ SMB85 用于监视和控制脉冲串输出和脉冲宽度调制功能。

特殊内存字节 SMB66 ~ SMB85。SM 字节说明。

- SM66.0 ~ SM66.3 保留。
- SM66.4：PTO0 配置文件中止：0 = 无错，1 = 由于计算出错而中止。
- SM66.5：PTO0 配置文件中止：0 = 没有被用户命令中止，1 = 被用户命令中止。
- SM66.6：PTO0 管道溢出（当使用外部配置文件时由系统清除,否则必须由用户重设）：0 = 无溢出，1 = 管道溢出。
- SM66.7：PTO0 空闲位：0 = PTO 在进程中，1 = PTO 空闲。
- SM67.0：PTO0/PWM0 更新周期时间数值：1 = 写新周期时间。
- SM67.1：PWM0 更新时钟脉冲宽度数值：1 = 写新时钟脉冲宽度。
- SM67.2：PTO0 更新脉冲计数数值：1 = 写新脉冲计数。
- SM67.3：PTO0/PWM0 时基：0 = 1μs/刻度，1 = 1ms/刻度。
- SM67.4：同步更新 PWM0：0 = 异步更新，1 = 同步更新。
- SM67.5：PTO0 操作：0 = 单段操作（周期时间和脉冲计数存储在 SM 内存），1 = 多段操作（概要表存储在 V 内存中）。
- SM67.6：PTO0/PWM0 模式选择：0 = PTO，1 = PWM。
- SM67.7：PTO0/PWM0 启用位：1 = 启用。
- SMW68：PTO0/PWM0 周期时间数值（时基的 2 ~ 65 535 个单元）。
- SMW70：PWM0 脉冲宽度数值（时基的 0 ~ 65 535 个单元）。
- SMD72：PTO0 脉冲计数数值（$1 ~ 2^{32} - 1$）。
- SM76.0 ~ SM76.3 保留。
- SM76.4：PTO1 配置文件中止：0 = 无错，1 = 由于计算出错而中止。
- SM76.5：PTO1 配置文件中止：0 = 没有被用户命令中止，1 = 被用户命令中止。
- SM76.6：PTO1 管道溢出（当使用外部配置文件时由系统清除,否则必须由用户重设）：0 = 无溢出，1 = 管道溢出。
- SM76.7：PTO1 空闲位：0 = PTO 在进程中，1 = PTO 空闲。
- SM77.0：PTO1/PWM1 更新周期时间数值：1 = 写新周期时间。
- SM77.1：PWM1 更新时钟脉冲宽度数值：1 = 写新时钟脉冲宽度。
- SM77.2：PTO1 更新脉冲计数数值：1 = 写新脉冲计数。
- SM77.3：PTO1/PWM1 时基：0 = 1μs/刻度，1 = 1ms/刻度。
- SM77.4：同步更新 PWM1：0 = 异步更新，1 = 同步更新。
- SM77.5：PTO1 操作：0 = 单段操作（周期时间和脉冲计数存储在 SM 内存），1 = 多段操作(概要表存储在 V 内存中)。

- SM77.6：PTO1/PWM1 模式选择：0 = PTO，1 = PWM。
- SM77.7：PTO1/PWM1 启用位：1 = 启用。
- SMW78：PTO1/PWM1 周期时间数值(时基的 2 ~ 65 535 个单元)。
- SMW80：PWM1 脉冲宽度数值(时基的 0 ~ 65 535 个单元)。
- SMD82：PTO1 脉冲计数数值($1 \sim 2^{32} - 1$)。

SMB86 ~ SMB94，SMB186 ~ SMB194：接收信息控制。SMB86 ~ SMB94 和 SMB186 ~ SMB194 用于控制和读"接收信息"指令的状态。

特殊内存字节 SMB86 ~ SMB94，SMB186 ~ SMB194 说明：

端口 0	端口 1	说　　明
SMB86	SMB186	接收信息状态字节 MSB　　　　　　　　　　　　　　LSB 7　　　　　　　　　　　　　　　　0 | n | r | e | 0 | 0 | t | c | p | n：1 = 接收被用户禁用命令终止的信息 r：1 = 接收终止的信息：输入参数出错或丢失起动或结束条件 e：1 = 结束字符已接收 t：1 = 接收信息已终止：计时器时间到 c：1 = 接收信息已终止：最大字符计数已完成 p：1 = 因为奇偶校验出错接收信息终止
SMB87	SMB187	接收信息控制字节 MSB　　　　　　　　　　　　　　LSB 7　　　　　　　　　　　　　　　　0 | en | sc | ec | il | c/m | tmr | bk | 0 | en：0 = 接收信息功能禁用。 　　1 = 接收信息功能启用。 　　启用/禁用接收信息位在每次执行 RCV 指令时检查。 sc：0 = 忽略 SMB88 或 SMB188。 　　1 = 使用 SMB88 或 SMB188 的数值检测信息的开始。 ec：0 = 忽略 SMB89 或 SMB189。 　　1 = 使用 SMB89 或 SMB189 的数值检测信息的结束。 il：0 = 忽略 SMW90 或 SMW190。 　　1 = 使用 SMW90 或 SMW190 的数值检测空闲行条件。 c/m：0 = 计时器是字符间的计时器。 　　　1 = 计时器是信息计时器。 tmr：0 = 忽略 SMW92 或 SMW192。 　　　1 = 如果 SMW92 或 SMW192 中的时间间隔超出，终止接收。 bk：0 = 忽略断开条件。 　　1 = 使用断开条件作为信息检测的开始。
SMB88	SMB188	信息字符的开始
SMB89	SMB189	信息字符的结束
SMW90	SMW190	以毫秒为单位的空闲行时间周期。在空闲行时间到期后接收的第一个字符是新信息的开始
SMW92	SMW192	以毫秒为单位的字符间/信息计时器超时数值。如果时间周期超出，接收信息终止

（续）

端口 0	端口 1	说　明
SMB94	SMB194	接收的最大字符数（1 到 255 个字节）。**注意**：此范围必须设置到期望的最大缓冲区大小，即使不使用字符计数信息终端。

SMW98：扩展 I/O 总线出错。SMW98 给用户关于扩展 I/O 总线上出错数目的信息。

特殊内存字节 SMW98。SM 字节说明：

● SMW98 每次在扩展 I/O 总线上检测到奇偶校验出错，此位置增加。一旦上电它就已清除，并且可以由用户清除。

SMB130：自由端口控制寄存器（参见 SMB30）。

SMB131 ~ SMB165：HSC3、HSC4 和 HSC5 寄存器。SMB131 ~ SMB165 用于监视和控制高速计数器 HSC3、HSC4 和 HSC5 的运行。

特殊内存字节 SMB131 ~ SMB165。SM 字节说明：

● SMB131 ~ SMB135 保留。

● SM136.0 ~ SM136.4 保留。

● SM136.5：HSC3 当前计数方向状态位：1 = 向上计数。

● SM136.6：HSC3 当前值等于预设值状态位：1 = 相等。

● SM136.7：HSC3 当前值大于预设值状态位：1 = 大于。

● SM137.0 ~ SM137.2 保留。

● SM137.3：HSC3 方向控制位：1 = 向上计数。

● SM137.4：HSC3 更新方向：1 = 更新方向。

● SM137.5：HSC3 更新预设值：1 = 写新预设值到 HSC3 预置。

● SM137.6：HSC3 更新当前值：1 = 写新当前值到 HSC3 当前。

● SM137.7：HSC3 启用位：1 = 启用。

● SMD138：HSC3 新当前值。

● SMD142：HSC3 新预设值。

● SM146.0 ~ SM146.4 保留。

● SM146.5：HSC4 当前计数方向状态位：1 = 向上计数。

● SM146.6：HSC4 当前值等于预设值状态位：1 = 相等。

● SM146.7：HSC4 当前值大于预设值状态位：1 = 大于。

● SM147.0："重设"的激活级别控制位：0 = 重设为现用高，1 = 重设为现用低。

● SM147.1 保留。

● SM147.2：求积计数器的计数率选择：0 = 4 × 计数率，1 = 1 × 计数率。

● SM147.3：HSC4 方向控制位：1 = 向上计数。

● SM147.4：HSC4 更新方向：1 = 更新方向。

● SM147.5：HSC4 更新预设值：1 = 写新预设值到 HSC4 预置值。

● SM147.6：HSC4 更新当前值：1 = 写新当前值到 HSC4 当前。

● SM147.7：HSC4 启用位：1 = 启用。

● SMD148：HSC4 新当前值。

- SMD152:HSC4 新预设值。
- SM156.0~SM156.4 保留。
- SM156.5 HSC5 当前计数方向状态位:1 = 向上计数。
- SM156.6 HSC5 当前值等于预设值状态位:1 = 相等。
- SM156.7 HSC5 当前值大于预设值状态位:1 = 大于。
- SM157.0~SM157.2 保留。
- SM157.3:HSC5 方向控制位:1 = 向上计数。
- SM157.4:HSC5 更新方向:1 = 更新方向。
- SM157.5:HSC5 更新预设值:1 = 写新预设值到 HSC5 预置。
- SM157.6:HSC5 更新当前值:1 = 写新当前值到 HSC5 当前。
- SM157.7:HSC5 启用位:1 = 启用。
- SMD158:HSC5 新当前值。
- SMD162:HSC5 新预设值。

SMB166~SMB185:PTO0、PTO1 配置文件定义表。SMB166~SMB185 用于显示现用配置文件步骤数和概要表在 V 内存中的地址。

特殊内存字节 SMB166~SMB185。SM 字节说明:

- SMB166:PTO0 现用配置文件步骤的当前条目编号。
- SMB167:保留。
- SMW168:作为从 V0 偏移量的 PTO0 概要表的 V 内存地址。
- SMB170~SMB175 保留。
- SMB176:PTO1 现用配置文件步骤的当前条目编号。
- SMB177 保留。
- SMW178:作为 V0 偏移量的 PTO1 概要表的 V 内存地址。
- SMB180~SMB185 保留。

SMB186~SMB194:接收信息控制(参见 SMB86~SMB94)

SMB200~SMB549:智能模块状态。SMB200~SMB549 为智能扩充模块(诸如 EM 277 PROFIBUS-DP 模块)提供的信息保留。

对于固化程序版本号 1.2 之前的 S7-200CPU,智能模块必须安装在紧靠 CPU 的位置,以确保兼容性。

特殊存储器字节 SMB200~SMB549 说明:

特殊存储器字节 SMB200 至 SMB549							
插槽 0 中的 智能模块	插槽 1 中的 智能模块	插槽 2 中的 智能模块	插槽 3 中的 智能模块	插槽 4 中的 智能模块	插槽 5 中的 智能模块	插槽 6 中的 智能模块	说明
SMB200 ~ SMB215	SMB250 ~ SMB265	SMB300 ~ SMB315	SMB350 ~ SMB365	SMB400 ~ SMB415	SMB450 ~ SMB465	SMB500 ~ SMB515	模块名 (16 个 ASCII 字符)
SMB216 ~ SMB219	SMB266 ~ SMB269	SMB316 ~ SMB319	SMB366 ~ SMB369	SMB416 ~ SMB419	SMB466 ~ SMB469	SMB516 ~ SMB519	S/W 修订号 (4 个 ASCII 字符)
SMW220	SMW270	SMW320	SMW370	SMW420	SMW470	SMW520	错误代码